高等学校 土木工程专业 教材

GAODENG XUEXIAO TUMU GONGCHENG ZHUANYE JIAOCAI

多高层房屋钢结构
设计与实例

郑廷银 ■ 编著

DUOGAOCENG FANGWU
GANGJIEGOU SHEJI YU SHILI

重庆大学出版社

内容提要

本书密切结合我国新修订的《钢结构设计规范》《建筑结构荷载规范》《建筑抗震设计规范》《高层民用建筑钢结构技术规程》等有关现行规范、规程的要求，根据工程设计需要，对多高层建筑钢结构设计进行了系统的分析与介绍。全书共分12章，内容包括多高层钢结构的发展与展望、设计特点以及设计的依据与成果，结构类型和体系的选择与布置，概念设计，材料选择，荷载与作用计算，常用结构体系的简化计算与精确分析、地震作用效应计算，结构验算，梁、柱、支撑、剪力墙等构件设计，组合楼盖设计，梁-柱连接、梁-梁连接、柱-柱连接、钢柱脚、支撑连接、剪力墙板与钢框架连接等节点设计，钢结构防火与防腐设计，工程设计实例。

本书可作为高等院校土木工程专业本科生教材，也可作为结构工程专业研究生的教学用书，并可供土建类工程设计、科研、钢结构制作与安装以及其他相关工程技术人员参考使用。

图书在版编目(CIP)数据

多高层房屋钢结构设计与实例/郑廷银编著. —重

庆:重庆大学出版社,2014.8

高等学校土木工程专业教材

ISBN 978-7-5624-8529-2

Ⅰ.①多… Ⅱ.①郑… Ⅲ.①多层建筑—高层建筑—钢结构—结构设计—高等学校—教材 Ⅳ.①TU973

中国版本图书馆 CIP 数据核字(2014)第 197481 号

高等学校土木工程专业教材

多高层房屋钢结构设计与实例

郑廷银 编著

责任编辑:范春青 刘颖果　　版式设计:范春青

责任校对:贾 梅　　　　　　责任印制:赵 晟

*

重庆大学出版社出版发行

出版人:邓晓益

社址:重庆市沙坪坝区大学城西路21 号

邮编:401331

电话:(023)88617190　88617185(中小学)

传真:(023)88617186　88617166

网址:http://www.cqup.com.cn

邮箱:fxk@ cqup.com.cn(营销中心)

全国新华书店经销

万州日报印刷厂印刷

*

开本:787×1092　1/16　印张:26.5　字数:768 千　插页:8 开17 页

2014 年8 月第1 版　　2014 年8 月第1 次印刷

印数:1—3000

ISBN 978-7-5624-8529-2　定价:49.00 元

前言

　　钢结构具有自重轻、抗震性能好、绿色环保、工业化程度高、综合经济效益显著等诸多优点，深受国内外建筑师和结构工程师的青睐。因此，它不仅是世界早期多高层建筑中最先使用的一种结构类型，而且也将成为今后多高层建筑中具有广阔发展前景的结构类型，更将成为世界各国拟建的大型、复杂的综合性多功能超高层建筑首选的结构类型。

　　近年来，由于我国政策、钢材生产、设计研发等诸多方面的有利因素，建筑钢结构在我国得到了高速发展和广泛应用，但我国目前钢结构技术人才储备奇缺，特别是在最能反映国家建筑技术水平的工程硕大的高层或超高层钢结构方面的技术人才更是如此。为适应形势发展需要，加速该领域的人才培养是关键。目前该领域也缺少合适的教材或参考书。为此，作者结合多年的教学、科研和工程实践经验，根据我国新修订的《钢结构设计规范》(GB 50017)、《建筑结构荷载规范》(GB 50009)、《建筑抗震设计规范》(GB 50011)和《高层民用建筑钢结构技术规程》(JGJ 99)等有关现行规范、规程的要求，编著了本书。

　　本书力求突出下列特色：

　　(1)既注重传统基本理论和基本概念的阐述，又注重学科前沿知识的介绍，尽量反映现代建筑理念和建筑科学技术水平；

　　(2)紧密结合我国新修订的国家规范、规程，以便与实际工程应用相结合；

　　(3)尽量避免与先导教材内容重复；

　　(4)尽量突出便于工程应用的教学特色；

　　(5)既注重理论的系统性，又注重应用的可操作性，尽量突出钢结构设计的教学特色；

　　(6)最大限度地贴近工程设计的基本程序，书末有工程设计实例与设计流程图，突出应用的可操作性；

　　(7)每章设有导读和小结，并配有复习思考题，可读性强，便于读者学习及复习巩固。

　　在本书编著过程中，曾部分引用同行专家论著中的成果，许惠斌、苏文、金相继等研究生曾对本书稿的设计实例付出过辛勤劳动，在此一并致谢。书中如有引用同行专家论著或资料中的某些内容而未能详细说明出处的，敬请谅解！

　　由于作者水平所限，书中值得商榷改进之处在所难免，敬请读者批评指正，并提出宝贵意见。联系邮箱：zhtyzhh@ njut. edu. cn。

郑廷银

2014 年 6 月于南京

目录

第1章 概 述

本章导读

- 内容与要求　本章主要介绍多高层钢结构的发展与展望、设计特点以及设计依据与成果。通过本章的学习,应对多高层钢结构的发展概况、设计特点、发展趋势以及设计依据与成果等相关知识有全面了解。
- 重点　多高层钢结构的设计特点;多高层钢结构设计的依据与成果。
- 难点　多高层钢结构设计的依据与成果。

1.1 发展概况

　　高层钢结构是近代经济发展和科学技术进步的产物,至今已有100多年的发展史。自1885年美国兴建第一幢高层钢结构建筑——芝加哥家庭保险公司大楼(Home Insurance Company, 10层,55 m)以来,高层钢结构建筑得到了不断发展。特别是进入20世纪以后,随着钢结构设计技术的发展,高层建筑在结构与构造技术上的逐渐成熟,大量高层钢结构在美国建成。如:1913年在纽约建造的沃尔沃斯(Wool Worth)大楼,采用钢框架体系,主体结构为31层,高122 m,塔楼再升高29层,总计达60层,总高244 m;1931年在纽约修建的帝国大厦(Empire State Building),102层,高381 m,保持世界最高建筑的记录达41年之久。在第二次世界大战前,超过200 m的高层建筑已有10幢。第二次世界大战的爆发,使高层建筑的发展受到严重影响。第二次世界大战结束后,美国重新兴起建造高层建筑的热潮,并向超高层发展,继而世界各国相继建造了许多高层建筑,形成了高层建筑的繁荣时期。至1979年,全世界建成200 m以上的高层建筑有50幢以上,大部分在美国。其中著名的建筑有:1945年在纽约建造的标准石油公司大楼,82层,高346 m;1968年在芝加哥建造的约翰·汉考克大厦(Hancock Centre),100层,高344 m,上有106 m的电视天线,是一幢综合性高层办公建筑,其平面为长方形,外形上窄下宽,结构为钢结构内筒加X形支撑-钢桁架外筒(图1.1);1972年建造的纽约世界贸易中心大厦(World Trade Centre),110层,北塔楼高417 m,南塔楼高415 m,打破了帝国大厦保持41年世界最高建筑的纪录,塔楼平面为正方形,尺寸为63 m×63 m,结构采用筒中筒体系,内筒由电梯井及辅助用房组成,外筒由钢框架组成,该大楼共装有2万余个减振器,每层100个,顶部设计计算位移900 mm,实测位移仅280 mm(该大楼已毁于2001年"9.11"事件);1974年,美国又在芝加哥建成了西尔斯大厦(Sears Tower),110层,高443 m,目前仍为世界第六高楼,结构为由9个标准方筒组成的束筒体系,外形特点是逐级上收(图1.2),它的出现标志着现代建筑技术的新发展,它保持世界最高建筑的纪录达23年之久。到20世纪80年代末至90年代初期,高层建筑虽然在高度上未有新的突破,但其风格有了新的变化,并酝酿着更高的建筑。如,在这一时期内,美国曾规划、设计纽约"电视城"(Television City Tower,150 层,509 m)和费尼克斯市的 Phoenix Tower(高 515 m),高度突破 500 m。在建的纽约新世贸中心一号楼高约 541.3 m,届时将成为世界第三高建筑物。在全世界已建成的前十大高楼(至 2012 年)中,美国 1 幢,亚洲 9 幢(其中中国 7 幢),见表 1.1。

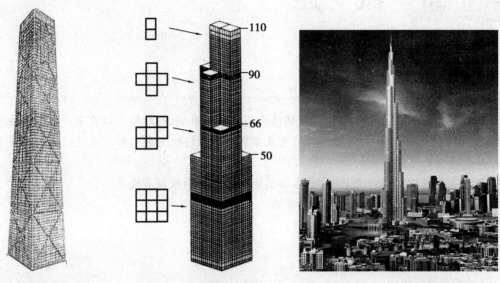

图 1.1 美国汉考克大厦   图 1.2 美国西尔斯大厦   图 1.3 阿联酋迪拜塔

表 1.1 世界 10 幢最高的高层建筑(截至 2012 年)

序号	建筑物	城市	建成年份	层数	高度/m	材料	用途
1	迪拜塔楼(图 1.3)	迪拜	2009	162	828	钢/混凝土	商住综合
2	101 大厦	台北	2004	101	508	钢/混凝土	多功能
3	上海环球金融中心大厦	上海	2008	101	492	钢/混凝土	多功能
4	双塔大厦	吉隆坡	1997	88	452	钢/混凝土	多功能
5	紫峰大厦	南京	2009	89	450	钢/混凝土	多功能
6	西尔斯大厦	芝加哥	1974	110	443	钢	办公楼
7	金茂大厦	上海	1998	88	421	钢/混凝土	多功能
8	国际金融中心大厦(二期)	香港	2003	88	420	钢/混凝土	办公楼
9	中信广场大厦	广州	1997	88	391	混凝土	多功能
10	地王大厦	深圳	1995	81	384	钢/混凝土	多功能

在我国,高层钢结构建筑虽然起步较晚,但发展较快。自 20 世纪 80 年代中期始建高层钢结构至 2004 年,在这短短的 20 余年中,我国已建和在建的高层钢结构建筑(含钢-混凝土混合结构和组合结构)已近 80 幢,总建筑面积约 600 万 m²。它们主要分布于上海、北京和深圳,其中上海最多。1998 年竣工的上海金茂大厦(图 1.4),地上 88 层,高 421 m,目前高度为中国大

陆之最,亚洲第三,世界第七;2008年竣工的上海环球金融中心大厦(图1.5),地下3层,地上101层,高492 m,世界第三;在建的上海中心大厦,高632 m,将成为世界第二高楼。据有关资料介绍,上海还拟建1 000 m高楼。在深圳,继深圳发展中心(地上48层,高165 m)、地王大厦(地上68层,高325 m)、赛格广场(地上70层,高278.6 m)等一批高层钢结构建筑相继建成后,在建的京基大厦高达441.8 m,而且拟建造两幢外形相同、每幢128层、高488 m的中华大厦。北京于20世纪80年代建成京广中心(57层,高208 m)、京城大厦(52层,高182 m)等高层钢结构建筑之后,亦将动工兴建88层的大楼。在建的重庆嘉陵大厦高达450 m。在建的武汉绿地中心大厦,地上125层,建筑高度达606 m,结构高度达575 m。在中国香港,继中国银行大厦(地面以上72层,高368 m)和香港汇丰银行大厦(地面以上48层,高178.8 m)建成之后,于2003年又建成了高达420 m的国际金融中心大厦等高楼。在中国台湾,85层的T&C大厦,高348 m;台北101大厦(图1.6),地面以上101层,高508 m,目前为世界第二高楼;这两栋建筑为台湾地区的高层钢结构代表性建筑。

图1.4 中国上海金茂大厦

图1.5 上海环球金融中心大厦

日本的高层钢结构建筑始于20世纪60年代。在日本,超过100 m的建筑几乎全部采用钢结构,近年新建的200 m以上的建筑全为钢结构。位于日本东京的NEC办公大楼,地面以上43层,地面以下4层,屋顶间1层,高180 m;日本神户TC办公大楼,地面以下3层,地面以上25层,高103 m;日本东京第一市政厅办公大楼,地面以上48层,高243 m。这批高层钢结构建筑,采用了能满足特殊功能和综合功能要求的、具有良好建筑适应性和潜在的高效结构性能的高层建筑结构新体系——巨型钢框架结构体系。日本横滨标志大厦(Landmark Tower),地面以上73层,高296 m,是当前日本最高的建筑。日本是亚洲高层钢结构建筑发展较快、数量较多的国家。

马来西亚于1997年在吉隆坡建成双塔大厦(Petronas Tower),88层,高452 m,目前为世界第四高楼(图1.7)。此外,在新加坡、首尔等地也于20世纪80年代中期就已建成高度超200 m的钢结构建筑。

图 1.6　台北 101 大厦　　　　　图 1.7　吉隆坡双塔大厦(Petronas Tower)

自 20 世纪 70 年代以来,亚洲陆续建造了一些高度超过 200 m,甚至超过 400 m 的超高层建筑,并正在向更大的高度发展。如,日本拟建的动力智能大厦-200,地上 200 层,高 800 m(图1.7);空中城市大厦-1000,地面直径 400 m,高 1 000 m,地基深达 60 m,可供 10 万人居住,提供3.5 万个工作职位。日本拟建的部分超高层建筑见表 1.2。

表 1.2　日本部分超高层建筑构想

建筑物名称	设计单位	层数	高度/m	材料	结构形式
TAK-600	竹中工务店	106	600	钢	不详
动力智能大厦-200	鹿岛建设	200	800	钢	分离式巨型筒体
Millennium Tower	大林组	150	800	钢	圆锥形巨型桁架筒体
空中城市-1000	竹中工务店	不详	1 000	钢	巨型框架 + 巨型桁架
空中大都会-2001	大林组	500	2 001	钢	巨型框架
TRY-2004 空中都市	清水建设	不详	2 004	钢	不详
X-SEED4000	大成建设	800	4 000	钢	不详

欧洲一些经济比较发达国家的城市,如巴黎、伦敦、罗马、柏林、法兰克福等,虽也建造了一些高层建筑,但总体来说不是太高,大多数为 100 多米的高层建筑。其中,1997 年 5 月竣工的德国法兰克福商业银行中心新大楼,地上 63 层,高 298.74 m,目前为欧洲高层钢结构第一高楼,也是世界上最高的生态型摩天大楼。

据文献统计,在全世界 100 幢最高建筑物中,全钢结构占 58 幢,钢与混凝土混合结构占 26幢,两项合计占总数的 84%,钢筋混凝土结构仅占 16%。目前的统计资料显示,高层钢结构所占比例还在增加。世界十大高楼中,要么是全钢结构,要么是以钢结构为主的混合结构。可见高层建筑(特别是超高层建筑)最适合的结构类型应是钢结构或以钢为主的混合或组合结构,这也充分说明了该结构类型具有广阔的发展前景。

1.2 设计特点

1) 水平荷载成为决定因素

在高度较小的建筑中,往往是竖向荷载(楼面、屋面活载,结构自重等)控制着结构设计,而在多高层建筑中,尽管竖向荷载仍对结构设计产生着重要影响,但水平荷载却起着决定性因素,往往成为高层建筑结构设计的控制因素。这是因为:一方面结构自重和楼面使用荷载在竖向构件中所引起的轴力和弯矩的数值,仅与楼房高度成正比,而水平荷载对结构产生的倾覆力矩以及由此在竖向构件中所引起的轴力,与楼房高度的两次方成正比;另一方面,对某一高度的楼房来说,竖向荷载大体上是定值,而作为水平荷载的风载和地震作用,其数值是随结构动力特性的不同而有较大幅度的变化,从而使合理确定水平荷载比确定竖向荷载困难。

图 1.8 日本"动力智能大厦-200"

图 1.9 为某高层建筑结构的计算简图,在各种荷载作用下的内力与房屋高度的关系为:

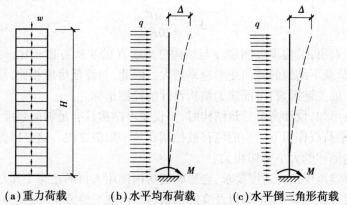

(a)重力荷载　　(b)水平均布荷载　　(c)水平倒三角形荷载

图 1.9 荷载内力与侧移

竖向荷载作用下的最大轴力

$$N = wH \tag{1.1}$$

水平均布荷载作用下的最大弯矩

$$M = \frac{1}{2}qH^2 \tag{1.2}$$

水平倒三角形分布荷载作用下的最大弯矩

$$M = \frac{1}{3}qH^2 \tag{1.3}$$

式中 q,w——作用于楼房每米高度上的水平荷载与竖向荷载。

图 1.10 为风荷载作用下的 5 跨钢框架各分项用钢量随房屋层数而变化的示意图,由图可

见水平荷载的影响远远大于竖向荷载的影响,而且随着房屋层数的增加而急剧增加。

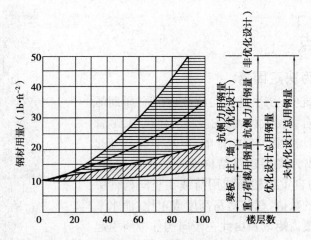

图 1.10　高层建筑结构用钢量随层数的变化

2) 结构侧移可能成为控制指标

由图 1.9 所示的计算简图确定的结构顶点侧移为:

水平均布荷载作用时

$$\Delta = \frac{qH^4}{8EI} \tag{1.4}$$

水平倒三角形分布荷载作用时

$$\Delta = \frac{11qH^4}{120EI} \tag{1.5}$$

从上两式可以看出,结构顶点侧移 Δ 与结构总高度 H 的 4 次方成正比。这说明,随着房屋高度的增加,水平荷载下结构的侧向变形速率增大。因此,与较低房屋相比,结构侧移已上升为高层建筑结构设计的关键因素,可能成为结构设计的控制指标。

通过上述分析可知,设计高层建筑结构时,不仅要求结构具有足够的强度,还要求有足够的刚度,使结构在水平荷载作用下产生的侧移被控制在某一限值之内。这是因为高层建筑的使用功能和安全与结构侧移的大小密切相关。

①过大的侧移难以保证舒适度要求,会影响楼房内使用人员的正常工作与生活。

②过大的侧移会使隔墙、围护墙以及高级饰面材料出现裂缝或损坏,此外,也会使电梯因轨道变形而不能正常运行等,无法保证房屋的正常使用。

③过大的侧移会使结构产生过大的二阶效应——引起过大的附加内力,以致有时使总内力超过结构的承载能力,或者使结构的变形成为不稳定,甚至引起倒塌,结构的安全受到威胁。

因此,结构的侧移控制成为一个保证结构合理性的综合性指标。

3) 连续梁支座沉陷效应不容忽视

在高层钢结构中,由于柱中轴力大(特别是底层柱),因而轴向变形大,同时各柱轴向变形差异随房屋高度的增加而加大。框架中柱的轴压应力往往大于边柱的轴压应力,中柱的轴向压缩变形大于边柱的轴向压缩变形。当房屋很高时,这种轴向压缩差异将会达较大的数值,其后果相当于连续梁的中间支座产生沉陷,从而使连续梁中间支座处的负弯矩值减小,跨中正弯矩值和端支座负弯矩值增大,如图 1.11 所示。因此,若忽略柱中轴向变形,将会使结构内力和位移的分析结果产生一定的误差。图 1.11(a)表示未考虑各柱压缩差异时梁的弯矩分布,图 1.11(b)表示各柱压缩差异后梁的实际弯矩分布。在较低的房屋中,因为柱的总高度较小,此种效应不显著,所以可不考虑。

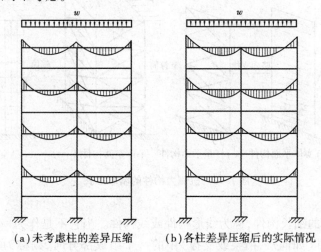

(a)未考虑柱的差异压缩   (b)各柱差异压缩后的实际情况

图 1.11 框架中连续梁的弯矩分布

4)下料长度宜适当调整

在多高层建筑中,特别是在超高层建筑中,柱的负载很大,其总高度又很大,整根柱在重力荷载下的轴向变形有时可能达到数百毫米,对建筑物的楼面标高产生不可忽视的影响。因此,在构件下料时,应根据轴向变形计算值,对下料长度进行调整。

美国休斯顿的得克萨斯商业大厦(75 层),采用型钢混凝土墙和钢柱组成的混合结构体系。据计算,中心钢柱由于负荷面积大、截面尺寸小,重力荷载下的轴向压缩变形要比型钢混凝土剪力墙多 260 mm,这就要求该钢柱在下料时总共要加长 260 mm,并需逐层加以调整。

5)梁柱节点域的剪切变形影响不能忽视

在结构设计中,钢框架的梁、柱大都采用工形或箱形截面,若假设梁、柱端弯矩完全由梁、柱翼缘板承担,并忽略轴力对节点域变形的影响,则节点域可视为处于纯剪切状态工作,加之节点域板件一般较薄,剪切变形较大,因此,对结构内力和侧移的影响不能忽视。

文献[43]对同一钢框架结构,采用有限元法分析后得出:考虑梁、柱节点域剪切变形后,其梁、柱弯矩均有所增加,侧向水平位移增加显著。与不考虑其剪切变形的情况相比,顶层绝对侧移量增大 8.8%,若以层间侧移而论,第一层增大 1.2%,第二层增大 9.7%,顶层则可增大达 25.7%左右。可见,在进行高层钢框架的内力和侧移计算时,不能忽视其梁、柱节点域的剪切变形影响。

6)结构延性是重要设计指标

相对于较低楼房而言,多高层建筑更柔一些,在地震作用下的变形更大一些。为了使结构在进入塑性变形阶段后仍具有较强的变形能力,避免倒塌,除选用延性较好的材料外,特别需要在构造上采取恰当的措施,来保证结构具有足够的延性。

7)尽量选用空间构件

为使高层建筑适应各种使用情况的不同要求,在实际工作中,尽管出现多种结构体系,然而,组成这些结构体系的构件可归纳为线形构件、平面构件和空间构件 3 类基本形式,如图1.12所示。

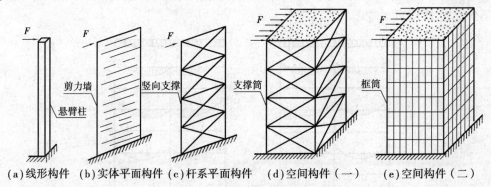

(a)线形构件　(b)实体平面构件　(c)杆系平面构件　(d)空间构件(一)　(e)空间构件(二)

图 1.12　抗侧力构件的基本形式

(1)线形构件

具有较大长细比的细长构件,称为线形构件或线构件。当它不是作为一个独立构件承受荷载,而是作为某种构件(如框架、桁架或支撑)中的一个组成部分时,则称为杆件。当它作为框架中的柱或梁使用时,主要承受弯矩、剪力和压力,其变形中的最主要成分是垂直于杆轴方向的弯曲变形;当它作为桁架或支撑中的弦杆和腹杆使用时,主要是承受轴向压力或拉力,轴向压缩或轴向拉伸是导致其变形的主要原因。

线构件是组成框架-支撑体系、框架-剪力墙体系的基本构件。

(2)平面构件

具有较大横截面宽厚比的片状构件,称为平面构件或面构件。它作为楼板使用时,承受平面外弯矩,垂直于其平面的挠度是其变形的特点;它作为墙体使用时,承受着沿其平面作用的水平剪力和弯矩,也承担一定的竖向压力,弯曲变形和剪切变形是墙体侧移的主要原因。面构件出平面方向的刚度和承载力很小,结构分析中常略去不计。

面构件是组成框架-剪力墙体系、框架-核心筒体系的基本构件。

(3)空间构件

由线构件和(或)面构件组成的具有较大横截面尺寸和较小壁厚的组合构件,称为空间构件或立体构件。框筒就是由梁和柱等线构件组成的空间构件;框架-核心筒体系中的核心筒常由面构件组成空间构件;巨型结构体系中的巨型柱常由线构件或线构件与面构件组合成空间构件,其巨型梁通常由线构件组成。在高层建筑结构中,空间构件作为竖向筒体或巨型柱使用时,主要承受倾覆力矩、水平剪力和扭转力矩。与线构件和面构件相比,它具有较大的抗扭刚度和极大的抗推刚度,在水平荷载下的侧移较小,因而在高层或超高层建筑中,宜尽量选用空间构件。

空间构件是框筒体系、筒中筒体系、束筒体系、支撑框筒体系、大型支撑筒体系及巨型结构体系中的基本构件。

8)抗火设计必不可少

钢材虽为非燃烧材料,但它耐热不耐火,在火灾高温下,结构钢的强度和刚度都将迅速降低,而火灾升温又十分迅速,故无防火保护措施的钢构件在火灾中很容易破坏。高层建筑钢结构既有一般高层建筑的消防特点,又有钢结构在高温条件下的特有规律(主要是强度降低和蠕变),因此,高层建筑钢结构必须进行恰当的抗火设计,以减少或避免财产损失和人员伤亡。

9)防锈处理必须到位

由于钢材耐腐蚀性差,钢结构构件易生锈腐蚀,影响结构使用寿命,所以高层建筑钢结构中的所有钢结构构件均应进行合理的防锈处理,以保证结构的长期使用。

10)避雷系统完整可靠

高层建筑遭受雷击的机会比一般建筑要多,一年中的雷击次数与建筑物的高度有关,建筑物越高,受到的雷击次数越多。在雷击放电时便有可能引起火灾或产生其他电击、机械性的事故。因此,为了保证高层建筑的防雷安全,高层建筑要设置可靠的避雷系统。

11)结构动力响应成为关键因素

低层房屋一般采用简单方法计及结构动力响应对荷载的影响,设计主要按静力问题处理,而高层建筑风振、地震动响应成为设计考虑的关键因素。

由于风和地震作用的随机性和复杂性,高层建筑风振和地震响应分析至今仍处于深入研究之中。高层建筑动力响应是由结构特征、环境作用等诸因素综合影响决定的,是结构整体性能的体现,同时也表明,要获得满意的结构动力响应特征,必须综合考虑结构系统,这是高层结构动力响应分析设计难度较大的另一方面。

12)减轻结构自重具有重要意义

高层建筑结构设计要求尽可能采用轻质、高强且性能良好的材料,一方面减小重力荷载,进一步减小基础压力和降低造价;另一方面因结构所受动力荷载大小直接与质量有关,减小质量有助于减小结构动力荷载。

13)结构体系合理与否取决于能否有效提供抗侧能力

在满足建筑造型和空间设计的前提下,结构体系和结构方案主要由如何有效形成抗侧力体系确定。结构体系的经济性也主要取决于抗侧力体系的有效性。因此,多高层建筑随高度不同其结构体系有较大变化。图1.13为常用结构体系适用最多层数示意图。合理确定抗侧力结构成为高层建筑结构设计成败的关键。

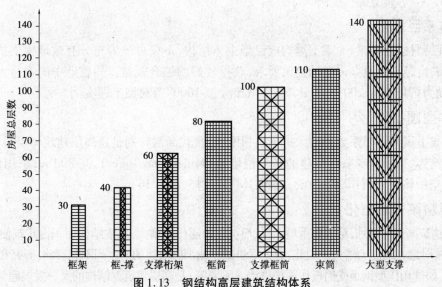

图1.13 钢结构高层建筑结构体系

1.3　发展趋势

随着城市建设和社会发展,多高层建筑必将会高速发展。在确保高层建筑具有足够可靠度的前提下,为了进一步节约材料和降低造价,结构构件和材料正在不断更新,设计概念也在不断发展。多高层建筑钢结构的发展趋势主要表现在以下几个方面:

1)构件立体化

高层建筑在水平荷载作用下,主要靠竖向构件提供抗推刚度和强度来维持稳定。在各类竖向构件中,竖向线性构件(如柱)的抗推刚度较小;竖向平面构件(剪力墙或平面框架)虽然在其平面内具有较大的刚度,然而其平面外的刚度依然小到可略去不计;由墙或密柱深梁组成的筒体或巨型柱,尽管其基本元件依旧是线形构件或平面构件,但它已转变成具有不同力学特性的立体构件,在任何方向均具有较大的抗推刚度及抗扭刚度,能抗御任何方向较大的倾覆力矩及扭转力矩,从而可充分发挥材料的作用。

2)巨柱周边化

巨型柱属立体构件,本身具有较大的抗推刚度和抗扭刚度。若将巨型柱沿建筑平面的周边布置,则该结构具有特大的抗推刚度和抗扭刚度,能抗御特大的水平荷载与扭转荷载。因此,采用该种结构布置方案形成的结构主体是改善结构体系抗侧性能的有效途径,如日本拟建的"动力智能大厦-200"等建筑。

3)支撑大型化

框筒是用于高层建筑的一种高效抗侧力体系,然而,它固有的剪力滞后效应(在水平荷载作用下,由于框架横梁的剪切变形,使框架柱的轴力呈非线性分布的现象),削弱了它的抗推刚度和水平承载力。特别是当房屋平面尺寸较大,或因建筑功能需要而加大柱距时,剪力滞后效应就更加严重。为使框筒能充分发挥潜力并有效地用于更高的房屋建筑之中,在框筒中增设大型支撑已成为一种强化框筒的有力措施。如美国芝加哥的约翰·汉考克大厦和香港中国银行大厦(图1.14)等典型工程实例。

4)体系巨型化

利用巨型柱、巨型梁、大型支撑构成巨型主体结构,不仅可最为充分有效地提供抗侧能力,而且可以满足越来越复杂多变的建筑要求,获得较好的综合效益。如香港中国银行大厦、日本拟建的"动力智能大厦-200"和日本"空中城市大厦-1000"等典型工程实例。

5)体型圆锥化

为了减小风载体型系数和增大抗推抗扭刚度,现代高层特别是超高层建筑体型呈圆锥或截头圆锥化趋势。如,日本东京拟建的米兰留塔楼(Millennium Tower),高800 m,采用圆锥状体形;日本"空中城市大厦-1000"为截头圆锥体(图1.15、图1.16)。

6)材料高强轻型化

随着建筑高度的增加,结构自重增大,从而引起地震作用增大,以致结构面积占建筑使用面积的比例和结构对地基的压力增大。因此,为了尽量减小或消除上述的一系列不利影响,研究和选用轻质高强材料(如选用压型钢板或铝板作围护外墙或隔墙等)是高层建筑钢结构的又一发展趋势。

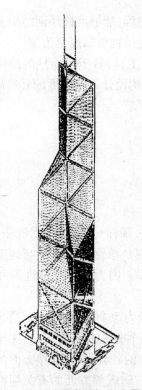

图1.14　香港中国银行大厦

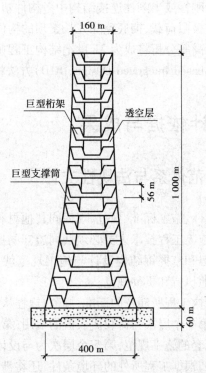

图1.15　日本"空中城市大厦-1000"的结构剖面

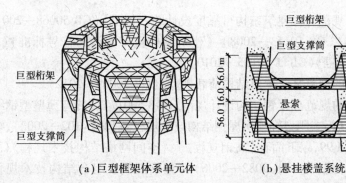

（a）巨型框架体系单元体　　　　（b）悬挂楼盖系统

图1.16　空中城市大厦-1000

7）动力反应智能化

对于特高、特大型或复杂体型的高层或超高层建筑，为了减小风振或地震反应，在结构上安装传感器、质量驱动装置、可调刚度体系和计算机等所组成的人工智能化反应控制系统，来控制整个结构的地震反应，使它处于安全界限以内，这是高层建筑钢结构在结构减震控制方面的发展趋势。如动力智能大厦-200，地下7层，地上200层，高800 m，建筑总面积150万 m^2，在安装了人工智能化动力反应控制系统后，其结构在地震作用下的侧移削减40%左右。

8）结构分析设计高度集成化

近年来，随着计算机技术的飞速发展和结构分析理论的不断深入，为研究和发展能够集稳定理论与塑性理论之大成的高等分析设计方法（Advanced Analysis Design Method）提供了现实条件和理论基础。该法主张在充分考虑影响结构性能的各种因素，特别是非线性因素情况下，能够准确分析刚性或半刚性连接结构中各构件塑性渐变的全过程,能够准确预测结构及其组件的破坏模式与极限荷载,彻底免除冗长繁琐的构件验算过程,使结构可靠度更为统一。因此,代表最新技术的高等分析将成为 21 世纪结构工程师的基本设计工具,基于可靠性的结构集成设计(Reliability-based Integrated Design,RID)方法将是高层钢结构设计方法发展的必然趋势。

1.4 设计依据与成果

1.4.1 规范体系与法规性文件

钢结构设计、施工标准、规范、规程同其他材料的结构规范、规程一样,是技术性法律文件,是广大设计、施工工程技术人员必须共同遵守的原则。因此,对从事钢结构设计与施工的技术人员来说,学习和掌握钢结构设计与施工规范就显得十分必要。因为只有充分理解和掌握规范,方能准确地执行和贯彻规范。

我国钢结构工程所涉及的标准、规范、规程从总体上可划分为 5 个层次:第 1 个层次为规范制定的原则;第 2 个层次为荷载代表值的取用;第 3 个层次为各种结构设计规范;第 4 个层次为与设计规范配套的施工规范;第 5 个层次为与设计、施工相配套的各种材料、连接方面的规程及标准等。另外,根据工程所处的环境条件,还将涉及防火、防腐、防震等方面的有关标准、规范、规程等。

属于第 1 层次的规范有:《建筑结构可靠度设计统一标准》(GB 50068—2001)、《工程结构可靠度设计统一标准》(GB 50153—2008)、《建筑结构设计术语和符号标准》(GB/T 50083—97)、《建筑结构制图标准》(GB/T 50105—2010)。

属于第 2 个层次的规范有:《建筑结构荷载规范》(GB 50009—2012)。

属于第 3 个层次的规范有:《钢结构设计规范》(GB 50017)、《冷弯薄壁型钢结构技术规范》(GBJ 50018—2002)、《门式刚架轻型房屋钢结构技术规程》(CECS 102—2002)、《高层民用建筑钢结构技术规程》(JGJ 99,以下简称《高钢规程》)、《空间网格结构技术规程》(JGJ 7—2010)、《钢骨混凝土结构设计规程》(YB 9082—2006)、《型钢混凝土组合结构技术规程》(JGJ 138—2001)、《钢管混凝土结构设计与施工规程》(CECS 28—1990)等。

属于第 4 个层次的规范有:《钢结构工程施工质量验收规范》(GB 50205—2001)、《建筑钢结构焊接技术规程》(JGJ 81—2002)、《钢结构高强度螺栓连接的设计施工及验收规程》(JGJ 82—91)、《钢网架螺栓球节点》(JG/T 10—2009)等。

属于第 5 个层次的规范有:《碳素结构钢》(GB/T 700—2006)、《低合金高强度结构钢》(GB/T 1591—2008)、《一般工程用铸造碳钢件》(GB/T 11352—2009)、《合金结构钢》(GB/T 3077—1999)、《优质碳素结构钢》(GB/T 699—1999)、《焊接用钢丝》(GB/T 14975—94)、《碳钢焊条》(GB/T 5117—1995)、《低合金钢焊条》(GB/T 5118—1995)、《热轧型钢》(GB/T 706—2008)、《热轧 H 型钢和剖分 T 型钢》(GB/T 11263—2010)、《结构用无缝钢管》(GB/T 8162—2008)、《直缝电焊钢管》(GB/T 13793—2008)、《通用冷弯开口型钢尺寸、外形、重量及允许偏差》(GB 6723—2008)、《冷弯波形钢板》(YB/T 5327—2006)、《结构用冷弯空心型钢尺寸、外形、重量及允许偏差》(GB/T 6728—2002)、《热轧钢棒尺寸、外形、重量及允许偏

差》(GB/T 702—2008)、《冷轧钢板和钢带的尺寸、外形、重量及允许偏差》(GB/T 708—2006)、《花纹钢板》(GB/T 3277—91)、《建筑用压型钢板》(GB/T 12755—2008)、《紧固件机械性能 螺栓、螺钉和螺柱》(GB 3098.1—2010)、《普通螺纹公差》(GB 197—2003)、《六角头螺栓 C 级》(GB/T 5780—2000)、《六角头螺栓》(GB/T 5782—2000)、《六角螺母 C 级》(GB/T 41—2000)、《Ⅰ型六角螺母》(GB/T 6170—2000)、《C 级平垫圈》(GB/T 95—2002)、《A 级平垫圈》(GB/T 97.1—2002)、《A 级平垫圈倒角型》(GB/T 97.2—2002)、《工字钢用方斜垫圈》(GB/T 852—88)、《槽钢用方斜垫圈》(GB/T 853—88)、《止动垫圈技术条件》(GB/T 98—88)、《标准型弹簧垫圈》(GB/T 93—87)、《轻型弹簧垫圈》(GB/T 859—87)、《弹性垫圈技术条件 鞍形、波形弹性垫圈》(GB/T 94.3—2008)、《钢结构用高强度大六角头螺栓》(GB/T 1228—2006)、《钢结构用高强度大六角螺母》(GB/T 1229—2006)、《钢结构用高强度垫圈》(GB/T 1230—2006)、《钢结构用扭剪型高强度螺栓连接副》(GB/T 3632—2008)、《电弧螺栓焊用圆柱头焊钉》(GB/T 10433—2002)、《气焊、焊条、电弧焊、气体保护焊和高能束焊的推荐坡口》(GB/T 985.1—2008)、《埋弧焊的推荐坡口》(GB/T 985.2—2008)。

对有抗震设防要求的钢结构建筑,其设计和施工尚应符合《建筑抗震设计规范》(GB 50011—2010)。对有防火要求的建筑,尚应符合《建筑设计防火规范》(GB 50016—2006)和《高层民用建筑设计防火规范》(GB 50045—1995)等防火规范中对钢结构构件的要求。在防腐方面,尚应满足《建筑防腐蚀工程施工及验收规范》(GB 50212—2002)和《工业建筑防腐蚀设计规范》(GB 50046—2008)的要求。各层次规范的相互关系如图 1.17 所示。

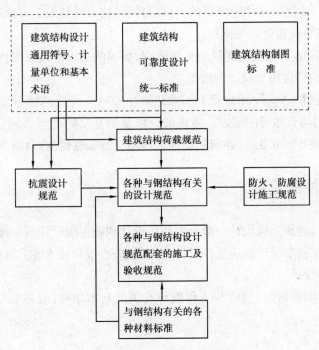

图 1.17　各种规范之间的关系

在现行规范体系中,《建筑结构可靠度设计统一标准》(以下简称《统一标准》)是最高层次的标准。它不仅是制定《建筑结构荷载规范》(以下简称《荷载规范》)、钢结构设计的各种规范应遵守的准则,也是制定《混凝土结构设计规范》(GB 50010—2010)、《砌体结构设计规范》

（GB 50003—2011）、《木结构设计规范》（GB 50005—2003）、《建筑地基基础设计规范》（GB 50007—2011）、《建筑抗震设计规范》（GB 50011—2010，以下简称《抗震规范》）等应遵守的原则。它不仅适用于建筑物（包括一般构筑物）的整个结构以及组成结构的构件和基础的设计，而且还适用于结构的使用阶段以及结构构件的制作、运输与安装等施工阶段。因此，有关的建筑结构施工及验收规范以及其他标准均是按照其规定的原则制定的。

由于《荷载规范》是按《统一标准》规定的原则制定的，因此在施行时，必须与根据《统一标准》编制的各项建筑结构设计国家标准、规范配套使用，不得与未按《统一标准》编制的各项建筑结构设计国家标准混用。如《工业与民用建筑灌注桩基础设计与施工规程》（JGJPDF 4—80）、《高层建筑箱形基础设计与施工规程》（JGJPDF 6—80）、《烟囱设计规范》（GB 50051—2002）、《钢筋混凝土筒仓设计规范》（GB 50077—2003）等均未根据《统一标准》制定，所以不能与《荷载规范》配套使用。第3层次中所列几种钢结构规范，都是以《统一标准》规定的原则制定的，可以与《荷载规范》配套使用。《荷载规范》依据第1层次的标准制定，同时又为第3层次的规范提供了荷载代表值及其组合方式，所以称其为第2层次的规范。

本节所列第3、第4层次的规范、规程是在第1层次所列标准的指导下，采用第2层次规范规定的荷载代表值及其组合方式、第5层次规范中所规定的材料，为不同类型钢结构的设计与施工而制定的规范、规程。

第5层次的标准，既是制定各种钢结构规范的依据，又是施工现场材料检验的标准。

《抗震规范》是根据《统一标准》修订的，可以与钢结构设计与施工方面的规范、规程配套使用。该规范是各类建筑抗震设防的依据。

《建筑防火规范》和《高层民用建筑防火规范》对房屋的耐火等级及钢构件的耐火极限作了规定，它是我国建筑钢结构防火设计的依据。

建筑防腐设计在《钢结构设计规范》（GB 50017—2003）、《冷弯薄壁型钢结构技术规范》（GB 50018—2002）中均有相应的规定。防锈的分级及钢基层的处理等规定在《工业建筑防腐蚀设计规范》（GB 50046—2008）、《建筑防腐蚀工程施工及验收规范》（GB 50212—2002）中。

1.4.2　设计文件的编制

在项目决策以后，建筑工程设计一般分为初步设计和施工图设计两个设计阶段。大型和重要的民用建筑工程，在初步设计前应进行设计方案优选；小型和技术要求简单的建筑工程，可以用方案设计代替初步设计。

在设计前应进行调查研究，搞清与工程设计有关的基本条件，收集必要的设计基础资料，进行认真分析。

1）初步设计

（1）初步设计文件编制

初步设计文件根据设计任务书进行编制，由设计说明书（包括设计总说明和各专业的设计说明书）、设计图纸、主要设备及材料表和工程概算书4部分组成。其编排顺序为：封面→扉页→初步设计文件目录→设计说明书→图纸→主要设备及材料表→工程概算书。

在初步设计阶段,各专业应对本专业内容的设计方案或重大技术问题的解决方案进行综合技术经济分析,论证技术上的适用性、可靠性和经济上的合理性,并将其主要内容写进本专业初步设计说明书中;设计总负责人对工程项目的总体设计在设计总说明中予以论述。

为编制初步设计文件,应进行必要的内部作业。有关的计算书、计算机辅助设计的计算资料、方案比较资料、内部作业草图、编制概算所依据的补充资料等,均须妥善保存。

(2)初步设计文件的深度应满足审批的要求

对初步设计文件的审批要求如下:

①应符合已审定的设计方案;

②能据以确定土地征用范围;

③能据以准备主要设备及材料;

④应提供工程设计概算,作为审批确定项目投资的依据;

⑤能据以进行施工图设计;

⑥能据以进行施工准备。

2)施工图设计

(1)设计根据

施工图设计应根据已批准的初步设计进行编制,内容以图纸为主,应包括:封面、图纸目录、设计说明(或首页)、图纸、工程预算书等。

施工图设计文件一般以子项为编排单位,各专业的工程计算书(包括计算机辅助设计的计算资料)应经校审、签字后,整理归档。

(2)施工图设计文件的深度应满足的要求

施工图设计文件应满足的要求如下:

①能据以编制施工图预算;

②能据以安排材料、设备订货和非标准设备的制作;

③能据以进行施工和安装;

④能据以进行工程验收。

在设计中应因地制宜地积极推广和正确选用国家、行业和地方的建筑标准设计,并在设计文件的图纸目录中注明图集名称与页次。

重复利用其他工程的图纸时,要详细了解原图利用的条件和内容,并作必要的核算和修改。

3)钢结构施工图的编制

目前,我国钢结构施工图的编制分两阶段进行,即设计图阶段和施工详图阶段。设计图由设计单位负责编制,施工详图则由钢结构制造厂根据设计单位提供的设计图和技术要求编制。当制造厂技术力量不足以承担编制工作时,亦可委托设计单位进行。下面主要介绍钢结构设计图的编制方法。

钢结构设计图是提供给制造厂编制钢结构施工详图的依据,因此,设计图的内容和深度应以满足编制施工详图的要求为原则。钢结构设计图的编制人员应熟悉钢结构的构造要求,考虑钢结构制作安装的实际需要,并对钢结构施工详图的编制方法有所了解。

钢结构设计图应尽量用图形或表格表示,并配以必要的文字说明。图面表示做到层次分明,图形之间关系明确,使整套图纸清晰、简明和完整,同时又尽可能减少图纸的绘制工作量,以提高设计图的编制效率。

（1）钢结构设计图纸的组成

钢结构设计图纸由图纸目录、结构设计总说明、基础平面布置图及其详图、结构布置图、构件截面表、标准节点图、标准焊缝详图、钢材订货表等内容组成。

（2）结构设计总说明的主要内容

①设计依据：主要包括业主提供的设计任务书及工程概况，设计依据的规范、规程和规定等。

②自然条件：主要包括基本风压，基本雪压，地震基本烈度、本设计采用的抗震设防烈度，地基和基础设计依据的工程地质勘察报告、场地土类别、地下水位埋深等。

③材料要求：主要包括各部分构件选用的钢材牌号、标准及其性能要求；相应钢材选用的焊接材料型号、标准及其性能要求，当采用气体保护焊时，还需注明气体纯度及含水量限值；高强度螺栓连接副型式、性能等级、摩擦系数值及预拉力值；焊接栓钉的钢号、标准及规格；楼板用压型钢板的型号；有关混凝土的标号等。

④设计计算中的主要要求：主要包括楼面活荷载及其折减系数、设备层主要荷载；抗震设计的计算方法、层间剪力分配系数、按两阶段抗震设计采用的峰值加速度、选用的输入地震加速度波等；地震作用下的侧移限值（层间侧移、整体侧移和扭转变形）。

⑤结构的主要参数和选型：主要包括结构总高度、标准柱距、标准层高、最大层高、建筑物高宽比、建筑物平面；结构的抗侧力体系，梁、柱截面形式，楼板结构做法等。

⑥制作与安装要求：主要包括柱的修正长度、切割精度、焊接坡口、熔化极嘴电渣焊等；高强度螺栓摩擦面的处理方法及预拉力施拧方法；构件各部位焊缝质量等级及检验标准、焊接试验、焊前预热及焊后热处理要求等；构件表面处理采用的除锈方法，要求达到的除锈等级，涂料品种、涂装遍数和要求的涂膜总厚度；建筑物防火等级、构件的耐火极限、要求采用的防火材料、采用的规程。

（3）基础平面布置图及其详图

对基础平面布置图及其详图的要求如下：

①应绘出柱网布置、纵横轴线关系，基础和基础梁及其编号、柱号，地坑和设备基础的平面位置、尺寸、标高；

②应绘出基础的平面及剖面、配筋图，标注总、分尺寸，标高及轴线关系，基础垫层等；

③附注说明：本工程 ±0.000 相应的绝对标高、基础埋置在地基中的位置及所在土层、基底处理措施、地基或桩的承载能力、基础材料、垫层材料、杯口填充材料、防潮层做法、对回填土的技术要求以及对施工的有关要求等。

（4）结构布置图

结构布置图分结构平面布置图和结构立（剖）面布置图。它们分别表示钢结构水平和竖向构件的布置情况及其支撑体系。布置图应注明柱列轴线编号和柱距，在立（剖）面图中应注明各层的相对标高。

①通常平面布置图中的柱可按柱截面形式表示，而梁则用粗实线表示。立面布置图中的梁柱均用粗实线表示。布置图中应明确表示构件连接点的位置、柱截面变化处的标高。布置图中如部分为钢骨混凝土构件时，同样可以只表示钢结构部分的连接，混凝土部分另行出图配合使用。

②结构平面布置相同的楼层(标准层),可以合并绘制。平面布置较复杂的楼层,必要时可增加辅助剖面,以表示同一楼层中构件间的竖向关系。

③各结构系统的布置图可单独编制,如支撑(剪力墙)系统、屋顶结构系统(包括透光厅)均需编制专门的布置图。其节点图可与布置图合并编制。

④柱脚基础锚栓平面图,应标注各柱脚锚栓相对于柱轴线的位置尺寸、锚栓规格、基础平面的标高。当锚栓用固定件固定时,应给出固定件详图,同时应表示出锚栓与柱脚的连接关系。

注意:当建筑中有钢和混凝土两种结构时,应分别冠以不同的字首,以示区别。

(5)构件截面表

钢结构的构件截面一般可在结构布置图中列表表示,表中主要标明构件编号、截面形状与尺寸或型钢型号、钢材牌号等信息。

(6)标准节点图

节点图用以表示各构件间相互连接关系及其构造特点,图中应注明各相关尺寸。对比较复杂的节点,应以局部放大的剖面图表示各构件的相互关系。

节点图主要包括柱脚、梁与柱的连接、主梁和次梁的连接、柱与柱的接头、梁与梁的接头、支撑与柱(梁)的连接、剪力墙板与柱(梁)的连接,以及箱形柱内横向加劲板的焊接等。

节点图中还应包括梁与混凝土核心筒的连接、主梁端部塑性铰区小隅撑的连接、梁腹板开洞的局部加强做法等。

(7)标准焊缝详图

多高层钢结构大量采用焊接连接,为了统一焊接坡口和焊接尺寸,减少制图工作量,并便于施工图的编制,一般均编制标准焊缝详图,分别适用于手工电弧焊、自动埋弧焊、半自动气体保护焊、熔化极嘴电渣焊和横向水平坡口自动焊。坡口焊缝的形式分工厂焊和工地焊两种,应分别列表并统一编号。标准焊缝详图以焊缝的横剖面详图表示,图中应详细表示母材加工要求、坡口形式、焊缝形式及尺寸、垫板要求及规格、角焊缝的焊脚尺寸等。所有的标准焊缝均需按规定的焊缝符号绘制。

(8)钢材材料表

钢材材料表是供制造厂制订材料计划和订货使用的,应按钢材规格、材质、质量等项列表。要求钢材定尺的应注明定尺长度,对材质有特殊要求的(如 Z 向性能)应在备注中注明。钢材用量系按设计图计算的,可能有一定的误差,准确的钢材用量应以施工样图为准。

本章小结

(1)多高层建筑(特别是超高层建筑)最适合的结构类型应是钢结构或以钢为主的混合或组合结构。这充分体现了该结构类型具有广阔的发展前景。

(2)在多高层钢结构设计中,水平荷载可能成为决定因素,结构侧移可能成为控制指标,轴向变形和梁柱节点域的剪切变形影响不容忽视,结构延性是重要设计指标,尽量选用空间构件,抗火设计必不可少,防锈处理必须到位,避雷系统完整可靠,结构动力响应成为关键因素,减轻结构自重具有重要意义,结构体系合理与否取决于能否有效提供抗侧能力。

(3)随着城市建设和社会发展,多高层钢结构建筑必将会高速发展。在确保多高层建筑具有足够可靠度的前提下,为了进一步节约材料和降低造价,结构构件和材料正在不断更新,设计概念也在不断发展。

（4）我国钢结构工程所涉及的标准、规范、规程从总体上可划分为 5 个层次。第 1 个层次为规范制定的原则；第 2 个层次为荷载代表值的取用；第 3 个层次为各种结构设计规范；第 4 个层次为与设计规范配套的施工规范；第 5 个层次为与设计、施工相配套的各种材料、连接方面的规程及标准等。

（5）目前，我国钢结构施工图的编制分设计图和施工详图两阶段进行。设计图由设计单位负责编制，施工详图则由钢结构制造厂根据设计单位提供的设计图和技术要求编制。

（6）钢结构设计图纸的组成：图纸目录，结构设计总说明，基础平面布置图及其详图，结构布置图，构件截面表，标准节点图，标准焊缝详图，钢材订货表。

（7）代表最新技术的结构高等分析将成为 21 世纪结构工程师的基本设计工具，建立在以结构整体极限状态和结构整体极限承载力为目标的结构集成设计方法，终将取代基于构件承载力极限状态的现行钢结构设计方法。

复习思考题

1.1　在多高层钢结构设计中，为什么说水平荷载成为决定因素？结构侧移成为控制指标？

1.2　在多高层钢结构设计中，为什么需要考虑柱的轴向变形和梁柱节点域的剪切变形？

1.3　试述线性构件、平面构件和空间构件的特点与区别。

1.4　规范体系的构成方式或结构形式是什么？

1.5　现行钢结构设计标准、规范、规程在规范体系中属于哪个层次？并列出这些标准、规范、规程。

1.6　建筑工程设计一般分为哪几个设计阶段？各设计阶段的文件编制内容是什么？

1.7　简述钢结构设计图纸的组成与各组成部分的内容。

第2章 结构类型与体系

本章导读

- 内容与要求　本章主要介绍多高层建筑结构的结构类型与特征、多高层房屋钢结构的结构体系与特性。通过本章学习,应对多高层建筑结构的结构类型与特征、多高层房屋钢结构的结构体系与特性等相关知识有较全面的了解。
- 重点　结构体系的选用方法。
- 难点　结构体系的分类及其特性。

2.1　结构类型与特征

　　楼房高度因城市建设的需要与日俱增。随着高层建筑结构的发展,其新型结构类型和体系不断涌现。根据主要结构所用材料或不同材料的组合,可将多高层建筑结构分为钢筋混凝土结构、纯钢结构、钢-混凝土混合结构、钢-混凝土组合结构4种结构类型。后3种结构类型可归属于多高层建筑钢结构范围,统称为多高层钢结构。其主要特征为:

1)纯钢结构

　　这种结构类型的梁、柱及支撑(含等效支撑,如钢板剪力墙、嵌入式内藏钢板支撑剪力墙和带竖缝的混凝土剪力墙)等主要构件均采用钢材。该类型主要用于纯框架体系或框架-支撑(等效支撑)体系。

2)钢-混凝土混合结构

　　这种结构类型的梁、柱构件采用钢材,而主要抗侧力构件采用钢筋混凝土内筒或钢筋混凝土剪力墙。该类型主要用于框架-内筒体系或框架-剪力墙体系。

3)钢-混凝土组合结构

　　这种结构类型包括钢骨(型钢)混凝土结构、钢管混凝土结构。该类结构的柱和主要抗侧力构件(筒体、剪力墙等竖向构件)常采用钢骨混凝土或钢管混凝土,而梁等横向构件仍采用钢材,如深圳帝王大厦、赛格广场等工程。

　　多高层房屋钢结构的主要优点是材料强度高,结构自重轻,有良好的延性,抗震性能好,能满足建筑上大跨度、大空间以及多用途的各种要求,同时施工速度快。即使在高强混凝土等新型建筑材料已出现的今天,钢结构仍不失为高层、超高层建筑,特别是地震区高层建筑的一种经济有效的结构类型。随着经济的发展、技术的进步,多高层钢结构建筑的优点将日益显现,必将得以更大发展。

2.2　结构体系与特性

随着层数和高度的增加，多高层钢结构除承受较大的竖向荷载外，还会承受较大的风荷载、地震作用等水平荷载。为了有效抵抗水平作用，选择经济而有效的结构体系便成为多高层房屋结构设计中的关键问题。

根据抗侧力结构的力学模型及其受力特性，可将常见的多高层房屋钢结构分成如下4大体系：框架结构体系、双重抗侧力结构体系、筒体结构体系和巨型结构体系。

框架体系由于结构自身力学特性的局限，对于30层以上的建筑经济性欠佳。双重抗侧力体系是在框架体系中增设支撑或剪力墙或核心筒等抗侧力构件，其水平荷载主要由抗侧力构件承担，可用于30层以上的建筑。当房屋层数更多时，由于支撑等抗侧力构件的高宽比值超过一定限度，水平荷载倾覆力矩引起的支撑等抗侧力构件柱的轴压应力很大，结构侧移也较大，宜采用加劲框架-支撑体系，利用外柱来提高结构体系的抗倾覆能力。随着房屋高度的增大，水平荷载引起的倾覆力矩，按照房屋高度二次方的关系急剧增大。因此，当房屋层数很多时，倾覆力矩很大，此时宜采用以立体构件为主的结构体系，即筒体体系或巨型结构体系，这种结构体系能够较好地满足高楼房抗倾覆能力的要求。

下面分别介绍各种结构体系的结构特征、力学特性和变形性质，以及各种体系的适用范围。

2.2.1　框架结构体系

1)体系特征

框架体系是指沿房屋的纵向和横向均采用钢框架作为主要承重构件和抗侧力构件所构成的结构体系。其钢框架是由水平杆件(钢梁)和竖向杆件(钢柱)正交连接形成。地震区的高楼采用框架体系时，框架的纵、横梁与柱的连接一般采用刚性连接。在某些情况下，为加大结构的延性或防止梁与柱连接焊缝的脆断，也可采用半刚性连接。

2)受力特性

刚性连接的框架在水平力作用下，在竖向构件的柱和水平构件的梁内均引起剪力和弯矩，这些力使梁、柱产生变形。因此，框架结构体系利用柱与各层梁的刚性连接，改变了悬臂柱的受力状态，使柱在抵抗水平荷载时的自由悬臂高度，由原来独立悬臂柱或铰接框架柱的房屋总高度 H 减少为楼层高度的一半($h/2$)(图 2.1)，可减小到原来的几十分之一，从而使柱所承受的弯矩大幅度减小，使框架能以较小截面积的梁和柱承担作用于高楼结构上的较大水平荷载和竖向荷载。因此，框架抗侧力的能力主要决定于梁和柱的抗弯能力。房屋层数增多，侧力总值增大，而要提高梁、柱的抗弯能力和刚度，只有加大梁、柱的截面，截面过大，就会使框架失去其经济合理性。

多高层房屋的框架结构，在竖向荷载作用下，仅框架柱的轴向压力自上而下逐层增加(框架梁、柱的弯矩和剪力自上而下基本无变化)；在水平荷载作用下，框架梁、柱的弯矩、剪力和轴力自上而下均逐层增加，上小下大，而且第二层边跨的框架梁梁端内力常为最大。

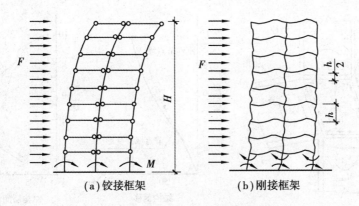

图2.1 水平荷载下高楼结构中柱的受力状态

3）变形特点

框架在侧力作用下，在所有杆件（柱和梁）内均引起剪力和弯矩，从而使梁、柱产生垂直于杆轴方向的变形。

框架在侧力作用下所产生侧向位移 Δ 由两部分组成：倾覆力矩使框架发生整体弯曲所产生的侧移和各层水平剪力使该层柱、梁弯曲（框架整体剪切）所产生的侧移，如图2.2所示。

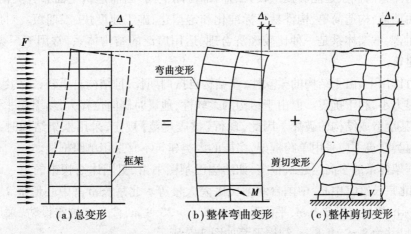

图2.2 水平荷载下框架的侧移及其组成

对于高度在 60 m 以下的框架结构，在侧力引起的侧向位移 Δ 中，框架整体弯曲变形约占15%，框架整体剪切变形约占85%。因此，框架整体侧移曲线呈剪切型，层间侧移呈下大上小状，最大的层间侧移常位于底层或下部几层。

在水平荷载作用下，框架节点因腹板较薄，节点域将产生较大的剪切变形（图2.3），从而使框架侧移增大10%～20%（《高钢规程》规定，应计入其影响），对内力的影响在10%以内（可不计其影响）。

4）二阶效应

钢框架结构除了具有一般框架结构的性能以外，还存在着一种不可忽视的效应，即框架的二阶效应。这是因为钢框架结构的侧向刚度有限，在风荷载或水平地震作用下将产生较大的侧向位移 Δ（图2.4），由于竖向荷载 P 作用于几何变形已发生显著变化的结构上，使杆件内力和结构侧移进一步增大，这种效应也称为二阶效应，或简称 $P\text{-}\Delta$ 效应。当钢框架结构越高时，$P\text{-}\Delta$

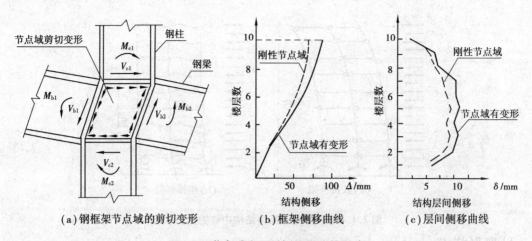

（a）钢框架节点域的剪切变形　（b）框架侧移曲线　（c）层间侧移曲线

图2.3　节点域变形对框架侧移的影响

效应也就越显著。为了控制结构的侧移值,必然要增加梁和柱的刚度。当结构达到一定高度时,梁、柱的截面尺寸就完全由结构的刚度控制,而不是强度控制。

5）框架特点及应用

框架结构体系的优点是能够提供较大的内部使用空间,因而建筑平面布置灵活、能适应多种类型的使用功能、构造简单、构件易于标准化和定型化、施工速度快、工期短。对层数不太多的高层结构而言,框架体系是一种比较经济合理、运用广泛的结构体系,常用于层数不超过30层的多高层建筑。

在地震力作用下,由于结构的柔软性,使结构自振周期长,且结构自重轻,结构影响系数小,因而所受地震力小,利于抗震。但由于结构的柔软性,地震时侧向位移大,易引起非结构性构件的破坏,有时甚至造成结构的破坏。因此,现行《抗震规范》规定,采用框架结构时,甲、乙类建筑和高层的丙类建筑不应采用单跨框架,多层的丙类建筑不宜采用单跨框架。

采用钢框架体系的多高层建筑很多,如法国巴黎图书馆、美国休斯顿市的第一印第安纳广场大厦、中国北京长富宫中心、中国台北荣民医院大楼等。北京长富宫中心地下2层,地上26层,高94 m,标准楼层层高3.3 m,平面尺寸为48 m×25.8 m,按8度抗震设防,采用钢框架体系,基本柱网尺寸为8 m×9.8 m,结构平面如图2.5所示。

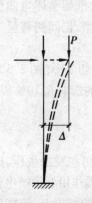

图2.4　框架的几何非线性效应图

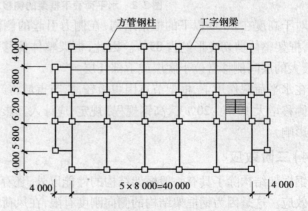

图2.5　北京长富宫中心典型层结构平面

2.2.2 双重抗侧力结构体系

前面已经讲到,框架结构体系的主要不足之处是侧向刚度差,当建筑达到一定高度时,在侧向力作用下,结构的侧移较大,会影响正常使用,因而建筑高度受到限制。当房屋高度较大时,可以参照单层工业厂房设柱间支撑的做法,在框架的纵、横方向设置支撑或剪力墙等抗侧力构件,这样就形成了框架和支撑或剪力墙共同抵抗侧向力的作用,故称之为双重抗侧力体系。

双重抗侧力体系的抗推刚度比框架体系要大,而且由于框架和抗侧力构件的变形协调,还使整个结构体系的最大侧移角有所减小。因此,在相同侧移限值标准的情况下,双重抗侧力体系可以用于比框架体系更高的房屋。

根据双重抗侧力体系中的抗侧力构件的不同,可将其分为 3 类:钢框架-支撑结构体系、钢框架-剪力墙(现浇钢筋混凝土剪力墙、现浇型钢混凝土剪力墙、嵌入式钢板剪力墙、嵌入式内藏钢板支撑的预制钢筋混凝土剪力墙和预制的带竖缝钢筋混凝土剪力墙)结构体系和钢框架-核心筒(钢筋混凝土核心筒或钢骨混凝土核心筒或钢结构支撑芯筒)结构体系。

在钢框架-支撑芯筒体系中,若设置连接支撑芯筒与外框架的刚性伸臂,则称之为加劲框架-支撑芯筒体系,简称加劲框架-支撑体系或支撑芯筒-刚臂体系。

1)钢框架-支撑体系

(1)体系特征

房屋超过 30 层,或者纯框架体系在风、地震作用下,不符合要求时,可以采用带支撑的框架,即在框架体系中,沿结构的纵、横两个方向或其他主轴方向,根据侧力的大小,布置一定数量的竖向支撑,所形成的结构体系称为框架-支撑体系,简称为框-撑体系,如图 2.6 所示。

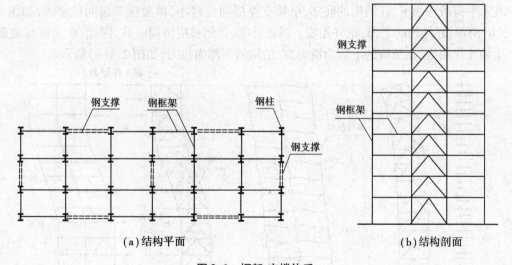

图中标注:
钢支撑　钢框架　钢柱
钢支撑
钢支撑
钢框架

(a)结构平面　　　　　　(b)结构剖面

图 2.6　框架-支撑体系

在这种体系中,框架布置原则、柱网尺寸和构造要求基本上与框架体系相同。竖向支撑的布置,在结构的纵、横等主轴方向,均应基本对称。竖向支撑可采用中心支撑(轴交支撑)或偏心支撑(偏交支撑)或约束屈曲支撑。抗风及抗震设防烈度为 7 度以下时,可采用中心支撑;抗震设防烈度为 8 度及以上时,宜采用偏心支撑或约束屈曲支撑。

若支撑沿楼面中心部位服务面积的周围布置,沿纵向布置的支撑和沿横向布置的支撑相连接,可形成一个支撑芯筒。

(2)变形特点

框-撑体系的变形与杆件本身的力学特性有关,与杆件的抗弯刚度相比较,杆件的抗压或抗拉的轴向变形刚度要大得多,采用由轴向受力杆件形成的竖向支撑来取代由抗弯杆件形成的框架结构,能获得大得多的抗推刚度。

在框-撑体系中,在水平荷载作用下,框架属剪切型构件,底部层间位移大,支撑近似于弯曲型竖构件;底部层间位移小,两者并联,其侧移曲线属弯剪型,呈反 S 状,可以明显减小建筑物下部的层间位移和顶部的侧移,如图2.7 所示。

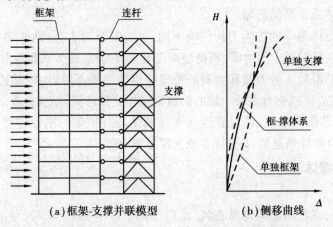

图2.7 水平荷载作用下框-撑体系的变形特点

(3)受力特性

在水平荷载作用下,在结构的底部,单独支撑层间位移小,单独框架层间位移大,如图2.8(a)、(b)所示;在结构的上部,正好相反。两者并联,其侧移应协调一致,因此,在支撑与框架之间产生相互作用力,在结构的上部为推力,在结构的下部为拉力,如图2.8(c)所示。

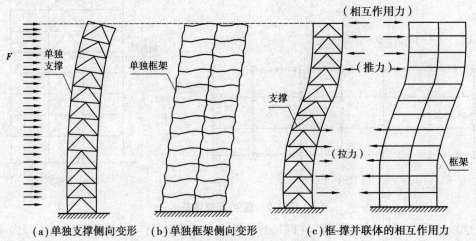

图2.8 框-撑体系的受力特性

（4）适用高度

框-撑体系的抗推刚度比框架体系要大,而且框-撑体系由于框架和支持的变形协调,还使整个结构体系的最大侧移角有所减小。因此,在相同侧移限值标准的情况下,框-撑体系可以用于比框架体系更高的房屋,一般用于40层以下的楼房较为经济。

2）钢框架-剪力墙体系

（1）体系特征

钢框架-剪力墙体系是在钢框架的基础上,沿结构的纵、横两个方向或其他主轴方向,根据侧力的大小,配置一定数量的剪力墙而形成。

由于剪力墙可以根据需要灵活地布置在任何位置上,另外剪力墙可以分开布置,两片以上剪力墙并联体较宽,从而可减少抗侧力体系的等效高宽比值,提高结构的抗推刚度和抗倾覆能力。

钢框架-剪力墙体系的受力特性和变形特点与钢框架-支撑体系相似。

剪力墙可分为现浇和预制两大类。预制剪力墙板通常嵌入钢框架框格内,因此常被称为嵌入式墙板。

（2）钢框架-嵌入式剪力墙板体系

①体系的组成。钢框架-嵌入式墙板体系是以钢框架为基础,根据侧力的大小,在结构的纵、横两个方向或其他主轴方向的钢框架梁、柱形成的框格内嵌入一定数量的预制墙板而组成的体系,如图2.9所示。

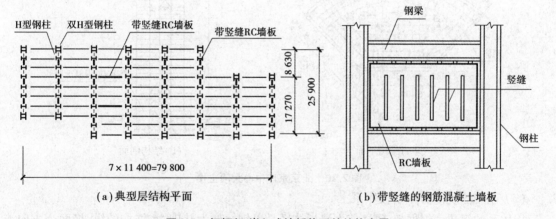

（a）典型层结构平面 （b）带竖缝的钢筋混凝土墙板

图2.9 钢框架-嵌入式墙板体系的结构布置

预制墙板有以下几种类型:带纵、横肋的钢板;内藏钢板支撑的钢筋混凝土墙板;带竖缝的钢筋混凝土墙板;带水平缝的钢筋混凝土墙板。

由于预制墙板嵌入钢框架梁、柱形成的框格内,一般应从结构底层到顶层连续布置。

为使墙板承受水平剪力而不承担竖向荷载,墙板四周与钢框架梁、柱之间应留缝隙,仅有数处与钢框架梁、柱连接。

②结构受力特性。整个建筑的竖向荷载全部由钢框架来承担;水平荷载引起的水平剪力由钢框架和墙板共同承担,并按两类构件的层间抗推刚度（侧向刚度）比例分配（一般情况,水平剪力主要由墙板来承担）;水平荷载引起的倾覆力矩,由钢框架和钢框架-墙板所形成的组合体来承担。

③结构变形特点。钢框架-嵌入式墙板体系的变形特点与钢框架-支撑体系相似。

④体系特点及应用。由于嵌入式墙板具有特殊的构造,其延性比普通的现浇钢筋混凝土墙体大数倍,因而能与钢框架更协调地工作;由于墙板具有较强的抗推刚度和抗剪承载力,因此与钢框架体系相比,钢框架-嵌入式墙板体系的抗推刚度和抗剪承载力都得到显著提高,在风或地震作用下,其层间侧移比钢框架体系显著减小,因而这种结构体系可以用于地震区层数更多的楼房。

此类结构体系适用于抗震设防烈度为8度或9度、总层数超过12层的钢结构建筑。

【实例1】 北京京广中心大厦主楼(图2.10),地下3层,地上51层,另有屋顶小塔楼2层,总高度为208 m,基础埋深为-16.4 m。主楼结构采用钢框架-嵌入式墙板体系。地面以下采用型钢混凝土框架和现浇钢筋混凝土抗震墙;地面以上采用钢框架,并沿中心电梯井周围在钢框架内嵌入带竖缝的预制混凝土墙板。

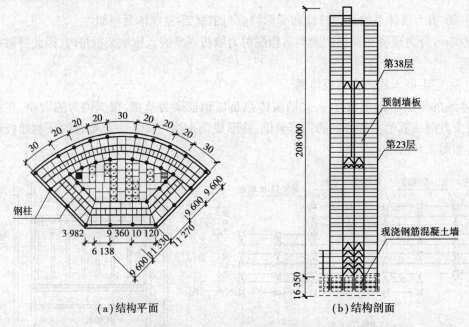

(a)结构平面　　　　　　　　(b)结构剖面

图2.10　北京京广中心大厦主楼

(3)钢框架-现浇剪力墙板体系

①体系的组成。钢框架-现浇剪力墙板体系是以钢框架为基础,在结构的纵、横两个方向或其他主轴方向的钢框架之间布置一定数量的现浇剪力墙板而组成的结构体系。

一般沿房屋的纵向和横向,均应布置剪力墙板。纵墙和横墙可分开布置,也可连成一体。现浇剪力墙体水平截面的形状可以是一字形(片状)、L形、T形、工字形。纵、横向剪力墙的数量应根据设防烈度和楼房层数多少由计算确定。

工程中,现浇剪力墙板可以是钢筋混凝土墙板或型钢混凝土(钢骨混凝土)墙板。

②结构受力特性。在钢框架-现浇剪力墙板体系中,钢框架是主要承重结构,现浇剪力墙板是主要抗侧力构件。现浇剪力墙体具有较大水平截面,而且沿高度方向连续,因此具有较大的抗推刚度。现浇剪力墙因具有较大的初始刚度,将承担大部分剪力和倾覆力矩,框架因抗推刚度相对较小,主要承担竖向荷载。在水平荷载作用下,现浇剪力墙属弯曲型构件,钢框架属剪切

型构件,两者协调工作后,钢框架顶部数层的水平剪力将大于下部,设计时应予以注意。

③体系变形特点及应用。由于在水平荷载作用下,现浇剪力墙的侧移曲线属弯曲型,而钢框架的侧移曲线属剪切型,两者协调变形后,其侧移曲线属弯剪型,呈反S状。

【实例2】 1986年建成的深圳发展中心大厦(图2.11)是一座多用途高楼,地下1层,地上48层,高165 m,主楼平面形状近似于圆形,主体结构采用钢框架-现浇钢筋混凝土剪力墙结构体系。

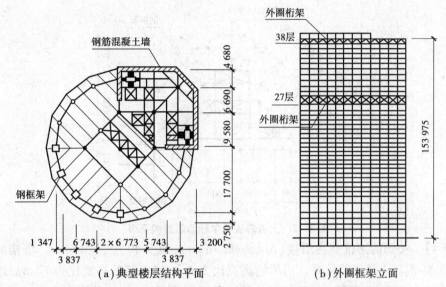

(a)典型楼层结构平面   (b)外圈框架立面

图2.11 采用钢框架-现浇钢筋混凝土剪力墙体系的深圳发展中心大厦

3)钢框架-核心筒体系

(1)体系特征

钢框架-核心筒体系是指由外侧钢框架与内部芯筒所组成的混合结构体系。内部芯筒可以是钢筋混凝土芯筒或钢骨混凝土芯筒或钢结构支撑芯筒。

当结构的楼层平面采用核心式建筑布置方案,将所有服务性设施集中在楼面中心部位时,可以沿服务性面积周围设置钢筋混凝土墙(形成钢筋混凝土核心筒)或钢骨混凝土墙(形成钢骨混凝土核心筒)或钢结构支撑(形成钢结构支撑核心筒)。

钢框架与核心筒之间通过钢梁连接。钢梁与钢筋混凝土核心筒常为铰接连接,与钢骨混凝土核心筒及钢结构支撑核心筒一般宜采用刚接,也可铰接;钢梁与钢框架的连接宜采用刚接,也可采用铰接。

(2)受力特性

由于芯筒是立体构件,在各个方向都具有较大的抗推刚度,在结构体系中,成为主要的抗侧力构件,将承担大部分的水平剪力和倾覆力矩,而在芯筒外围的钢框架主要是承担竖向荷载及小部分水平剪力。当外围钢框架的梁与柱采取柔性连接,即梁端与柱采用铰接时,钢框架仅承担竖向荷载,水平荷载则全部由芯筒承担。在水平荷载作用下,芯筒属弯曲型构件,钢框架属剪切型构件,两者协调工作后,钢框架顶部数层的水平剪力将大于下部,设计时应予以注意。

(3)体系变形特点

由于在水平荷载作用下,核心筒的侧移曲线属弯曲型,而钢框架的侧移曲线属剪切型,两者协调变形后,其侧移曲线属弯剪型,呈反S状。

（4）工程实例

【实例3】 上海静安希尔顿酒店（图2.12）,位于上海市静安区,地下1层,地上43层,高143 m。平面形状为带切角的三角形。主楼结构采用"钢框架-混凝土芯筒"体系,利用房屋中心的服务竖井,做成多边形钢筋混凝土芯筒,作为主要抗侧力构件。由于钢筋混凝土芯筒和竖墙具有很大的抗推刚度,所以承担竖向荷载的钢梁与钢柱,可以采用铰接,从而简化了施工。

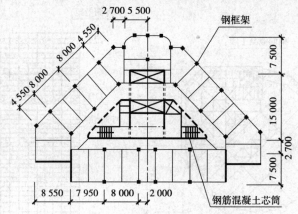

图2.12 上海静安希尔顿酒店结构平面

【实例4】 美国的阿拉空达塔楼（Anaconda Tower）,地上40层,高154 m。塔楼的主体结构采用钢框架-混凝土核心筒体系。房屋的高宽比为4.3,核心筒的高宽比为12.8。塔楼的典型层结构平面如图2.13所示。外圈框架的钢柱采用H型钢,各楼盖采用钢梁和以压型钢板为底模的组合楼板。钢梁一端简支在外框架的钢柱上,另一端搁在混凝土核心筒的牛腿上。

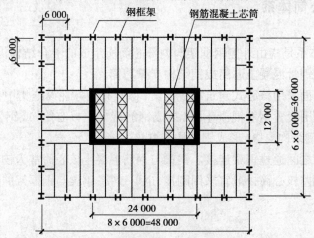

图2.13 美国阿拉空达塔楼结构平面

4）加劲的钢框架-芯筒体系

（1）体系特征

加劲的钢框架-芯筒体系,是在钢框架-芯筒体系中,增设连接芯筒与外围钢框架的大型桁架（称为加劲伸臂桁架,简称刚臂）,以及增设连接外围钢框架的周边大型桁架（称为加劲周边桁架,简称外围桁架）所组成的结构体系,如图2.14所示。

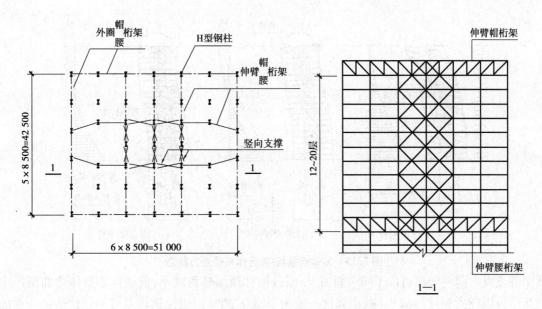

图2.14 加劲的钢框架-芯筒体系的构成

因为,就抵抗水平荷载而言,芯筒(竖向支撑)为弯曲型悬臂构件,其水平承载能力和抗推刚度的大小,与芯筒(竖向支撑)的高宽比成反比。当高层建筑采用钢框架-芯筒体系时,尽管芯筒作为主要抗侧力结构,但中央服务竖井的平面尺寸较小,沿服务竖井布置的竖向支撑高宽比较大,房屋很高时,由于支撑的高宽比值太大,抗侧力效果显著降低,往往不能满足其要求。此时,应沿芯筒竖向支撑所在平面,在房屋顶层以及每隔若干层,沿房屋纵向、横向或其他合适方向,设置至少一层楼高的加劲大型桁架——伸臂桁架和周边桁架,将内部支撑与外圈框架柱连为一整体弯曲构件,共同抵抗水平荷载引起的倾覆力矩。所以,这种体系被称为加劲的钢框架-芯筒体系。可见,这种体系是对钢框架-芯筒体系进行的一种改进体系。

这一体系基本上可不改变钢框架-芯筒体系的结构布置,只是通过设置刚臂和外围桁架,使外围钢框架的所有柱均参与整体抗弯作用,从而提高了整个结构的侧向刚度,减少了内筒所承担的倾覆力矩,也减小了结构的水平侧移。

加劲伸臂桁架和加劲周边桁架应设在同一楼层,该层常被称为水平加强层,常用作设备层或避难层,其设置位置及间隔的楼层数量,应综合考虑设备层或避难层的设置位置以及以减小结构位移和内力为目标的优化分析结果而定。

(2)受力特性

在一般的钢框架-芯筒体系(无刚臂时)中,由于连接外柱与芯筒(支撑)的钢梁跨度大、截面小,抗弯刚度很弱。当整个体系受到水平荷载作用时,外柱基本上不参与整体抗弯,芯筒几乎承担全部的倾覆力矩。而在加劲钢框架-芯筒体系中,整个体系受到水平荷载作用时,由于加劲桁架的竖向抗弯及抗剪刚度均很大,芯筒(支撑)受弯时,各层水平杆绕水平轴作倾斜转动,加劲桁架也随水平杆一起转动,迫使外柱参与整体抗弯。一侧外柱受压,一侧外柱受拉,形成与倾覆力矩方向相反的力矩(如同刚臂处作用一反向弯矩),将抵消一部分由水平荷载产生的倾覆力矩,从而减小了芯筒(支撑)所受的倾覆力矩,如图2.15所示。

(3)体系变形特点

由于加劲桁架的强大竖向刚度和外柱的较大轴向刚度,不仅使整个加劲钢框架-芯筒体系

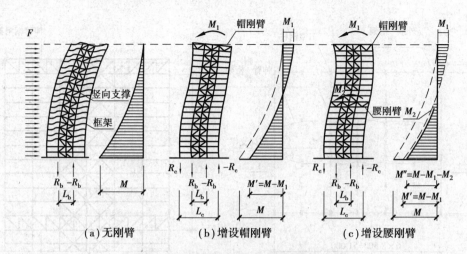

(a) 无刚臂　　　　　(b) 增设帽刚臂　　　　　(c) 增设腰刚臂

图 2.15　加劲钢框架-芯筒体系的受力状态

顶面各点发生同一转角而位于同一斜面上,而且使柱顶面转角减小,使该体系整体弯曲所产生的侧移得以较大幅度地减小(减小幅度一般为20%~30%),也使该体系可用于建造比一般的钢框架-芯筒体系(无刚臂时)更大高度的高楼。

(4)工程实例

【实例5】　如图2.16所示为美国纽约的42层ETW大楼的结构布置简图,它是以支撑芯筒为基础,于第38层(顶层)和第15层,沿纵、横向竖向支撑平面各设置一道刚性伸臂桁架,并在同一高度位置沿楼面周边框架各设置一道周边桁架。

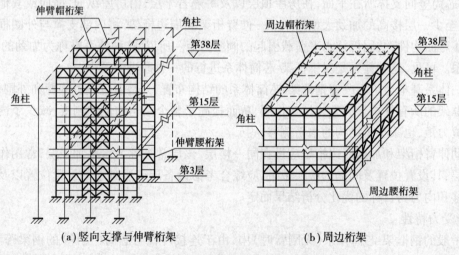

(a) 竖向支撑与伸臂桁架　　　　　(b) 周边桁架

图 2.16　美国纽约的42层ETW大楼

【实例6】　如图2.17所示为美国Milwaukee市的第一威斯康星大厦(First Wisconsin Center),地上42层,高184 m;建筑平面尺寸为36.6 m×61 m,楼面中心服务性竖井的平面尺寸为12.2 m×36.6 m。大楼采用加劲钢框架-支撑芯筒体系;第17层和第42层,沿竖向支撑所在平面,设置高度为7.9 m的刚性伸臂桁架(刚臂),横向四榀,纵向两榀;并沿周边钢框架,各设置一道与刚臂相连的周边桁架,如图2.17(a)、(b)所示。

水平荷载作用下,整体结构的变形如图2.17(b)所示;加劲钢框架-支撑芯筒体系与一般的钢框架-支撑芯筒体系(无刚臂时)的结构侧移曲线如图2.17(c)所示。

由图 2.17 可知:由于增设了刚臂,在刚臂层其结构侧移曲线出现了反向弯曲,减缓了结构的侧向位移,其结构顶点的侧移约减小 30%。

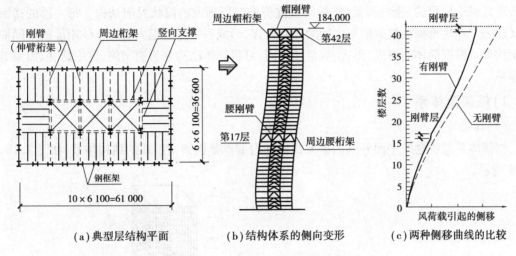

（a）典型层结构平面　　　　（b）结构体系的侧向变形　　　　（c）两种侧移曲线的比较

图 2.17　美国第一威斯康星大厦

5)体系选择原则

《抗震规范》规定,对于抗震等级为一、二级的钢结构房屋,宜设置偏心支撑、带竖缝钢筋混凝土抗震墙板、内藏钢支撑钢筋混凝土墙板、屈曲约束支撑等消能支撑或筒体。而且,该规范第 8.1.6 条还规定,采用框架-支撑结构的钢结构房屋时,应符合下列规定:

①支撑框架在两个方向的布置均宜基本对称,支撑框架之间楼盖的长宽比不宜大于 3。

②抗震等级为三、四级且高度不大于 50 m 的钢结构宜采用中心支撑,也可采用偏心支撑、屈曲约束支撑等消能支撑。

③中心支撑框架宜采用交叉支撑,也可采用人字支撑或单斜杆支撑,不宜采用 K 形支撑;支撑的轴线宜交汇于梁柱构件轴线的交点,偏离交点时的偏心距不应超过支撑杆件宽度,并应计入由此产生的附加弯矩。当中心支撑采用只能受拉的单斜杆体系时,应同时设置不同倾斜方向的两组斜杆,且每组中不同方向单斜杆的截面面积在水平方向的投影面积之差不应大于 10%。

④偏心支撑框架的每根支撑应至少有一端与框架梁连接,并在支撑与梁交点和柱之间或同一跨内另一支撑与梁交点之间形成消能梁段。

⑤采用约束屈曲支撑时,宜采用人字支撑、成对布置的单斜杆支撑等形式,不应采用 K 形或 X 形支撑,支撑与柱的夹角宜在 35°~55°。屈曲约束支撑受压时,其设计参数、性能检验以及作为两种消能部件时的计算方法可按相关要求设计。

2.2.3　筒体结构体系

20 世纪 70 年代,随着城市建设的发展,建筑结构高度也不断增加,前面的几种高层建筑钢结构体系难以很好地满足高层建筑的刚度要求或经济指标。为减小结构的高宽比,提高抗侧移构件的效能及结构的抗侧移刚度,一批适用于超高层建筑的筒体结构体系应运而生。

筒体结构体系因其抗侧移构件采用了立体构件而使结构具有较大的抗侧移刚度,有较强的抗侧力能力,能形成较大的使用空间,在超高层建筑中运用较为广泛。所谓筒体结构体系,就是由若干片纵横交接的"密柱深梁型"框架或抗剪桁架所围成的筒状封闭结构。每一层的楼面结构又加强了各片框架或抗剪桁架之间的相互连接,形成一个具有很大空间整体刚度的空间筒状封闭构架。根据筒体的组成、布置、数量的不同,可将筒体结构分为框架筒、筒中筒、框筒束等结构体系。

1)框架筒体系

(1)体系特征

框筒体系是由建筑平面外围的框架筒体和内部承重框架所组成的结构体系,如图2.18、图2.19所示。

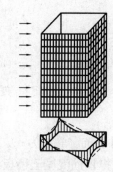

图2.18　框架筒的结构平面形式　　图2.19　框架筒的剪力滞后效应

框架筒体是由3片以上的"密柱深梁型"框架或抗剪桁架所围成的筒状封闭型抗侧力立体构件,简称框筒。"密柱"是指框筒采用密排钢柱,柱的中心距不得大于4.5 m;"深梁"是指框筒采用较高截面的实腹式窗裙梁,其截面高度一般为0.9~1.5 m。通常,平行于侧力方向的框架被称为腹板框架,与之垂直的框架则被称为翼缘框架。框筒的平面形状宜为圆形或方形或矩形(其长宽比不宜大于1.5,否则,剪力滞后效应过于严重,不能充分发挥其立体构件的效能,此时宜采用框筒束结构体系)或正三角形或正多边性等较规则平面。框筒的立面开洞率一般取30%左右,因过大不能充分发挥立体构件的空间效能,太小则可能会影响建筑使用功能或增加用钢量。外围框架筒体的梁与柱采用刚性连接,以便形成刚接框架。

内部承重框架的梁与柱铰接即可,仅承受重力荷载。由于内部承重框架仅承受重力荷载,所以,其柱网可以按照建筑平面使用功能要求随意布置,不要求规则、正交,柱距也可以加大,从而提供较大的灵活使用空间。

(2)受力及变形特点

作用于楼房的水平荷载所引起的水平剪力和倾覆力矩,全部由外围框筒承担(水平剪力由平行于侧力方向的各片腹板框架承担,倾覆力矩则由平行于和垂直于侧力方向的各片腹板框架和翼缘框架共同承担);各楼层的重力荷载,则是按受荷面积比例分配给内部承重框架和外围框筒。

框架筒在侧向荷载作用下整体弯曲(倾覆力矩作用下)时,若框架筒能作为一整体并按单纯的悬臂实壁构件受弯,则框架筒柱的轴力分布如图2.19中虚线所示(直线分布,符合平截面假定)。由于存在框架横梁(窗裙梁)的竖向弯剪变形,使框架筒中柱的实际轴力不再符合平截面假定的直线分布规律,而是呈非线性分布,如图2.19中实线所示的曲线状,框架筒柱的这种轴力分布规律称之为剪力滞后效应(Shear Lag Effect)。

剪力滞后效应使得房屋的角柱要承受比中柱更大的轴力,并且结构的侧向挠度将呈现明显的剪切型变形。

剪力滞后效应将削弱框筒作为抗侧力立体构件空间效能。框筒结构的剪力滞后效应越明显,则对筒体效能的影响越严重。影响框筒结构的剪力滞后效应的因素主要是梁与柱的线刚度比、结构平面形状及其长宽比。当平面形状一定时,梁、柱线刚度比越小,剪力滞后效应越明显;反之,框架柱中的轴力越趋均匀分布,结构的整体性能也越好。结构平面形状对筒体的空间刚度影响很大,正方形、圆形、正三角形等结构平面布置方式能使筒体的空间作用较充分地得到发挥。

(3)工程实例

【实例7】 1973年建成的美国世界贸易中心双塔楼(已毁于2001年9月11日),地下6层,地上110层,北楼高417 m,南楼高415 m。塔楼平面外轮廓尺寸为63.5 m×63.5 m,其内部电梯、管道等服务性核心区的平面尺寸为24 m×24 m,典型楼层的层高为3.66 m,房屋高宽比为6.5。

如图2.20所示,该塔楼采用钢结构框筒体系,楼面周边为"密柱深梁型"框筒,由236根箱形截面钢柱密排围成,柱距仅为1.02 m,窗裙梁截面高度1.32 m,其立面开洞率只有36%。内部设置电梯、管道等设施的井筒由44根箱形截面柱子构成钢框架,但设计时仅考虑它们承受重力荷载,而全部水平荷载则由外围的框架筒来抵抗。

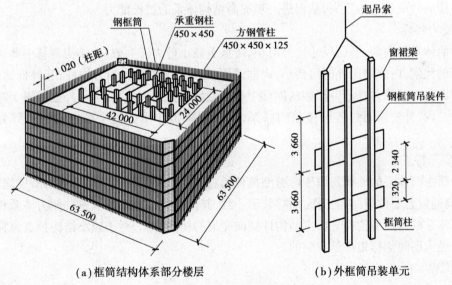

(a)框筒结构体系部分楼层   (b)外框筒吊装单元

图2.20 美国世界贸易中心塔楼

2)筒中筒体系

(1)体系特征

筒中筒结构体系是由分别设置于内外的两个以上筒体通过有效的连接组成一个共同工作的结构体系,如图2.21所示。外筒通常是由密柱深梁组成的钢框筒或支撑钢框架组成的支撑钢框筒;内筒可以是由密柱深梁组成的钢框筒或支撑(含等效支撑,如嵌入式钢板剪力墙、内藏

钢板支撑的钢筋混凝土剪力墙、带竖缝的钢筋混凝土剪力墙、带水平缝的钢筋混凝土剪力墙）、
钢框架组成的支撑钢框筒或现浇钢筋混凝土墙形成的钢筋混凝土核心筒或钢骨混凝土墙形成
的钢骨混凝土核心筒。

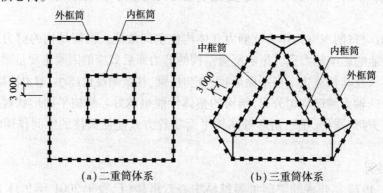

(a)二重筒体系　　　　　　　(b)三重筒体系

图 2.21　筒中筒结构体系的典型平面

这种体系一般是利用作为垂直运输、管道及服务设施的结构核心部分布置内筒，并与平面
周边外筒通过各层楼面梁板的连系形成一个能共同受力的空间筒状骨架。由于筒中筒结构体
系的内外筒体共同承受侧向力，所以结构的抗侧移刚度很大，能承受很大的侧向力。有时，为了
进一步提高该体系的抗侧力效能，在结构顶层和设备层或避难层，利用沿内框筒的 4 个边设置
向外伸出的加劲伸臂桁架，与外框筒钢柱相连，加强内外框筒的连接，并在外框筒中设置加劲的
周边桁架，可使外框筒的翼缘框架中段各柱，在结构整体抗弯中发挥更大的作用，用以弥补因外
框筒剪力滞后效应带来的损失，从而进一步提高结构体系的抗推能力。

（2）受力特性

筒中筒体系的内筒，平面尺寸比外筒小，可显著减小剪力滞后效应，结构侧移中剪切变形与
弯曲变形的比例，内框筒比外框筒要小，内框筒更接近于弯曲型抗侧力构件；其外框筒，平面尺
寸比内筒大，剪力滞后效应严重，结构侧移中剪切变形所占比例较大，因而外框筒属于弯剪型抗
侧力构件。内、外框筒通过各层楼盖的联系，将共同承担作用于整个结构的水平剪力和倾覆
力矩。

（3）变形特点

由于筒中筒体系的外框筒属于弯剪型抗侧力构件，而内框筒更接近于弯曲型抗侧力构件，
内、外框筒通过各层楼盖协同工作，侧移趋于一致，其侧移曲线形状与双重抗侧力体系相似。由
于筒中筒体系的弯曲型构件与剪弯型构件侧向变形的相互协调，对于减小结构顶点位移和结构
下半部的最大层间侧移角都是有利的。

（4）工程实例

【实例8】　北京中国国际贸易中心主楼(一期工程)(图2.22)，建筑面积为 8 600 m²，地下
2 层，地上 39 层，高 155 m，按 8 度地震设防。

主楼采用钢结构筒中筒体系。典型楼层的层高为 3.7 m；内框筒平面尺寸为 21 m×21 m，
外框筒平面尺寸为 45 m×45 m；内、外框筒的柱距均为 3 m，房屋的高宽比(即外筒高宽比)为
3.4，内筒高宽比为 7.3。框筒的柱和梁都是平面内受力，平面外的弯剪力均比较小。柱和梁均
采用热轧 H 型钢，加工费用比方钢管低。

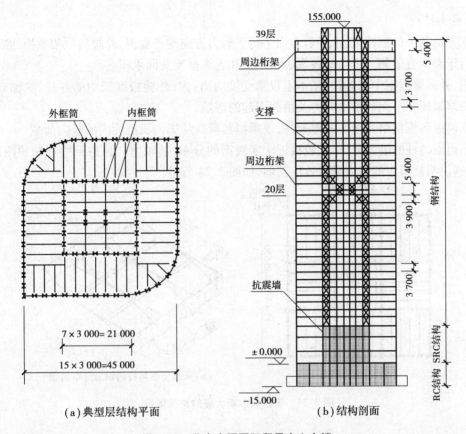

（a）典型层结构平面　　　　　　　（b）结构剖面

图 2.22　北京中国国际贸易中心主楼

3）框筒束体系

（1）体系特征

框筒束体系是由两个以上的框筒并列组合在一起形成的框筒束及其内部的承重框架共同组成的结构体系（图 2.23），或者以一个平面尺寸较大的框筒为基础，然后根据结构受力要求，在其内部纵向或横向，或者纵、横两个方向，增设一榀以上的腹板框架所构成（图 2.24（a））。增设的内部腹板框架，可以是密柱深梁型框架或带支撑（含等效支撑，如嵌入式墙板）的稀柱浅梁型框架。

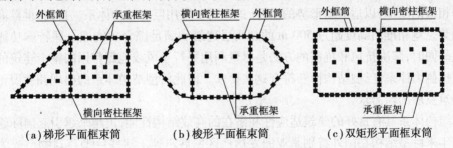

（a）梯形平面框束筒　　　　　　（b）梭形平面框束筒　　　　　　（c）双矩形平面框束筒

图 2.23　框筒束结构体系工程实例

框筒束中的每一个框筒单元（子框筒），可以是方形、矩形、三角形、梯形、弧形或其他形状，而且每一个单筒可以根据上面各层楼面面积的实际需要，在任何高度中止，而不影响整个结构体系的完整性。框筒束体系的使用条件比框筒体系更加灵活。

（2）受力特点

①水平荷载下的框筒束,水平剪力由平行于剪力方向的各榀内、外腹板框架承担,倾覆力矩则由平行于和垂直于侧力方向的各榀腹板框架和翼缘框架共同承担。

②内、外翼缘框架中的各柱,基本上仅承受轴向力;内、外腹板框架中的各柱,除轴向力外,还承受沿框架所在平面的水平剪力及由此引起的弯矩。

③框筒束各框筒单元内部的框架住,仅承担其荷载从属面积范围内的竖向荷载。

④框筒束各柱的轴力分布,比较接近于实腹筒的分布,其轴力与该柱到中和轴的距离大致成正比,这说明框筒束的剪力滞后效应甚弱,如图2.24所示。

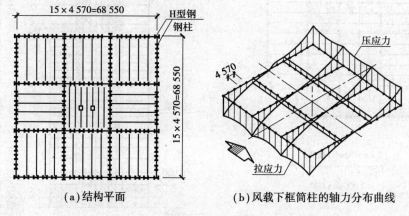

（a）结构平面   （b）风载下框筒柱的轴力分布曲线

图2.24　美国希尔斯大厦的束筒体系

2.2.4　巨型结构体系

随着城市建设的发展,人们对建筑外形、建筑功能、建筑空间和建筑环境提出了更高的要求。高楼平面正在向大尺寸发展,为了模拟自然,改善内部办公条件,有效地利用较大内部空间,需要在建筑内部每隔若干楼层设置一个庭园。这样的建筑布置使以往的结构体系不再适用,需要采用能够提供特大空间的巨型结构体系。随着社会的发展,人们对建筑内部使用空间提出更高的要求,如对于高楼中用于展览、文娱等活动的楼层,提出无柱空间的要求等,结构体系也应作相应的变革,以适应新形势的需要,这也需要采用巨型结构体系。目前,世界高层建筑发展的趋势是竞相推出高度超过500 m的超高层建筑和满足综合功能或一些特殊功能要求的高层建筑。同时,解决抗风和抗震的方法是尽量利用平行于风或地震作用的整个建筑的平面尺寸来组成抗侧力体系,巨型结构恰巧符合这些要求。因此巨型结构体系的出现和发展正是适应了现代建筑发展的新需求。

巨型结构体系具有良好的建筑适应性和潜在的高效结构性能,正越来越引起国际建筑业的关注。近年来巨型结构在国外特别是亚洲发达地区发展迅速。这些巨型建筑物已成为该国国家经济繁荣、科技进步的标志。如日本NEC办公大楼、东京市政厅大厦、神户TC大厦,美国芝加哥约翰·汉考克大厦、依依中心大厦、休斯顿西南银行,新加坡IBM大厦,法国巴黎Grand Apsiu高层综合楼和德国法兰克福商业银行中心新大楼等。

1）巨型结构的概念与分类

（1）概念

巨型结构的概念产生于20世纪60年代末，由梁式转换层结构发展而形成。巨型结构体系又称超级结构体系，它是由不同于常规梁柱概念的大型构件——巨型梁和巨型柱所组成的主结构与常规结构构件组成的次结构共同工作的一种高层建筑结构体系。

巨型结构的梁和柱一般都是空心的立体杆件。巨型构件的截面尺寸通常很大，其中巨型柱的尺寸常超过一个普通框架的柱距，其形式上可以是巨大的实腹钢骨混凝土柱、空间格构式柱或是筒体；巨型梁采用高度在一层以上的空间钢桁架，一般隔若干层才设置一道。巨型结构的主结构通常为主要抗侧力体系，次结构只承担竖向荷载，并负责将力传给主结构。巨型结构是一种超常规的具有巨大抗侧力刚度及整体工作性能的大型结构。

（2）分类

巨型结构按材料不同，可分为巨型钢结构、巨型钢骨钢筋混凝土结构（SRC）、巨型钢-钢筋混凝土结构混合以及巨型钢筋混凝土结构；按其主要受力和组成体系，可分为巨型框架、巨型支撑外框筒（巨型支撑框筒）、巨型支撑筒（巨型桁架筒）和巨型悬挂结构等基本类型。

2）巨型结构的特点及应用

巨型结构具有一系列不同于普通结构的特点：

①结构整体刚度大。由矩形截面梁的截面刚度 $EI = E \times bh^3/12$ 可知，截面刚度与截面高度的3次方成正比。由于巨型构件的截面尺寸比常规构件大得多，因此其刚度必然比普通结构的刚度大很多。

②侧向刚度大且沿高度分布均匀，传力途径明确，是一种理想的抗侧力结构体系。

③体系灵活多样，有利于抗震。巨型结构可以有各种不同的变化和组合，主结构和次结构可以采用不同的材料和体系。巨型结构是一种大体系，可以在不规则的建筑中采取适当的结构单元组成规则的巨型结构，对抗震有利。

④巨型结构的次结构只是传力结构，故次结构的柱子不必连续，建筑物中可以布置大空间或空中台地或大门洞。次结构中的柱子仅承受巨型梁间的少数几层荷载，截面可以做得很小，给房间布置的灵活性创造了有利条件。

⑤施工进度快。巨型结构体系可先施工其主结构，待主结构完成后分开各个工作面同时施工次结构，可以大大缩短施工周期。

⑥具有更大的稳定性和更高的效能，可节省材料，降低造价，使建筑物更加经济实用。例如中国香港中国银行大楼采用巨型桁架体系，节省钢材40%左右。

⑦具有良好的建筑适应性和潜在的高效结构性能。巨型结构能满足综合功能或一些特殊功能要求，能满足建筑设计和结构设计有机结合的要求，使其良好的建筑适应性和经济性均能得到充分的体现。

⑧可清楚地划分为主、次结构，传力途径明确。

3）巨型框架体系

（1）组成与布置

巨型框架，可以说是把一般框架按照一定比例放大而成。与一般框架的杆件为实腹截面不同,巨型框架的梁和柱是格构式立体构件。

巨型框架的柱,一般布置在房屋的四角;多于4根时,除角柱外,其余柱沿房屋的周边布置。所以巨型框架比多根柱沿周圈布置的框筒体系具有更大的抗倾覆能力。巨型框架的梁,一般每隔12~15个楼层设置1根,其中间楼层是仅承受重力荷载的一般小框架。

（2）受力特点

主结构（巨型框架）承担全部作用于楼房的水平荷载（产生水平剪力和倾覆力矩）和竖向荷载;巨型梁间的次结构（次框架）仅承受巨型梁间的重力荷载,并将其传给主结构（巨型框架）。

（3）变形特点

由于巨型框架具有很大的抗侧移刚度和抗倾覆能力,加之巨型梁具有很大的抗弯刚度和抗剪刚度,使其侧向位移曲线在巨型梁处有如加劲的框架-芯筒体系的侧向位移曲线类似的内收现象,因此,其侧向位移较常规体系大为减小。

该体系的侧移曲线在巨型梁处出现内收现象,总体呈剪切型,与加劲的框架-芯筒体系的侧移曲线类似。该体系特别适于超高层或有特殊、复杂及其综合功能要求的高层建筑。

（4）工程实例

【实例9】 日本千叶县的 NEC 办公大楼位于东京,地下4层,地上43层,屋顶间1层,高180 m。结构采用巨型框架体系,建筑布置时,底层至13层设置了内部大庭园,13~15层还设置了横贯整个房屋的具有3层楼高的大开口,其剖面图如图2.25所示。

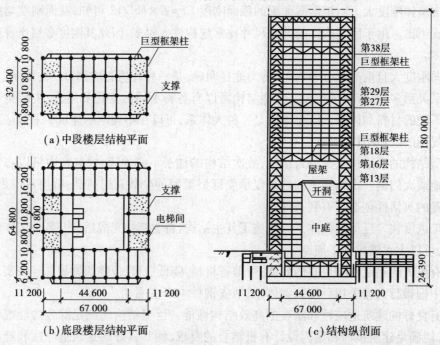

（a）中段楼层结构平面

（b）底段楼层结构平面

（c）结构纵剖面

图2.25 日本千叶县的 NEC 大楼（巨型框架体系）

该体系中的主框架是由4根巨型格构柱和分别布置在地下室及第16,27,38层的4根巨型桁架梁所组成。主框架几乎承担着整个建筑的全部侧向荷载。每根巨型格构柱是由两个方向间距分别为11.2 m和10.8 m的4根钢柱及4片人字形竖向支撑所组成。巨型桁架梁是由竖向、水平间距分别为6.1 m和10.8 m的4根钢梁及桁架所组成。这种巨型框架中的钢柱、钢梁均采用截面尺寸为1.0 m的大钢管柱,壁厚为40～100 mm。支撑和桁架中的斜杆均采用H型钢。

巨型钢框架结构体系中的次框架为一般刚接框架,柱网尺寸为7.4 m×10.8 m,仅承担局部楼层中的重力荷载,梁和柱均采用宽翼缘工字钢截面,节点采用刚性连接。

NEC办公大楼的结构设计考虑了风和地震荷载,由于立面开大洞,减少了风荷载,底层的风荷载剪力为地震剪力的67%,表明是地震起控制作用。该大楼高180 m,但横向周期仅为3.44 s,纵向周期仅为3.42 s,均比常规结构约短20%,足以说明巨型框架具有很大的抗推刚度和强度。

【实例10】 日本东京拟建的"动力智能大厦-200"(Dynamic Intelligent Building-200,简称DIB-200),是一座集办公、旅馆、公寓以及商业、文化体育活动为一体的综合性特高楼房。地下7层,地上200层,高800 m,总建筑面积为150万 m²。该大楼由12个单元体组成,每个单元体是一个直径为50 m、高50层(200 m)的筒形建筑。

该大楼的主体结构采用由支撑框筒作柱、立体桁架作梁所组成的巨型框架体系。该空间巨型框架每隔50层(200 m)设置一道巨型梁,整个框架是由12根巨型柱和10根巨型梁构成,每段柱是一个直径50 m、高200 m的支撑框筒。在平面布置上,1～100层,4个支撑框筒布置在方形平面的4个角,两个方向的中心距均80 m,如图2.26(a)所示;101～150层,3个支撑框筒布置在三角形平面的3个角;151～200层,为一个支撑框筒。整个空间巨型框架的概貌如图2.26(b)所示,其竖剖面如图2.27所示。

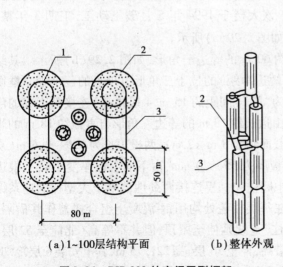

(a)1～100层结构平面　　(b)整体外观

图2.26　DIB-200 的空间巨型框架
1—芯筒；2—支撑框架；3—立体桁架

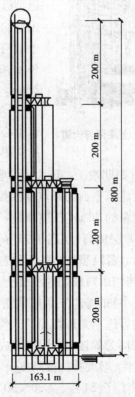

图2.27　DIB-200 空间巨型框架竖剖面

为了进一步减小台风和地震作用下的结构侧移和风振加速度,在结构上安装了主动控制系统。该系统由传感器、质量驱动装置、可调刚度体系和计算机所组成。当台风或地震作用时,安装在房屋内外的各传感器把收到的结构振动信号传给计算机,经过计算机的分析和判断,启动安装在结构各个部位的地震反应控制装置来调整建筑的重心,以保持平衡,从而避免结构强烈振动和较大侧移的发生。

该结构体系具有以下优点:

①圆柱形支撑框筒具有最小的风载体型系数;

②巨型梁处设置的透空层进一步减小风压值;

③结构的高宽比值较小,其值为6.2;

④对任何方向的水平荷载,都具有较大的抗推刚度和抗倾覆能力;

⑤双向斜杆式的圆柱形支撑框筒,各杆件受力均匀;

⑥支撑框筒的立柱采用内填高强混凝土的钢管,具有很大的受压承载力;

⑦在结构上安装主动控制系统后,进一步削弱了结构的地震反应。根据对比计算,结构的地震侧移削减40%左右。

图2.28 上海证券大厦

【实例11】 上海证券大厦,28层,高128 m,采用了巨型框架结构体系(图2.28)。该结构是在相距63 m的两个塔楼的19～26层用横向巨型桁架梁相连,9层以下由裙房连接,构成巨型框架结构体系。塔楼及横向63 m巨型桁架梁都是6层楼一个节间,由玻璃幕墙将此巨型框架与内部梁、板、柱隔开。塔楼内都有钢筋混凝土核心筒,在外围有的是借用巨型框架柱,有的是以独立钢柱作为竖向承重构件。整个结构长边为105 m,有较强的刚度,自振周期是1.5 s;短边方向为36 m,抗侧力主要靠14 m宽的核心筒,水平刚度较小,自振周期是2.9 s。巨型框架的柱、梁、斜撑均为很大的箱形截面。

【实例12】 德国法兰克福商业银行中心新大楼位于法兰克福市中心的凯塞尔广场,地下2层,地上63层,高298.74 m,为欧洲钢结构第一高楼。该大楼于1994年5月破土动工,工期3年整,于1997年5月如期竣工。该大楼的整体外观如图2.29(a)所示。

该大楼建筑平面为顶点变圆弧的边长约60 m的等边三角形,如图2.29(b)所示。其结构体系是以相距约36 m(长边净距)和18 m(短边净距)的位于三角形三顶点的三个独立框筒为"柱",通过8层楼高(层高3.75 m)的框架为"梁"(间距约15 m,4层楼高)连接而围成的巨型框架筒体系。各巨型柱(独立框筒)截面均由边长约18 m的等边三角形与直径约18 m的半圆组成;其结构均由两根劲性混凝土大型柱(截面约为8 m×2 m)、两根边长为0.9～0.6 m(从下向上截面变小)的等边三角形截面钢柱(钢板厚为55～20 mm,由下向上板厚变小),一根边长为1.4 m的等边三角形截面的劲性混凝土中庭柱和一榀连接两劲性混凝土大型柱的连系钢框架(其柱、梁均为焊接H型钢)构成;此外,在每层楼盖处均用钢-混凝土组合楼盖作其横隔,以增强其整体性,增大其抗推刚度。各"巨型柱"连续延伸至屋顶,但并不等高(北筒至52层,高198.84 m;南筒至54层,高206.30 m;西筒最高,伸至56层,高221.75 m,其上安装6层冷却塔,冷却塔上再架设钢结构天线,至天线顶端高298.74 m)。以各巨型柱(独立框筒)的劲性混凝土中庭柱和劲性混凝土大型柱为顶点而围成的梯形区域(上底约18 m,下底约36 m,高约16 m)

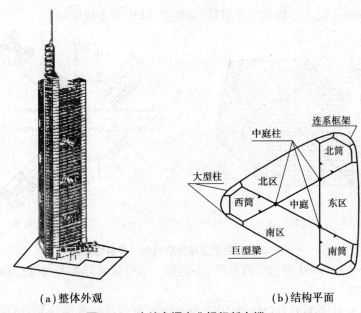

（a）整体外观　　　　　　　　　　　　　（b）结构平面

图2.29　法兰克福商业银行新大楼

为无柱大空间。三梯形区域所围成的边长约18 m的等边三角形区域（即以3根劲性混凝土中庭柱为顶点的等边三角形区域）为中庭。该中庭每12层楼处以水平钢桁架（起水平支撑作用）上铺透明玻璃隔断，这不仅达到自然采光的效果，而且还增强了整幢大楼的抗扭刚度和整体性。

为创造自然通风的特殊环境，沿大楼周面螺旋形设置（同一立面沿高度方向为8层楼间隔）了4层楼高（约15 m）的通风大开洞，使整幢大楼在任一平面均有一个立面的通风大开洞与中庭相通，大楼内、外的空气得以流通，产生了自然通风的效果，同时减小风载20%左右。

该大楼的整体效应主要是由沿周面连接各"巨型柱"（独立筒）的"巨型梁"（8层楼高钢框架，间距4层楼高）所产生的"螺旋箍效应"而决定。经分析计算，该大楼的固有频率为0.9 Hz，即基本周期为5.26 s。可见，298.74 m高的钢结构大楼，采用该巨型框架筒体系后，具有极好的整体效应和抗推刚度。其中"巨型梁"所产生的"螺旋箍效应"是不可磨灭的。这也正是该工程的妙作之一。可以说，该大楼是建筑功能与结构功能有机结合的一个范例，是充分体现巨型结构体系的建筑适应性与潜在的高效结构性能的典型工程实例。

4）巨型支撑外框筒体系

（1）体系特征

框筒体系由于横梁的柔软性，使得筒体出现程度不同的剪力滞后效应，筒体的空间效能因而受到一定的削弱。为了进一步增强筒体结构的刚度，沿"稀柱浅梁型"外框筒的各个面增设巨型交叉支撑构成巨型支撑框筒体系（如图2.32所示的美国约翰汉考克大厦）。

巨型支撑外框筒体系是由建筑周边的巨型支撑框筒和内部的承重框架所组成。

巨型支撑框筒的支撑斜杆轴线与水平面的夹角一般取45°左右；相邻立面上的支撑斜杆在框筒转角处与角柱相交于同一点，使整个结构组成空间几何不变体系，并保证支撑传力路线的连续性。

根据受力特点，可将巨型支撑外框筒划分为"主构件"和"次构件"两部分。在每一个区段中，主构件包括支撑斜杆、角柱和主楼层的窗裙梁（如图2.30中粗实线所示）；次构件包括周边各中间柱和介于主楼层之间的各层窗裙梁(如图2.30中细实线所示)。

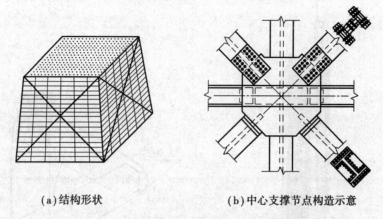

(a)结构形状　　　　　(b)中心支撑节点构造示意

图2.30　巨型支撑外框筒的一个典型区段

巨型支撑外框筒体系(简称支撑框筒)不再像一般框筒那样要求密排柱和高截面窗裙梁。

(2)受力状态

水平荷载引起的水平剪力和倾覆力矩,全部由巨型支撑外框筒承担;竖向荷载则由巨型支撑外框筒和内部的承重框架共同承担,并按各自的受荷面积比例分担。

巨型支撑外框筒,在水平荷载作用下发生整体弯曲时,本来应该由框筒各层窗裙梁承担的竖向剪力,绝大部分改由支撑斜杆来承担,如图2.31所示。

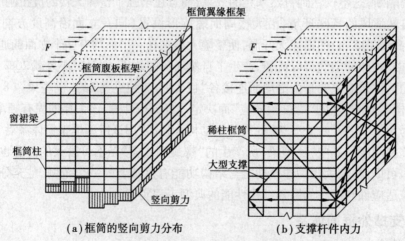

(a)框筒的竖向剪力分布　　　　(b)支撑杆件内力

图2.31　水平荷载作用下巨型支撑外框筒受力状态

在巨型支撑外框筒体系中,是靠支撑斜杆的轴向刚度(而不是靠窗裙梁的竖向弯剪刚度)所提供的轴向承载力来抵抗水平剪力和竖向剪力,而且杆件的轴向刚度远大于杆件的弯剪刚度,加之支撑又具有几何不变性,所以水平荷载作用下巨型支撑外框筒的水平和竖向剪切变形均很小,基本上消除了剪力滞后效应,从而能更加充分地发挥抗侧力立体构件的空间工作效能。

(3)变形特点

在巨型支撑外框筒体系中,是靠支撑斜杆的轴向刚度所提供的轴向承载力来抵抗水平剪力和竖向剪力,加之支撑又具有几何不变性,因此巨型支撑外框筒体系具有很大的水平和竖向刚度。在水平荷载作用下,整个结构体系产生的侧移中,整体弯曲产生的侧移约占80%以上,而结构剪切变形所产生的侧移约占20%以下。

（4）工程实例

【实例13】　在美国芝加哥市,1968 年建造的约翰·汉考克大厦(Hancock Centre),是一幢综合性高层办公建筑。地下 2 层,地上 100 层,高 344 mm,上有 106 m 的电视天线。其平面为长方形,外形上窄下宽,底层平面尺寸为 79.9 m×46.9 m,顶层平面尺寸为 48.6 m×30.4 m。46 层以下为办公区,层高 3.8 m;46 层以上用作公寓,层高 2.8 m。

大厦主体结构采用巨型支撑外框筒结构体系,即钢结构内筒加巨型支撑外框筒(X 形支撑),如图 2.32 所示。其底层柱距达到 13.2 m,支撑斜杆倾角为 45°。结构用钢量为 145 kg/m²。

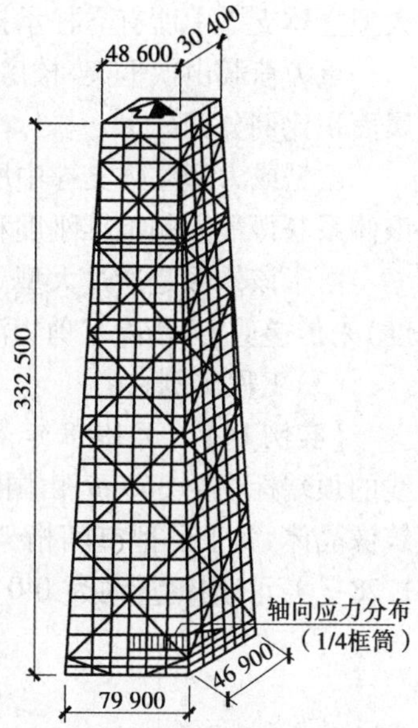

5）巨型支撑筒体系

（1）体系特征

巨型支撑筒体系又称为巨型桁架筒体系。该体系是建筑平面周边的巨型或大型立体支撑、支撑节间内的次(小)框架及内部的一般框架(或内部立体或空间支撑)所组成的结构体系。

建筑平面周边的巨型或大型立体支撑,是沿建筑平面周边每一个立面设置横跨整个面宽的竖向大型支撑,相邻立面的支撑斜杆和水平腹杆与角柱相交于同一点,使建筑平面周边各立面的竖向大型支撑相互连接,构成一个巨型支撑筒,亦称巨型立体支撑或称巨型桁架筒,如图 2.33 所示。竖向大型立体支撑的支撑斜杆和水平腹杆一般采用型钢制作,有时水平腹杆采用桁架式杆件,亦称转换桁架;竖向大型立体支撑的竖杆(角柱)通常采用型钢混凝土巨柱或钢结构格构式巨柱或钢筋混凝土巨柱。

图 2.32　约翰·汉考克大厦

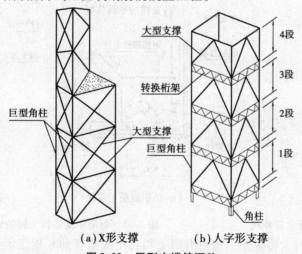

（a）X 形支撑　　　　**（b）人字形支撑**
图 2.33　巨型支撑筒概貌

在巨型立体支撑的每个节间区段内设置"次框架",以承担该区段内若干楼层的重力荷载。

在楼房内部,通常设置次一级的立体或空间支撑(有时设置一般钢框架),用以承担各楼层内部的重力荷载。

（2）受力状态

作用于楼房的水平荷载产生的全部水平剪力和倾覆力矩,由建筑平面周边的巨型或大型立体支撑承担,其水平剪力由巨型或大型立体支撑中平行于荷载方向的斜杆承担,倾覆力矩则由大型立体支撑中所有立柱承担。

重力荷载由次框架、楼房内部空间支撑及大型立体支撑中所有立柱共同承担,并按荷载从属面积比例分配。

巨型或大型立体支撑中所有立柱均布置在建筑的周边,可获得最大的抗倾覆力臂,从而使该体系获得最大的抗推刚度和抗倾覆能力。

由于该体系是通过大型立体支撑中的支撑斜杆的轴向刚度(而不是依靠横梁的抗弯剪刚度)来传递剪力,消除了剪力滞后效应。

(3)工程实例

【实例14】 于1988年落成的中国香港中国银行大楼,地面以上共70层,高315 m,屋顶天线的顶端标高为368 m,由国际著名建筑师贝聿铭做建筑设计,罗伯逊公司做结构设计,整体建筑像晶体,属于巨型空间桁架筒(巨型空间支撑筒)结构,如图2.34所示。该工程总造价仅1.28亿美元,用钢量约为140 kg/m²,被誉为节约钢材的典范和新一代高层建筑的先驱。

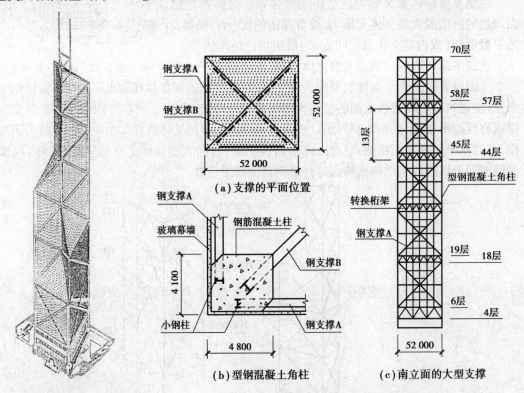

图2.34　香港中国银行大楼外观　　　图2.35　香港中国银行大楼的结构体系

中国香港中国银行大楼主体结构由沿周边和对角线布置的8榀平面钢桁架形成的巨型空间支撑筒体系组成,如图2.35(a)所示;其中最高一榀平面桁架在图2.35(c)中示出;3榀(最高区段为2榀)平面桁架的一侧弦杆汇集在空间桁架的巨型型钢混凝土角柱处,如图2.35(b)所示。此外,在支撑A和支撑B的平面内,分别设置5根小钢柱和2根小钢柱,用来将楼层重力荷载向支撑角柱传递,避免角柱在水平荷载引起的倾覆力矩作用下出现的拉应力。结构上,将起抵抗倾覆力矩作用的型钢混凝土柱布置在平面的4个角上,从而在抵抗任何方向的水平力时均具有最大的力臂,香港地区风荷载对结构引起的底部剪力大致等于美国洛杉机地震作用的4

倍、风荷载的 3 倍,即使这样,其用钢量还是比同样高度的其他楼房节约40%,这充分显示了该体系的优越性。

6)巨型悬挂结构体系

(1)体系特征

巨型悬挂结构体系,是利用钢吊杆将大楼的各层楼盖分段悬挂在主构架各层巨型梁上所形成的结构体系。

主构架一般采用巨型钢框架,其立柱可以是类似竖放空腹桁架或立体刚接框架或者支撑筒,其横梁通常均采用立体钢桁架。

主构架每个区段内的吊杆,通常是采用高强度钢材制作的钢杆,或者采用高强度钢丝束。每个区段内的吊杆一般只吊挂该区段内的楼盖。

悬挂结构体系可以为楼面提供很大的无柱使用空间。位于高烈度地区的楼房,使用悬挂结构体系还可显著减小结构地震作用效应。

(2)受力状态

悬挂结构体系的主构架,几乎承担整幢大楼的全部水平荷载和竖向荷载,并将其直接传至基础。

主构架每个区段内的钢吊杆仅承担该区段各层楼盖的重力荷载。

为防止主构架横梁挠曲和吊杆伸长造成楼面过度倾斜,可采取横梁起拱或者对吊杆施加预应力等措施加以解决。

(3)变形特点

在水平荷载作用下,结构的侧移曲线呈剪切型,但由于巨型悬挂结构具有很大的抗侧移刚度和抗倾覆能力,加之巨型梁具有巨大的抗弯刚度和抗剪切刚度,使其侧向位移曲线在巨型梁处有如加劲的框架-芯筒体系的侧向位移曲线类似的内收现象。因此,其侧向位移较常规体系大为减小。

(4)工程实例

【实例15】 中国香港汇丰银行总部大楼(图2.36),地下 4 层,基础埋深 -20 m;地上 48 层,高178.8 m。大楼采用矩形平面,其底层平面尺寸为 55 m × 72 m。大楼采用巨型框架结构体系,整个巨型框架结构由 8 根钢管组合柱与 5 层纵、横向立体桁架梁组成。每根组合柱由 4 根钢管(底层 ϕ1 400 × 100 mm,顶层 ϕ800 × 40 mm)组成;每层纵、横向立体桁架梁两端伸出柱外 10.8 m,楼面通过吊杆悬挂在桁架大梁上,如图 2.37

图 2.36 香港汇丰银行大楼整体外观

所示;各层立体桁架梁建的吊杆悬挂 4 ~ 7 层楼盖。风荷载作用下的结构分析表明,在水平力作用下,结构的侧移曲线为剪切型变形,沿房屋纵向结构的基本周期为 4.5 s,第 2、第 3 扭转振型的周期分别为 3.7 s 和3.1 s,比其他结构体系的自振周期稍长,表明其耗能能力颇佳,结构总用钢量为 25 000 t。

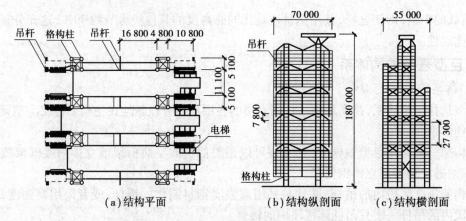

图 2.37　香港汇丰银行大楼结构平、剖面

本章小结

（1）根据主要结构所用材料或不同材料的组合可将多高层建筑结构分为钢筋混凝土结构、纯钢结构、钢-混凝土混合结构、钢-混凝土组合结构 4 种结构类型。

（2）根据抗侧力结构的力学模型及其受力特性，可将常见的多高层房屋钢结构分成框架结构体系、双重抗侧力结构体系、筒体结构体系和巨型结构体系 4 种体系。

（3）钢框架结构的二阶效应应予以足够重视。

（4）框架体系常用于层数不超过 30 层的多高层钢结构建筑。

（5）根据抗侧力构件的不同，可将双重抗侧力体系分为 3 类：钢框架-支撑体系、钢框架-剪力墙体系和钢框架-核心筒体系。

（6）在相同侧移限值标准的情况下，双重抗侧力体系可用于比框架体系更高的房屋，用于不超过 40 层的多高层钢结构房屋时较为经济。

（7）筒体结构体系因其抗侧移构件采用了立体构件而使结构具有较大的抗侧移刚度和较强的抗侧力能力，能形成较大的使用空间，在超高层建筑中运用较为广泛。

（8）巨型结构体系是由主结构与次结构组成的一种高层建筑结构体系。

（9）巨型结构的主结构通常为主要抗侧力体系，次结构只承担竖向荷载，并负责将力传给主结构。

（10）巨型结构是一种超常规的具有巨大抗侧力刚度及整体工作性能的大型结构，通常用于具有特殊功能要求的高层建筑或超大型超高层建筑。

复习思考题

2.1　试述多高层建筑结构的类型及其主要特征。

2.2　试述多高层建筑钢结构体系的分类方法及其适用范围。

2.3　试述框架结构体系的特征、特性及适用高度。

2.4　试述双重抗侧力体系的组成及其分类。

2.5　简述框架-支撑体系的组成及适用范围。

2.6 试述钢框架-剪力墙体系的组成、分类以及各种类型的受力特点和适用情况。

2.7 试述钢框架-核心筒体系的组成、分类及其特点与适用情况。

2.8 简述加劲的钢框架-芯筒体系的组成及其受力与变形特征。

2.9 试述筒体结构体系的组成、分类及其受力、变形特点与适用情况。

2.10 试述巨型结构的概念与特点。

2.11 试述巨型结构的分类以及各类型的组成与受力、变形特征。

第3章 结构概念设计

本章导读

- 内容与要求 本章围绕结构概念设计,主要介绍选择有利的建筑场地、确定合适的建筑体型、变形缝的设置、选择有效的抗侧力结构体系、抗侧力构件的布置、竖向承重构件的布置、削减结构地震反应的措施、楼盖结构的选型与布置、地下结构的设计原则等内容。通过本章学习,应对钢结构概念设计的相关知识有较全面的了解。
- 重点 结构体系选择与构件布置以及削减结构地震反应的措施。
- 难点 削减结构地震反应的措施。

3.1 选择有利的建筑场地

1)优先选择有利地段

选择建筑场地时,应优先选择有利地段。有利地段是指稳定基岩,坚硬土,开阔、平坦、密实、均匀的中硬土等。

2)避免地面变形的直接危害

选择建筑场地时,应避开对建筑抗震危险的地段。危险地段是指地震时可能发生崩塌、滑坡、地陷、地裂、泥石流等地段和可能受到它们危害的地段,以及位于8度以上地震区的地表断裂带、地震时可能发生地表错位的地段。

3)避开不利地形

不利地形一般是指条状突出的山嘴,高耸孤立的山丘,非岩质的陡坡、陡坎,河岸和边坡的边缘,地表存在结构性裂缝等。国内外多次地震经验表明:位于上述不利地形的建筑物的破坏程度要比邻近开阔平坦地形上建筑物的破坏程度加重1~2度[7]。

注意:当需要在条状突出的山嘴、高耸孤立的山丘、非岩石和强风化岩石的陡坡、河岸和边坡边缘等不利地段建造丙类及丙类以上建筑时,除保证其在地震作用下的稳定性外,尚应估计不利地段对设计地震动参数可能产生的放大作用,其水平地震影响系数最大值应乘以增大系数。其值应根据不利地段的具体情况确定,在1.1~1.6范围内采用。

4)避开不利场地

国内外多次地震经验表明:位于很厚场地覆盖层上的高层建筑等较柔结构,其破坏程度比薄覆盖层上同类结构严重很多。因此,设计高层钢结构建筑时,最好避开厚场地覆盖层这类不利场地。

场地覆盖层厚度是指地表面至基岩顶面或等效基岩顶面(剪切波速 $V_s > 500$ m/s 的坚硬土)的深度。

5)避开不利地基土

不利地基土主要是指:饱和松散的砂土和粉土(该类土易产生土层液化现象,常称之为液化土);泥炭、淤泥和淤泥质土等软弱土(该类土在地震时易发生较大幅度的突然沉陷、常称之为震陷土);平面分布上成因、岩性、状态明显不均匀的土层(含故河道、疏松的断层破碎带、暗埋的塘浜沟谷和半填半挖地基);高含水量的可塑黄土。

由于上述不利地基土在地震时可能发生较大的沉陷和不均匀沉陷,因此,不能用作筏基和箱基下的天然地基。此外,采用桩基时也应考虑地震时可液化土的可能沉陷而造成桩承台板底面脱空,以及对桩身产生的负摩擦力。

3.2　确定合适的建筑体型

实践经验证明,选择合适的建筑体型是减小多高层建筑结构风载效应、地震作用效应和侧移的重要手段之一。通常,多高层民用建筑钢结构宜选用有利于减小横风向振动影响的建筑体型。

建筑体型与建筑平面形状、建筑立面形状和房屋的高度等因素密切相关。因此,选择合适的建筑体型可归结为选择合适的建筑平面形状、建筑立面形状和房屋的高度。下面就与建筑体型密切相关的几个方面进行分述。

3.2.1　建筑平面形状

由于高层建筑钢结构高度较大,水平荷载(风荷载和地震作用)对其影响往往起控制作用。因此,在确定建筑平面形状时,宜从降低风荷载和地震作用两方面考虑。

1)抗风设计

(1)宜优先选用流线形平面

从抗风角度考虑,建筑平面宜优先选用圆形、椭圆形等流线形平面形状,该类平面形状的建筑,风载体型系数较小,能显著降低风对高层建筑的作用,可取得较好的经济效果。

圆形、椭圆形等流线形平面与矩形平面比较,风载体型系数可减小30%以上[7],作用于圆形平面高楼上的风荷载标准值仅为方形平面高楼的62%。这是因为圆柱形房屋垂直于风向的表面积最小,因此,表面风压比矩形平面房屋要小得多;此外,由于圆形平面的对称性,当风速的冲角 α 发生任何改变时,都不会引起侧力数值上的改变。因此,采用圆形平面的多高层建筑,在大风作用下不会发生驰振现象。

(2)应尽量选择对称规则平面

由于楼层平面形状不对称的多高层建筑,在风荷载作用下易发生扭转振动。实践经验证明:一幢高层建筑,在大风作用下即使是发生轻微的扭转振动,也会使居住者感到振动加剧很多。因此,为使高层建筑结构满足风振舒适度的需求,使高层居住者不致在大风作用下感到不适,建筑平面应尽量选择方形、圆形、椭圆形、矩形、正多边形等双轴对称的平面形状。

在实际工程中,常采用矩形、方形甚至三角形等建筑平面,但在其平面的转角处,常采用圆角或平角(切角)的处理方法。这样处理后,既可减小建筑的风载体型系数,又可降低风载作用下框筒或束筒体系角柱的峰值应力。德国法兰克福商业银行新大楼就采用了这种处理方式[5]。

在进行结构布置时,应结合建筑平面、立面形状,使各楼层的抗推刚度(侧移刚度)中心与风荷载的合力中心接近重合,并位于同一竖直线上,以避免建筑扭转振动。

(3)注意建筑平面长宽比的限值

对于钢框筒结构体系,若采用矩形平面钢框筒,其长边与短边的比值不宜大于1.5。超过该比值的矩形平面钢框筒,当风向平行于矩形平面的短边时,框筒由于剪力滞后效应严重而不能充分发挥作为立体构件的空间作用,从而降低框筒抵抗侧力的有效性。若该比值大于1.5时,宜采用束筒结构体系。

2)抗震设计

(1)宜优先选用简单规则平面

位于地震区的多高层建筑,水平地震作用的分布取决于质量分布。为使各楼层水平地震作用沿平面分布对称、均匀,避免引起结构的扭转振动,其平面应尽可能采用圆形、方形、矩形等对称的简单规则平面。

(2)尽量避免选用不规则平面

在工程设计中,应尽量避免选用不规则平面。当无法避免时,应对结构进行精细的地震反应分析,以获取较确切的地震内力与变形,并采取相应的抗震措施。

我国现行《抗震规范》和《高钢规程》所列举的平面不规则类型如表3.1所示。

表3.1 平面不规则的主要类型

不规则类型	定义和参考指标
扭转不规则	在规定的水平力作用下,楼层的最大弹性水平位移(或层间位移),大于该楼层两端弹性水平位移(或层间位移)平均值的1.2倍
凹凸不规则	平面凹进的尺寸,大于相应投影方向总尺寸的30%
楼板局部不连续	楼板的尺寸和平面刚度急剧变化,例如,有效楼板宽度小于该层楼板典型宽度的50%,或开洞面积大于该层楼面面积的30%,或较大的楼层错层

3.2.2 建筑立面形状

1)抗风设计

(1)宜选用上小下大的简单规则的立面

由于作用于房屋的风荷载标准值随离地面的高度而增加,强风地区的高楼,宜采用上小下大的梯形或三角形立面,如图3.1(a)、(b)所示。

采用上小下大的梯形或三角形立面的优点是:缩小了较大风荷载值的受风面积,使风载产生的倾覆力矩大幅度减小;从上到下,楼房的抗推刚度和抗倾覆能力增长较快,与风载水平剪力和倾覆力矩的增长情况相适应;楼房周边向内倾斜的竖向构件轴力的水平分力,可部分抵消各

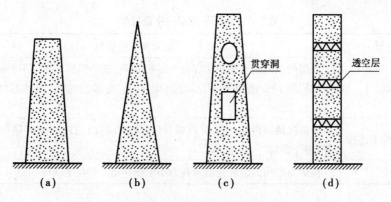

图3.1 高楼的简单立面形状

楼层的风荷载水平剪力。

（2）立面可设大洞或透空层

对于位于台风地区的层数很多、体量较大的高楼，可结合建筑布局和功能要求，在楼房的中、上部，设置贯通房屋的大洞或每隔若干层设置一个透空层（图3.1（c）、（d）），可显著减小作用于楼房的风荷载。

2）抗震设计

（1）宜优先选用简单规则的立面

对于抗震设防的多高层建筑钢结构，其立面形状宜采用矩形、梯形、三角形等沿高度均匀变化的简单几何图形，避免采用楼层平面尺寸存在剧烈变化的阶梯形立面，更不能采用由上而下逐步收进的倒梯形建筑。因为立面形状的突然变化，必然带来楼层质量和抗推刚度的剧烈变化。地震时，突变部位就会因剧烈振动或塑性变形集中效应而使破坏程度加重。

美国芝加哥汉考克大厦就是采用梯形立面的典型工程实例（图1.1）。

（2）尽量避免选用不规则立面

当阶梯形建筑的立面收进尺寸比例 $B_1/B_2 < 0.75$，或立面外挑尺寸比例 $B_1/B_2 > 1.1$ 时（字母意义见图3.2），均属于不规则立面形状，不宜用于地震区的高层建筑。当无法避免时，应对结构进行精细的地震反应分析，以获取较确切的地震内力与变形，并采取相应的抗震措施。

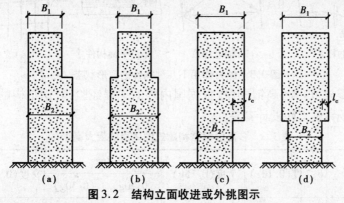

图3.2 结构立面收进或外挑图示

我国现行《抗震规范》和《高钢规程》所列举的立面不规则类型见表3.2。

表 3.2　立面不规则的主要类型

不规则类型	定义和参考指标
侧向刚度不规则	该层的侧向刚度小于相邻上一层的 70%,或小于其上相邻 3 个楼层侧向刚度平均值的 80%;除顶层或出屋面小建筑外,局部收进的水平向尺寸大于相邻下一层的 25%
竖向抗侧力构件不连续	竖向抗侧力构件(柱、抗震墙、抗震支撑)的内力由水平转换构件(梁、桁架等)向下传递
楼层承载力突变	抗侧力结构的层间受剪承载力小于相邻上一楼层的 80%

3.2.3　房屋高度

1)房屋总高度

实践经验表明,不同的结构类型和结构体系,各有其适用的最大高度。钢框架属于弯曲杆系(图 3.3(a)),它是依靠梁和柱的杆件抗弯刚度来为结构提供抗推刚度,其体系抵抗侧力的刚度和承载力较小,符合经济合理原则的房屋最大适用高度较低;钢框架-剪力墙[剪力墙属平面构件(图 3.3(c)),在其平面内的刚度和承载力较大]、钢框架-支撑[支撑属轴力杆系(图 3.3(b)),其抗推刚度远大于由弯曲杆系所组成的框架的抗推刚度]和各类筒体[筒体属立体构件(图 3.3(d)),具有极大的抗推刚度和抗倾覆力矩的能力]等体系,抵抗侧力的刚度和承载力逐级增大,它们所适用的最大房屋高度也逐级增高。此外,钢材的强度和变形能力比混凝土高得多,所以,钢结构所适用的最大房屋高度要比钢-混凝土混合结构更高一些。

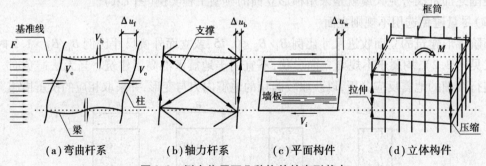

(a)弯曲杆系　　　　(b)轴力杆系　　　　(c)平面构件　　　　(d)立体构件

图 3.3　侧力作用下几种构件的变形状态

我国现行《抗震规范》和《高钢规程》根据国内外的工程经验,对钢结构的常用体系规定高度限值如表 3.3 所示,供工程设计参考。

表 3.3　多高层钢结构建筑的适用的最大高度　　　　　　　　　　单位:m

结构类型	6、7 度(0.10g)	7 度(0.15g)	8 度		9 度(0.40g)	非抗震设计
			(0.20g)	(0.30g)		
框架	110	90	90	70	50	110
框架-中心支撑	220	200	180	150	120	240

续表

结构类型	6、7度(0.10g)	7度(0.15g)	8度		9度(0.40g)	非抗震设计
			(0.20g)	(0.30g)		
框架-偏心支撑 框架-约束屈曲支撑 框架-延性墙板	240	220	200	180	160	260
筒体（框筒、筒中筒、桁架筒、束筒）巨型框架	300	280	260	240	180	360

注：①房屋高度指室外地面到主要屋面板板顶的高度（不包括局部突出屋顶部分）；

②超过表内高度的房屋，应进行专门研究和论证，采取有效的加强措施；

③表内筒体不包括混凝土筒；

④框架柱包括全钢柱和钢管混凝土柱；

⑤表中适用高度系指规则结构的高度，平面和竖向均不规则的钢结构其适用的最大高度宜适当降低。

注意：房屋高度不超过50 m的多高层民用建筑钢结构，可采用框架、框架-中心支撑或其他体系的结构；超过50 m的高层民用建筑钢结构，8、9度时宜采用框架-偏心支撑、框架-延性墙板或约束屈曲支撑等结构。

采用框架结构时，多高层民用建筑不应采用单跨框架。

2）房屋高宽比

房屋高宽比是指房屋总高度与房屋底部顺风（地震）向宽度的比值。它的数值大小直接影响到结构的抗推刚度、风振加速度和抗倾覆能力。若房屋的高宽比值较大，结构就柔，风或地震作用下的侧移就大，阵风引起的振动加速度就大，结构的抗倾覆能力就低。所以，进行多高层建筑钢结构抗风、抗震设计时，房屋的高宽比应该得到控制。

既然房屋的高宽比值决定着结构抗推刚度和抗倾覆能力。因此，房屋高宽比的允许最大值，应该随水平荷载的大小而异，即风载大的和抗震设防烈度高的建筑物，其高宽比值要小一些；反之，就可以大一些。

我国现行《抗震规范》和《高钢规程》根据国内外的工程经验，规定的随抗震设防烈度而变化的高宽比限值如表3.4所示，供工程设计参考。

表3.4 多高层钢结构建筑的高宽比限值

烈度	6、7度	8度	9度
最大高宽比	6.5	6.0	5.5

注：①计算高宽比的高度从室外地面算起；

②当塔形建筑底部有大底盘时，计算高宽比的高度从大底盘顶部算起。

3.3 变形缝的设置

变形缝分为伸缩缝（温度缝）、防震缝和沉降缝，应按下述原则处理。

1）伸缩缝

高层建筑钢结构的高度较大，一般为塔形建筑，其平面尺寸一般达不到需要设置伸缩缝的程度;且设缝会引起建筑构造和结构构造上的很多麻烦;同时,若缝不够宽,则缝的功能不能发挥,地震时可能因缝两侧的部分撞击而引起结构破坏。所以,《高钢规程》规定:高层建筑钢结构不宜设置伸缩缝。日本高层建筑一般都不设伸缩缝。当多高层钢结构必须设置伸缩缝时,抗震设防的结构伸缩缝应满足防震缝的要求。

2) 防震缝

多高层民用建筑钢结构宜不设防震缝。对于体型复杂,平、立面不规则的建筑,应根据不规则程度、地基基础等因素,确定是否设防震缝;当在适当部位设置防震缝时,宜形成多个较规则的抗侧力结构单元。

多高层民用建筑钢结构的防震缝应根据抗震设防烈度、结构类型、结构单元的高度和高差情况,留有足够的宽度,其上部结构应完全分开。其宽度确定原则是:应使缝的两侧在大震时相对侧移不碰撞,即应使缝宽大于缝两侧的结构物在大震时可能产生的顶点侧移之和;防震缝的最小宽度可参考表3.5[2],而且不宜小于按式(3.1)计算所得的数值,并不应小于相应钢筋混凝土结构房屋标准值的1.5倍。防震缝的宽度也不应小于钢筋混凝框架的标准值。

$$\Delta = 2.4(u_e^A + u_e^B) + 30 \text{ mm} \tag{3.1}$$

式中 u_e^A——防震缝一侧较低建筑 A 结构顶点的弹性侧移计算值;

u_e^B——防震缝另一侧较高建筑 B 位于建筑 A 结构顶点同一标高处的弹性侧移计算值。

表 3.5　防震缝的最小宽度

地震烈度	7 度	8 度	9 度
防震缝最小宽度	$\dfrac{H}{200}$	$\dfrac{H}{150}$	$\dfrac{H}{100}$

注:H 为缝两侧房屋中较低房屋的屋面高度。

3) 沉降缝

为了保证多高层建筑钢结构的整体性,在其主体结构内不应设置沉降缝。当主楼与裙房之间必须设置沉降缝时,其缝宽应满足防震缝的要求,同时,应采用粗砂等松散材料将沉降缝地面以下部分填实,以确保主楼基础四周的可靠侧向约束;当不设沉降缝时,在施工中宜预留后浇带。

3.4　选择有效的抗侧力结构体系

位于地震区的多高层钢结构建筑,结构体系应根据建筑的抗震设防类别、抗震设防烈度、建筑高度、场地条件、地基、结构材料和施工等因素,经技术、经济和使用条件综合比较后确定。

3.4.1　选择结构体系的基本原则

由于设计多高层钢结构建筑时,其水平荷载往往起决定性作用。因此,选择合适的结构体系,往往主要取决于选择有效的抗侧力结构体系。其所选结构体系应符合下列基本要求:

1）应具有明确的计算简图

结构体系应该能够采用十分明确的力学模型和数学模型来代替,并能进行合理的地震反应分析。

2）应有合理的地震作用传递途径

从上部结构、基础到地基,应该具有最短的、直接的传力路线。考虑到地震时某些杆件或某些部位可能遭到破坏,为使整个结构的传力路线不致中断,结构体系最好能具备多条合理的地震力传递途径。

3）应具备必要的抗震承载力、良好的变形能力和消耗地震能量的能力

由于地震对房屋的破坏作用较大,可能造成较大的人员和财产损失,因此,对于有抗震设防要求的房屋,应选择具有良好变形能力和消耗地震能量的结构体系,使其具备必要的抗震承载力,以避免或减小地震损失。

4）对可能出现的薄弱部位,应采取措施提高其抗震能力

结构的薄弱部位,可能会导致该处发生过大的应力集中和塑性变形集中,在地震发生时该处首先破坏。因此,设计时应采取合适的加强措施,以提高其抗震能力。

5）宜采用多道抗震防线

（1）必要性

由于地震对房屋的破坏作用有时持续十几秒钟以上,一次地震后,又往往发生多次破坏性的强余震。采用单一抗侧力体系的结构,因为只有一道抗震防线,构件破坏后,在后续的地震作用下,很容易发生倒塌。特别是当建筑物的自振周期接近地震动卓越周期时,更容易因共振而倒塌。因此,若采用具有多道抗震防线的双重或多重抗侧力体系,如图3.4所示的框架-支撑体系、框架-剪力墙体系、框架-筒体体系和筒中筒体系等,当第一道抗震防线的抗侧力构件破坏后,还有第二道甚至第三道抗震防线的抗侧力构件来替补,从而大大增强结构的抗倒塌能力。

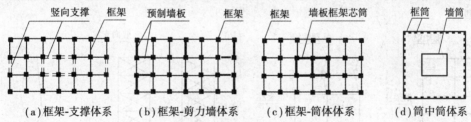

(a)框架-支撑体系　　(b)框架-剪力墙体系　　(c)框架-筒体体系　　(d)筒中筒体系

图3.4 具有多道抗震防线的结构体系

（2）第一道防线的设置方法

①选择轴压应力小的构件。因为充当第一道防线的构件,首先受到地震的冲击,破坏在所难免。如果这个构件又是重要的承重构件,巨大的重力荷载就有可能压垮这个承载力已大为降低的构件,后果很严重。所以,应该挑选轴压比小的,特别是重力荷载应力小的构件,最好利用结构赘余杆件充当第一道抗震防线的构件。

②选择受弯构件。试验表明,杆件弯曲破坏所消耗的能量远远高于杆件剪切破坏所耗散的能量。挑选受弯构件或杆件充当第一道防线的构件或杆件,可以提高结构体系的延性,并在第

一道防线的破坏过程中,耗散更多的地震能量,更好地保护第二道防线和重要构件。

6)采用立体构件

柱之类的线形构件(图3.3(a)、(b),图1.8(a)),长细比大,在两个方向抵抗水平力的刚度和承载力均很小;剪力墙之类的平面构件(图3.3(c),图1.8(b)、(c)),虽然在平面内的抗推刚度和承载力均很大,但是在出平面方向的刚度和承载力仍很小,计算中常略去不计。然而,由3片以上框架或剪力墙组成的框筒、框筒束和墙筒,属于立体构件(图3.3(d),图1.8(d)、(e)),在多方向均具有极大的抗推刚度和承载力。此外,因为它的承力杆件是沿结构的周边布置,从而具有最大的有效宽度,因而其抗倾覆能力极强。所以,立体构件是抗风和抗震的最经济、最有效的抗侧力构件。

7)力争实现结构总体屈服机制

(1)结构最佳破坏机制

结构实现最佳破坏机制的特征是:当结构中某些杆件出现塑性铰之后,整个结构在承载力基本保持稳定的条件下,结构能够持续地产生较大变形而不倒塌,从而最大限度地吸收和耗散地震能量。

结构最佳破坏机制的判别条件是:

①塑性铰首先出现在结构中的次要构件,或主要构件中的次要杆件,最后才在主要构件中出现塑性铰,从而构成多道抗震防线;

②塑性铰首先出现在结构中的各水平杆件的端部,最后才在竖向杆件中出现塑性铰;

③结构中所形成的塑性铰数量最多,使结构具有较长的塑性发展过程;

④构件或杆件中的塑性铰具有较大的塑性转动量,使结构在严重破坏之前能够产生较大的塑性变形,耗散更多的地震能量。

(2)结构屈服机制的类型

结构在水平荷载作用下发生的屈服机制,大致可划分为楼层屈服机制和总体屈服机制两大基本类型。

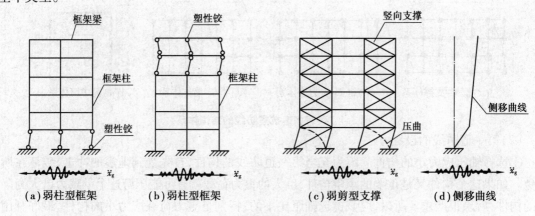

(a)弱柱型框架　　(b)弱柱型框架　　(c)弱剪型支撑　　(d)侧移曲线

图3.5　结构的楼层屈服机制

楼层屈服机制是指构件在侧力作用下,竖向杆件先于水平杆件屈服,导致某一楼层或某几个楼层发生侧向整体屈服。可能发生楼层屈服机制的高层结构有弱柱型框架、弱剪型支撑,如

图3.5(a)、(b)、(c)所示。

总体屈服机制是指构件在侧力作用下,全部水平杆件先于竖向杆件屈服,最后才是竖向杆件底层下端的屈服。可能发生总体屈服机制的高层结构有强柱型框架、强剪力支撑,如图3.6(b)、(c)所示。

(3)结构总体屈服机制的优越性

结构的总体屈服机制是耐震性能最佳的破坏机制,与楼层屈服机制相比较,具有如下优越性:

①结构在侧力作用下临近倒塌之前,可能产生的塑性铰的数量多;

②塑性铰多发生在轴压力和重力荷载轴压比较小的杆件中;

③塑性铰的出现不致引起构件承重能力的大幅度下降;

④从上到下各楼层的层间侧移变化均匀(图3.6(d)),不致产生楼层塑性变形集中而导致层间侧移呈非均匀分布(图3.5(d))。

以上情况说明,结构发生总体屈服机制所能耗散的地震能量,远远大于楼层屈服机制。所以,进行结构体系设计时,应力争使结构实现总体屈服机制。

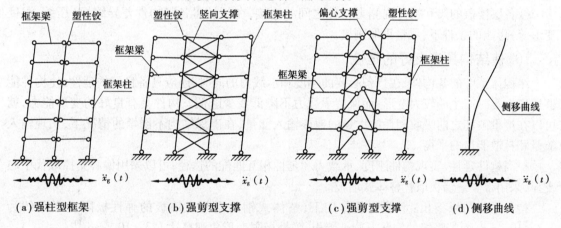

(a)强柱型框架　　　　(b)强剪型支撑　　　　(c)强剪型支撑　　　　(d)侧移曲线

图3.6　结构的总体屈服机制

8)遵循耐震设计四准则

(1)强节弱杆

在由线形杆件组成的框架、支撑、框筒等杆系构件中,节点是保证构件几何稳定的关键部位。构件在外荷载作用下,一旦节点发生破坏,构件就会变成机动构架,失去承载能力。因此,进行设计时,一定要使节点的承载力大于相邻杆件的承载力,即遵循所谓的"强节点、弱杆件"设计准则。

(2)强竖弱平

为使构件在地震作用下实现总体屈服机制,利用水平杆件变形来消耗更多的地震输入能量。在进行框架、框筒和偏心支撑等构件的杆件截面设计时,就应该使竖杆件的屈服承载力系数大于水平杆件的屈服承载力系数,即遵循所谓的"强柱弱梁"设计准则。

屈服承载力系数是指杆件截面屈服时的承载力与该截面的外荷载内力的比值。

(3)强剪弱弯

在计算和构造上采取措施,使构件中各杆件截面的抗剪屈服承载力系数大于抗弯屈服承载力系数。

(4)强压弱拉

对于型钢混凝土杆件和钢-混凝土混合结构中的钢筋混凝土杆件,进行受弯杆件的截面设计时,应使受拉钢筋配筋率低于平衡配筋率,确保杆件受弯时,实现受拉钢筋屈服,不发生受压区混凝土的压溃破坏。

9)增多结构的超静定次数

结构(构件)中的超静定次数越多,在外荷载作用下,结构由稳定体系变成机动体系(倒塌机构)所需形成的塑性铰的数量越多,变形过程越长,所能耗散的输入能量越多,抗倒塌能力越强,可靠度越大。所以,确定结构体系时,应尽量做到:

①杆系构件中各杆件的连接,均采取刚接;

②框架与支撑之间、芯筒与外圈框架或框筒之间的连接杆件(赘余杆件)的两端或一端采取刚接;

③各层楼盖的梁和板与抗侧力构件之间的连接,在不妨碍各竖构件差异缩短(压缩、温度变形等)影响的条件下,尽量采取刚接。

10)使结构具有良好的延性

结构体系中的各构件,在具备必要的刚度和承载力的同时,还应具备良好的延性,使构件能够适应地震时产生的较大变形,而保持承载力不降低或少降低。构件具有良好的变形能力,就可以在严重破坏之前吸收和耗散大量的地震输入能量,在确保结构不倒塌的情况下,实现输入能量和耗散能量的平衡。

提高构件延性,实现构件刚度、承载力和延性相互匹配的途径,可以采用偏心支撑取代中心支撑,采用带竖缝墙板取代整体式墙板。

构件试验结果指出:水平荷载作用下,整体式钢筋混凝土墙板的弹性极限变形角约为 $0.3 \times 10^{-3} \mathrm{rad}$;而带竖缝的钢筋混凝土墙板,弹性极限变形角则高达 $1.3 \times 10^{-3} \mathrm{rad}$[10]。

11)尽量做到竖向等强设计

沿竖向,整个结构体系应该做到刚度和承载力的均匀变化,使各楼层的屈服承载力系数大致相等,避免因刚度或承载力的突变而出现柔楼层或弱楼层,导致在某一个楼层或几个楼层发生过大的应力集中和塑性变形集中。

楼层屈服承载力系数,等于按构件的实际截面和强度标准值算得的楼层受剪承载力除以强震作用下的楼层弹性地震剪力。

12)结构在两个主轴方向的动力特性宜相近

沿结构两个主轴方向,宜具有合理的刚度和承载力分布,整个结构体系宜做到刚度和承载力大致相等,避免结构偏心,以充分利用两主轴方向材料。

3.4.2 结构体系的选择方法

实际工程设计时,综合考虑3.4.1节中的结构体系选择基本原则,根据结构抗震等级选择合适的结构体系。

通常结构抗震等级为一、二级的钢结构房屋,宜选择带消能支撑的双重抗侧力体系(如钢框架-偏心支撑或钢框架-带竖缝钢筋混凝土抗震墙板或钢框架-内藏钢支撑钢筋混凝土墙板或钢框架-约束屈曲支撑等)或筒体。

注意:(1)采用钢框架-支撑结构的房屋应符合下列规定:

①支撑框架在两个方向的布置均宜基本对称,支撑框架之间楼盖的长宽比不宜大于3。

②结构抗震等级为三、四级且高度不大于50 m的钢结构宜采用中心支撑,也可采用偏心支撑、约束屈曲支撑等消能支撑。

③中心支撑框架宜采用交叉支撑,也可采用人字支撑或单斜杆支撑,不宜采用K形支撑;支撑的轴线宜交汇于梁柱构件轴线的交点,偏离交点时的偏心距不应超过支撑杆件宽度,并应计入由此产生的附加弯矩。当中心支撑采用只能受拉的单斜杆体系时,应同时设置不同倾斜方向的两组斜杆,且每组中不同方向单斜杆的截面面积在水平方向的投影面积之差不应大于10%。

④偏心支撑框架的每根支撑应至少有一端与框架梁连接,并在支撑与梁交点和柱之间或同一跨内另一支撑与梁交点之间形成消能梁段。

⑤采用约束屈曲支撑时,宜采用人字支撑、成对布置的单斜杆支撑等形式,不应采用K形或X形支撑,支撑与柱的夹角宜在35°~55°。约束屈曲支撑受压时,其设计参数、性能检验和作为两种消能部件的计算方法可按相关要求设计。

(2)采用钢框架-筒体结构,必要时可设置由筒体外伸臂或外伸臂和周边桁架组成的加强层。

(3)采用框架结构时,甲、乙类多层钢结构建筑和丙类高层钢结构建筑不应采用单跨框架,丙类多层钢结构建筑不宜采用单跨框架。

3.5 抗侧力构件的布置

3.5.1 抗侧力构件的平面布置

1)基本原则

多高层钢结构建筑的动力特性取决于各抗侧力构件的平面布置状况。为使各构件受力均匀,获得抵抗水平荷载的最大承载力,抗侧力构件沿建筑平面纵、横方向的布置应尽量做到"分散、均匀、对称",应符合下列基本原则:

①抗侧力构件的布置,应力求使各楼层抗推刚度中心与楼层水平剪力的合力中心相重合,以减小结构扭转振动效应;

②框筒、墙筒、支撑筒等抗推刚度较大的芯筒,在平面上应居中或对称布置;

③具有较大受剪承载力的预制钢筋混凝土墙板,应尽可能由楼层平面中心部位移至楼层平面周边,以提高整个结构的抗倾覆和抗扭转能力;

④建筑的开间、进深应尽量统一,以减少构件规格,便于制作和安装;

⑤构件的布置以及柱网尺寸的确定,应尽量避免使钢柱的截面尺寸过大。构件截面的钢板厚度一般不宜超过100 mm,因为太厚的钢板,焊接困难,并容易产生层状撕裂。

2)平面不规则结构的判断及处理方法

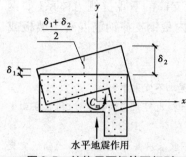

图 3.7 结构平面扭转不规则

考虑抗震设防的多高层钢结构建筑,在结构平面布置上具有下列情况之一者,则属于平面不规则结构:

①不论平面形状规则与否,任一楼层的偏心率(不包括附加偏心距)大于 0.15 时,或者楼层的最大弹性层间侧移大于该楼层两端弹性层间侧移平均值的 1.2 倍(但不应超过 1.5 倍),即 $\delta_2 > 1.2(\delta_1 + \delta_2)/2$,均属于"扭转不规则"结构,如图 3.7 所示。偏心率按式(3.2)计算:

$$\varepsilon_x = \frac{e_y}{r_{ex}}, \quad \varepsilon_y = \frac{e_x}{r_{ey}} \tag{3.2}$$

式中　$\varepsilon_x, \varepsilon_y$——所计算楼层在 x 和 y 方向的偏心率;

　　　e_x, e_y——x 和 y 方向水平作用合力线到结构刚心的距离;

　　　r_{ex}, r_{ey}——x 和 y 方向抗扭弹性半径。

$$r_{ex} = \sqrt{\frac{K_T}{\sum K_x}}, \quad r_{ey} = \sqrt{\frac{K_T}{\sum K_y}} \tag{3.3}$$

式中　$\sum K_x, \sum K_y$——所计算楼层各抗侧力构件在 x 和 y 方向抗推刚度之和;

　　　K_T——所计算楼层的抗扭刚度。

$$K_T = \sum (K_x \bar{y}^2 + \sum K_y \bar{x}^2) \tag{3.4}$$

式中　$\bar{x}, \bar{y}$——以刚心为原点的抗侧力构件坐标。

②存在楼板尺寸或水平刚度突变或者局部楼板有效宽度小于该层楼板典型宽度的 50% ,(图 3.8(a))或者楼板开洞面积超过该层楼面总面积的 30%(图 3.8(b)),或者楼盖不连续(有较大的错层,图 3.8(c))。

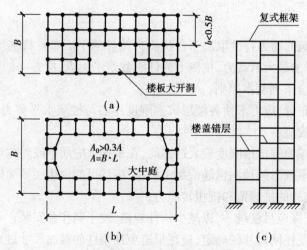

图 3.8　楼板有突变的建筑

③结构平面形状带有缺口,缺口在两个方向的凹进深度和长度分别超过楼层平面各该方向总边长的 30% ,如图 3.9 所示。

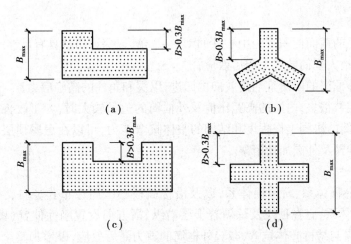

图 3.9 带有缺口等形式的不规则建筑平面

④具有较大抗推刚度的抗侧力构件,既不平行又不对称于抗侧力体系的两个相互垂直的主轴。

在构件布置上应力求避免出现上述情况。无法避免时,属于上述①④者应计算结构的扭转影响;属于上述②者应采用相应的计算模型,对结构进行精细的作用效应计算,合理确定薄弱部位以及复杂传力途径中各构件的内力,并采取针对性的构造措施;属于上述③者应采用相应的构造措施。

3) 抗侧力构件的选用与布置

(1) 支撑和墙板

在多高层建筑钢结构中,其抗侧力构件可根据具体情况选用中心支撑或消能支撑(如偏心支撑、约束屈曲支撑、内藏钢板支撑的混凝土墙板、带竖缝或带水平缝的钢筋混凝土墙板、钢板剪力墙等),以提高结构的抗推刚度。

中心支撑属轴力杆系,在弹性工作状态,即保持斜杆不发生侧向屈曲的情况下,具有较大的抗推刚度。中心支撑一般用于抗风结构,也可用于设防烈度较低的抗震结构。当多高层建筑的设防烈度较高,并采用偏心支撑作为抗侧力构件时,楼房底部几层常改用中心支撑,以减小结构的变位。

消能支撑,在弹性阶段具有较大的抗推刚度,在弹塑性阶段具有良好的延性和耗能能力,很适合用于较高设防烈度的抗侧力构件。

(2) 框筒

高层建筑采用钢框筒体系或由内筒与外钢框筒组成的筒中筒体系时,结构布置通常应考虑以下几点要求:

①为了能充分发挥框筒的立体构件作用,房屋的高宽比不宜小于4;

②内筒的边长不宜小于相应外框筒边长的1/3;

③框筒的柱距一般取 1.5 ~ 3.0 m,且不宜大于层高,框筒裙梁的截面高度不应小于 0.6 m,框筒的墙面开洞面积不宜大于墙面面积50%;

④内外筒之间的楼面使用面积的进深一般取 10 ~ 16 m;

⑤内筒为框筒时,其柱距宜与外框筒相同,在各层楼盖处,每根内框筒柱应有钢梁与对应的

外框筒柱直接相连；

⑥外框筒角柱的截面面积宜为中心柱的 1.5～2 倍,以保证角柱具有足够的承载力,但截面也不能过大,以免增大框筒的剪力滞后效应；

⑦矩形平面外框筒的四角宜切角或向内凹进,以缓和角柱的高峰应力；

⑧当房屋的层数很多,内筒的高宽比值及外框筒的边长较大时,为了改善外框筒的剪力滞后现象,提高内外筒的协同工作程度和结构的整体抗弯能力,可以在房屋顶层以及中上部的设备楼层设置刚性伸臂及外围加劲桁架。

(3)刚性伸臂

①对于框架-芯筒体系、筒中筒体系,以及沿楼面核心区周边布置竖向支撑或抗剪墙板的框-撑体系和框-墙体系,宜在顶层及每隔若干层沿纵、横方向设置刚性伸臂(图 2.14、图 2.16、图 2.17),使外柱参与结构整体抗弯,减轻外框筒的剪力滞后效应,以增加整个结构抵抗侧力的刚度和承载力。

②刚性伸臂由立体桁架所构成,为充分发挥刚性伸臂的作用,沿房屋纵向和横向布置的桁架均应贯穿房屋全宽。

③为避免给楼面使用带来不便,并尽可能增大刚性伸臂的有效高度,刚性伸臂一般均安置在设备层。在顶层布置的刚性伸臂,一般称为帽桁架;布置在中间楼层的刚性伸臂,一般称为腰桁架。

④在刚性伸臂布置处,沿房屋周边应设置带状桁架(外围加劲桁架,图 2.14、图 2.16、图 2.17),以便外柱能充分发挥结构整体抗弯作用。

(4)中庭水平桁架

在多功能的高层建筑中,在上部楼层中往往要求设置旅馆或公寓。此类建筑用作公共活动的下部楼层,平面尺寸较大;而用作旅馆或公寓的上部楼层,房间进深较小。因而,在上部楼层需要布置内天井或中庭。为了增加整个结构的抗扭刚度,减小上部楼层的变形,应在中庭的上下两端楼层(有时也在中间的个别楼层)处布置水平桁架。

北京京城大厦和德国法兰克福商业银行中心新大楼的做法可以借鉴。

3.5.2 抗侧力构件的竖向布置

1)基本原则

对于地震区的多高层建筑,抗侧力构件沿高度方向的布置应符合下列原则:

①各抗侧力构件所负担的楼层质量沿高度方向无剧烈变化；

②沿高度方向,各抗侧力构件(如支撑、剪力墙等)宜连续布置；

③由上而下,各抗侧力构件的抗推刚度和承载力逐渐加大,并与各构件所负担的水平剪力、弯矩和轴力成比例地增大。

④除底部楼层和外伸刚臂所在楼层外,支撑的形式和布置在竖向宜一致。

2)竖向不规则结构的判断及处理方法

考虑抗震设防的高层建筑,进行结构的竖向布置时,应该尽量遵守上述的基本原则。

高层建筑钢结构沿高度方向符合下列情况之一时,为竖向不规则结构:

①相邻楼层质量的比值大于 1.5(建筑为轻屋盖时,顶层除外);

②某下一层楼层的抗推刚度(侧向刚度)小于其相邻上一层楼层抗推刚度的 70%(图 3.10(a)),或小于其上相邻 3 个楼层抗推刚度平均值的 80%(图 3.10(b));

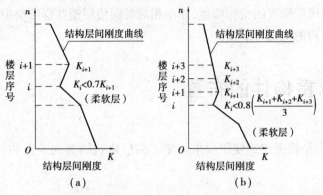

图 3.10 有柔弱层的竖向不规则结构

③任一楼层全部抗侧力构件按实际截面和材料强度标准值计算所得的总受剪承载力小于相邻上一层受剪承载力的 80%,如图 3.11 所示;

④结构中的主要抗侧力构件在某一楼层(转换层)中断或转换为其他类型的抗侧力构件,导致抗侧力构件(柱、抗震墙、支撑等)的内力经由水平转换构件(梁、桁架等)向下传递的竖向不连续,如图 3.12 所示。

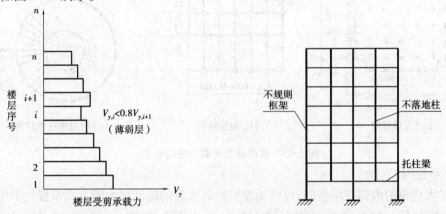

图 3.11 有薄弱层的竖向不规则结构　　**图 3.12 抗侧力构件竖向不连续的结构**

目前,世界各地高层建筑都在向多功能方向发展,将多种使用功能集中于同一幢大楼中,进一步提高大楼的经济效益和社会效益。就是说,在同一幢大楼内,上部布置公寓或旅馆,下部布置娱乐中心或展销大厅,地下室布置停车场。由于不同使用功能对楼面使用空间要求不同,各楼层的结构布置也就不同,从而出现竖向不规则结构。对于这种情况进行结构地震作用效应计算时,应该采用考虑多种影响因素的精细分析法,而且最好对结构进行弹塑性时程分析,合理确定柔弱楼层的塑性变形集中效应,并采取增大柔弱楼层结构延性的措施,提高其变形能力。

3)设置型钢混凝土结构过渡层

出于建筑使用功能和结构抗倾覆稳定的需要,在钢结构高层建筑中,一般均设置地下室。地下室通常又都采用钢筋混凝土剪力墙体系或框-墙体系,楼层抗推刚度极大,而地面以上部分所采用的钢结构,楼层抗推刚度要小得多,以致从地下到地上,楼层刚度发生突变,从而使楼房的底层或底部几层形成相对柔弱楼层,很不利于抗震。这时可将与刚性地下室相衔接的底层或底部二三层改用型钢混凝土结构(SRC),在地下室与上部钢结构之间形成一个具有较大抗推刚度的过渡层,以减缓楼层刚度的变化幅度,缩小相对柔弱楼层塑性变形集中效应,改善整个结构的耐震性能,提高结构的抗震可靠度。

3.6 竖向承重构件的布置

1)柱网形式

柱网形式和柱距是根据建筑使用要求而定。高层建筑的竖向承重构件大致可分为如下 3 种布置方式:

(1)方形柱网

以沿建筑纵、横两个主轴方向的柱距相等的方式布置柱子所形成的柱网,为方形柱网。如美国休斯敦市的第一印第安纳广场大厦,地上 29 层,高 121 m,就采用了方形柱网,如图 3.13(a)所示。该柱网多用于层数较少、楼层面积较大的楼房。

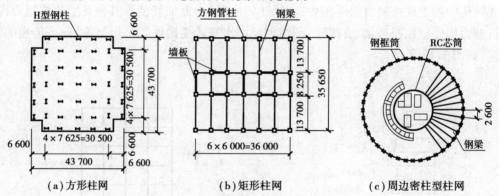

(a)方形柱网　　　　　　(b)矩形柱网　　　　　　(c)周边密柱型柱网

图 3.13　高层建筑平面的柱网布置

(2)矩形柱网

为了扩大建筑的内部使用空间,可将承重较轻的次梁的跨度加大的方式布置柱子所形成的柱网,为矩形柱网。如日本东京的东邦人寿保险总社大厦,地上 32 层,高 131 m,采用了 6.0 m × 13.7 m 的矩形柱网,如图 3.13(b)所示。

(3)周边密柱型柱网

层数很多的塔楼,内部采用框架或芯筒,外围则采用密柱深梁型的钢框筒(框筒的柱距多为 3 m 左右,楼盖承重钢梁沿径向布置)所形成的柱网,为周边密柱型柱网。如荷兰鹿特丹市的 Roai 大厦,地上 88 层,高 300 m,就采用了周边密柱型柱网,如图 3.13(c)所示。

2)柱网尺寸

柱网尺寸一般是根据荷载大小、钢梁经济跨度及结构受力特点等因素确定。

①框架梁一般采用工字形截面;受力很大时,采用箱形截面。大跨度梁及抽柱楼层的转换层梁,可采用桁架式钢梁。

②就工字形梁而言,主梁的经济跨度为 2 ~ 12 m,次梁的经济跨度为 8 ~ 15 m。

③对于建筑外圈的钢框筒,为了不使剪力滞后效应过大而影响框筒空间工作性能的充分发挥,柱距多为 3 ~ 4.5 m。

3) 钢柱截面形式

高层建筑需要承担风荷载、地震作用产生的侧力,框架柱在承受竖向重力荷载的同时,还要承受单项或双向弯矩。因此,确定钢柱的截面形式时,应根据它是作为承受侧力的主框架柱,还是仅承受重力荷载的次框架柱而定。

(1)常用截面形式

多高层房屋钢结构钢柱常用的截面形式有 H 形截面、方管截面、圆管截面和十字形截面,如图 3.14 所示。

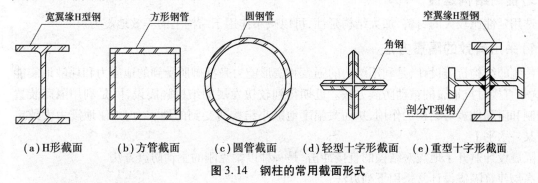

(a)H形截面　(b)方管截面　(c)圆管截面　(d)轻型十字形截面　(e)重型十字形截面

图 3.14　钢柱的常用截面形式

(2)截面常用情况

H 形截面又分轧制宽翼缘 H 型钢和焊接 H 型钢两种。轧制宽翼缘 H 型钢是高层建筑钢框架柱最常用的截面形式;焊接 H 型钢是按照受力要求采用厚钢板焊接而成的组合截面,用于承受很大荷载的柱。H 形截面性能有强、弱轴之分。

方(矩)管截面也有轧制方(矩)形钢管和焊接方(矩)形钢管两种截面。在工程中,常用焊接方(矩)形钢管;轧制方(矩)形钢管,由于尺寸较小、规格较少、价格较高,在高层钢结构中很少采用。方管截面性能无强、弱轴之分。

圆管截面同样可分为轧制圆形钢管和焊接圆形钢管两种截面。轧制圆形钢管,同样由于尺寸较小、规格较少、价格较高,在高层钢结构中很少采用。在工程中,常用钢板卷制焊接而成的焊接圆形钢管。圆形钢管多用于轴心或偏心受压的钢管混凝土柱。

十字形截面都是焊接组合而成,常用形式有两种。一种是由 4 个角钢拼焊而成的十字形截面,如图 3.14(d)所示;另一种是由一个窄翼缘 H 型钢和两个剖分 T 型钢拼焊而成的带翼缘十字形截面,如图 3.14(e)所示。前者多用于仅承受较小重力荷载的次框架中的轴向受压柱,特别适用于隔墙交叉点处的柱(与隔墙连接方便,而且不外露);后者多用于型钢混凝土结构柱,以及由底部钢筋混凝土结构向上部钢柱转换时的过渡层柱。

3.7　削减结构地震反应的措施

1) 避开地震动卓越周期

进行结构方案设计时,应综合考虑场地周期与建筑物周期的关系,使建筑周期与地震动卓越周期错开较大的距离。

2) 加大结构阻尼

由于结构阻尼可以削减结构地震反应的峰值,所以,从削减地震反应这一角度出发,应设法加大高层建筑钢结构的阻尼比。常采用下列方法:

①增设黏弹性阻尼器等附加阻尼装置;

②在钢框架或钢框筒中嵌入钢筋混凝土墙板,钢结构和钢筋混凝土结构的弹性阻尼比分别为2%和5%;

③在框架-支撑体系中可采用连接节点摩擦耗能或构件非弹性性能的特殊连接装置;

④在巨型结构体系中,可采用悬挂次体系等特殊处理方式。

3) 提高结构延性

选用延性比较大的材料,加大结构延性,可以减小作用于结构上的等效地震力。

4) 采用有效的隔震方法

传统的结构抗震设计,是利用结构的强度和变形能力来抵御所受到的地震力和耗散地震能力,这是直接对抗地震的被动防震方法。近期得到较快发展的结构隔震设计,是利用隔震装置来控制和阻隔地震对结构的作用,从而大幅度地减小结构所受到的地震力,并使地震力大致定量在某一水平上。

隔震设计避开了地震对结构的直接冲击,是一种以柔克刚的主动防震方法。

高层建筑隔震设计常采用下列方法:

①软垫隔震。在结构底部与地基(或人工地基)之间,设置若干个带铅芯钢板橡胶块或砂垫层、滑板之类的软垫层。地震时,结构底部与地基之间产生较大的相对水平位移,结构自振周期加长。由于水平变形集中发生于软垫块处,使上部结构的层间侧移变得很小,从而保护结构免遭破坏。

法国曾对采用软垫式隔震的20层楼房进行了结构模型振动台试验,实测数据表明,该模型所受到等效地震力可降至常规抗震设计结构的1/8。

②摆动隔震。摆动隔震是"柔弱底层能减轻上部结构地震力"概念的延伸和发展。它是将整个结构底部支承在上下两端呈球面状的可摆动的短柱群上。地震时,利用短柱群的大幅度摆动,使上部结构各楼层的层间侧移变得很小,从而达到减震的效果。

3.8 楼盖结构的选型与布置

3.8.1 楼盖结构的选型原则

多高层钢结构房屋的楼盖应符合下列要求:

①宜采用压型钢板现浇钢筋混凝土组合楼板或钢筋混凝土楼板,并应与钢梁有可靠连接;

②对于高度不超过50 m的多高层钢结构,6度、7度时尚可采用装配整体式钢筋混凝土楼板,也可采用装配式楼板或其他轻型楼盖,但应将楼板预埋件与钢梁焊接,或采取其他保证楼盖整体性的措施;

③对转换层楼盖或楼板有大洞口等情况,必要时可设置水平钢支撑;

④建筑物中有较大的中庭时,可在中庭的上端楼层用水平桁架将中庭开口连接,或采取其他增强结构抗扭刚度的有效措施。

3.8.2 钢-混凝土组合楼盖的类型及其组成

在多高层钢结构房屋建筑中,常采用钢-混凝土组合楼盖。该楼盖按楼板形式可分为如下4种类型:

(1)现浇钢筋混凝土板组合楼盖

这类组合楼盖是在钢梁上现浇钢筋混凝土楼板而形成。在现场现浇混凝土楼板,需要搭设脚手架、安装模板及支架、绑扎钢筋、浇灌混凝土及拆除模板等作业,造成大量后继工程不能迅速开展,使钢结构的施工速度快、工业化程度高等优点不能充分体现。因此,在多高层钢结构工程中,现已较少采用该类组合楼盖。

(2)预制钢筋混凝土板组合楼盖[12]

该组合楼盖是将预制钢筋混凝土楼板,支承于已焊有栓钉连接件的钢梁上,然后用细石混凝土浇灌槽口(在有栓钉处混凝土板边缘所留)和板缝而形成。由于该类组合楼盖整体刚度较差,因此,在高度超过50 m且设防烈度超过7度时的高层钢结构中不宜采用。

(3)预应力叠合板组合楼盖[12]

这种组合楼盖是先将预制的预应力钢筋混凝土薄板(厚度不小于40 mm)铺在钢梁上,然后在其上现浇混凝土覆盖层(此时的预制混凝土板作为模板使用),待覆盖层混凝土凝固后与预制的预应力钢筋混凝土板及钢梁共同形成组合楼盖。当能保证楼板与钢梁有可靠连接时,方可考虑该类组合楼盖用于多高层钢结构之中。

(4)压型钢板-钢筋混凝土板组合楼盖

该类组合楼盖是利用成型的压型钢板铺设在钢梁上,通过纵向抗剪连接件与钢梁上翼缘焊牢,然后在压型钢板上现浇混凝土(或轻质混凝土)构成(其构造详见第9章)。该组合楼盖不仅具有优良的结构性能与合理的施工工序,而且综合经济效益显著,优于其他组合楼盖,是较理想的组合楼盖体系。因此,该类组合楼盖在多高层钢结构建筑中应用最广,是多高层钢结构楼盖的主要结构形式。

3.8.3 钢梁的布置

1)钢梁布置原则

楼盖钢梁的布置应考虑以下几条原则:

①钢梁应成为结构体系中各抗侧力构件的连接构件,以便更充分地发挥结构体系的整体空间作用。所以,每根钢柱在纵、横方向均应有钢梁与之可靠连接,以减小柱的计算长度,保证柱的侧向稳定。例如,在筒中筒体系中,内框筒的每根钢柱均应有钢梁与外框筒钢柱相连接。

②将较多的楼盖自重直接传递至抵抗倾覆力矩而需较大竖向荷载作为平衡重的竖杆件。一般而言,主梁应与竖杆件直接相连。主梁的布置应使结构体系中的外柱承担尽可能多的楼盖重力荷载,在框筒体系中,框筒角柱出现高峰轴向拉应力,需要利用较大的竖向荷载来平衡,所

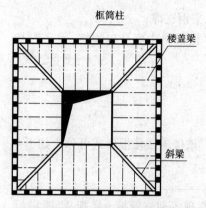

图 3.15 筒中筒体系的楼面钢梁布置

以,应在楼层平面四角,沿对角线方向布置斜主梁,承托沿纵横方向布置的次梁,如图 3.15 所示。

③钢梁的间距应与所采用楼板类型的经济跨度相协调。在钢结构高层建筑中应用较多的压型钢板混凝土楼板,其经济跨度为 3 ~ 4 m。

2)不同平面形式的楼盖布置实例

(1)长条形平面

日本东京 1971 年建成的京王广场饭店,地上 47 层,高 170 m,采用钢框架-内嵌墙板结构体系。沿房屋纵向和横向,在钢框架间嵌入若干列带竖缝的钢筋混凝土墙板。纵向钢梁的间距为 2.8 m 和 2.9 m 两种,楼板为压型钢板-轻质混凝土组合楼板。其典型层的楼盖结构平面布置如图 3.16 所示。

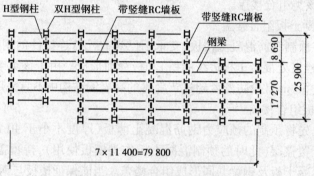

图 3.16 长条形平面楼盖的钢梁布置

(2)矩形平面

1974 年在日本东京建成的新宿三井大厦,地下 3 层,地上 55 层,高 212 m。结构采用钢框架-支撑(剪力墙)体系。地下 3 层到地上 2 层采用钢骨混凝土结构,3 层以上采用钢框架,内嵌带竖缝的钢筋混凝土墙板。所有钢柱均采用 500 mm 见方的钢管,纵向框架的基本柱距为 3.2 m。各层楼板处,除沿各片框架平面布置钢梁外,楼盖钢梁是沿横向布置,跨度有 15.6 m 和 13.2 m 两种。其典型层的楼盖结构平面布置如图 3.17 所示。

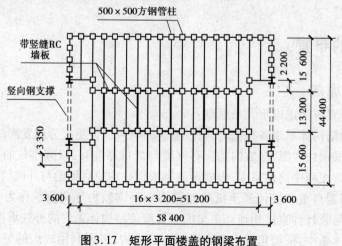

图 3.17 矩形平面楼盖的钢梁布置

（3）船形平面

当楼层平面采用船形时，楼盖钢梁一般是沿横向布置，并做到每根钢柱在纵横两个方向均有钢梁连接。结构采用框架体系。其典型层的楼盖结构平面布置如图 3.18 所示。

（4）三角形平面

楼层平面采用三角形时，为了缓解角柱的高峰轴向应力，通常是将尖角切去，并向内凹进。对于三角形楼层平面，一般均采取核心式建筑布置方案，周围楼板的钢梁多沿外圈框架的垂直方向布置，另沿三个角的分角线方向设置主梁；在核心区内部，钢梁则多沿纵横两个方向作正交方式的布置，如图 3.19 所示。

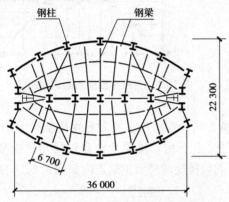

图 3.18　船形平面楼盖的钢梁布置

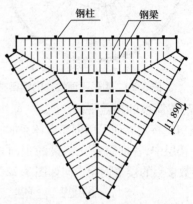

图 3.19　三角形平面楼盖的钢梁布置

（5）圆形平面

我国沿海地带夏、秋季常受到台风侵袭，基本风压值可达到 $70 \sim 100 \ kN/m^2$。为了减少高层建筑的风荷载效应，楼层平面采用圆形是十分有利的。与矩形平面相比，圆形平面可使风载体型系数减小 30% 以上。此外，当房屋较高，需要采用钢框筒体系或筒中筒体系时，圆形平面又优于方形平面和矩形平面。在风和地震等水平荷载作用下，方形和矩形框筒，由于在转角处存在 90° 的转折，与邻近柱的轴向应力相比较，角柱出现十分突出的高峰应力，造成严重的剪力滞后现象。而圆形框筒呈弧形变化，没有突然转折，因而不存在角柱，也就不存在高峰应力，因而剪力滞后现象显著减轻。所以，不论是大风地区还是高烈度地震区，就结构受力情况而言，采用圆形框筒将明显优于方形和矩形框筒。

楼层平面采用圆形时，楼盖钢梁通常都是沿半径方向布置，呈辐射状。外圈柱除沿弧形框架平面于每层楼盖处设置钢梁外，一般情况要求每根钢柱沿半径方向均有钢梁与之直接相连。结构采用筒中筒体系。圆形平面楼盖钢梁布置如图 3.20 所示。

（6）方形平面

楼层平面采用方形的高层建筑，当层数很多，需要采用框筒体系时，楼盖结构布置就需要考虑框筒的受力特点。水平荷载下框筒整体受弯时，近边翼缘框架柱受拉，远边翼缘框架柱受压。由于框架梁竖向变形造成的框筒剪力滞后效应，使近边角柱出现十分突出的高峰拉应力，远边角柱出现高峰压应力。某些需要减小角柱的拉应力的情况下，各层楼盖就应该沿对角线方向布置主梁，使楼盖重力荷载尽可能多地传至角柱，作为平衡重。如图 3.21 所示为这种楼盖结构的布置方式。

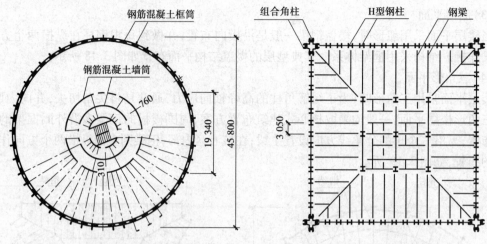

图 3.20　圆形平面楼盖的钢梁布置　　　　图 3.21　方形平面楼盖的钢梁布置

（7）框筒束的楼盖平面

当房屋特别高而采用框筒束体系时，为使纵横方向各榀腹板框架和翼缘框架受力均匀，除了在同一楼层中，各框筒单元钢梁的走向相互错开外，上下相邻楼层的楼盖钢梁布置则整体转动90°，奇数楼层的楼盖钢梁走向如图 3.22(a)所示，偶数楼层的楼盖钢梁走向如图 3.22(b)所示。

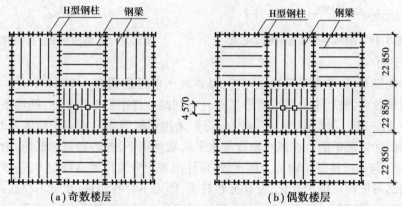

（a）奇数楼层　　　　　　　　（b）偶数楼层

图 3.22　框筒束体系的楼盖钢梁布置

3.8.4　减轻楼盖自重的途径

多高层建筑（特别是超高层建筑），由于层数多、房屋的总重大、重心高，至少会在两个方面造成不利影响。

位于地震区时，自重大，水平地震剪力就大（地震作用的大小几乎与建筑自重成正比）；重心高，水平地震力引起的地震倾覆力矩就大，使框架柱产生很大附加轴力，从而增大构件截面。

位于深厚软弱地基上时，由于作用于地基单位面积上的荷载很大，往往需要设置超长桩，增加了基础设计和施工的难度，并使基础造价大幅度增长。

因此，在建筑结构设计中，应尽可能地减轻房屋自重。

在高层钢结构建筑中，外墙多采用金属或玻璃幕墙，内隔墙多采用轻质板材。它们的自重均较小，唯独楼盖自重较大。在地上部分的总重之中，各层楼盖的自重占40%以上。所以，欲减轻房屋自重,减小楼盖自重是主要的也是最佳的途径。

由于楼盖结构由梁、板构成,减轻楼盖自重可从减轻梁、板自重两方面考虑。现将其主要方法介绍如下:

1)减轻钢梁自重的方法

(1)减小主梁高度

由约瑟夫·克拉科提出的采用填块-主梁楼盖结构系统可达到减小主梁高度的目的。该系统是在钢主梁上焊接很多短型钢构件(称为填块),填块与压型钢板-混凝土组合楼板通过抗剪连接件连接,其构造如图3.23所示。

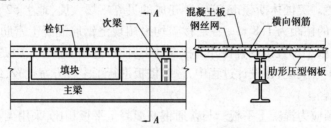

图3.23 填块-主梁的楼盖结构系统

该楼盖结构系统的主要优点是:

①由于主梁与压型钢板-混凝土组合板间有填块,其组合楼板的惯性矩可以大大增加,从而可采用较矮的主梁。

②主梁与压型钢板-混凝土组合板之间固有的空间,可以布置各种电气、设备等管线。

③由于梁高降低了,而且又把各种管线放入结构空间,可以减少楼层高度(可降低150~250 mm)。其结果是,大大节约了钢材以及幕墙、电梯、机电设备等管线所用的材料。一般在楼盖系统中减少结构用钢量约25%,降低楼盖系统的总造价约15%。

填块-主梁楼盖结构目前主要用于美国和加拿大的高层建筑工程中,在几十个工程实例中均收到节约结构用钢量和降低工程造价的显著经济效果。

(2)使用桁架钢梁

使用桁架钢梁的主要优点是:

①减少梁腹板用钢量,从而节约钢材,减轻楼盖自重,降低造价;

②高层建筑中的纵向管线设备可以直穿钢梁,而勿需像采用实腹钢梁那样在梁腹板开洞或管线置于梁下,从而减少加工费用或降低层高,进而降低造价;

③便于吊顶龙骨的构造处理或连接。

总之,众多因素均决定了该楼盖结构可以显著减少用钢量和降低工程总造价,是一种经济适用的楼盖体系。美国印第安纳标准石油大厦和我国上海中国保险大厦均采用该楼盖体系,并获得显著的经济效果。

(3)采用蜂窝梁

采用蜂窝梁的优点与桁架钢梁-钢混凝土组合楼盖相似,故不赘述。

2)减轻楼板自重的方法

(1)使用轻骨料混凝土

在混凝土的自重之中,粗骨料所占比例很大。选用容重较小的粗骨料,可显著减轻混凝土的自重。工程实践经验表明,采用黏土陶粒、粉煤灰陶粒、火山渣或浮石作为骨料配制而成的混凝土,容重约为 18 kN/m³,比普通混凝土约减轻自重 25%。因此,用轻骨料混凝土浇制楼板,就可显著减轻楼板的自重,从而减轻楼盖自重或结构自重。

该方法在美国休斯顿市的贝壳广场大厦和我国沈阳工业大学高层住宅等工程中得以应用,并已显示出显著的经济优势。

（2）减小楼板的折实厚度

减轻楼板自重,除了采用轻骨料混凝土外,比较简单易行的方法就是利用一些常用的设计方法和施工手段,来减小楼板的折实厚度。下面介绍几种已在工程中实际应用的做法。

①选用密肋楼盖。美国休斯顿市 1971 年建成的贝壳广场大厦,地上 52 层,高 218 m,采用筒中筒体系,外框筒的柱距为 1.8 m。各层楼盖均采用现浇钢筋混凝土密肋板,肋梁的间距也是 1.8 m 中到中,每根梁都直接搁置在外圈框筒柱上,使构造细部简单,楼板折实厚度减小。

深圳国际贸易中心大厦,在设计过程中,曾对楼板进行了多种方案比较,结果密肋楼盖的折实厚度最薄、自重最轻。

②选用无黏结预应力混凝土平板。与普通钢筋混凝土平板相比,采用无黏结预应力混凝土平板可减小板厚 50 mm 以上,减轻自重 20% 左右。20 世纪 90 年代初建成的广东国际大厦主楼（地上 63 层,高 197 m）,采用无黏结预应力混凝土平板后,减小板厚 80 mm,减轻自重 26%。

③采用压型钢板-混凝土组合楼板。以压型钢板作底模的压型钢板-混凝土组合楼板,呈密肋状（图 3.24（a））,从而具有较薄的折实厚度,可减轻楼盖自重。

采用压型钢板-混凝土组合楼板,可做到合理利用材料,充分发挥各种材料的优势,通常可节省钢材约 25%。同时,施工中的压型钢板可作为安装的工作平台和操作平台;采用压型钢板-混凝土组合楼板可省去支、拆模的繁琐作业,大大减少劳动力,并加快施工进度。

④使用空心楼板。对于预应力和非预应力现浇钢筋混凝土楼板,均可采用非抽心成空的生产工艺,制成空心楼板。其方法是:在楼板内,顺跨度方向埋置波纹薄钢管或硬纸管,然后浇筑混凝土,从而形成空心板。

据测算,与现浇的普通钢筋混凝土平板相比较,采用预应力或非预应力空心板,可减轻楼板自重 30%,降低造价。

北京的塔院小区 30 号楼和王村小区商务会馆,采用以麦秆、玉米秆为原料的硬纸管作孔芯（纸管外径为 110 mm,壁厚为 4 mm,纸管间的净距为 50 mm）,浇筑混凝土后形成的空心板（图 3.24（b））,减轻楼板自重约为 30%（空心率约为 30%）;1988 年建成的北京香格里拉饭店,采用预应力空心板也减轻楼板自重 30% 左右。但预制的预应力空心板楼盖整体性较差,应谨慎使用。

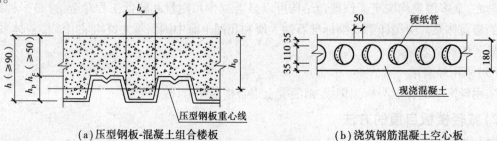

（a）压型钢板-混凝土组合楼板　　　　　（b）浇筑钢筋混凝土空心板

图 3.24　钢结构多高层建筑的楼板类型

在楼盖设计中,若能综合钢梁和楼板的各种优点于同一楼盖结构之中,那将是一种具有优良综合性能和显著经济优势的楼盖体系。

3.9 地下结构的设计原则

3.9.1 地下主体结构

①房屋高度超过50 m的多高层民用建筑钢结构,宜结合使用要求设置地下室。它有利于提高结构的抗侧力稳定性和减轻上部结构的地震反应,并能起到补偿基础的作用,减小地基的压应力和沉降量。

②对于抗震设防建筑的高层结构部分,一个结构单元内不宜局部设置地下室。当基岩埋藏较浅,高层建筑基础直接落在基岩上时,可不设置地下室。

③设置地下室时,框架体系中的框架柱应至少延伸至地下一层,其竖向荷载应直接传至基础;框架-支撑体系、框架-墙板体系中的竖向连续布置的支撑或抗震墙板应延伸至基础。

④在框-撑体系中,沿楼房高度连续设置的竖向支撑,在地面以下部分,应改用钢筋混凝土剪力墙的形式延伸至基础。这对于将水平力传至基础非常重要且不可或缺。

⑤外框筒在地面以下部分宜改用型钢混凝土或钢筋混凝土墙筒,并延伸至基础。内框筒的地下部分最好也换为型钢混凝土或钢筋混凝土墙筒,或换为型钢混凝土框筒,并一直延伸到基础。

⑥地下室外墙、地板以及它们的沉降缝,其构造均应满足地下室的防水、防渗要求。

⑦多高层建筑上部钢结构与钢筋混凝土基础或与钢筋混凝土地下室之间,宜设置型钢混凝土结构过渡层。过渡层一般为2层或3层。过渡层设于地下,或部分位于地上。一般情况下,对于钢结构高层建筑,至少应将底层换为型钢混凝土结构,作为地下到地上抗推刚度产生剧变的过渡层。

3.9.2 地基

①同一结构单元的基础,不宜部分采用天然地基、部分采用人工地基,也不宜采用性质截然不同的地基土层作为持力层。

②当多高层建筑基础的底板或桩端接近或局部进入倾斜下卧层的顶面时,宜加深基础或加长桩长,使基础底板或桩端全部落在同一卧土层内,以避免可能出现的不均匀沉降。

③地震区多高层建筑基础下的地基持力层范围内存在可液化土层时,应采取措施消除该土层的液化性,以避免该土层液化对上部结构的不利影响。

④建筑无法避开地震时可能导致滑移或地裂的河、湖及河道边缘地段,应采取针对性的地基稳定措施,并加强基础的整体性。

⑤全部消除地基土层液化沉陷对建筑不利影响的措施,可根据当地条件选用下列条件之一:

a.采用加密法(例如振冲法、振动加密法、砂桩挤密法、强夯法等)加固地基时,应处理至土层液化深度的下界面,且处理后土层的标准贯入锤击数的实测值应大于土层液化的临界值。

b. 采用深基础时,基础底面埋入液化深度以下稳定土层内的深度,不应小于 500 mm。

c. 采用桩基时,桩端伸入液化深度以下稳定土层内的长度(不包括桩尖部分),应按桩的承载力计算确定,并不小于下列数值:碎石土、砾砂、粗砂、中砂,或坚硬黏性土,500 mm;其他非岩石土,2.0 m。

d. 挖除地基持力层范围内的全部可液化土层。

3.9.3 基础

1)一般要求

①多高层建筑钢结构的基础形式,应根据上部结构、地下室情况、荷载特点、工程地质条件、施工条件等因素综合考虑后确定,宜选用筏基、箱基、桩基或桩筏基础。当基岩埋藏较浅时,由于开挖岩石比较艰难、费用较高,基础埋置深度较浅,为了确保多高层建筑的抗倾覆稳定性,应采用岩石锚杆基础;当基岩较浅,基础埋深不符合要求时,应验算基础抗拔。

②每一结构单元基础底面积的形心,应尽量与上部永久荷载合力在基础底面的作用点相重合,以防止基础的倾斜。

③同一结构单元宜采用同一类型基础(包括地基处理方式),并采取同一埋置深度。

④多高层建筑的主楼和裙房采取联合整体基础时,主楼和裙房的基础类型和埋置深度可以不一样,但应采取地基处理、后浇带等措施,使两部分的地基沉降差控制在允许范围内,并应通过计算,确定基础和上部结构由此沉降差引起的附加内力,并采取相应的加强措施。

⑤基础的埋置深度必须满足地基承载力和结构稳定性的要求,以减少地基沉降量及不均匀沉降引起的房屋整体斜倾,防止楼房在风、地震等水平荷载下的倾覆和滑移。

⑥采用筏基或箱基时,对于中软或中硬土质的天然地基,基础埋置深度不宜小于 $H/12$,坚硬土质的天然地基不宜小于 $H/15$,当采用桩基时不宜小于 $H/20$;当有根据时,埋置深度可适当减小。此处,H 为房屋总高度,是室外地坪至檐口(不包括突出屋面的屋顶间)的高度;基础埋置深度是指基础底板或桩基承台底面的埋置深度,一般是从室外地坪算起。若大楼地下室周边由于设置通长采光井或地下室车道等原因无可靠侧限时,则应从具有足够侧移能力的室外地坪面算起。

⑦当高楼采用天然地基、主楼(高层)与裙房(低层)之间设置沉降缝时,为了确保主楼的抗侧力稳定性,主楼基础的埋置深度应比裙房基础的埋置深度大 1.5 m 以上,并采用粗砂、砾砂等松散、坚硬材料将沉降缝地面以下部分填实、压密,以确保主楼基础四周的可靠侧向约束;当不设沉降缝时,在施工中宜留后浇带。

⑧位于地震区的高楼,地基内存在软弱黏性土、可液化土、新近填土或严重不均匀土层时,应利用纵、横向拉梁或钢筋,加强基础的整体性和竖向刚度。即使采用桩基础,也应注意加强基础的整体性,以抵抗地震时地面裂隙对结构产生的不利影响。

⑨当基础埋置在地下水位以下,开挖基坑、进行基础施工时,应采取降水等措施防止地基土受到扰动。

⑩当基础直接砌置在极易风化的软质岩层上,施工时,应在基坑开挖好后立即铺筑混凝土垫层。

⑪若高楼基础的埋置深度低于邻近建筑物的基础底面标高,或者虽不低于但有可能引发邻近建筑地基挤出型剪切破坏时,开挖基坑前(进行基础施工时)应采取板桩、锚拉桩或地下连续墙等措施,防止邻近建筑物下沉或倾斜。

⑫在重力荷载与水平荷载标准值或重力荷载代表值与多遇水平地震标准值共同作用下,高宽比大于4的高层民用建筑基础底面不宜出现零应力区;高宽比不大于4的高层民用建筑,基础底面与基础之间零应力区面积不应超过基础底面积的15%。质量偏心较大的裙楼和主楼,可分别计算基底应力。

2)基础选型

(1)选型意义

多高层建筑的基础是整个结构的重要组成部分,它的设计合理与否关系到整个建筑物的安全和经济。据统计,在多高层建筑的土建总造价中,基础费用占15% ~25%。所以,选择合理、恰当的基础形式是十分必要的。

(2)选型原则

多高层建筑的基础类型,应根据上部结构体系类别、地下室情况、荷载特点、地基性质、施工条件、经济指标等因素,综合考虑后确定。

(3)常用基础形式

多高层建筑的基础形式很多,最常用的为筏形基础、箱形基础和桩基础。在某些地基良好、荷载不大的情况下,也可采用十字形(井格形)基础甚至条形基础或独立基础。

①条形基础。一般用在层数不多的框架房屋和土质较好的非地震区,沿房屋横向或纵向连成条形。

②十字形基础。十字形基础又称井格式基础,即在房屋的纵、横方向都做成条形基础,这样整个基础就形成连系在一起的十字形基础,如图3.25(a)所示。十字形基础比条形基础有更大的基础底面积和刚度,一般用于土质较好的框架结构房屋中。

③筏形基础。当房屋层数较高、荷载较大、土质较差时,采用条形或十字形基础可能使房屋产生较大的沉降甚至倾斜,以至影响使用和安全,这时可采用板式筏形基础,如图3.25(c)所示。为了进一步增加基础平板的刚度,常在柱与柱之间以梁加强平板,做成带梁肋的梁式筏形基础,如图3.25(b)所示。基础的底面积沿房屋的平面外廊可以再向外扩展,增大与地基之间的接触面积,因而可以提高承载能力。

筏形基础整体性较条形基础、十字形基础好得多,能承受上部结构传来的集中压力和水平力,使之迅速有效地传递到整个地基中去;并且基础形状简单,不需要大量模板,施工非常方便,可用在地震区以及任何类型的高层结构中,是目前高层建筑常用的基础形式之一。

④箱形基础。筏形基础虽然适用面广、施工简便,但是若板厚太大,将使基础自重过大、材料用量过多,很不经济。而箱形基础则能减轻基础自重,比筏形基础节约材料。

箱形基础是用钢筋混凝土顶板、底板、侧墙以及纵、横相交的隔墙所组成的一个空间整体结构,如图3.25(d)所示。它像一个放在地基上的空心盒子那样工作,承受着上部结构传来的全部荷载,并传递到地基中去。

由于箱形基础的刚度很大,能有效地调整基础底面的压力,减少软弱地基引起的不均匀沉降。此外,箱形基础本身具有一定的空间,可以兼作人防、设备层或地下室使用。埋在地面以下的箱形基础,代替了大量回填土,减少了基底的附加应力,这就相当于提高了地基承载力,是十

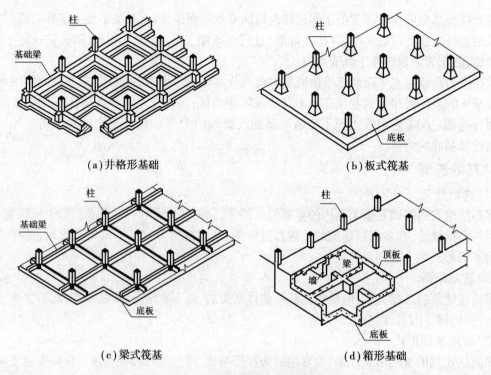

(a)井格形基础　　　　　　　　　　　　(b)板式筏基

(c)梁式筏基　　　　　　　　　　　　　(d)箱形基础

图 3.25　多高层建筑的几种基础型式

分有利的。箱形基础比其他基础埋深更大,能较牢固地处于土壤的包围之中,建筑物的整体稳固性较好。采用箱形基础,使整个房屋的重心下移,有利于抗震。

　　箱形基础宜用于地基较差、荷载较重、平面形状规则的高层建筑。但是,它的施工技术要求和构造要比其他形式的基础复杂,水泥和钢筋的用量也较多。在具体选择时应与其他方案(如桩基础、筏形基础)全面进行技术经济比较后再确定。

　　⑤桩基础。在高层建筑中,也可以采用桩基础。当上部结构荷重太大,且地基软弱,坚实土层距基础底面较深,采用其他基础形式可能导致沉降过大而不能满足要求时,常采用桩基础,或采用桩基与其他形式基础联合使用以有效地减小地基变形。另外,对于坚实土层(一般指岩层或密实砾砂层)距基础底面虽深度不大,但起伏不一(易导致房屋沉降不均)的情况,采用桩基是合理的,它能适应土层起伏的变化。

　　桩基础有时在上部结构与桩之间设承台。承台的作用是承受上部结构传来的荷载,把上部结构骨架与桩联系起来,并把荷载传到桩上。承台用钢筋混凝土制作,桩采用钢筋混凝土或钢桩。

　　桩可以分为摩擦桩和端承桩(也叫柱桩)两种。摩擦桩主要是通过表面摩擦力传递并扩散荷载至下部地基,而端承桩则主要通过桩头压力传递荷载至下部地基。摩擦桩适用于软弱土层较深的情况,而端承桩则适用于软弱土层下不深处有坚实土层的情况。

　　根据施工方法的不同,桩又可以分为预制桩和灌注桩两种。预制桩是将桩预制好再通过打桩机打入地基;灌注桩则是通过现场机械钻孔或人工挖孔或打入钢管成孔,然后再浇注混凝土桩。由于预制桩起吊、运输和贯入时的需要,一般用钢量很大,经济性不好;而灌注桩则可不配筋或仅配很少的构造筋,用钢量少,造价较低,且施工方便,在国内一些工程中采用较多。

　　桩基础的主要优点是承载力高,施工比较简便,没有繁多的土方工程。一般而言,造价比其他基础高。

对于重量大、层数多的超高层建筑以及在地震区建造高层建筑时,往往采用在桩基上面再做箱形基础的双重基础形式,以便使高层房屋能稳固地支承在地基上。

⑥岩石锚杆基础。岩石锚杆基础是指在基岩中埋入锚杆,并与上部结构连为一体所形成的基础。当基岩埋藏较浅时,多高层建筑的基础可直接搁在基岩上。为了减少岩石开挖量,可不设置地下室,并根据上部结构类型、荷载情况以及岩石承载力大小选择基础类型。通常,对于高度不超过 12 层的房屋,可选择独立基础、条形基础或十字形基础;对于高度超过 12 层的房屋,为了确保高层建筑的抗倾覆稳定性,应采用岩石锚杆基础,如图 3.26 所示。锚杆应锚入稳定的、非风化的并具有较高抗拉强度的基岩内。

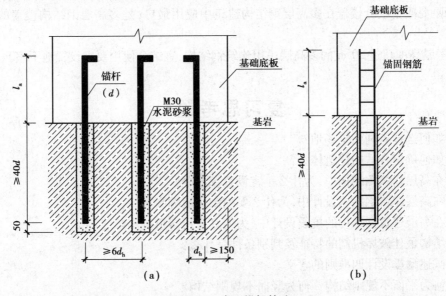

图 3.26 岩石锚杆基础

岩石锚杆基础的构造应符合下列要求:

a. 基岩内锚杆孔的直径 d_h,一般取锚杆直径 d 的 3 倍,并不应小于 1 倍锚杆直径加 50 mm;

b. 锚杆孔的间距不应小于锚杆孔直径的 6 倍;

c. 锚杆孔的深度不应小于 40 倍锚杆孔直径加 50 mm;

d. 锚杆伸入上部结构或其基础底板内的长度,不应小于对钢筋锚固长度 l_a 的规定;

e. 锚杆宜采用螺纹钢筋;

f. 灌孔用的水泥砂浆(或细石混凝土)的强度等级不宜低于 M30(或 C30)。

本章小结

(1)多高层民用建筑钢结构,宜选用有利于减小横风向振动影响的建筑体型。

(2)在确定建筑平、立面形状时,宜从降低风荷载和地震作用两方面考虑。

(3)不同的结构类型和结构体系,各有其适用的最大高度。

(4)房屋高宽比的数值大小直接影响到结构的抗推刚度、风振加速度和抗倾覆能力。所以,进行多高层钢结构抗风、抗震设计时,房屋的高宽比应该得到控制。

(5)在多高层民用建筑钢结构的主体结构内,一般不宜设置变形缝。

(6)位于地震区的多高层钢结构建筑,应根据建筑的抗震设防类别、抗震设防烈度、建筑高度、场地条件、地基、结构材料和施工等因素,经技术、经济和使用条件综合比较分析确定其结构体系。

(7)抗侧力构件沿建筑平面纵、横方向的布置应尽量做到"分散、均匀、对称"。

(8)沿高度方向,各抗侧力构件宜连续布置。

(9)柱网尺寸一般是根据荷载大小、钢梁经济跨度及结构受力特点等因素确定。

(10)削减结构地震反应的主要措施有:避开地震动卓越周期、加大结构阻尼、提高结构延性和采用有效的隔震方法。

(11)钢-混凝土组合楼盖在多高层钢结构建筑中应用最广,是多高层钢结构楼盖的主要结构形式。

(12)房屋高度超过 50 m 的多高层民用建筑钢结构,宜结合使用要求设置地下室。

复习思考题

3.1　如何选择有利建筑场地?

3.2　如何确定合适的建筑体型?

3.3　在高层建筑钢结构中,为什么不宜设置变形缝?

3.4　在高层建筑钢结构设计中,为什么要控制房屋的高宽比?

3.5　在高层建筑钢结构的抗震设计中,为何宜采用多道抗震防线?

3.6　结构最佳破坏机制的特征及判别条件是什么?

3.7　试述耐震设计四准则的含义。

3.8　何为平面不规则结构? 何为竖向不规则结构?

3.9　削减结构地震反应常用哪些方法或措施?

3.10　试述钢-混凝土组合楼盖的类型及其组成。

3.11　减轻楼盖自重常用哪些方法?

3.12　在高层钢结构方案设计阶段,如何确定其基础形式及地下室布置?

第4章 材料选择

本章导读

● *内容与要求* 主要介绍了结构材料和连接材料的性能与选用方法。通过本章学习,应对多高层钢结构材料性能与选用方法的相关知识有较全面的了解。

● *重点* 多高层钢结构材料的选用方法。

● *难点* 多高层钢结构材料的性能。

建筑物的自重是表明建筑物是否经济合理的综合指标之一,它对结构设计的影响很大。减轻建筑物自重通常可从两方面考虑:①提高材料强度,以缩小结构构件的断面尺寸,减少结构材料用量;②降低材料自重。

建造多高层钢结构就是基于途径①,这不仅减轻结构自重,减小地震作用,而且可增加建筑物的使用面积和空间;对于非承重构件、围护构件以及装修材料等,选用金属幕墙、轻质混凝土、石膏板、石棉板、矿渣板、玻璃幕墙等,是基于途径②,这既减轻建筑物自重,又可起到防火、隔热、保温、耐腐蚀等作用和美观的效果。

国内外大量多高层建筑设计表明,革新建筑材料,减轻结构自重,可大大降低结构造价,使多高层建筑结构设计更趋于经济合理。因此,多高层建筑选材时应尽量选用轻质高强材料。

4.1 结构材料

4.1.1 钢材的性能要求

1)一般要求

为保证承重结构的承载能力及防止在一定条件下出现脆性破坏,多高层建筑结构中的承重构件和承力构件(竖向支撑等)的钢材牌号和材料性能的选用,应遵循技术可靠、经济合理的原则,并应符合下列要求:

①应保证钢材的抗拉强度、屈服点、伸长率、冷弯试验、冲击韧性各项指标合格;对直接承受动力荷载或需验算疲劳的构件所用钢材尚应具有冲击韧性的合格保证。

②承重构件所用钢材的质量等级均不低于 B 级;抗震等级为二级及以上的高层民用建筑

钢结构,其框架梁、柱和抗侧力支撑等主要抗侧力构件其钢材的质量等级不宜低于 C 级。

③承重构件中厚度不小于 40 mm 的受拉板件,当其工作温度低于 – 20 ℃时,宜适当提高其所用钢材的质量等级。

④选用 Q235A 级或 B 级钢时应选用镇静钢。

⑤承重构件所用钢材应具有屈服强度、抗拉强度、伸长率等力学性能和冷弯试验的合格保证,并应具有碳、硫、磷等化学成分的合格保证。

2)焊接结构的附加要求

①焊接结构尚应保证碳的含量不高于限值。

②焊接结构所用钢材尚应具有良好的焊接性能,其碳当量或焊接裂纹敏感性指数应符合设计要求或相关标准的规定。

③焊接节点区 T 形或十字形焊接接头中的钢板,当板厚不小于 40 mm 且沿板厚方向承受较大拉力作用(含较高焊接约束拉应力作用)时,该部分钢板应具有厚度方向抗撕裂性能(Z 向性能)的合格保证。其沿板厚方向的断面收缩率应不小于按现行国家标准《厚度方向性能钢板》(GB/T 5313)规定的 Z15 级允许限值。

注意:(1)《厚度方向性能钢板》(GB/T 5313)规定,Z 向性能级别为 Z15 级的钢板性能应符合下列要求:a. 断面收缩率,单个试样值和三个试样平均值,应分别不小于 10% 和 15%;b. 硫的含量(熔炼分析)不小于 0.01%。

(2)高层钢结构在梁柱连接处和箱形柱角部焊缝附近,由于局部构造,形成高约束,焊接时容易引起层状撕裂。所以,高层钢结构中所采用的厚板,应满足该标准 Z15 级的断面收缩率指标。

(3)为防止厚板的层状撕裂,目前已生产一种新的钢种——Z 向钢。它的特点是以低硫含量为显著标志来保证 Z 向性能。然而,Z 向钢的价格昂贵(一般成本增加 20% 左右),除了梁柱节点等局部部位外,一般不宜采用 Z 向钢。

(4)《厚度方向性能钢板》(GB/T 5313)适用于造船、海上平台、锅炉、压力容器等重要焊接结构。它将厚度方向的断面收缩率分为 Z15,Z25,Z35 三个等级,并规定了试件取材方法和试件尺寸。

3)抗震结构的附加要求

①钢材屈服强度波动范围应不大于 120 N/mm²,钢材实物的实测屈强比值(钢材的屈服强度实测值与抗拉强度实测值的比值)应不大于 0.85,以确保结构具有足够的安全储备。

②钢材具有明显的屈服平台,其伸长率应不小于 20%,以保证构件具有足够的塑性变形能力。

③在保持较大延性的条件下具有良好的可焊性。

④抗震等级为三级及以上的高层民用建筑钢结构,其主要抗侧力构件所用钢材应具有与其工作温度相应的冲击韧性合格保证。

4)特殊构件的附加要求

①处于外露环境且对大气腐蚀有特殊要求的承重和承力钢构件,宜采用耐候钢,其材质和材料性能要求应符合现行国家标准《耐候结构钢》(GB/T 4171)的规定。

②处于低温环境的承重和承力钢构件,其钢材性能应符合避免低温冷脆的要求。

③重要的受拉或受弯的焊接结构以及需要验算疲劳的焊接结构,其钢材的低温性能应符合表 4.1 的要求。

表 4.1　重要焊接结构钢材的低温性能

室外气温\\钢材牌号	−20 ~ −10 ℃	低于 −20 ℃
Q235	0 ℃冲击韧性合格保证	−20 ℃冲击韧性合格保证
Q345、Q390、Q420	20 ℃冲击韧性合格保证	−40 ℃冲击韧性合格保证

4.1.2　钢材的选用方法

多高层建筑结构中的承重构件和承力构件(竖向支撑等)的钢材牌号和材性的选用,应综合考虑结构的重要性、荷载特征、结构形式、连接方法、钢材厚度、应力状态、工作环境、钢材品种以及构件所处部位等情况而定,并在设计文件中完整地注明对钢材的技术要求。

1) 钢材牌号的选用及性能要求

①主要承重构件所用钢材的牌号宜选用 Q345 中的 B、C、D、E 级钢或 Q390 中的 B、C、D、E 级钢,一般构件宜选用 Q235 中的 B,C,D 级钢,其材质和材料性能应分别符合现行国家标准《低合金高强度结构钢》(GB/T 1591)或《碳素结构钢》(GB/T 700)的规定。有依据时可选用更高强度级别的钢材。

②主要承重构件所用较厚的板材宜选用高性能建筑用钢板(GJ 钢板),其材质和材料性能应符合现行国家标准《建筑结构用钢板》(GB/T 19879)的规定。

③有依据时,外露承重钢结构可选用 Q235NH、Q355NH 或 Q415NH 等牌号的焊接耐候钢,其材质和材料性能要求应符合现行国家标准《耐候结构钢》(GB/T 4171)的规定。选用时宜附加要求保证晶粒度不小于 7 级,耐腐蚀指数不小于 6.0。

④钢结构框架柱采用箱形截面且壁厚不大于 20 mm 时,宜选用直接成方工艺成型的冷弯方(矩)形焊接钢管,其材质和材料性能应符合国家现行标准《建筑结构用冷弯矩形钢管》(JG/T 178)中 I 级产品的规定;框架柱采用圆钢管时,宜选用直缝焊接圆钢管,其原料板材与成管管材的材质和材料性能均应符合设计要求或有关标准的规定。

⑤偏心支撑框架中的消能梁段所用钢材的屈服强度应不大于 345 N/mm^2,屈强比应不大于 0.8,且屈服强度波动范围应不大于 100 N/mm^2。

⑥楼盖采用压型钢板组合楼板时,宜采用闭口型压型钢板,其材质和材料性能应符合现行国家标准《建筑用压型钢板》(GB/T 12755)的规定。

⑦钢结构节点部位采用铸钢节点时,其铸钢件宜选用材质和材料性能符合现行国家标准《焊接结构用铸钢件》(GB/T 7659)的 ZG270-480H、ZG300-500H 或 ZG340-550H 铸钢件。

注意:Q235 A 级钢和 Q345 A 级钢,因为不要求任何冲击试验指标,而且仅在用户提出要求时才进行冷弯试验,所以,不能用于高层钢结构的主要承重构件和承力构件,只能用其中的次要构件。

2)材料设计指标与参数

①钢材的设计用强度指标,应根据钢材牌号、厚度或直径按表4.2采用。

表4.2 钢材的设计用强度指标 单位:N/mm²

钢材牌号		钢材厚度或直径/mm	强度设计值			钢材强度	
			抗拉、抗压、抗弯 f	抗剪 f_v	端面承压(刨平顶紧) f_{ce}	屈服强度 f_y	抗拉强度最小值 f_u
碳素结构钢	Q235	≤16	215	125	320	235	370
		>16,≤40	205	120		225	
		>40,≤100	200	115		215	
低合金高强度结构钢	Q345	≤16	300	175	400	345	470
		>16,≤40	295	170		335	
		>40,≤63	290	165		325	
		>63,≤80	280	160		315	
		>80,≤100	270	155		305	
	Q390	≤16	345	200	415	390	490
		>16,≤40	330	190		370	
		>40,≤63	310	180		350	
		>63,≤100	295	170		330	
	Q420	≤16	375	215	440	420	520
		>16,≤40	355	205		400	
		>40,≤63	320	185		380	
		>63,≤100	305	175		360	
	Q460	≤16	410	235	470	460	550
		>16,≤40	390	225		440	
		>40,≤63	355	205		420	
		>63,≤100	340	195		400	

注:①表中直径指实芯棒材,厚度系指计算点的钢材或钢管壁厚度,对轴心受拉和轴心受压构件系指截面中较厚板件的厚度。

②冷弯型材和冷弯钢管,其强度设计值应按国家现行规范《冷弯型钢结构技术规范》(GB 50018)的规定采用。

②建筑结构用钢板的设计用强度指标,可根据钢材牌号、厚度或直径按表4.3采用。

表4.3 建筑结构用钢板的设计用强度指标 单位:N/mm²

建筑结构用钢板	钢材厚度或直径/mm	强度设计值			钢材强度	
		抗拉、抗压、抗弯 f	抗剪 f_v	端面承压（刨平顶紧）f_{ce}	屈服强度 f_y	抗拉强度最小值 f_u
Q345GJ	6~16	310	180	415	345	490
	>16,≤35	310	180		345	
	>35,≤50	290	170		335	
	>50,≤100	285	165		325	

③结构用无缝钢管的强度指标应按表4.4采用。

表4.4 结构设计用无缝钢管的强度指标 单位:N/mm²

钢管钢材牌号	壁厚/mm	强度设计值			钢管强度	
		抗拉、抗压和抗弯 f	抗剪 f_v	端面承压（刨平顶紧）f_{ce}	钢材屈服强度 f_y	抗拉强度最小值 f_u
Q235	≤16	215	125	320	235	375
	>16,≤30	205	120		225	
	>30	195	115		215	
Q345	≤16	300	175	400	345	470
	>16,≤30	290	170		325	
	>30	260	150		295	
Q390	≤16	345	200	415	390	490
	>16,≤30	330	190		370	
	>30	310	180		350	
Q420	≤16	375	220	445	420	520
	>16,≤30	355	205		400	
	>30	340	195		380	
Q460	≤16	410	240	470	460	550
	>16,≤30	390	225		440	
	>30	355	205		420	

④铸钢件的强度设计值应按表4.5采用。

表 4.5　铸钢件的强度设计值　　　　　　单位:N/mm²

钢　号	铸件厚度/mm	抗拉、抗压和抗弯 f	抗剪 f_v	端面承压(刨平顶紧)f_{ce}
ZG230-450	≤100	180	105	290
ZG270-500		210	120	325
ZG310-570		240	140	370
ZG230-450H	≤100	180	105	290
ZG275-480H		210	120	310
ZG300-500H		235	135	325
ZG390-550H		265	150	355

注:表中强度设计值仅适用于本表规定的厚度。

⑤钢材和钢铸件的物理性能指标,应符合我国《钢结构设计规范》(GB 50017)的规定,按表 4.6 所列数值采用。

表 4.6　钢材和铸钢件的物理性能指标表

弹性模量 E/(N·mm⁻²)	剪变模量 G/(N·mm⁻²)	线膨胀系数 α(以每℃计)	质量密度 ρ/(kg·m⁻³)
206×10^3	79×10^3	12×10^{-6}	7 850

4.1.3　钢筋与混凝土

①多高层建筑钢结构中的型钢混凝土构件或组合楼板、混凝土剪力墙、混凝土核心筒等组合构件所用的钢筋,应优先采用具有较好延性、韧性和可焊性的钢筋。纵向受力钢筋宜选用符合抗震性能指标的不低于 HRB400 级的热轧钢筋,也可采用符合抗震性能指标的 HRB335 级热轧钢筋;箍筋宜选用符合抗震性能指标的不低于 HRB335 级的热轧钢筋,也可选用 HPB300 级热轧钢筋。

②在施工中,当需要以强度等级较高的钢筋替代原设计中的纵向受力钢筋时,应按照钢筋受拉承载力设计值相等的原则换算,并应满足最小配筋率要求。

③混凝土强度等级,抗震墙不宜超过 C60;其他构件,9 度时不宜超过 C60,8 度时不宜超过 C70。

注意:钢筋的检验方法应符合现行国家标准《混凝土结构工程施工质量验收规范》(GB 50204)的规定。

4.2　连接材料

4.2.1　焊接材料

1)焊接材料选用原则

①手工焊焊条或自动焊焊丝和焊剂的性能应与构件钢材性能相匹配,其熔敷金属的力学性

能应不低于母材的性能。当两种强度级别的钢材焊接时,宜选用与强度较低钢材相匹配的焊接材料。

②焊条的材质和性能应符合现行国家标准《碳钢焊条》(GB/T 5117)、《低合金钢焊条》(GB/T 5118)的有关规定。框架梁、柱节点和抗侧力支撑连接节点等重要连接或拼接节点的焊缝宜采用低氢型焊条。

③焊丝的材质和性能应符合现行国家标准《熔化焊用钢丝》(GB/T 14957)、《气体保护电弧焊用碳钢、低合金钢焊丝》(GB/T 8110)及《碳钢药芯焊丝》(GB/T 10045)、《低合金钢药芯焊丝》(GB/T 17493)的有关规定。

④埋弧焊用焊丝和焊剂的材质和性能应符合现行国家标准《埋弧焊用碳钢焊丝和焊剂》(GB/T 5293)、《埋弧焊用低合金钢焊丝和焊剂》(GB/T 12470)的有关规定。

一般情况下,母材为 Q235 钢时,对组成抗侧力体系的构件,宜采用 E4315、E4316 型焊条;对其他构件,可采用 E4300 ~ E4313 型焊条。

母材为 Q345 钢时,对重要的下层柱和重要的主梁等构件,宜采用 E5015、E5016、E5018 型焊条;对其他构件,可采用 E5001 ~ E5014 型焊条。

2) 焊缝的强度设计指标

根据我国现行《钢结构设计规范》(GB 50017)和《高钢规程》的规定,自动焊、半自动焊和手工焊的焊缝强度设计指标应按表 4.7 采用。

表 4.7 焊缝强度设计指标　　　　　　单位:N/mm^2

焊接方法和焊条型号	构件钢材		对接焊缝强度设计值				角焊缝强度设计值	对接焊缝抗拉强度 f_u^w	角焊缝抗拉强度 f_u^f
	牌号	厚度或直径/mm	抗压 f_c^w	焊缝质量为下列等级时,抗拉 f_t^w		抗剪 f_v^w	抗拉、抗压和抗剪 f_f^w		
				一级、二级	三级				
自动焊、半自动焊和 E43 型焊条手工焊	Q235	≤16	215	215	185	125	160	415	240
		>16,≤40	205	205	175	120			
		>40,≤100	200	200	170	115			
自动焊、半自动焊和 E50、E55 型焊条手工焊	Q345	≤16	305	305	260	175	200	480(E50) 540(E55)	280(E50) 315(E55)
		>16,≤40	295	295	250	170			
		>40,≤63	290	290	245	165			
		>63,≤80	280	280	240	160			
		>80,≤100	270	270	230	155			
	Q390	≤16	345	345	295	200	200(E50) 220(E55)		
		>16,≤40	330	330	280	190			
		>40,≤63	310	310	265	180			
		>63,≤100	295	295	250	170			

续表

焊接方法和焊条型号	构件钢材		对接焊缝强度设计值			角焊缝强度设计值	对接焊缝抗拉强度 f_u^w	角焊缝抗拉强度 f_u^f
	牌号	厚度或直径/mm	抗压 f_c^w	焊缝质量为下列等级时,抗拉 f_t^w		抗剪 f_v^w	抗拉、抗压和抗剪 f_f^w	
				一级、二级	三级			
自动焊、半自动焊和E55、E60型焊条手工焊	Q420	≤16	375	375	320	215	220(E55) 240(E60)	540(E50) 590(E55)	315(E50) 340(E55)
		>16,≤40	355	355	300	205			
		>40,≤63	320	320	270	185			
		>63,≤100	305	305	260	175			
自动焊、半自动焊和E55、E60型焊条手工焊	Q460	≤16	410	410	350	235	220(E55) 240(E60)	540(E50) 590(E55)	315(E50) 340(E55)
		>16,≤40	390	390	330	225			
		>40,≤63	355	355	300	205			
		>63,≤100	340	340	290	195			
自动焊、半自动焊和E50、E55型焊条手工焊	Q345GJ	>16,≤35	310	310	265	180	200	480(E50) 540(E55)	280(E50) 315(E55)
		>35,≤50	290	290	245	170			
		>50,≤100	285	285	240	165			

注:①手工焊用焊条、自动焊和半自动焊所采用的焊丝和焊剂,应保证其熔敷金属的力学性能不低于母材的性能。

②焊缝质量等级应符合现行国家标准《钢结构焊接规范》(GB 50661)的规定,其检验方法应符合现行国家标准《钢结构工程施工质量验收规范》(GB 50205)的规定。其中厚度小于 3.5 mm 钢材的对接焊缝,不应采用超声波探伤确定焊缝质量等级。

③对接焊缝在受压区的抗弯强度设计值取 f_c^w,在受拉区的抗弯强度设计值取 f_t^w。

④表中厚度系指计算点的钢材厚度,对轴心受拉和轴心受压构件系指截面中较厚板件的厚度。

⑤计算下列情况的连接时,上表规定的强度设计值应乘以相应的折减系数;几种情况同时存在时,其折减系数应连乘。

　　a. 施工条件较差的高空安装焊缝乘以系数 0.9;

　　b. 进行无垫板的单面施焊对接焊缝的连接计算应乘以折减系数 0.85。

4.2.2　螺栓

1) 螺栓类型

连接螺栓可分为普通螺栓和高强度螺栓两大类。普通螺栓一般仅用作多高层钢结构建筑中的临时安装螺栓;高强度螺栓由于性能可靠,常广泛用作受力螺栓。

普通螺栓可分为 A、B、C 3 个级别。A、B 级又称精制螺栓,C 级又称粗制螺栓。其性能与尺寸规格应符合现行国家标准《紧固件机械性能 螺栓、螺钉和螺柱》(GB/T 3098.1)、《六角头螺栓——A 和 B 级》(GB/T 5782)和《六角头螺栓 C 级》(GB/T 5780)的规定。

高强度螺栓可分为大六角头高强度螺栓和扭剪型高强度螺栓两种。其材质、材料性能、级别和规格应分别符合现行国家标准《钢结构用高强度大六角头螺栓》(GB/T 1228)、《钢结构用高强度大六角螺母》(GB/T 1229)、《钢结构用高强度垫圈》(GB/T 1230)、《钢结构用高强度大六角螺栓、大六角螺母、垫圈技术条件》(GB/T 1231)的规定或《钢结构用扭剪型高强度螺栓连接副》(GB/T 3632)的规定。

多高层民用建筑钢结构承重构件的高强度螺栓连接应采用摩擦型连接,其螺栓可选用大六角高强度螺栓或扭剪型高强度螺栓。其性能都是可靠的,在设计中可以通用。

2)螺栓材料性能等级

普通螺栓:C 级普通螺栓的材料性能等级有 4.6 级、4.8 级两种;A、B 级普通螺栓的材料性能等级有 5.6 级、8.8 级两种。

高强度螺栓:大六角头高强度螺栓的材料性能等级有 8.8 级、10.9 级两种;扭剪型高强度螺栓的材料性能等级仅有 10.9 级一种。

3)螺栓形式、材料性能及推荐材料

(1)大六角头高强度螺栓

大六角头高强度螺栓的头部尺寸要比普通六角头螺栓稍大,以适应施加预拉力的工具和操作要求。

大六角头高强度螺栓的螺栓形式如图 4.1 所示。其螺栓、螺母、垫圈的材料性能等级和推荐材料以及使用配合,应符合表 4.8 的规定;螺栓的机械性能应符合表 4.9 的规定。

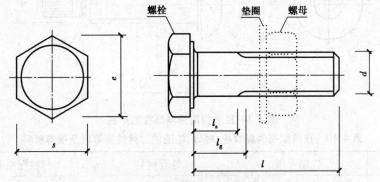

图 4.1 大六角头高强度螺栓的形式

表 4.8 大六角头高强度螺栓、螺母、垫圈的材料性能等级和推荐材料

类别	性能等级	推荐材料	标准编号	适用规格
螺栓	10.9S	20MnTiB	GB 3077	≤M24
		35VB		≤M30
	8.8S	40B	GB 3077	≤M24
		45 号钢	GB 699	≤M22
		35 号钢	GB 699	≤M20
螺母	10H	45,35 号钢	GB 699	
		15MnVB	GB 3077	
	8H	35 号钢	GB 699	
垫圈	HRC35~45	45,35 号钢	GB 699	

注:10H 级和 8H 级螺母分别于 10.9 级和 8.8 级螺栓配合使用。

表4.9 螺栓的机械性能指标

性能等级	抗拉强度 σ_b/MPa	屈服强度 $\sigma_{0.2}$/MPa	伸长率 σ_s/%	收缩率 ψ/%	冲击韧性 α_k/(J·cm^{-2})
		≥			
10.9S	1 040 ~ 1 240	940	10	42	59
8.8S	830 ~ 1 030	660	12	45	78

（2）扭剪型高强度螺栓

扭剪型高强度螺栓的尾部连着一个梅花头,两者之间有一沟槽。当用特制扳手旋拧螺母时,以梅花头作为反拧支点,终拧时以梅花头沿沟槽被拧断,表示已达到规定的预拉力值。

扭剪型高强度螺栓的形式如图4.2所示。其螺栓、螺母、垫圈的材料性能等级及推荐材料应符合表4.10的规定;螺栓的机械性能应符合表4.11的规定。

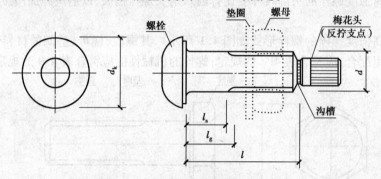

图4.2 扭剪型高强度螺栓的形式

表4.10 扭剪型高强度螺栓、螺母、垫圈的材料性能等级及推荐材料

类 别	性能等级	推荐材料	材料标准编号
螺栓	10.9S	20MnTiB	GB 3077
螺母	10H	45,35 号钢	GB 699
		15MnVB	GB3077
垫圈	HRC34-45	45,35 号钢	GB 699

表4.11 扭剪型高强度螺栓的机械性能指标

抗拉强度 σ_b/MPa		屈服强度 σ_0/MPa	伸长率 δ_s/%	收缩率 ψ/%	冲击值 α_k/(J·cm^{-2})
max	min	min	min	min	min
1 240	1 040	940	10	42	59

4) 螺栓连接的强度指标

根据现行国家标准《钢结构设计规范》(GB 50017)的规定,螺栓连接的强度指标应按表4.12中规定的数值采用。

表4.12 螺栓连接的强度指标　　　　　　单位：N/mm²

螺栓的性能等级、锚栓和构件钢材的牌号		强度设计值										高强度螺栓的抗拉强度最小值 f_u^b
		普通螺栓						锚栓	承压型连接或网架用高强度螺栓			
		C级螺栓			A级、B级螺栓							
		抗拉 f_t^b	抗剪 f_v^b	承压 f_c^b	抗拉 f_t^b	抗剪 f_v^b	承压 f_c^b	抗拉 f_t^b	抗拉 f_t^b	抗剪 f_v^b	承压 f_c^b	
普通螺栓	4.6级、4.8级	170	140	—	—	—	—	—	—	—	—	—
	5.6级	—	—	—	210	190	—	—	—	—	—	—
	8.8级	—	—	—	400	320	—	—	—	—	—	—
锚栓	Q235	—	—	—	—	—	—	140	—	—	—	—
	Q345	—	—	—	—	—	—	180	—	—	—	—
	Q390	—	—	—	—	—	—	185	—	—	—	—
承压型连接高强度螺栓	8.8级	—	—	—	—	—	—	—	400	250	—	830
	10.9级	—	—	—	—	—	—	—	500	310	—	1 040
构件钢材牌号	Q235	—	—	305	—	—	405	—	—	—	470	—
	Q345	—	—	385	—	—	510	—	—	—	590	—
	Q390	—	—	400	—	—	530	—	—	—	615	—
	Q420	—	—	425	—	—	560	—	—	—	655	—
	Q460	—	—	450	—	—	595	—	—	—	695	—
	Q345GJ	—	—	400	—	—	530	—	—	—	615	—

注：①A级螺栓用于 $d \leqslant 24$ mm 和 $L \leqslant 10d$ 或 $L \leqslant 150$ mm（按较小值）的螺栓；B级螺栓用于 $d > 24$ mm 和 $L > 10d$ 或 $L > 150$ mm（按较小值）的螺栓；d 为公称直径，L 为螺栓公称长度。

②A,B级螺栓孔的精度和孔壁表面粗糙度,C级螺栓孔的允许偏差和孔壁表面粗糙度,均应符合现行国家标准《钢结构工程施工质量验收规范》(GB 50205)的要求。

4.2.3 锚栓

锚栓通常用作钢柱柱脚与钢筋混凝土基础之间的锚固连接件,主要承受柱脚的拔力。外露式柱脚的锚栓通常采用双螺母。锚栓因其直径较大,一般是采用未经加工的圆钢制成。

锚栓宜采用现行国家标准《碳素结构钢》(GB/T 700)规定的 Q235 钢或《低合金高强度结构钢》(GB/T 1591)规定的 Q345 钢、Q390 钢或强度更高的钢材。其抗拉强度设计值,按表4.12中规定的数值采用。

4.2.4 圆柱头栓钉

圆柱头栓钉亦称圆柱头焊钉,它是一个带圆柱头的实心钢杆,需要用专用焊机焊接,并配置焊接瓷环。

1)规格及尺寸

①现行国家标准《电弧螺柱焊用圆柱头焊钉》(GB/T 10433)规定了公称直径为 6~22 mm 共 7 种规格的圆柱头焊钉(栓钉)。

②多高层建筑钢结构及组合楼盖中常用的栓钉有 3 种,其直径分别为 16,19,22 mm。行业标准《钢骨混凝土结构设计规程》(YB 9082)规定:宜选用直径为 19 mm 和 22 mm 的栓钉,其长度不应小于 4 倍直径。

③圆柱头栓钉的标准外形尺寸如图 4.3 和表 4.13 所示。

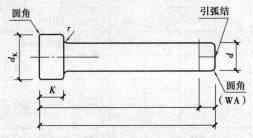

图 4.3　圆柱头栓钉的外形尺寸

表 4.13　圆柱头栓钉的规格及尺寸　　　　　　　　单位:mm

公称直径	13	16	19	22
栓钉杆直径 d	13	16	19	22
大头直径 d_K	22	29	32	35
大头厚度(最小值)K	10	10	12	12
熔化长度(参考值)WA	4	5	5	6
公称(熔后)长度 l_1	80,100,120		80,100,120,130,150,170,200[①]	

注:①l_1 =200 仅用于 φ22 栓钉。

2)用途

①圆柱头栓钉适用于各类钢结构的抗剪件、埋设件和锚固件。

②圆柱头栓钉与钢梁焊接时,应在所焊的母材上设置焊接瓷环,以保证焊接质量。焊接瓷环根据焊接条件分为下列两种类型:B1 型,用于栓钉直接焊于钢梁、钢柱上;B2 型,用于栓钉穿透压型钢板后焊于钢梁上。

3)材质要求

栓钉宜选用镇静钢制作,其屈服强度应不小于 320 N/mm²,抗拉强度不小于 400 N/mm²,伸长率不小于14%。

本章小结

(1)多高层建筑选材时应尽量选用轻质高强材料。

(2)多高层建筑结构中的承重构件和承力构件(竖向支撑等)的钢材牌号和材性的选用,应遵循技术可靠、经济合理的原则。

(3)多高层建筑结构用钢材,应保证其抗拉强度、屈服点、伸长率、冷弯试验、冲击韧性各项指标合格。

(4)焊接结构所用钢材尚应具有良好的焊接性能,其碳当量或焊接裂纹敏感性指数应符合设计要求或相关标准的规定。

(5)多高层建筑结构中的承重构件和承力构件(竖向支撑等)的钢材牌号和材性的选用,应综合考虑结构的重要性、荷载特征、结构形式、连接方法、钢材厚度、应力状态、工作环境、钢材品种以及构件所处部位等情况而定,并在设计文件中完整地注明对钢材的技术要求。

复习思考题

4.1　试述结构材料选材原则及适宜的钢材品种及牌号。

4.2　试述连接材料的选材原则及适宜型号或性能等级。

第 5 章　荷载与作用计算

本章导读

- 内容与要求　本章主要介绍风荷载和地震作用的特点和计算方法。通过本章学习，应对风荷载和地震作用的特点和计算方法的相关知识有较全面的了解。
- 重点　风荷载和地震作用的特点及计算方法。
- 难点　风荷载和地震作用计算方法中相关参数的正确选用。

　　多高层建筑结构设计应考虑的作用主要有重力作用、活荷载、雪荷载、风荷载、地震作用、施工荷载和温度作用等。

　　设计中通常将分析计算的作用分为竖向作用和水平作用两大类。竖向作用包括结构自重及楼面屋面活荷载、雪荷载、设备设施重量、非结构构件重量等；水平作用主要包括风荷载和地震作用。

　　高度较小的建筑往往以竖向作用为主，但要考虑水平作用的影响，特别是地震作用；而高层建筑则以水平作用为主，因它直接影响结构设计的合理性与经济性。

　　本章主要阐述各种作用的特点和分析计算方法。

5.1　竖向作用

1）楼面活荷载与雪荷载

　　多高层民用建筑钢结构的楼面活荷载、屋面活荷载及屋面雪荷载等应按现行国家标准《建筑结构荷载规范》（GB 50009—2012，以下简称《荷载规范》）的规定采用。

　　设计楼面、墙、柱及基础时，楼面活荷载标准值折减系数应按现行国家标准《荷载规范》第5.1.2条的规定采用。

　　在计算构件效应（内力）时，一般情况下，楼面及屋面活荷载可取为各跨满载，即一般不考虑活荷载的最不利布置。当活荷载较大时（大于 $4.0\ kN/m^2$），宜考虑楼面活荷载的不利布置。通常是将框架梁的跨中计算弯矩适当放大，一般放大系数可取 $1.1 \sim 1.2$。

2）直升机平台的活荷载

　　屋面直升机停机平台荷载，应根据直升机总重按局部荷载考虑。

　　结合现行国家标准《荷载规范》和《高钢规程》的规定，其局部荷载标准值应取下列两项中能使平台结构产生最大内力的荷载。

①直升机总重引起的局部荷载,应按直升机实际最大起飞质量确定,其局部荷载标准值乘动力系数 1.4(对具有液压轮胎起落架的直升机);当没有机型的技术资料时,其局部荷载标准值及其作用面积可根据直升机类型按表 5.1 取用。

表 5.1　直升机的局部荷载标准值及其作用面积

直升机类型	最大起飞质量/t	局部荷载标准值/kN	作用面积/m²
轻　型	2	20	0.20×0.20
中　型	4	40	0.25×0.25
重　型	6	60	0.30×0.30

②等效均布活荷载取 5.0 kN/m²。

直升机荷载的组合值系数应取 0.7,频遇值系数应取0.6,准永久值系数应取 0.0(即可不考虑)。

3)施工荷载

在钢结构高层建筑的施工过程中,由于钢结构骨架先安装,钢结构骨架往往就用作施工设备的支架和施工操作平台。所以,《高钢规程》第 5.1.3 条规定:当施工中采用了附墙塔、爬塔等对结构受力有影响的起重机械或其他施工设备时,在结构设计中应根据具体情况验算施工荷载的不利影响。

4)温度作用

除特殊情况外,一般不必进行温度作用效应的计算,但应采取适当的构造措施,以减少温度作用的不利影响。

5.2　风荷载

空气流动形成的风,遇到建筑物时,就在建筑物表面产生压力或吸力,这种风力就称为风荷载。风荷载的大小主要和近地风的性质、风速、风向、地面粗糙度、建筑物的高度和形状及表面状况等因素有关。

5.2.1　风荷载标准值

1)主要承重结构

对于主要承重和抗侧力结构的抗风计算,风荷载标准值有两种表达方式:其一为平均风压加上阵风(脉动风)导致结构风振的等效风压;其二为平均风压乘以风振系数。由于在结构的风振计算中,一般是第一振型起主要作用,因而我国《荷载规范》采用比较简单的后一种表达方式,综合考虑风速随时间、空间变异性及结构阻尼特性等因数,采用风振系数 β_z 来反映结构在风荷载作用下的顺风向动力响应。

当计算多高层建筑钢结构的主要承重和抗侧力构件时,作用在任意高度处且垂直于建筑物

表面的风荷载标准值按下式计算:

$$w_k = \beta_z \mu_s \mu_z w_0 \tag{5.1}$$

式中　w_k——任意高度处的风荷载标准值,kN/m²;

w_0——建筑所在地区的基本风压,kN/m²,对于高层钢结构以及对风荷载比较敏感的多层钢结构,按《荷载规范》规定的基本风压的 1.1 倍采用;

μ_z——风压高度变化系数;

μ_s——风荷载体型系数;

β_z——顺风向高度 z 处的风振系数。

2)维护结构

对于多高层建筑的维护结构,因其刚性较大,在风荷载效应中不必考虑结构的共振分量,此时可仅在平均风压的基础上,近似考虑脉动风的瞬时增大系数,利用风振系数来计算其风荷载。

当计算多高层建筑维护结构的强度和变形时,作用在任意高度处且垂直于建筑物表面的风荷载标准值按下式计算:

$$w_k = \beta_{gz} \mu_{s1} \mu_z w_0 \tag{5.2}$$

式中　w_0——建筑所在地区的基本风压,kN/m²,按《荷载规范》规定的基本风压采用;

β_{gz}——高度 z 处的阵风系数;

μ_{s1}——风荷载局部体型系数。

注意:(1)房屋高度大于 200 m 或有下列情况之一的多高层民用建筑,宜进行风洞试验或通过数值技术判断确定其风荷载:

①平面形状不规则,立面形状复杂;

②立面开洞或连体建筑;

③周围地形和环境较复杂。

(2)风荷载的组合值系数、频遇值系数和准永久值系数可分别取 0.6,0.4 和 0.0。

5.2.2　基本风压

基本风压应采用按我国现行《荷载规范》规定的方法确定的 50 年重现期的风压,但不得小于 0.3 kN/m²。

对于高层钢结构以及对风荷载比较敏感的多层钢结构,基本风压的取值应适当提高,通常其承载力设计时应按基本风压的 1.1 倍采用。

5.2.3　风压高度变化系数

风对建筑物表面的压力作用并不等于基本风压。风的压力作用随着建筑物的体型、尺寸、表面位置及地面粗糙度的情况不同而改变。实测结果表明:建筑物沿高度方向的表面风压值并不均匀,一般接近地面处较小,向上逐渐增大。

由于风压高度变化系数与地面粗糙度有关。我国现行《荷载规范》将地面粗糙度分为 A、

B、C、D 4 类。

1) 位于平坦地形的建筑

位于平坦或稍有起伏地形的建筑,其风压高度变化系数应根据地面粗糙度的类别按表5.2采用。

表 5.2　风压高度变化系数 μ_z

离地面或海平面 高度/m	地面粗糙度类别			
	A	B	C	D
5	1.09	1.00	0.65	0.51
10	1.28	1.00	0.65	0.51
15	1.42	1.13	0.65	0.51
20	1.52	1.23	0.74	0.51
30	1.67	1.39	0.88	0.51
40	1.79	1.52	1.00	0.60
50	1.89	1.62	1.10	0.69
60	1.97	1.71	1.20	0.77
70	2.05	1.79	1.28	0.84
80	2.12	1.87	1.36	0.91
90	2.18	1.93	1.43	0.98
100	2.23	2.00	1.50	1.04
150	2.46	2.25	1.79	1.33
200	2.64	2.46	2.03	1.58
250	2.78	2.63	2.24	1.81
300	2.91	2.77	2.43	2.02
350	2.91	2.91	2.60	2.22
400	2.91	2.91	2.76	2.40
450	2.91	2.91	2.91	2.58
500	2.91	2.91	2.91	2.74
≥550	2.91	2.91	2.91	2.91

注:①A 类指近海海面、海岛、海岸、湖岸及沙漠地区;
　　②B 类指田野、乡村、丛林、丘陵以及房屋比较稀疏的乡镇和城市郊区;
　　③C 类指有密集建筑群的城市市区;
　　④D 类指有密集建筑群且房屋较高的城市市区。

2) 位于山峰及山坡上的建筑

位于山峰及山坡上的多高层建筑,其风压高度变化系数 μ_z' 等于按平坦地形的相应地面粗糙度类别查表5.2所得的风压高度变化系数 μ_z 乘以修正系数 η,即

$$\mu_z' = \eta\mu_z \tag{5.3}$$

式中,修正系数 η 根据建筑所在位置(图5.1),按下列规定取值:

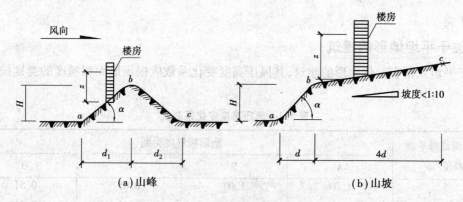

图 5.1 山峰及山坡地形示意

①位于坡脚 a 点、c 点处(图 5.1(a)和(b))的建筑,其修正系数取

$$\eta = \eta_a = \eta_c = 1.0 \tag{5.4}$$

②位于离山坡边缘 b 点的距离等于 $4d$ 的 c 点处(图 5.1(b))的建筑,其修正系数取

$$\eta_c = 1.0 \tag{5.5}$$

③位于 b 点(峰顶或坡顶,图 5.1(a)和(b))的建筑,其修正系数取

$$\eta_b = \left[1 + k \cdot \tan \alpha \left(1 - \frac{z}{2.5H} \right) \right]^2 \tag{5.6}$$

式中 k——系数,对山峰(图 5.1(a))取 3.2,对山坡(图 5.1(b))取 1.4;

   $\tan \alpha$——α 为山峰或山坡迎风面一侧的坡度,当 $\tan \alpha > 0.3$ 时,取 $\tan \alpha = 0.3$;

   H——山峰或山坡的全高,m;

   z——建筑物计算部位离建筑物所在地面的高度,m,当 $z > 2.5H$ 时,取 $z = 2.5H$。

④位于 ab 和 bc 点之间的建筑,其修正系数按线性插值确定。

3)位于山谷中的建筑

位于下列地段的多高层建筑,其风压高度变化系数 μ_z' 仍按式(5.3)计算,但其中的修正系数 η,按下列规定取值:

①对位于山间盆地、谷地等闭塞地形的建筑,取 $\eta = 0.75 \sim 0.85$;

②对位于与风向一致的谷口、山口地段的建筑,取 $\eta = 1.20 \sim 1.50$。

4)位于远海海面和海岛的建筑

位于远海海面和海岛的建筑,其风压高度变化系数 μ_z' 等于按平坦地形的 A 类地面粗糙度类别查表 5.2 所得的风压高度变化系数 μ_z^A,乘以表 5.3 中的修正系数 η,即

$$\mu_z' = \eta \mu_z^A \tag{5.7}$$

表 5.3 远海海面和海岛建筑的风压高度变化修正系数 η

到海岸线的距离/km	修正系数 η
<40	1.0
40 ~ 60	1.0 ~ 1.1
60 ~ 100	1.1 ~ 1.2

5.2.4　风荷载体型系数

风压实测结果表明,即使在同样的风速条件下,高度、面积或形状不同的建筑物,其表面的风压分布也是不同的。为了把近地风的风压转换成为建筑物表面的风压,需要采用风荷载体型系数进行修正。

风荷载体型系数是指风作用在建筑物表面上所引起的实际压力(或吸力)与来流风的速度压的比值。所描述的情况是建筑物表面在稳定风压作用下的稳定压力的分布规律。它主要与建筑物的体型和尺寸有关,也与周围环境密切相关。

多高层建筑钢结构的风荷载体型系数按下列规定采用:

1)单个高层及多层建筑

单个高层及多层建筑的风荷载体型系数可按表5.4规定的数值采用。表中系数是根据荷载规范以及国内多高层建筑设计经验而得。表中插图的符号意义为:箭头(→)表示风向;正号(+)表示压力,负号(−)表示吸力,均指垂直于建筑表面的风力。为了简化,表5.4中大部分表示压力的正号(+)已取消。

注意:(1)对于重要的、超高的、体型复杂的或与表5.4中的体型不同且又无参考资料可借鉴的高层建筑,其风荷载体型系数应由风洞试验确定,即利用相似原理,在边界层风洞内对拟建的建筑物进行测试。

(2)计算高层建筑主体结构的风荷载效应时,风荷载体型系数也可按下列规定取值:

①圆形平面建筑,取 $\mu_s = 0.8$。

②正多边形及切角三角形平面建筑,取 $\mu_s = 0.8 + 1.2/\sqrt{n}$,式中 n 为多边形或切角三角形平面的边数。

③高宽比 $H/B \leqslant 4$ 的方形、矩形、十字形平面建筑,取 $\mu_s = 1.3$。

④下列建筑,取 $\mu_s = 1.4$:

a. 高宽比 $H/B > 4$,长宽比 $L/B \leqslant 1.5$ 的矩形、腰鼓形平面建筑;

b. V形、Y形、弧形、双十字形、井字形平面建筑;

c. L形、槽形及高宽比 $H/B > 4$ 的十字形平面建筑。

⑤计算檐口、雨篷、遮阳板、阳台等水平构件的局部上浮风荷载时,其风荷载体型系数 μ_s 不宜小于2.0。

表5.4　高层建筑风荷载体型系数 μ_s

项　次	平面形状	风荷载体型系数 μ_s
1	正多边形	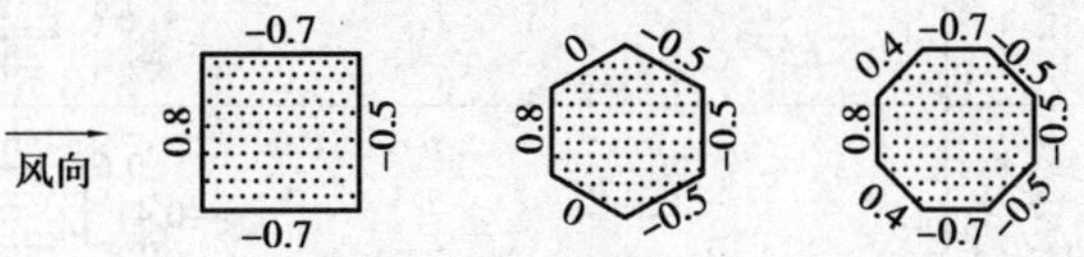
2	矩　形	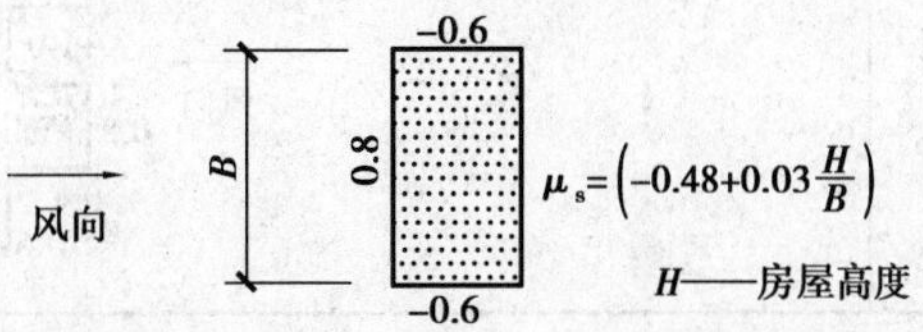

续表

项 次	平面形状	风荷载体型系数 μ_s
3	三边形切角三角形	
4	扇 形	
5	棱 形	
6	Y 形	
7	L 形	
8	槽 形	
9	十字形	
10	双十字形	

项　次	平面形状	风荷载体型系数
11	X形	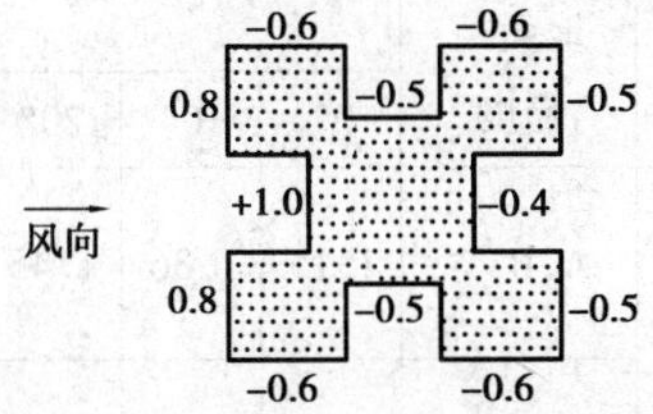
12	井字形	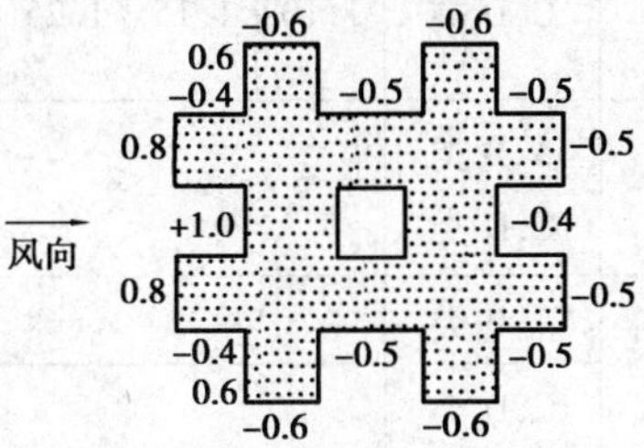
13	正多边形	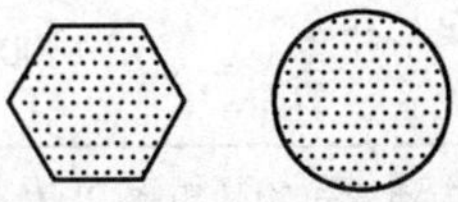 　整体　$\mu_s=0.8+1.2/\sqrt{n}$， 　　　n——建筑平面的边数，圆形平面，$n=\infty$

2)群集高层建筑

在市区内新建高层建筑时,邻近较高的建筑群体将对近地风的气流产生干扰,使作用于该高层建筑的气流压力(风压)发生变化,其结果往往是使风荷载的数值增大。因此,我国现行《荷载规范》规定,当多幢建筑物,特别是群集的高层建筑相距较近时,应考虑风力相互干扰的群集效应。一般做法是,将单个建筑的体型系数 μ_s 乘以相互干扰的增大系数。其相互干扰系数可按下列规定确定:

①对矩形平面高层建筑,当单个施扰建筑与受扰建筑高度相近时,根据施扰建筑的位置,对顺风向风荷载可从 1.00 ~ 1.10 中选取,对横风向风荷载可从 1.00 ~ 1.20 中选取;

②其他情况可比照类似条件的风洞试验资料确定,必要时宜利用建筑群体模型,通过边界层风洞试验确定。

根据国内外对多种情况的高层建筑群体所进行的一定数量的刚性和弹性模型风洞试验数据,所确定的高层建筑群体风力相互干扰引起的风荷载体型系数的增大系数 μ_{BF} 参考值,列于表5.5中,可供工程设计参考。

3)维护结构

风力对于高层建筑表面的压力分布很不均匀,在角隅、檐口、边棱处以及悬挑部位,局部风压将会超过按表5.4计算所得的平均风压。所以,我国现行《荷载规范》规定,计算围护构件及其连接的风荷载时,其局部风压体型系数宜按下列规定取用:

①封闭式矩形平面房屋的墙面及屋面可按《荷载规范》中表8.3.3的规定采用;

②檐口、雨篷、遮阳板、边棱处的装饰条等突出构件,取 −2.0;

③其他房屋和构筑物可按主体结构规定体型系数的 1.25 倍取值。

表 5.5　高层建筑群体风荷载体型系数的增大系数 μ_{BF}

方向	d/B	d/H	地面粗糙度	风向角 θ									
				0°	10°	20°	30°	40°	50°	60°	70°	80°	90°
顺风向	≤3.5	≤0.7	A,B类	1.15	1.36	1.45	1.50~1.80	1.45~1.75	1.40	1.40	1.30	1.25	1.15
			C,D类	1.10	1.15	1.25	1.30~1.55	1.25~1.50	1.20	1.20	1.10	1.10	1.10
	≥7.5	≥1.5	A,B类 C,D类	1.00									
横风向	≤2.25	≤0.45	A,B类	1.30~1.50									
			C,D类	1.10~1.30									
	≥7.5	≥1.5	A,B类 C,D类	1.00									

注:①θ 为风向与相邻建筑物平面形心之间连线的夹角,d 为两建筑物的距离,B,H 分别为所讨论建筑物迎风面宽度和高度;

②d/B 或 d/H 为上表中间值时,可用插值法确定,条件 d/B 或 d/H 取影响大者计算;

③表中同一格有两数时,低值适用于两个高层建筑,高值适用于两个以上高层建筑。

计算非直接承受风荷载的围护构件风荷载时,局部体型系数 μ_{sl} 可按构件的从属面积折减,折减系数按下列规定采用:

①当从属面积不大于 1 m² 时,折减系数取 1.0;

②当从属面积大于或等于 25 m² 时,对墙面折减系数取 0.8,对局部体型系数绝对值大于 1.0 的屋面区域折减系数取 0.6,对其他屋面区域折减系数取 1.0;

③当从属面积大于 1 m² 且小于 25 m² 时,墙面和绝对值大于 1.0 的屋面局部体型系数可采用对数插值,即按下式计算局部体型系数:

$$\mu_{sl}(A) = \mu_{sl}(1) + [\mu_{sl}(25) - \mu_{sl}(1)]\log A/1.4 \qquad (5.8)$$

高层建筑外表面的正压区,其局部风荷载体型系数宜按表 5.4 取用;而负压区的局部风荷载体型系数,宜按表 5.6 取用。

表 5.6　高层建筑外表面的局部风荷载体型系数

部　位		局部风荷载体型系数
外墙构件、玻璃幕墙	墙　面	-1.0
	墙角边	-1.8
屋面局部部位(周边和屋面坡度大于 10 度的屋脊部位)		-2.2
檐口、雨篷、遮阳板、阳台等突出构件		-2.0

注:对墙角边和屋面局部部位的作用宽度,取房屋宽度的 0.1 和房屋平均高度的 0.4 中的较小者,但不小于 1.5 m。

计算围护构件风荷载时,建筑物内部压力的局部体型系数可按下列规定采用:

①对封闭式高层建筑物的内表面,其局部风荷载体型系数应按外表面风压的正、负情况,分别取 -0.2 或 $+0.2$。

②仅一面墙有主导洞口的建筑物,按下列规定采用:

a. 当开洞率 >0.02 且 $\leqslant 0.10$ 时,取 $0.4\mu_{s1}$;

b. 当开洞率 >0.10 且 $\leqslant 0.30$ 时,取 $0.6\mu_{s1}$;

c. 当开洞率 >0.30 时,取 $0.8\mu_{s1}$。

③其他情况,应按开放式建筑物的 μ_{s1} 取值。

注意:(1)主导洞口的开洞率是指单个主导洞口面积与该墙面全部面积之比;

　　　(2)μ_{s1} 应取主导洞口对应位置的值。

5.2.5　风振系数(顺风向)

风的作用是不规则的,风压随着风速、风向的紊乱变化而不停地改变着。通常把风压作用的平均值看成稳定风压,即平均风压。实际风压是在平均风压的上下波动着。平均风压使建筑物产生一定程度的侧移,而波动风压使建筑物在平均侧移的附近来回摇摆,如图 5.2 所示。

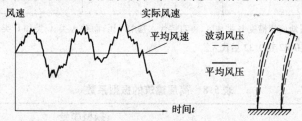

图 5.2　平均风压与波动风压

这种波动风压会在建筑物上产生一定的动力效应。设计多高层钢结构建筑时必须计及这种动力效应。为了简化计算,常常采用加大风载数值的方法来反映这种动力效应,即在计算风压时,乘以一个大于1的风振系数。

1)风振系数 β_z 的计算式

我国现行《荷载规范》规定:对于高度大于 30 m、高宽比大于 1.5 且可忽略扭转影响的高层建筑,均可仅考虑第一振型的影响,结构的风荷载可按式(5.11)通过风振系数来计算。

在确定风荷载时,多高层建筑的基本自振周期 T_1 应按结构动力学通过计算机分析计算确定,初步设计时也可按下列近似公式计算:

对于钢结构　　　　　　　　　$T_1 = (0.10 \sim 0.12)n$ 　　　　　　　　　(5.9)

对于型钢混凝土结构　　　　 $T_1 = (0.05 \sim 0.08)n$ 　　　　　　　　　(5.10)

式中　n——建筑总层数。

对于外形和质量沿高度无明显变化的等截面高层建筑钢结构,若仅考虑第一振型的影响,结构在 z 高度处的顺风向风振系数 β_z 可按下式计算:

$$\beta_z = 1 + \frac{\xi\nu\varphi_z}{\mu_z}$$ 　　　　　　　　　(5.11)

式中 ξ——脉动增大系数,按表5.7取用;

      φ_z——振型系数,应根据结构动力计算确定,但对于平面尺寸沿高度比较均匀的高层建筑,按表5.8取用;

      ν——脉动影响系数,可按表5.9取用;

      μ_z——风压高度变化系数,按表5.2取用。

表5.7   高层建筑的脉动增大系数 ξ

$w_0(T_1)^2$	0.01	0.02	0.04	0.06	0.08	0.1	0.2	0.4	0.6
钢结构	1.26	1.32	1.39	1.44	1.47	1.50	1.61	1.73	1.81
型钢混凝土结构 钢-混凝土结构	1.11	1.14	1.17	1.19	1.21	1.23	1.28	1.34	1.38
$w_0(T_1)^2$	0.8	1	2	4	6	8	10	20	30
钢结构	1.88	1.93	2.10	2.30	2.43	2.52	2.60	2.85	3.01
型钢混凝土结构 钢-混凝土结构	1.42	1.44	1.54	1.65	1.72	1.77	1.82	1.96	2.06

注:计算 $\omega_0(T_1)^2$ 时,对地面粗糙度B类地区,可直接代入基本风压;而对A类、C类和D类地区,应按当地的基本风压分别乘以1.38,0.62和0.32后代入。

表5.8   高层建筑的振型系数 φ_z

相对高度 z/H	振型序号			
	1	2	3	4
0.1	0.02	−0.09	0.22	−0.38
0.2	0.08	−0.30	0.58	−0.73
0.3	0.17	−0.50	0.70	−0.40
0.4	0.27	−0.68	0.46	0.33
0.5	0.38	−0.63	−0.03	0.68
0.6	0.45	−0.48	−0.49	0.29
0.7	0.67	−0.18	−0.63	−0.47
0.8	0.74	0.17	−0.34	−0.62
0.9	0.86	0.58	0.27	−0.02
1.0	1.00	1.00	1.00	1.00

注:①z 为建筑结构验算点的高度。

    ②对结构的顺风向响应,可仅考虑第一振型的影响;对结构的横风向共振响应,有时需验算第1~4振型的频率,因此表中列出相应的前4个振型系数。

表5.9 高层建筑的脉动影响系数 ν

H/B	地面粗糙度类别	房屋总高度 H/m							
		≤30	50	100	150	200	250	300	350
≤0.5	A 类	0.44	0.42	0.33	0.27	0.24	0.21	0.19	0.17
	B 类	0.42	0.41	0.33	0.28	0.25	0.22	0.20	0.18
	C 类	0.40	0.40	0.34	0.29	0.27	0.23	0.22	0.20
	D 类	0.36	0.37	0.34	0.30	0.27	0.25	0.24	0.22
1.0	A 类	0.48	0.47	0.41	0.35	0.31	0.27	0.26	0.24
	B 类	0.46	0.46	0.42	0.36	0.36	0.29	0.27	0.26
	C 类	0.43	0.44	0.42	0.37	0.34	0.31	0.29	0.28
	D 类	0.39	0.42	0.42	0.38	0.36	0.33	0.32	0.31
2.0	A 类	0.50	0.51	0.46	0.42	0.38	0.35	0.33	0.31
	B 类	0.48	0.50	0.47	0.42	0.40	0.36	0.35	0.33
	C 类	0.45	0.49	0.48	0.44	0.42	0.38	0.38	0.36
	D 类	0.41	0.46	0.48	0.46	0.46	0.44	0.46	0.39
3.0	A 类	0.53	0.51	0.49	0.42	0.41	0.38	0.38	0.36
	B 类	0.51	0.50	0.49	0.46	0.43	0.40	0.40	0.38
	C 类	0.48	0.49	0.49	0.46	0.43	0.43	0.43	0.41
	D 类	0.43	0.46	0.49	0.49	0.48	0.47	0.46	0.45
5.0	A 类	0.52	0.53	0.51	0.49	0.46	0.44	0.42	0.39
	B 类	0.50	0.53	0.52	0.50	0.48	0.45	0.44	0.42
	C 类	0.47	0.50	0.52	0.52	0.50	0.48	0.47	0.45
	D 类	0.43	0.48	0.52	0.53	0.53	0.52	0.51	0.50
8.0	A 类	0.53	0.54	0.53	0.51	0.48	0.46	0.43	0.42
	B 类	0.51	0.53	0.54	0.52	0.50	0.49	0.46	0.44
	C 类	0.48	0.51	0.54	0.52	0.52	0.50	0.50	0.48
	D 类	0.43	0.48	0.54	0.53	0.55	0.55	0.54	0.53

注:H/B 为房屋迎风面的高宽比,即房屋总高度 H 与房屋迎风宽度 B 的比值。

2) 风振系数 β_z 计算的简化

根据我国现行《荷载规范》对结构在 z 高度处的顺风向风振系数 β_z 的计算公式,再利用基本自振周期的经验公式 $T_{1,s} = 0.027H$ 和 $T_{1,c} = 0.017H$(H 为房屋总高度),在减少部分参数后直接导得房屋各相对高度 z/H 处的公式,并将高层钢结构、高层型钢混凝土结构和高层钢-混凝土混合结构各"相对高度十分点"处的顺风向风振系数值列于表5.10和表5.11中,供工程设计查用。

表 5.10 等截面高层钢结构顺风向的风振系数 β_z

$\dfrac{z}{H}$ \ $w_0(T_1)^2$ 地貌	0.5				1.0				5.0				≥10.0			
	A类	B类	C类	D类	A类	B类	C类	D类	A类	B类	C类	D类	A类	B类	C类	D类
1.0	1.53	1.61	1.75	2.00	1.49	1.57	1.69	1.87	1.45	1.50	1.57	1.68	1.41	1.43	1.49	1.57
0.9	1.49	1.56	1.70	1.94	1.44	1.53	1.65	1.86	1.41	1.45	1.53	1.65	1.38	1.40	1.46	1.54
0.8	1.45	1.52	1.66	1.91	1.41	1.49	1.61	1.82	1.38	1.42	1.51	1.62	1.35	1.38	1.43	1.52
0.7	1.41	1.47	1.61	1.87	1.37	1.44	1.57	1.76	1.34	1.39	1.47	1.59	1.32	1.34	1.40	1.49
0.6	1.38	1.43	1.57	1.82	1.34	1.41	1.53	1.73	1.31	1.36	1.43	1.57	1.29	1.31	1.38	1.47
0.5	1.34	1.40	1.54	1.80	1.31	1.37	1.50	1.70	1.28	1.33	1.41	1.55	1.26	1.29	1.35	1.46
0.4	1.30	1.36	1.49	1.76	1.27	1.34	1.46	1.66	1.25	1.29	1.37	1.52	1.23	1.26	1.32	1.43
0.3	1.25	1.31	1.45	1.72	1.23	1.29	1.41	1.63	1.21	1.25	1.33	1.50	1.19	1.22	1.29	1.41
0.2	1.21	1.26	1.40	1.68	1.18	1.24	1.37	1.60	1.17	1.22	1.30	1.47	1.15	1.19	1.26	1.39
0.1	1.15	1.20	1.34	1.64	1.14	1.19	1.31	1.56	1.13	1.16	1.25	1.44	1.12	1.15	1.21	1.37

注:w_0 为 B 类地貌的高层建筑基本风压(不同地貌引起的影响表中已计及);T_1 为结构基本自振周期;H 为建筑总高度;z 为计算所在点的高度;表中数据可用内插法。

表 5.11 等截面高层型钢混凝土结构和高层钢-混凝土混合结构顺风向风振系数 β_z

$\dfrac{z}{H}$	$\dfrac{H}{l_x}$	$w_0 T^2$ 0.1				0.5				1				5			
		地面粗糙度类别(地貌)															
		A类	B类	C类	D类	A类	B类	C类	D类	A类	B类	C类	D类	A类	B类	C类	D类
1	≤0.5	1.32	1.38	1.50	1.74	1.26	1.29	1.37	1.49	1.23	1.26	1.31	1.41	1.14	1.17	1.20	1.23
	≥2	1.36	1.43	1.56	1.82	1.24	1.38	1.47	1.62	1.31	1.35	1.42	1.55	1.24	1.27	1.31	1.38
0.9	≤0.5	1.27	1.35	1.42	1.68	1.24	1.27	1.34	1.46	1.21	1.24	1.29	1.39	1.14	1.16	1.19	1.22
	≥2	1.33	1.40	1.53	1.78	1.30	1.35	1.43	1.59	1.18	1.32	1.39	1.52	1.22	1.25	1.29	1.36
0.8	≤0.5	1.27	1.33	1.44	1.66	1.22	1.25	1.34	1.45	1.19	1.22	1.27	1.38	1.13	1.15	1.18	1.21
	≥2	1.30	1.37	1.50	1.75	1.27	1.32	1.41	1.57	1.26	1.30	1.37	1.50	1.21	1.23	1.28	1.34
0.7	≤0.5	1.27	1.30	1.41	1.62	1.26	1.23	1.30	1.42	1.18	1.20	1.26	1.36	1.12	1.17	1.16	1.20
	≥2	1.27	1.34	1.46	1.71	1.25	1.30	1.38	1.54	1.23	1.27	1.34	1.48	1.19	1.21	1.26	1.33
0.6	≤0.5	1.22	1.27	1.38	1.60	1.18	1.21	1.28	1.40	1.16	1.18	1.24	1.34	1.11	1.12	1.15	1.19
	≥2	1.25	1.31	1.43	1.68	1.23	1.27	1.36	1.52	1,21	1.24	1.32	1.46	1.17	1.20	1.24	1.31
0.5	≤0.5	1.20	1.25	1.36	1.58	1.16	1.19	1,27	1.39	1,14	1.17	1.23	1.33	1.10	1.11	1.14	1.19
	≥2	1.23	1.29	1.41	1.66	1.20	1.25	1.34	1.48	1.18	1.22	1.30	1.44	1.15	1.18	1.22	1.30
0.4	≤0.5	1.17	1.22	1.33	1.55	1.14	1.17	1.24	1.37	1.13	1.15	1:21	1.32	1.08	1.10	1.13	1.18
	≥2	1.20	1.26	1.37	1.63	1.18	1.22	1.31	1.48	1.17	1.20	1.28	1.42	1.13	1.16	1.21	1.29

$w_0 T^2$		0.1				0.5				1				5			
$\dfrac{z}{H}$	$\dfrac{H}{l_x}$	地面粗糙度类别（地貌）															
		A类	B类	C类	D类	A类	B类	C类	D类	A类	B类	C类	D类	A类	B类	C类	D类
0.3	≤0.5	1.15	1.20	1.30	1.52	1.12	1.15	1.22	1.35	1.11	1.13	1.19	1.30	1.07	1.09	1.12	1.17
	≥2	1.17	1.22	1.34	1.59	1.15	1.19	1.28	1.45	1.14	1.18	1.25	1.40	1.11	1.14	1.19	1.27
0.2	≤0.5	1.12	1.17	1.27	1.49	1.10	1.13	1.20	1.33	1.09	1.11	1.17	1.28	1.06	1.07	1.11	1.16
	≥2	1.14	1.19	1.30	1.56	1.12	1.16	1.25	1.43	1.12	1.15	1.22	1.38	1.09	1.12	1.16	1.26
0.1	≤0.5	1.09	1.13	1.22	1.46	1.07	1.10	1.16	1.31	1.06	1.09	1.14	1.26	1.04	1.06	1.09	1.15
	≥2	1.10	1.15	1.25	1.52	1.09	1.13	1.21	1.40	1.09	1.11	1.19	1.35	1.07	1.09	1.14	1.24

注：w_0 为 B 类地貌的高层建筑基本风压（不同地貌引起的影响表中已计及）；T_1 为结构基本自振周期；H 为建筑总高度；z 为计算所在点的高度；l_x 为建筑迎风面宽度；表中数据可用内插法。

5.2.6　维护结构的阵风系数

1）维护结构的特点

①高层建筑维护结构的外挂墙板、金属幕墙、玻璃幕墙等部件，在风荷载作用下的变形不大，可作为刚性构件处理，不需计算风振影响，但需考虑瞬时风压的作用。

②由于风的随机性，瞬时风压要比平均风压大得多，而计算维护结构风荷载的公式（5.2）中，其基本风压系采用以《荷载规范》中规定的 50 年一遇的 10 min 平均最大风速为标准确定的风压值，所以应该采用考虑风压脉动的阵风系数 β_{gz}，以取代主体结构的风振系数 β_z。

2）维护结构的阵风系数 β_{gz}

根据国内外资料，计算维护结构（包括门窗）风荷载时所采用的阵风系数 β_{gz} 可按下式计算：

$$\beta_{gz} = k(1 + 2\mu_f) \tag{5.12}$$

$$\mu_f = 0.5 \times 35^{1.8(\alpha - 0.16)}\left(\frac{z}{10}\right)^{-\alpha} \tag{5.13}$$

式中　μ_f——脉动高度变化系数；

α——地面粗糙度指数，对 A、B、C、D 类地貌，分别取 0.12、0.16、0.22、0.30；

k——地面粗糙度调整指数，对 A、B、C、D 类地貌，分别取 0.92、0.89、0.85、0.80。

为方便设计，根据地面粗糙度类别，按式（5.12）计算出高层建筑维护结构的阵风系数 β_{gz} 列于表 5.12 中，可供工程设计参考。

表 5.12　建筑维护结构的阵风系数 β_{gz}

离地面高度/m	地面粗糙度类别			
	A 类	B 类	C 类	D 类
5	1.65	1.70	2.05	2.4
10	1.60	1.70	2.05	2.4
15	1.57	1.66	1.05	2.4
20	1.55	1.63	1.99	2.4
30	1.53	1.59	1.90	2.4
40	1.51	1.57	1.85	2.29
50	1.49	1.55	1.81	2.2
60	1.48	1.54	1.78	2.14
70	1.48	1.52	1.75	2.09
80	1.47	1.51	1.73	2.04
90	1.46	1.50	1.71	2.01
100	1.46	1.50	1.69	1.98
150	1.43	1.47	1.63	1.87
200	1.42	1.45	1.59	1.79
250	1.41	1.43	1.57	1.74
300	1.40	1.42	1.54	1.70
350	1.40	1.41	1.53	1.67
400	1.40	1.41	1.51	1.64
450	1.40	1.41	1.50	1.62
500	1.40	1.41	1.50	1.60
550	1.40	1.41	1.50	1.59

5.2.7　横风向风振及扭转风振计算

对于高层钢结构建筑,风对结构的动力响应,除了顺风向振动外,有时还会使结构沿垂直于风速方向产生较强的横风向振动。

结构的横风向振动是由不稳定的空气动力引起的,其性质远比顺风向振动复杂。横风向振动包括旋涡脱落、驰振、颤振、扰振等空气动力现象。

根据我国现行《荷载规范》和《高钢规程》的规定:对横风向风振作用效应或扭转风振作用效应明显的高层民用建筑,宜考虑横风向风振或扭转风振的影响。

1)结构横风向风振

横风向风振的等效风荷载可按下列规定采用:

①对于平面或立面体型较复杂的高层建筑,横风向风振的等效风荷载 w_{Lk} 宜通过风洞试验确定,也可比照有关资料确定;

②对于圆形截面高层建筑及构筑物,其由跨临界强风共振(旋涡脱落)引起的横风向风振

等效风荷载 w_{Lk} 可按现行《荷载规范》附录 H.1 确定;

③对于矩形截面及凹角或削角矩形截面的高层建筑,其横风向风振等效风荷载 w_{Lk} 可按现行《荷载规范》附录 H.2 确定。

注意:高层建筑横风向风振加速度可按现行《荷载规范》附录 J 计算。

对圆形截面的结构,应按下列规定对不同雷诺数 Re 的情况进行横风向风振(旋涡脱落)的校核:

①当 $Re < 3 \times 10^5$ 且结构顶部风速 $v_H > v_{cr}$ 时,可发生亚临界的微风共振。此时,可在构造上采取防振措施,或控制结构的临界风速 $v_{cr} \geq 15$ m/s;

②当 $Re \geq 3.5 \times 10^6$ 且结构顶部风速 v_H 的 1.2 倍 $> v_{cr}$ 时,可发生跨临界的强风共振,此时应考虑横风向风振的等效风荷载;

③当 $3.5 \times 10^5 \leq Re < 3.5 \times 10^6$ 时,则发生超临界范围的风振,可不作处理。

雷诺数是指气流的惯性力与黏性力之比。圆筒形截面建筑的雷诺数 Re 可按下式计算:

$$Re = 69\,000vD \tag{5.14}$$

式中　v——计算高度处的风速,m/s,可取临界风速值 v_{cr};

　　　D——圆筒形结构的截面直径,m,当结构的截面沿高度缩小时(倾斜度不大于 0.02),可近似取 2/3 结构高度处的直径。

临界风速 v_{cr} 和结构顶部风速 v_H 可按下列公式确定:

$$v_{cr} = \frac{D}{T_i St} \tag{5.15}$$

$$v_H = \sqrt{2\,000\mu_H w_0 / \rho} \tag{5.16}$$

式中　T_i——结构第 i 振型的自振周期,s,验算亚临界微风共振时取基本自振周期 T_1;

　　　St——斯脱罗哈数,对圆筒形截面结构取 0.2;

　　　μ_H——结构顶部风压高度变化系数,按表 5.2 取值;

　　　w_0——基本风压,kN/m²;

　　　ρ——空气密度,kg/m³。

2)结构扭转风振

对于扭转风振作用效应明显的高层建筑,宜考虑扭转风振的影响。

扭转风振等效风荷载可按下列规定采用:

①对于体型较复杂以及质量或刚度有显著偏心的高层建筑,扭转风振等效风荷载 w_{Tk} 宜通过风洞试验确定,也可比照有关资料确定;

②对于质量和刚度较对称的矩形截面高层建筑,其扭转风振等效风荷载可按现行《荷载规范》附录 H.3 确定。

3)风振总效应计算

当结构发生横风向的强风共振时,应进行风振总效应计算。对高层建筑,应分别对结构第一振型和第二振型的横风向风振进行风荷载总效应计算。

校核横风向风振时,风的荷载总效应可将横风向风荷载效应与顺风向风荷载效应按下式组合后确定:

$$S = \sqrt{S_{cj}^2 + S_A^2} \tag{5.17}$$

式中　S_{ej}——结构第 j 振型横风向风荷载效应,它表示内力(N,V,M)或位移;

　　　S_A——结构顺风向风荷载效应,它表示内力(N,V,M)或位移。

5.3　地震作用

5.3.1　地震作用的概念和分类

1)概念

地震时,由于地震波的作用产生地面运动,通过房屋基础影响上部结构,使结构产生振动,房屋振动时产生的惯性力就是地震作用。

地震作用是惯性力,因此它的大小除了和结构的质量有关外,还和结构的运动状态有关。通常把结构的运动状态(各质点的位移、速度、加速度)称为地震反应。地震反应是由地面运动性质和结构本身的动力特性决定的。同时,地震反应的大小也与地震波持续的时间有关。

2)分类

地震波可能使房屋产生竖向振动与水平振动(即产生竖向作用与水平作用),但一般对房屋的破坏主要是由于水平振动引起。如离震中较远,则竖向振动不大,而房屋抵抗竖向力的安全储备较大,因此,设计中主要考虑水平地震力。

我国现行《建筑抗震设计规范》(GB 50011—2010,以下简称《抗震规范》)规定:对于抗震设防烈度为 8 度和 9 度时的大跨度结构和长悬臂结构、高耸结构及 9 度时的高层建筑,应考虑竖向地震作用,并应考虑竖向地震作用和水平地震作用的不利组合。

关于地震的经验与理论分析还表明,在宏观烈度相似的情况下,处在大震级远震震中距的柔性建筑,其震害要比中、小震级近震震中距的情况重得多。因此,对同样场地条件、同样烈度的地震,按震源机制、震级大小和震中距远近区别对待是必要的,但也是复杂的。目前,作为一种简化,借助于烈度区划,只区分设计近震和设计远震。设计远震意味着建筑物可能遭遇近、远两种地震的影响。按远震设计包含近、远两种地震的不利情况。

鉴于竖向地面运动随震中距的衰减较快,竖向地震作用不需区分远、近震。

3)地震作用和风荷载的区别

虽然它们都是水平作用,但性质不同,设计中应特别注意以下几点:

①风载是直接加在建筑物表面的风压,而地震作用则是由地面运动造成建筑物摇摆而产生惯性力。因此,风载只和建筑物体型、高度以及地形地貌有关,而地震作用和建筑物质量有关,减轻建筑物质量一般说可以减小地震力。此外,地震力还和场地、土质条件有关。

②阵风的波动周期很长,使一般建筑物产生的振动很小,把风载看成静力荷载误差不大。对于柔性建筑物,周期长则风载效应加大。但地震作用相反,地面运动波形对结构动力反应影响很大,必须考虑动力效应。一般情况下,结构较柔、周期加长时,地震力减小。

③风力作用时间较长,有时达数小时,发生的机会多。一般要求风载作用下结构处于弹性阶段,不允许出现大变形(装修材料、结构等不允许出现裂缝,人不应有不舒适感)。而地震发生的机会少,作用持续时间很短,一般为几秒到几十秒,但作用强烈。如果要求结构始终处于弹

性阶段,势必使结构设计很保守,很不经济。因此,在弱震下,结构无任何异常现象出现;在设防烈度地震作用下,允许较大变形,允许结构某些部位进入塑性状态,使结构周期加长,阻尼加大,吸收地震能量,但可修复使用;在意外强震下,结构也不致倒塌,即所谓"小震不坏、中震可修、大震不倒"。这种设防思想,对地震是合理的。

对于高层建筑,由于它有较长的自振周期,容易和地震波中的长周期分量发生共振。而地震波在土中传播时,短周期分量容易衰减,长周期分量则传播较远。大量的宏观震害表明,地震时,受到地震影响的高层建筑比低层建筑范围更广,震害后果也更严重,特别是在软土地基上。因此,更确切地估计地震作用,对高层建筑结构设计有着更重要的意义。

5.3.2 地震作用计算原则

多高层建筑钢结构的抗震设计应遵循下列原则:

①第一阶段设计应按多遇地震计算地震作用,第二阶段设计应按罕遇地震计算地震作用。

②通常情况下,应在结构的两个主轴方向分别计算水平地震作用并进行抗震验算,各方向的水平地震作用应全部由该方向的抗侧力构件承担。

③当结构中有斜交抗侧力构件,且该斜交抗侧力构件与纵、横主轴相交角度大于15°时,应分别计入各抗侧力构件方向的水平地震作用。

④质量和刚度分布明显不对称的结构,应计入双向水平地震作用的扭转影响;其他情况,应允许采用调整地震作用效应的方法计入扭转影响。

⑤按9度抗震设防的多高层钢结构应计算竖向地震作用。

⑥按7度($0.15g$)、8度抗震设防的高层民用建筑中的大跨度、长悬臂结构,应计入竖向地震作用。

⑦计算地震作用时,重力荷载代表值应取结构和构配件自重标准值与各可变荷载组合值之和,各可变荷载的组合值系数应按表5.13采用。

表5.13 可变荷载的组合值系数

可变荷载种类		组合值系数
雪荷载		0.5
屋面活荷载		不计入
按实际情况计算的楼面活荷载		1.0
按等效均布荷载计算的楼面活荷载	藏书库、档案库	0.8
	其他民用建筑	0.5

注:楼面活荷载不应再乘以现行《荷载规范》第4.1.2条和表4.1.2中规定的折减系数。

⑧建筑结构的地震影响系数应根据烈度、场地类别、设计地震分组和结构自振周期以及阻尼比,按图5.3确定。其水平地震影响系数最大值应按表5.14采用;其特征周期应根据场地类别和设计地震分组按表5.15采用,计算罕遇地震作用时,特征周期应增加0.05 s。

注意:周期大于6.0 s的建筑结构所采用的地震影响系数应专门研究。

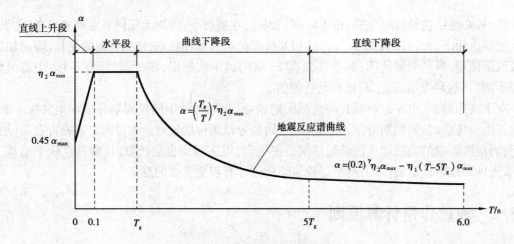

图 5.3　地震影响系数曲线

表 5.14　水平地震影响系数最大值

地震影响	6 度	7 度	8 度	9 度
多遇地震	0.04	0.08(0.12)	0.16(0.24)	0.32
设防地震	0.12	0.23(0.34)	0.45(0.68)	0.90
罕遇地震	0.28	0.50(0.72)	0.90(1.20)	1.40

注:括号中数据分别用于设计基本地震加速度为 0.15g 和 0.30g 的地区。

表 5.15　特征周期值　　　　　　　　　　　　　　　　单位:s

设计地震分组	场地类别				
	I_0	I_1	II	III	IV
第一组	0.20	0.25	0.35	0.45	0.65
第二组	0.25	0.30	0.40	0.55	0.75
第三组	0.30	0.35	0.45	0.65	0.90

由于图 5.3 中的地震影响系数曲线是根据阻尼比 0.05 确定的,而多高层钢结构的阻尼比一般不等于 0.05,所以应对其进行调整。其阻尼调整系数 η_2(当 < 0.55 时,应取 0.55)应按式(5.18)计算;曲线下降段($T = T_g \sim 5T_g$)的衰减系数 γ 和直线下降段($T = 5T_g \sim 6$ s)的下降斜率调整系数 η_1(< 0 时,应取 0),分别按式(5.19)和式(5.20)计算,或者按表 5.16 取值。

$$\eta_2 = 1 + \frac{0.05 - \zeta}{0.06 + 1.7\zeta} \tag{5.18}$$

$$\gamma = 0.9 + \frac{0.05 - \zeta}{0.5 + 5\zeta} \tag{5.19}$$

$$\eta_1 = 0.02 + (0.05 - \zeta)/8 \tag{5.20}$$

式中　ζ——结构的阻尼比,分别按下列情况取值:

　　a. 多遇地震下的钢结构,高度不大于 50 m 时可取 0.04;高度大于 50 m 且小于 200 m 时,可取 0.03;高度不小于 200 m 时,取 0.02;当偏心支撑框架部分承担的地震倾覆力矩大于地震总倾覆力矩的 50% 时,其阻尼比可相应增加 0.005。

b. 多遇地震下钢-混凝土混合结构以及型钢混凝土结构,均取 0.04;钢管混凝土结构,取 0.03。

c. 罕遇地震下的钢结构弹塑性分析,取 0.05。

表 5.16 地震影响系数曲线的衰减系数 γ 和斜率调整系数 η_1

结构阻尼比 ζ	0.05	0.04	0.03	0.02	0.01
γ	0.9	0.91	0.93	0.95	0.97
η_1	0.02	0.021	0.023	0.024	0.025

5.3.3 水平地震作用的计算

1)计算方法的选择

对于多高层建筑钢结构、钢-混凝土混合结构或组合结构的水平地震作用计算,可视结构布置和房屋高度情况,结合下述条件,选择合适的计算方法:

①高度不超过 40 m、以剪切变形为主且质量和刚度沿高度分布比较均匀的结构,可采用底部剪力法等简化方法。

②高层民用建筑钢结构宜采用振型分解反应谱法;对质量和刚度不对称、不均匀的结构以及高度超过 100 m 的高层民用建筑钢结构,应采用考虑扭转耦联振动影响的振型分解反应谱法。

③7~9 度抗震设防的多高层民用建筑,下列情况应采用弹性时程分析进行多遇地震下的补充计算:

a. 甲类多高层民用建筑钢结构;

b. 表 5.17 所列的乙、丙类高层民用建筑钢结构;

表 5.17 采用时程分析的房屋高度范围

烈度、场地类别	房屋高度范围/m
8 度 Ⅰ、Ⅱ 类场地和 7 度	>100
8 度 Ⅲ、Ⅳ 类场地	>80
9 度	>60

c. 本书表 3.1 和表 3.2 中规定的平面和立面特别不规则的多高层民用建筑钢结构。

④计算罕遇地震下的结构变形,应按现行国家标准《抗震规范》规定,采用静力弹塑性分析方法或弹塑性时程分析法。

⑤计算安装有消能减震装置的高层民用建筑钢结构的结构变形,应按现行国家标准《抗震规范》的规定,采用静力弹塑性分析方法或弹塑性时程分析法。

注意:进行结构时程分析时,应符合下列要求:

(1)应按建筑场地类别和设计地震分组,选取实际地震记录和人工模拟的加速度时程曲线,其中实际地震记录的数量不应少于总数量的 2/3,多组时程曲线的平均地震影响系数曲线应与振型分解反应谱法所采用的地震反应谱曲线在统计意义上相符。

(2)进行弹性时程分析时,每条时程曲线计算所得结构底部剪力不应小于振型分解反应谱法计算结果的 65%,多条时程曲线计算所得结构底部剪力平均值不应小于振型分解反应谱法计算结果的 80%。

(3)地震波的持续时间不宜小于建筑结构基本自振周期的 5 倍和 15 s,地震波的时间间距可取 0.01 s 或 0.02 s。

(4)输入地震加速度的最大值可按表5.18采用。

表5.18　时程分析所用地震加速度时程的最大值　　　　单位:cm/s²

地震影响	6度	7度	8度	9度
多遇地震	18	35(55)	70(110)	140
设防地震	50	100(150)	200(300)	400
罕遇地震	125	220(310)	400(510)	620

注:括号内数值分别用于设计基本地震加速度为0.15g和0.30g的地区。

(5)当取3组加速度时程曲线输入时,结构地震作用效应宜取时程法计算结果的包络值与振型分解反应谱法计算结果的较大值;当取7组及7组以上的时程曲线进行计算时,结构地震作用效应可取时程法计算结果的平均值与振型分解反应谱法计算结果的较大值。

2)底部剪力法

底部剪力法是以地震弹性反应谱理论为基础,是地震反应谱分析法中的一种近似方法。其计算基本思路是:先根据结构基本周期确定结构的总水平地震作用,然后按照某一竖向分布规律来确定结构各部位的水平地震作用。

(1)计算模型

多高层建筑采用底部剪力法计算水平地震作用时,将各楼层的全部重力荷载代表值集中在各层楼板高度处,形成一个"质点",而且每个"质点"仅考虑一个自由度,从而获得如图5.4所示的"串联质点系"计算模型。

(2)计算方法

作用于结构底部的水平地震剪力,即结构总水平地震作用标准值为:

$$F_{Ek} = \alpha_1 G_{eq} \qquad (5.21)$$

质点i的水平地震作用标准值,即各层水平地震作用标准值为:

$$F_i = \frac{G_i H_i}{\sum\limits_{s=1}^{n} G_s H_s}(1 - \delta_n)F_{Ek} \quad (i = 1,2,\cdots,n) \quad (5.22)$$

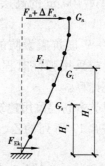

图5.4　结构水平地震作用计算模型

结构顶部附加水平地震作用标准值为:

$$\Delta F_n = \delta_n F_{Ek} \qquad (5.23)$$

式中　α_1——相应于结构基本自振周期T_1(按s计)的水平地震影响系数值,按本节计算原则中第8条的规定取值,见图5.3采用;

　　　G_{eq}——结构等效总重力荷载,对于多高层建筑钢结构、钢-混凝土混合结构或组合结构,均取总重力荷载代表值的85%;

　　　n——体系的质点数,即多高层建筑的层数;

　　　G_i,G_s——分别为集中于质点i,s的重力荷载代表值,按计算原则中第7条的规定取值;

　　　H_i,H_s——分别为质点i,s(即第i,s层楼盖)从结构底面算起的计算高度;

　　　δ_n——顶部(即多高层建筑的屋盖)附加地震作用系数,δ_n按表5.19选用。

表 5.19　顶部附加地震作用系数 δ_n

T_g/s	$T_1 > 1.4\, T_g$	$T_1 \leqslant 1.4\, T_g$
$T_g \leqslant 0.35$	$0.08\, T_1 + 0.07$	
$0.35 < T_g \leqslant 0.55$	$0.08\, T_1 + 0.01$	0.00
$T_g > 0.55$	$0.08\, T_1 - 0.02$	

注：T_1 为结构基本自振周期。

对于质量及刚度沿高度分布比较均匀的多高层建筑钢结构的基本自振周期 T_1，可按下列公式近似计算：

$$T_1 = 1.7 \zeta_T \sqrt{u_n} \qquad (5.24)$$

式中　u_n——结构顶层假想侧移，即假想将结构各层的重力荷载作为楼层的集中水平力，按弹性静力方法计算所得到的顶层侧移值，m。

ζ_T——考虑非结构构件影响的修正系数。对于高层建筑钢结构，宜取 $\zeta_T = 0.9$。对于钢-混凝土组合结构或混合结构多高层建筑，当非承重墙体为填充砖墙时，其修正系数可按如下规定取用：对于框架结构，取 $\zeta_T = 0.6 \sim 0.7$；对于框架-剪力墙结构，取 $\zeta_T = 0.7 \sim 0.8$；对于剪力墙结构，取 $\zeta_T = 0.9 \sim 1.0$。

在初步设计时，结构的基本自振周期可按下列经验公式估算：

$$T_1 = 0.1n \qquad (5.25)$$

式中　n——建筑物层数（不包括地下部分及屋顶小塔楼）。

注意：多高层民用建筑采用底部剪力法计算水平地震作用时，突出屋面的小塔楼（屋顶间）、女儿墙等的地震作用效应，宜乘增大系数3。此增大部分不应往下传递，但与该突出部分相连的构件应予计入。

（3）计算步骤

采用底部剪力法计算多高层建筑钢结构的地震作用，可按下列步骤进行：

①按式（5.24）或式（5.25）计算结构的基本自振周期 T_1；

②查表 5.14 和表 5.15 分别可得地震影响系数最大值 α_{max} 和场地特征周期 T_g；

③按式（5.18）至式（5.20）分别计算阻尼调整系数 η_2、曲线下降段的衰减系数 γ、直线下降段的下降斜率调整系数 η_1；

④按式 $\alpha = \left(\dfrac{T_g}{T_1}\right)^{\gamma} \eta_2 \alpha_{max}$ 或 $\alpha = (0.2)^{\gamma} \eta_2 \alpha_{max} - \eta_1 (T - 5T_g) \alpha_{max}$ 计算或者由图 5.3 确定 α 系数；

⑤确定结构等效总重力荷载；

⑥按式（5.21）计算结构底部总水平地震作用剪力标准值；

⑦按式（5.22）、式（5.23）确定各楼盖处的水平地震作用标准值 F_i。

3）振型分解反应谱法

振型分解反应谱法是利用单自由度体系反应谱和振型分解原理来解决多自由度体系地震反应的计算方法。振型分解反应谱法又称振型分析法或反应谱法，它属于拟动力分析法，是现阶段结构抗震设计的主要方法。它的基础是地震弹性反应谱理论。所以，该法仅适用于结构的弹性分析。

由于该法考虑了结构的动力特性,除了特别不规则的结构外,都能给出比较满意的结果,而且它能够解决底部剪力法难以解决的非刚性楼盖空间结构的计算[12],因而,成为当前确定结构地震反应的主导方法。

(1)不计扭转影响的结构(平移振动)

①计算模型。对于质量和刚度分布比较均匀、对称的高层钢结构,可视为无偏心的结构。该类结构在地震水平平移分量作用下,不会产生扭转振动或扭转振动甚微,可忽略不计。若该类结构的楼盖采用以压型钢板为底模的现浇钢筋混凝土组合楼盖,则整个结构可采用"串联质点系"(图 5.5(a))或"串并联质点系"(图 5.5(b))作为结构动力分析的振动模型。前者为平面结构的分析模型,后者为空间结构的分析模型。

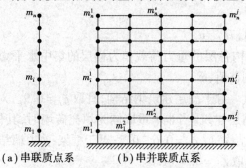

(a)串联质点系　　(b)串并联质点系

图 5.5　不计扭转影响结构的振动模型

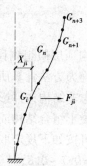

图 5.6　结构水平地震作用下的串联质点系

②计算方法。对于质点系模型(串联质点系或串并联质点系),结构 j 振型 i 质点的单向水平地震作用标准值,可按下列公式计算:

$$F_{ji} = \alpha_j \gamma_j X_{ji} G_i \quad (i = 1,2\cdots,n;j = 1,2,\cdots,m) \tag{5.26}$$

$$\gamma_j = \frac{\sum_{i=1}^{n} X_{ji} G_i}{\sum_{i=1}^{n} X_{ji}^2 G_i} \tag{5.27}$$

式中　　α_j——相应于 j 振型计算周期 T_j 的地震影响系数,按图 5.3 确定;

γ_j——j 振型的参与系数;

X_{ji}——j 振型 i 质点的水平相对侧移(图 5.6);

G_i——集中于质点 i(第 i 层楼盖)的重力荷载代表值。

此时,结构水平地震作用效应(弯矩、剪力、轴力和变形),等于结构各振型地震作用的效应按"平方和方根法"(即平方和的平方根方法)计算,即

$$S_{Ek} = \sqrt{\sum S_j^2} \tag{5.28}$$

式中　　S_{Ek}——水平地震作用标准值的效应。

S_j——结构 j 振型水平地震作用标准值产生的效应。一般情况下,可只取前 2~3 个振型;当基本自振周期大于 1.5 s 或房屋高宽比大于 5 时,振型个数可适当增加,常取前 5 个振型。

注意:(1)对角柱以及两个相互垂直的抗侧力构件所共有的柱,应考虑同时承受双向地震作用的效应。通常的做法是,同时承受一个方向地震内力的 100% 和垂直方向地震内力的 30%,按双向压弯构件验算。

(2)我国现行《高钢规程》规定,角柱等双向地震作用效应可采用简化方法作近似计算,即将一个方向地震

作用产生的柱内力乘以增大系数 1.3。

（2）计及扭转影响的结构（平移-扭转耦连振动）

对于质量和刚度分布无明显不对称的规则结构，为考虑偶然偏心引起的扭转效应，当不进行扭转耦连计算时，平行于地震作用方向的两个边榀构件，其地震作用效应应乘以增大系数。一般情况下，短边可按 1.15 采用，长边可按 1.05 采用；当结构扭转刚度较小时，宜按不小于 1.3 采用。当进行扭转耦连计算时，可按下列方法进行：

①计算模型对。于质量和刚度分布不均匀、不对称的结构，存在偏心，地震动的水平平动分量也会使结构产生扭转振动。当楼盖采用压型钢板为底模的现浇钢筋混凝土楼盖时，其房屋结构可采用"串联刚片系"作为结构动力分析的振动模型（如图 5.7（a）），每层刚片代表一层楼盖。此时，每层刚片具有两个正交的水平移动和一个转角，共 3 个自由度（如图 5.7（b）），因此，在地震动作用下（即使是地震水平平动分量），每层刚片受到 3 个方向的水平地震作用（图5.7（c））。

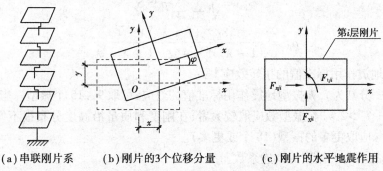

（a）串联刚片系　　（b）刚片的3个位移分量　　（c）刚片的水平地震作用

图 5.7　偏心结构高层建筑振动模型

②计算方法。结构的 j 振型第 i 层刚片质心处的 3 个水平地震作用标准值，应按下列公式计算：

$$\begin{cases} F_{xji} = \alpha_j \gamma_{tj} X_{ji} G_i \\ F_{yji} = \alpha_j \gamma_{tj} Y_{ji} G_i \qquad (i = 1, 2, \cdots, n; j = 1, 2, \cdots, m) \\ F_{tji} = \alpha_j \gamma_{tj} r_i^2 \varphi_{ji} G_i \end{cases} \tag{5.29}$$

式中　$F_{xji}, F_{yji}, F_{tji}$——分别为 j 振型 i 层的 x 方向、y 方向和转角方向的地震作用标准值；

X_{ji}, Y_{ji}——分别为 j 振型第 i 层刚片质心在 x 方向、y 方向的水平相对侧移幅值；

φ_{ji}——j 振型第 i 层刚片的水平相对转角幅值；

r_i——第 i 层刚片的转动半径，可取第 i 层刚片绕质心的转动惯量 I_i 除以该层质量 m_i 的

商的正 2 次方根，即 $r_i = \sqrt{\dfrac{I_i}{m_i}}$，$m_i = G_i/g$；

G_i——集中于第 i 层刚片质心处的重力荷载代表值；

γ_{tj}——考虑扭转的 j 振型参与系数，可按下列公式确定：

当仅考虑 x 方向地震作用时

$$\gamma_{tj} = \frac{\sum\limits_{i=1}^{n} X_{ji} G_i}{\sum\limits_{i=1}^{n} \left(X_{ji}^2 + Y_{ji}^2 + \varphi_{ji}^2 r_i^2 \right) G_i} \tag{5.30}$$

当仅考虑 y 方向地震作用时

$$\gamma_{tj} = \frac{\sum\limits_{i=1}^{n} Y_{ji} G_i}{\sum\limits_{i=1}^{n} \left(X_{ji}^2 + Y_{ji}^2 + \varphi_{ji}^2 r_i^2 \right) G_i} \tag{5.31}$$

当地震作用方向与 x 轴有 θ 夹角时,即斜交的地震作用时

$$\gamma_{tj} = \gamma_{xj}\cos\theta + \gamma_{yj}\sin\theta \tag{5.32}$$

式中 γ_{xj}, γ_{yj}——分别按式(5.30)、式(5.31)求得的 j 振型参与系数。

③地震作用效应。

a. 单向水平地震作用下,考虑结构扭转振动时地震作用标准值的扭转效应,可按下列公式计算:

$$S_{Ek} = \sqrt{\sum_{j=1}^{m} \sum_{k=1}^{m} \rho_{jk} S_j S_k} \tag{5.33}$$

$$\rho_{jk} = \frac{8\zeta_j\zeta_k(1+\lambda_\tau)\lambda_\tau^{1.5}}{(1-\lambda_\tau^2)^2 + 4\zeta_j\zeta_k(1+\lambda_\tau)^2\lambda_\tau} \tag{5.34}$$

式中 S_{Ek}——地震作用标准值的扭转效应。

S_j, S_k——分别为 j、k 振型地震作用标准值的效应,可取 $9 \sim 15$ 个振型。当基本自振周期 $T_1 > 2$ s 时,振型数应取较大者;在刚度和质量沿高度分布很不均匀的情况下,应取更多的振型(18 个或更多)。

ρ_{jk}——j 振型与 k 振型的耦连系数。

λ_τ——k 振型与 j 振型的自振周期比值。

ζ_j, ζ_k——分别为 j、k 振型的阻尼比,其取值参见式(5.18)的符号说明。

m——振型组合数。

b. 双向水平地震作用下,考虑结构扭转振动时地震作用标准值的扭转效应 S_{Ek},可按下列两式计算结果的较大值确定:

$$S_{Ek} = \sqrt{S_x^2 + (0.85S_y)^2} \tag{5.35}$$

$$S_{Ek} = \sqrt{S_y^2 + (0.85S_x)^2} \tag{5.36}$$

式中 S_x, S_y——分别为仅考虑 x 方向、y 方向水平地震作用时,按式(5.33)计算的扭转效应。

④突出屋面的小塔楼的处理。突出屋面的小塔楼,应按每层一个质点或一块刚片,与主体结构连为一体进行整体分析,计算各振型地震作用和前若干振型地震作用效应耦合。当仅取单方向的前 3 个振型时,所得小塔楼的地震作用效应可以乘增大系数 1.5;当取前 6 个振型时,所得地震作用效应不再增大。

⑤计算步骤。采用振型分解反应谱法计算高层钢结构的地震作用时,可按下列步骤进行:

a. 根据结构特征选择平面结构或空间结构模型及相应的串联质点系或串联刚片系振动模型;

b. 建立质点系或刚片系的无阻尼自由振动方程并解之,得质点系或刚片系的各阶振型 X_{ji} 或 X_{ji}、Y_{ji}、φ_{ji} 和周期 T_j;

c. 取前若干个较长的周期 $T_1, T_2, \cdots, T_m$,按照建筑设防烈度、设计地震分组、场地类别、结构自震周期以及阻尼比,分别查反应谱曲线(图 5.3),得相应于前若干个振型的地震影响系数

$\alpha_1, \alpha_2, \cdots, \alpha_m$；

d. 计算出前若干个振型的振型参与系数 γ_{tj}；

e. 分别按式(5.26)或式(5.29)计算质点系或刚片系的前若干振型的地震作用。

4) 时程分析法

时程分析法又称动态分析法或直接动力法，它是一种完全的动力分析方法，能比较真实地描述结构地震反应的全过程。

时程分析法的计算思路是：将地震波按时段进行数值化后，输入结构体系的振动微分方程，采用逐步积分法进行结构动力反应分析，计算出结构在整个地震时域中的振动状态全过程，直接给出各时刻各杆件的内力和变形，以及各杆件出现塑性铰的顺序，以便找出可能发生应力集中和塑性变形集中的部位以及其他薄弱环节。

时程分析法的计算模型和计算步骤等有关内容，详见本书第 6 章"作用效应计算及其组合"章节。

5) 水平地震剪力的限制

抗震验算时，结构任一楼层的水平地震剪力应符合下式要求：

$$V_{Eki} = \lambda \sum_{j=1}^{n} G_j \tag{5.37}$$

式中　V_{Eki}——第 i 层对应于水平地震作用标准值的楼层剪力；

　　　λ——剪力系数，不应小于表 5.20 规定的楼层最小地震剪力系数值，对竖向不规则结构的薄弱层，尚应乘以 1.15 的增大系数；

　　　G_j——第 j 层的重力荷载代表值。

表 5.20　楼层最小地震剪力系数值

类　别	6 度	7 度	8 度	9 度
扭转效应明显或基本周期小于 3.5 s 的结构	0.008	0.016(0.024)	0.032(0.048)	0.064
基本周期大于 5.0 s 的结构	0.006	0.012(0.018)	0.024(0.036)	0.048

注：①基本周期 3.5~5 s 的结构，按插入法取值；

　　②括号内数值分别用于设计基本地震加速度为 0.15g 和 0.30g 的地区。

结构的楼层水平地震剪力，应按下列原则分配：

①现浇和装配整体式混凝土楼、屋盖等刚性楼、屋盖建筑，宜按抗侧力构件等效刚度的比例分配；

②木楼盖、木屋盖等柔性楼、屋盖建筑，宜按抗侧力构件从属面积上重力荷载代表值的比例分配；

③普通的预制装配式混凝土楼、屋盖等半刚性楼、屋盖的建筑，可取上述两种分配结果的平均值；

④计入空间作用、楼盖变形、墙体弹塑性变形和扭转的影响时，可按《抗震规范》各有关规定对上述分配结果作适当调整。

5.3.4　竖向地震作用计算

按 9 度抗震设防的多高层钢结构以及按 7 度(0.15g)、8 度抗震设防的高层民用建筑中的大跨度、长悬臂结构,应计入竖向地震作用。

1)计算模型

竖向地震作用(向上或向下)的计算模型,可采用"串联质点系"的力学模型(图 5.8),即将整个结构的所有竖构件合并为一根竖杆,将各楼层集中于相应位置的各质点。

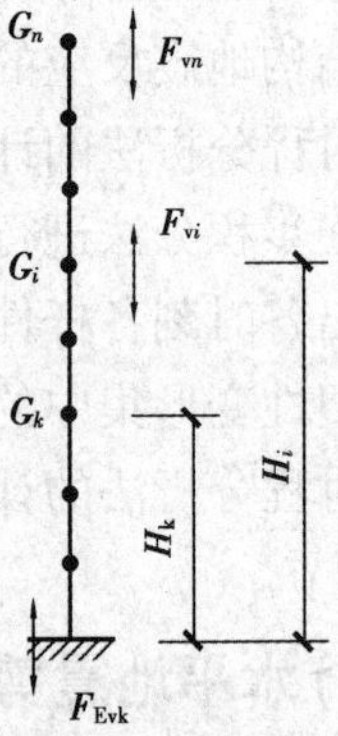

2)计算方法

其竖向地震作用标准值可按下列公式计算:

结构总竖向地震作用标准值(即房屋底部轴力标准值):

$$F_{\text{Evk}} = \alpha_{\text{vmax}} G_{\text{eq}} \qquad (5.38)$$

楼层 i 的竖向地震作用标准值:

$$F_{\text{vi}} = \frac{G_i H_i}{\sum\limits_{j=1}^{n} G_j H_j} F_{\text{Evk}} \quad (i = 1,2,\cdots,n) \qquad (5.39)$$

图 5.8　竖向地震作用模型

式中　α_{vmax}——竖向地震影响系数最大值,可取水平地震影响系数最大值的 65%;

　　　G_{eq}—— 结构的等效总重力荷载,取总重力荷载代表值的 75%;

　　　其余字母的含义同前。

注意:(1)高层民用建筑钢结构中的大跨度结构、悬挑结构、转换结构、连体结构的连接体的竖向地震作用标准值,不宜小于结构或构件承受的重力荷载代表值与表 5.21 所规定的竖向地震作用系数的乘积。

表 5.21　竖向地震作用系数

设防烈度	7 度	8 度		9 度
设计基本地震加速度	0.15g	0.20g	0.30g	0.40g
竖向地震作用系数	0.08	0.10	0.15	0.20

注:g 为重力加速度。

(2)跨度大于 24 m 的楼盖结构、跨度大于 12 m 的转换结构和连体结构,悬挑长度大于 5 m 的悬挑结构,结构竖向地震作用效应标准值宜采用时程分析方法或振型分解反应谱方法进行计算。时程分析计算时输入的地震加速度最大值可按规定的水平输入最大值的 65% 采用,反应谱分析时结构竖向地震影响系数最大值可按水平地震影响系数最大值的 65% 采用,设计地震分组可按第一组采用。

3)作用效应

按 9 度抗震设防的高层建筑钢结构,各楼层的竖向地震作用效应,即按式(5.38)计算的竖向地震作用标准值在各楼层竖向构件中引起的拉力或压力,可按各构件承受重力荷载代表值的比例分配,并宜乘以增大系数 1.5。

进行构件承载力验算时,还应考虑竖向地震作用向上或向下产生的不利组合。

本章小结

（1）屋面直升机停机平台荷载，应根据直升机总重按局部荷载考虑。

（2）风荷载的大小主要和近地风的性质、风速、风向、地面粗糙度、建筑物的高度和形状及表面状况等因素有关。

（3）计算地震作用时，重力荷载代表值应取结构和构配件自重标准值与各可变荷载组合值之和。

（4）通常情况下，应在结构的两个主轴方向分别计算水平地震作用并进行抗震验算，各方向的水平地震作用应全部由该方向的抗侧力构件承担。

（5）建筑结构的地震影响系数应根据烈度、场地类别、设计地震分组和结构自振周期以及阻尼比确定。

（6）水平地震作用的计算，可视结构布置和房屋高度情况，选择合适的计算方法。

（7）底部剪力法计算基本思路是：先根据结构基本周期等参数确定的地震影响系数和重力荷载代表值，计算结构的总水平地震作用，然后按照某一竖向分布规律来确定结构各部位（楼盖处）的水平地震作用。

（8）振型分解反应谱法属于拟动力分析法，是现阶段结构抗震设计的主要方法。

（9）振型分解反应谱法的基础是地震弹性反应谱理论，所以，该法仅适用于结构的弹性分析。

（10）结构的竖向地震作用计算模型可采用"串联质点系"的力学模型，即将整个结构的所有竖构件合并为一根竖杆，将各楼层集中于相应位置的各质点。

复习思考题

5.1 试述楼面和屋面活荷载以及雪荷载的取值原则。

5.2 在高层钢结构设计中，如何确定直升机平台荷载？

5.3 主要承重结构和维护结构的风载标准值计算有何区别？

5.4 如何确定高层钢结构的基本风压、风压高度变化系数、风载体型系数及风振系数？

5.5 试述地震作用的概念和分类。

5.6 试述地震作用和风荷载的区别。

5.7 在抗震计算中，如何确定重力荷载代表值？

5.8 试述计算水平地震作用的常用方法，各种计算方法的适用条件、计算模型、计算公式及计算步骤。

5.9 在抗震设计中，什么情况下才需计及竖向地震作用？如何计算？

第6章 作用效应计算及其组合

本章导读

- **内容与要求** 本章主要介绍结构简化计算、精确计算、地震作用效应计算的计算模型与方法，以及作用效应组合的组合方法及其相关参数的确定原则。通过本章学习，应对作用效应计算及其组合的相关知识有较全面的了解。
- **重点** 作用效应计算方法及其组合。
- **难点** 结构的精确分析与地震作用效应的时程分析。

6.1 结构分析方法的分类

在结构分析中，根据是否忽略结构变形对几何关系的影响，将结构分析分为一阶分析和二阶分析。当忽略结构变形对几何关系的影响，即以结构受力变形前的几何关系为依据而建立平衡方程的结构分析，称为一阶分析；当考虑结构变形对几何关系的影响，即以结构受力变形后的几何关系为依据而建立平衡方程的结构分析，称为二阶分析。常规的结构力学分析方法为一阶分析。

根据结构所用材料性质(线弹性或弹塑性)，又可分为弹性分析和弹塑性分析。

结合上述两种因素又可进一步分为一阶弹性分析、一阶弹塑性分析、二阶弹性分析和二阶弹塑性分析。在多高层钢结构分析中，宜按二阶弹性或二阶弹塑性分析方法进行结构分析。

根据结构所需的计算工作量及求解精度可分为简化分析和精确分析。对于高层钢结构，通常采用三维空间有限元分析程序进行精确分析，但在方案设计阶段可用简化方法进行近似计算。

按结构的受荷性质(静力或动力)可分为静力分析(计算)和动力分析(计算)。对于抗震设防的结构，通常需进行动力分析。

6.2 作用效应计算的一般规定

对多高层建筑钢结构进行作用效应计算时，应遵循下列规定：

①结构的作用效应可采用弹性方法计算。对于抗震设防的结构，除进行多遇地震作用下的弹性效应计算外，尚应计算结构在罕遇地震作用下进入弹塑性状态时的变形。

②在设计中,采取能保证楼面(屋面)整体刚度的构造措施后,可假定楼面(屋面)在其自身平面内为绝对刚性。对整体性较差,或开孔面积大,或有较长外伸段,或相邻层刚度有突变的楼面,当不能保证楼面的整体刚度时,宜采用楼板平面内的实际刚度,或对按刚性楼面假定计算所得结果进行调整。

③当进行结构弹性分析时,宜考虑现浇钢筋混凝土楼板与钢梁共同工作,且在设计中应使楼板与钢梁间有可靠连接;当进行结构弹塑性分析时,可不考虑楼板与梁的共同工作。

④多高层建筑钢结构的计算模型,可采用平面抗侧力结构的空间协同计算模型。当结构布置规则、质量和刚度沿高度分布均匀、不计扭转效应时,可采用平面结构计算模型;当结构平面或立面不规则、体型复杂、无法划分成平面抗侧力单元的结构,或为简体结构时,应采用空间结构计算模型。

⑤结构作用效应计算中,应计算梁、柱的弯曲变形和柱的轴向变形,尚宜计算梁、柱的剪切变形,并应考虑梁柱节点域剪切变形对侧移的影响。一般可不考虑梁的轴向变形,但当梁同时作为腰桁架或帽桁架的弦杆时,应计入轴力的影响。

⑥柱间支撑两端应为刚性连接,但可按两端铰接杆元计算,其端部连接的刚度,则通过支撑构件的计算长度加以考虑。偏心支撑中的消能梁段应取为单独单元计算。

⑦现浇竖向连续钢筋混凝土剪力墙的计算,宜计入墙的弯曲变形、剪切变形和轴向变形;当钢筋混凝土剪力墙具有比较规则的开孔时,可按带刚域的框架计算;当具有复杂开孔时,宜采用平面有限元法计算。对于装配嵌入式剪力墙,可按相同水平力作用下侧移相同的原则,将其折算成等效支撑或等效剪力墙板计算。

⑧除应力蒙皮结构外,结构计算中不应计入非结构构件对结构承载力和刚度的有利作用。

⑨当进行结构内力分析时,应计入重力荷载引起的竖向构件差异缩短所产生的影响。

6.3 简化计算方法

多高层钢结构的静、动力分析一般应采用专门软件借助计算机完成。对于平面布置规则、质量和刚度沿结构平面和高度分布比较均匀的层数不多的框架设计或初步设计时的预估截面可采用简化方法。

在简化计算中,对于规则但有偏心的结构,通常先按无偏心结构进行计算,然后将内力乘以修正系数。其修正系数应按下式确定:

$$\psi_i = 1 + \frac{e_d a_i \sum K_i}{\sum K_i \alpha_i^2} \qquad (6.1)$$

式中　e_d——偏心距设计值,非地震作用时宜取 $e_d = e_0$,地震作用时宜取 $e_d = e_0 + 0.05L$;

e_0——楼层水平荷载的合力中心至刚心的距离;

L——垂直于楼层剪力方向的结构平面尺寸;

Ψ_i——楼层第 i 榀抗侧力结构的内力修正系数;

a_i——楼层第 i 榀抗侧力结构至刚心的距离;

K_i——楼层第 i 榀抗侧力结构的侧向刚度。

注意:当扭矩计算结果对构件的内力起有利作用时,应忽略扭矩的作用,即取 $\Psi_i = 1.0$。

6.3.1 框架结构体系的简化计算

当进行框架弹性分析时,宜考虑现浇混凝土楼板与钢梁的共同工作,其方法是:用等效惯性矩代替钢梁的实际惯性矩 I_b 计算框架的内力与变形。对于在多高层钢结构中常用的压型钢板-混凝土组合楼盖,钢梁的等效惯性矩 I_{eb} 取值为:两侧有楼板的梁(中框梁), $I_{eb} = 1.5I_b$;仅一侧有楼板的梁(边框架), $I_{eb} = 1.2I_b$ 。

当进行结构的弹塑性分析时,可不考虑楼板与钢梁的共同工作。

1)竖向荷载作用下的简化计算

(1)计算模型

在竖向荷载作用下,多高层钢框架常采用分层法进行简化计算。此时,将每层框架梁连同上、下层框架柱作为基本计算单元(顶层除外),每个计算单元均按上、下柱端固定的双层框架计算其内力,如图 6.1 所示。

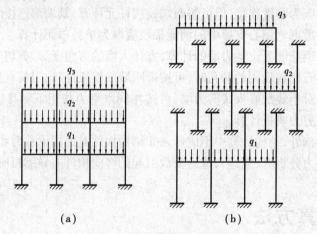

图 6.1　框架及计算模型

(2)基本假定

多高层钢框架承受的竖向荷载中,恒载占有很大比例,活载一般不大,因此,可不进行活载多工况分析,而直接按满布荷载计算(但计算所得的梁跨中弯矩宜乘以放大系数 1.1～1.2,以考虑活载不利布置的影响),这样框架侧移很小,可忽略不计。另外,大量精确计算表明:作用在某层框架梁上的竖向荷载,主要使该层框架梁以及与该层梁直接连接的柱产生弯矩,对其他层的框架梁和柱的弯矩影响很小,可忽略不计。基于上述理由,则有分层法的基本假定为:

①在竖向荷载作用下,框架的侧移忽略不计;

②每层只承受该层的竖向荷载,不考虑其他层荷载的相互影响。

(3)内力计算方法

分层计算时,由于不考虑横梁的侧移,可用力矩分配法计算梁、柱弯矩,计算所得的梁弯矩作为最终的弯矩;每一柱属于上、下两层,所以柱的弯矩为上、下两层计算所得弯矩之和。柱中轴力可通过梁端剪力和逐层叠加柱内的竖向荷载求出。

(4)计算步骤

①建立分层模型。将框架(图 6.1(a))以层为单元分解为若干无侧移框架(图 6.1(b))。每

单元包含该层所有的构件及与该层相连接的所有垂直构件。所有构件的几何尺寸保持不变,所有垂直构件与水平构件连接的力学特性保持不变(即保持其节点的刚性、柔性或半刚性性质),除底层垂直构件与基础连接的力学特性保持不变外,所有垂直构件的远端均设定为固定端。

②调整相关系数。由于非底层无侧移框架单元的垂直构件并非固定端,为此将非底层框架单元中的垂直构件的抗弯刚度乘以修正系数0.9,同时将其传递系数修正为1/3。

③弯矩计算。对各无侧移框架单元(分层模型)用力矩分配法进行弯矩分配与传递。分层模型中计算所得的梁弯矩即为原框架相应楼层梁,而原框架柱的最终弯矩则为相邻上、下两分层模型计算所得柱的弯矩之和。

注意:节点弯矩严重不平衡时,可将不平衡弯矩再作一次分配,但不再传递。

④剪力计算。框架剪力可通过其弯矩与外载求出。

⑤轴力计算。柱中轴力可通过梁端剪力和逐层叠加柱内的竖向荷载求出。

【例6.1】 用分层法分析如图6.2(a)所示平面框架内力,图中括号内的数字是构件线刚度的相对比值。

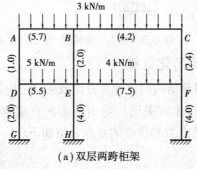

(a)双层两跨框架

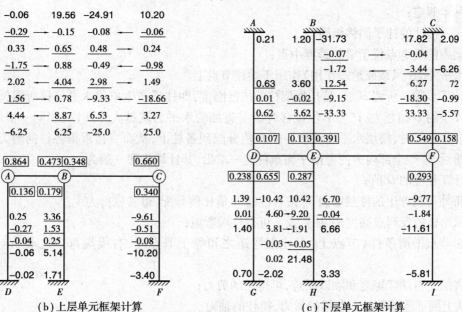

(b)上层单元框架计算　　　　　　(c)下层单元框架计算

图6.2 分层法计算示例

【解】 注意垂直构件的抗弯刚度乘以修正系数0.9,各杆端分配系数的计算结果记在图6.2(b)、(c)中的方框内,例如节点A的梁端分配系数为:$5.7/(5.7+0.9\times1.0)=0.864$。

力矩分配的过程详细标示于图6.2(b)、(c)中。各层框架单元端弯矩的计算结果在图中以黑体字标识(图6.3)。节点上的弯矩不平衡,但误差不是太大。如果要求较高精度,可再作几轮分配计算。

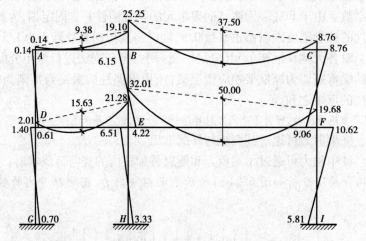

图6.3　例6.1弯矩图(单位:kN·m)

2)水平荷载作用下的简化计算

在水平荷载作用下的框架结构简化计算方法较多,例如反弯点法(当梁的线刚度i_b比柱的线刚度i_c大得多,例如$i_b/i_c>3$时采用)、剪力分配的直接解法和D值法(改进反弯点法)等。下面仅就用D值法计算框架内力和位移的要点介绍如下。

(1)内力计算

①基本假定:

a. 同一楼层的柱子侧移相同;

b. 梁中的反弯点位于梁的跨度中点;

c. 水平外力(风载或地震作用)作用于梁柱节点上。

②计算步骤。所谓D值,是指框架柱的抗推刚度,即柱子产生单位水平位移所需施加的水平力。柱子的D值越大,产生单位位移时所需施加的水平力就越大。所以,在同一楼层中,各柱水平位移相等时,楼层水平力就按各柱D值分配到各柱上,从而直接求得各柱的剪力。柱的剪力求得后,框架全部内力便可由平衡条件逐一求出,其计算步骤一般为:

a. 计算各柱的D值;

b. 将外荷载产生的楼层剪力V_i按各柱的D值比例分配,得各柱剪力V_{ij};

c. 求出柱的反弯点高度y,由V_{ij}及y可得柱端弯矩;

d. 由节点平衡条件(节点上、下柱端弯矩之和等于节点左、右梁端弯矩之和)求得梁端弯矩;

e. 将梁左右端弯矩之和除以梁跨,可得梁的剪力;

f. 从上到下逐层叠加左右梁的剪力,得柱的轴力。

【例6.2】　用D值法分析如图6.4所示平面框架内力,图中括号内的数字是构件线刚度的相对比值。

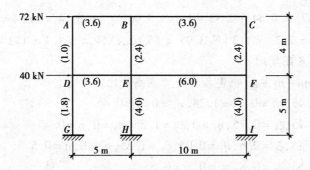

图6.4 双层两跨框架(水平荷载作用)

【解】 1)计算各柱侧移刚度

按公式 $D = \alpha \dfrac{12i}{h^2}$ 计算各柱侧移刚度 D 值,其中柱侧移刚度修正系数 α 按表6.1采用。

表6.1 柱侧移刚度修正系数 α

	中 柱		边 柱		α
	示意图	K	示意图	K	
上层柱	i_1 i_2 i_c i_3 i_4	$\dfrac{i_1 + i_2 + i_3 + i_4}{2i_c}$	i_2 i_c i_4	$\dfrac{i_2 + i_4}{2i_c}$	$\dfrac{K}{2+K}$
下层柱	i_1 i_2 i_c	$\dfrac{i_1 + i_2}{i_c}$	i_2 i_c	$\dfrac{i_2}{i_c}$	$\dfrac{K+0.5}{2+K}$

AD 柱　　$K = \dfrac{3.6 \times 2}{2 \times 1} = 3.6$　　　　$D_{AD} = \dfrac{12 \times 1}{4^2} \times \dfrac{3.6}{2+3.6} = 0.48$

BE 柱　　$K = \dfrac{3.6 + 3.6 + 3.6 + 6}{2 \times 2.4} = 3.5$　$D_{BE} = \dfrac{12 \times 2.4}{4^2} \times \dfrac{3.5}{2+3.5} = 1.15$

CF 柱　　$K = \dfrac{3.6 + 6}{2 \times 2.4} = 2.0$　　　$D_{CF} = \dfrac{12 \times 2.4}{4^2} \times \dfrac{2.0}{2+2.0} = 0.9$

DG 柱　　$K = \dfrac{3.6}{1.8} = 2.0$　　　　$D_{DG} = \dfrac{12 \times 1.8}{5^2} \times \dfrac{0.5+2.0}{2+2.0} = 0.54$

EH 柱　　$K = \dfrac{3.6 + 6}{4} = 2.4$　　　$D_{EH} = \dfrac{12 \times 4}{5^2} \times \dfrac{0.5+2.4}{2+2.4} = 2.32$

FI 柱　　$K = \dfrac{6}{4} = 1.5$　　　　$D_{FI} = \dfrac{12 \times 4}{5^2} \times \dfrac{0.5+1.5}{2+1.5} = 1.1$

2)计算各柱剪力

按公式 $V_{ij} = \dfrac{D_{ij}}{\sum_j D_{ij}} V_i$ 计算各柱剪力。

上层柱　$\sum D_{ij} = 0.48 + 1.15 + 0.9 = 2.53, V_{AD} = 0.48 \times 72 \text{ kN} / 2.53 = 13.66 \text{ kN}$

$V_{BE} = 1.15 \times 72 \text{ kN} / 2.53 = 32.73 \text{ kN}, V_{CF} = 0.9 \times 72 \text{ kN} / 2.53 = 25.61 \text{ kN}$

下层柱

$$\sum D_{ij} = 0.54 + 2.32 + 1.1 = 3.96, V_{DG} = 0.54 \times 112 \text{ kN}/3.96 = 15.27 \text{ kN}$$

$$V_{BE} = 2.32 \times 112 \text{ kN}/3.96 = 65.62 \text{ kN}, V_{CF} = 1.1 \times 112 \text{ kN}/3.96 = 31.11 \text{ kN}$$

3)计算各柱反弯点高度比

按公式 $\eta = \eta_0 + \eta_1 + \eta_2 + \eta_3$ 确定各柱反弯点高度比。

AD 柱　　$\eta_0 = 0.45, \eta_1 = 0, \zeta_3 = 1.25, \eta_3 = 0, \eta = 0.45$

BE 柱　　$\eta_0 = 0.45, \zeta_1 = 0.75, \eta_1 = 0, \zeta_3 = 1.25, \eta_3 = 0, \eta = 0.45$

CF 柱　　$\eta_0 = 0.45, \zeta_1 = 0.6, \eta_1 = 0.05, \zeta_3 = 1.25, \eta_3 = 0, \eta = 0.5$

DG 柱　　$\eta_0 = 0.55, \zeta_2 = 0.8, \eta_2 = 0, \eta = 0.55$

EH 柱　　$\eta_0 = 0.55, \zeta_2 = 0.8, \eta_2 = 0, \eta = 0.55$

FI 柱　　$\eta_0 = 0.575, \zeta_2 = 0.8, \eta_2 = 0, \eta = 0.575$

4)各柱端弯矩

按公式 $M_d = \eta h_i V_{ij}, M_u = (1 - \eta) h_i V_{ij}$ 分别计算各柱下、上端弯矩。

AD 柱　　$M_d = 0.45 \times 4 \times 13.66 \text{ kN} \cdot \text{m} = 24.60 \text{ kN} \cdot \text{m}$

　　　　　$M_u = (1 - 0.45) \times 4 \times 13.66 \text{ kN} \cdot \text{m} = 30.05 \text{ kN} \cdot \text{m}$

BE 柱　　$M_d = 0.45 \times 4 \times 32.73 \text{ kN} \cdot \text{m} = 58.91 \text{ kN} \cdot \text{m}$

　　　　　$M_u = (1 - 0.45) \times 4 \times 32.73 \text{ kN} \cdot \text{m} = 72.00 \text{ kN} \cdot \text{m}$

CF 柱　　$M_d = M_u = 0.5 \times 4 \times 25.61 \text{ kN} \cdot \text{m} = 51.22 \text{ kN} \cdot \text{m}$

DG 柱　　$M_d = 0.55 \times 5 \times 15.27 \text{ kN} \cdot \text{m} = 41.99 \text{ kN} \cdot \text{m}$

　　　　　$M_u = (1 - 0.55) \times 5 \times 15.27 \text{ kN} \cdot \text{m} = 34.36 \text{ kN} \cdot \text{m}$

EH 柱　　$M_d = 0.55 \times 5 \times 65.62 \text{ kN} \cdot \text{m} = 180.46 \text{ kN} \cdot \text{m}$

　　　　　$M_u = (1 - 0.55) \times 5 \times 65.62 \text{ kN} \cdot \text{m} = 147.65 \text{ kN} \cdot \text{m}$

FI 柱　　$M_d = 0.575 \times 5 \times 31.11 \text{ kN} \cdot \text{m} = 89.44 \text{ kN} \cdot \text{m}$

　　　　　$M_u = (1 - 0.575) \times 5 \times 31.11 \text{ kN} \cdot \text{m} = 66.11 \text{ kN} \cdot \text{m}$

5)绘制框架弯矩图

由柱端弯矩不难绘制框架弯矩图,如图 6.5 所示。

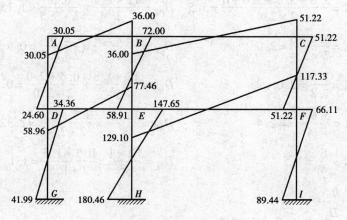

图 6.5　例 6.2 弯矩图(单位:kN·m)

(2)水平位移计算

框架的水平位移由两部分组成,即由框架梁、柱弯曲变形(框架整体剪切变形)产生的位移 u_M 和由柱子轴向变形(框架整体弯曲变形)产生的位移 u_N,则框架顶端位移为:

$$u = u_M + u_N \tag{6.2}$$

式中的 u_M 可由 D 值法求得,即

$$u_M = \sum_{i=1}^{n} u_i \tag{6.3}$$

$$u_i = \frac{V_i}{D_i} \tag{6.4}$$

式中　u_i——框架第 i 层的层间位移;

　　　V_i——第 i 层的楼层剪力;

　　　D_i—— 第 i 层的所有柱子 D 值之和,$D_i = \sum_j D_{ij}$,D_{ij} 为第 i 层中第 j 根柱子的 D 值。

下面给出工程设计中常遇的 3 种水平荷载作用下的 u_N 计算公式,供设计参考。

①框架顶端受水平集中荷载 P 作用时

$$u_N = \frac{PH^3}{EA_1B^2}F_n \tag{6.5}$$

$$F_n = \frac{1 - 4n + 3n^2 - 2n^2\ln n}{(1 - n)^3} \tag{6.6}$$

$$n = \frac{A_m}{A_1} \tag{6.7}$$

式中　H——框架总高度;

　　　B——平行于水平荷载作用方向的框架总宽度;

　　　E——框架边柱材料的弹性模量;

　　　A_1,A_m——分别为底层、顶层边柱的横截面面积。

注意:当 $n = 1$(外柱截面沿高度不变)时,$F_n = 2/3$;当 $n = 0$ 时,$F_n = 1$。

②框架受水平均布荷载 q 作用时

$$u_N = \frac{qH^4}{EA_1B^2}F_n \tag{6.8}$$

$$F_n = \frac{2 - 9n + 18n^2 - 11n^3 + 6n^3\ln n}{6(1 - n)^4} \tag{6.9}$$

注意:当 $n = 1$ 时,$F_n = 1/4$;当 $n = 0$ 时,$F_n = 1/3$。

③框架受倒三角形分布水平荷载,顶端荷载强度为 q 时

$$u_N = \frac{qH^4}{2EA_1B^2}F_n \tag{6.10}$$

$$F_n = \frac{2}{3}\left[\frac{2\ln n}{n - 1} + \frac{5(1 - n + \ln n)}{(n - 1)^2} + \frac{\frac{9}{2} - 6n + \frac{3}{2}n^2 + 3\ln n}{(n - 1)^3} + \right.$$

$$\left. \frac{-\frac{11}{6} + 3n - \frac{3}{2}n^2 + \frac{n^3}{3} - \ln n}{(n - 1)^4} + \frac{-\frac{25}{12} + 4n - 3n^2 + \frac{4}{3}n^3 - \frac{n^4}{4} - \ln n}{(n - 1)^5}\right] \tag{6.11}$$

注意:当 $n = 1$ 时,$F_n = 11/30$;当 $n = 0$ 时,$F_n = 1/2$。

设计计算时,可根据水平荷载类型与 n 值,从图 6.6 中查得 F_n 值后,分别按式(6.5)、式

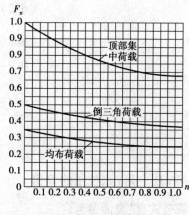

图 6.6 n-F_n 曲线

（6.8）、式（6.10）计算由柱的轴向变形所产生的框架顶端水平位移 u_N 值。

3）结构位移和内力调整

（1）节点柔性对结构内力和位移的影响

在钢框架设计中，为简化计算，通常假定梁柱节点完全刚接或完全铰接。但梁柱节点的试验研究表明，一般节点的弯矩和相对转角的关系既非完全刚接，也非完全铰接，而是呈非线性连接状态。由于节点柔性将加大框架结构的水平侧移，导致 P-Δ 效应增加。因此有必要分析节点柔性对于高层钢框架结构的影响。

①不用考虑节点柔性影响的条件。对于满焊节点，因其性能基本上符合节点刚性假定，可不考虑节点柔性对结构内力和位移的影响；当结构中梁的线刚度和节点刚度 K 之比的平均值 $\frac{EI}{KL} \leqslant 0.01$（或 $\frac{EI}{KL} \leqslant 0.04$，且柱中最大轴压比 $\frac{N}{N_r} \leqslant 0.4$）时，亦可不考虑节点柔性对结构的影响。

节点刚度 K 可通过节点试验和对节点性能的研究得到。一般来说，螺栓连接节点的节点刚度 $K = (2 \sim 10) \times 10^4 (\mathrm{kN \cdot m})/\mathrm{rad}$；翼缘为焊接，腹板为螺栓连接的混合节点 $K = (1 \sim 3.5) \times 10^5 (\mathrm{kN \cdot m})/\mathrm{rad}$；满焊的节点 $K = 6 \times 10^5 (\mathrm{kN \cdot m})/\mathrm{rad}$。

②考虑节点柔性影响时对结构分析结果的修正。当不满足上述要求时，需对假定节点刚性所得的结构分析结果作适当修正，修正以保证结构的安全为原则。凡按节点刚性假定所得值大于考虑节点柔性计算者不予修正，反之则予以修正。修正前后所得值的变化范围一般应在 5% 内为宜。

a. 结构水平位移的修正。

$$u_i' = \left(7 \frac{EI}{KL} \sqrt{\frac{N}{N_r}} + 1 \right) \cdot \sqrt[9]{\frac{m}{i}} u_i \tag{6.12}$$

式中　u_i'——第 i 层楼层位移的修正值；

　　　u_i——按节点刚性假定所得第 i 层楼层水平位移；

　　　$\dfrac{EI}{KL}$——结构中梁的线刚度与节点刚度之比；

　　　$\dfrac{N}{N_r}$——第 i 层柱的轴压比平均值；

　　　m——结构总层数；

　　　i——第 i 层楼层数（从底层算起），$i \geqslant 3$。

结构底部两层按结构顶层的修正系数来调整。

b. 柱端弯矩的修正。按节点刚性假定计算所得的柱端弯矩值，除底层外一般都比考虑节点柔性所得值要大。因此，只对底层柱基础端的弯矩值进行修正：

$$\overline{M}_1 = \left(7 \frac{EI}{KL} \sqrt{\frac{N_1}{N_{r1}}} + 1 \right) \frac{m}{25} M_1 \tag{6.13}$$

式中 $\overline{M}_1$——底层柱基础端弯矩的修正值;

    M_1——按节点刚性假定所得的柱端弯矩;

    $\dfrac{N_1}{N_{r1}}$——底层柱的轴压比平均值。

(2)节点域剪切变形的影响

经试验研究表明,梁柱节点域的剪切变形对框架的变形影响很大。因此,《高钢规程》规定:应计入梁柱节点域剪切变形对高层建筑钢结构侧移的影响。其方法是,在作用效应计算时,将梁柱节点域当作一个单独的单元进行精确分析。但用精确方法计算比较繁琐,而且较难掌握,因此设计中常用下列近似方法考虑其影响:

①对于箱形截面柱的框架,可将节点域当作刚域,刚域的尺寸取节点域尺寸的一半,然后使用带刚域的单元对结构进行分析。

②对于工字形截面柱的框架,可按结构轴线尺寸进行作用效应计算,并按下列规定对结构侧移进行修正:

当工字形截面柱框架所考虑楼层的主梁线刚度平均值与节点域剪切刚度平均值之比 $EI_b\mathrm{m}/(K_m h_{bm}) > 1$ 或参数 $\eta > 5$ 时,按下式修正结构侧移:

$$u'_i = \left(1 + \frac{\eta}{100 - 0.5\eta}\right)u_i \tag{6.14}$$

$$\eta = \left[17.5\frac{EI_{bm}}{K_m h_{bm}} - 1.8\left(\frac{EI_{bm}}{K_m h_{bm}}\right)^2 - 10.7\right] \cdot \sqrt[4]{\frac{I_{cm}h_{bm}}{I_{bm}h_{cm}}} \tag{6.15}$$

式中 u'_i——修正后的第 i 层楼层的侧移;

    u_i——忽略节点域剪力变形,并按结构轴线尺寸分析得出的第 i 层楼层的侧移;

    I_{cm}, I_{bm}——结构中柱和梁截面惯性矩的平均值;

    h_{cm}, h_{bm}——结构中柱和梁腹板高度的平均值;

    K_m——节点域剪切刚度平均值,即

$$K_m = h_{cm}h_{bm}t_m G \tag{6.16}$$

    t_m——节点域腹板厚度平均值;

    G——钢材的剪切模量;

    E——钢材的弹性模量。

节点域剪切变形对内力的影响较小,一般在10%以内,不需对内力进行修正。

(3)用底部剪力法确定水平地震作用时,对柱轴力的修正

在高层钢框架构件截面估算过程中,若用底部剪力法确定水平地震作用时,对体形较规则的丙类建筑由水平地震作用下倾覆力矩引起的框架柱轴力可折减。其折减系数 K 值,根据柱截面所在楼层位置按图6.7的规定采用。下列情况不应折减:

①体形不规则的建筑;

②体形较规则的乙类建筑;

③体形规则但基本自振周期 $T_1 \leq 1.5\ \mathrm{s}$ 的结构。

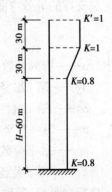

图6.7 折减系数分布

6.3.2　双重抗侧力结构体系的简化计算

1)计算模型的建立

对于平面布置规则、质量和刚度分布均匀的框架-支撑结构、框架-剪力墙结构和框架-核心筒结构等双重抗侧力结构体系,在水平荷载作用下可简化为平面抗侧力体系进行分析计算,即将同一方向所有框架合并为总框架,所有竖向支撑合并为总支撑,或所有剪力墙(核心筒可等效为多片剪力墙)合并为总剪力墙,然后于每层楼盖处设置一根刚性水平连杆,将总框架与总支撑或总剪力墙并联,形成框-撑并联计算模型(图6.8(a))或框-墙并联计算模型(图6.8(b)),最后按协同工作进行内力和位移计算。

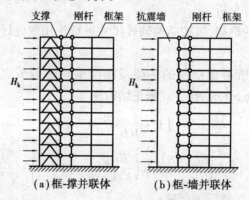

图6.8　水平荷载下的等代平面结构

2)结构等效刚度的确定

在进行协同工作分析中,总支撑或总剪力墙可视为竖向弯曲型悬臂构件,总框架可视为剪切型构件。总框架的剪切刚度 C_f 等于同一方向所有框架的剪切刚度之和,即

$$C_f = \sum D_{if} h \qquad (6.17)$$

式中　D_{if}——第 i 榀框架的 D 值(抗推刚度);

　　　h——楼层层高。

总支撑的等效弯曲刚度 EI_{eq} 可按下式计算:

$$EI_{eq} = u \sum_{j=1}^{m} \sum_{i=1}^{n} E_{ij} A_{ij} a_{ij}^2 \qquad (6.18)$$

式中　u——折减系数,对中心支撑可取 $0.8 \sim 0.9$;

　　　A_{ij}——第 j 榀竖向支撑第 i 根柱的截面面积;

　　　α_{ij}——第 i 根柱至第 j 榀竖向支撑的柱截面形心轴的距离;

　　　n——每一榀竖向支撑的柱子数;

　　　m——水平荷载作用方向竖向支撑的榀数;

　　　E_{ij}——第 j 榀竖向支撑中第 i 根柱的弹性模量。

总剪力墙的(等效)弯曲刚度 $E_w I_w$ 等于同一方向所有剪力墙的弯曲刚度之和,即

$$E_w I_w = \sum_j E_j I_j \qquad (6.19)$$

式中 E_j, I_j——第 j 片（等效）剪力墙的弹性模量和截面惯性矩。

刚性水平连杆的轴向刚度 $EA = \infty$（符合刚性楼盖假设）。

3）等效结构的工作性态

在结构参数确定之后，双重抗侧力体系的结构计算采用图 6.8 中的任一弯剪型计算模型，其计算方法是相同的。因此，下面以图 6.8(b) 的模型为例进行分析。

剪力墙单独承受水平荷载时，其水平位移曲线属弯曲型，如图 6.9(b) 所示；而框架单独承受水平荷载时，其水平位移曲线属剪切型，如图 6.9(b) 所示。比较这两条曲线可知：框架在下部位移增长迅速，而上部位移增长缓慢；剪力墙则相反，下部位移增长缓慢，而上部位移则迅速增长。总框架和总剪力墙通过两端铰接的一列刚性连杆连成整体协同工作时，连杆的作用就在于弥合两条位移曲线之差位，使总框架与总剪力墙有相同的位移曲线。为此，下部的连杆受拉，把框架和墙的位移拉拢。当下部的位移合拢后，合拢前位移较大的总框架在上部的位移，变得比总剪力墙的位移还要小，所以上部连杆必然受压，把墙和框架撑开，才能保持沿整个建筑物高度两条位移曲线合拢。连杆的受力揭示了总框架和总剪力墙之间的相互作用力，如图 6.9(c) 中的 $q_f(z)$ 即为这种相互作用力。总剪力墙在外荷载 $q(z)$ 和 $q_f(z)$ 共同作用下，与总框架在 $q_f(z)$ 作用下，二者具有相同的位移曲线，即框-剪协同工作的位移曲线。该曲线是介于弯曲型和剪切型之间的曲线，呈反 S 形，如图 6.9(d) 所示。

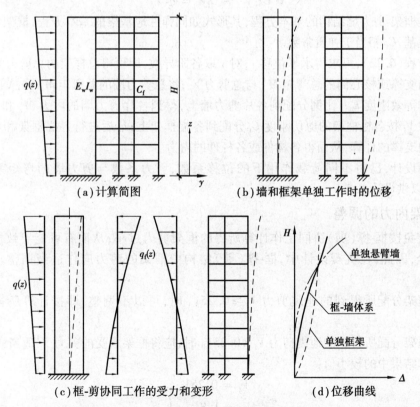

（a）计算简图 　　　　　　　　　（b）墙和框架单独工作时的位移

（c）框-剪协同工作的受力和变形 　　　　　（d）位移曲线

图 6.9　框剪结构体系的受力与变形

综上分析可知：在建筑物的下部，位移较小的剪力墙或竖向支撑对框架提供支持和帮助；在上部则相反，位移增长较慢的框架，却反过来对剪力墙或竖向支撑提供支撑和帮助。这种"取长补短"式的协同工作是非常有效的,其结果使双重抗侧力体系的位移大为减小,且内力分布趋于更加合理。

4)结构计算

由上述等代结构工作性态分析,可得双重抗侧力体系计算中的两条基本假定:

①同一楼层上,框架和剪力墙或竖向支撑的水平位移相等,即 $u_f = u_w$(不考虑扭转的影响);

②外荷载由剪力墙或竖向支撑与框架共同承担,即 $q = q_w + q_f$。

由材料力学中剪切梁的内力与位移的关系,可得框架内力与位移有如下关系:

$$\left. \begin{array}{l} V_f = C_f y' \\ q_f = -C_f y'' \end{array} \right\} \tag{6.20}$$

同样,由弯曲梁的内力与位移关系,可得剪力墙的内力与位移有如下关系:

$$\left. \begin{array}{l} M_w = -EI_w y'' \\ V_w = -EI_w y''' \\ q_w = EI_w y^{IV} \end{array} \right\} \tag{6.21}$$

由假定② $q = q_w + q_f$ 得:

$$EI_w y^{IV} - C_f y'' = q(z) \tag{6.22}$$

这就是框架-剪力墙结构的基本方程,其形式如同弹性地基梁的基本方程,框架相当于剪力墙的弹性地基,C_f 相当于弹簧常数。

求解方程(6.22),可求得水平位移 y;对 y 取各阶导数,即可得总框架的总剪力 V_f 和总剪力墙或总竖向支撑或核心筒的总弯矩 M_w 与总剪力 V_w;将总剪力墙的总弯矩 M_w 和总剪力 V_w 按各片剪力墙的等效刚度 $E_j I_j$ 比例分配到各片剪力墙上,得到各片剪力墙的内力 M_{wj} 和 V_{wj};将总框架的总剪力 V_f 按各榀框架的剪切刚度 C_{fj} 分配到各榀框架上;最后进行各榀框架和各片剪力墙或各片竖向支撑的计算,从而得各构件或各杆件的内力。

为方便设计,已将不同荷载作用下的位移系数、剪力系数与剪力墙的弯矩系数制成图表[48,49,51],以供设计参考。

5)框架内力的调整

为了避免按框-撑(剪)协同工作计算所得的框架剪力过小,从而有可能导致框架的设计偏于不安全,因此,在抗震设计中,框-撑(剪)结构中框架的剪力应作适当调整。其调整原则是:

①总框架分配所得到的地震剪力 $V_f \geq 0.25V_0$ 时,可以不调整,即按计算所得剪力进行设计;

②总框架分配所得到的地震剪力 $V_f < 0.25V_0$ 时,应将框架承受的剪力 V_f 适当放大,即取下列两式计算结果中的较小值:

$$\left. \begin{array}{l} V_f = 0.25V_0 \\ V_f = 1.8V_{fmax} \end{array} \right\} \tag{6.23}$$

式中 V_0——框-撑(剪)结构的基底总剪力;

V_{fmax}——按协同工作计算所得的框架部分各楼层地震剪力的最大值。

注意:当采用型钢混凝土框架-钢筋混凝土筒体组成的混合结构时,宜取 $0.2V_0$ 与 $1.5V_{fmax}$ 的较小者。

各层框架总剪力依照上述方法调整后,按调整比例调整各柱和梁的剪力和端部弯矩。但柱的轴力不予调整。

突出屋面小塔楼,如果也采用框架-支撑(剪力墙)结构体系,则突出部分框架的设计剪力,宜按协同工作计算所得值的 1.5 倍取用。

当结构有偏心时,各内力在上述调整基础上,应再乘以式(6.1)的修正系数。

注意:对于双重抗侧力体系,除按上述协同工作分析方法进行结构计算外,也可将其视为剪切型体系按6.3.1节的 D 值法进行简化计算。此时竖向支撑或剪力墙的 D 值可按下式计算:

①对 X 形支撑,其等效 D 值可按下式计算:

$$D_{xb} = \frac{2E_b A_b \cos^3\theta}{L_0} \tag{6.24}$$

式中　E_b, A_b——支撑的弹性模量和截面面积;

　　　　θ——支撑的水平倾角;

　　　　L_0——柱间距(轴线间的距离)。

②其他形式的支撑,可按产生单位水平位移所需的水平力确定 D 值,即

$$D = \frac{V}{\delta} \tag{6.25}$$

式中　V——支撑桁架的层剪力;

　　　　δ——由剪力 V 所产生的层间相对位移。

③在钢框架中填充剪力墙(如带竖缝的钢筋砼剪力墙等)的等效 D 值按下式计算:

$$D_w = \frac{\mu G_w t_w l_0}{h} \tag{6.26}$$

式中　μ——剪应力不均匀系数,矩形截面 $\mu = 1.2$,工字形截面 $\mu = A/A'$(A 为全截面面积,A' 为腹板截面面积);

　　　　G_w——墙的剪切模量;

　　　　l_0, t_w——墙宽和墙厚;

　　　　h——层高。

6.3.3　框筒结构的简化计算

框筒结构是由密排的柱和窗裙深梁所组成的空腹筒体。由于框筒结构中横梁的剪切变形所产生的剪力滞后现象,使得框筒结构受力比实腹筒要复杂得多。因此,在多数情况下都要由计算机进行内力和位移计算,简化方法只用于方案阶段估算截面尺寸。根据框筒结构的特点,目前常用等效截面法、展开平面框架法和等效角柱法。本节只介绍其中的前两种简化方法,第三种方法读者可参考文献[50]和[51]。

1)等效截面法

在水平荷载作用下,由于框筒结构的剪力滞后效应,使得与水平荷载作用方向垂直的翼缘框架中部的柱子轴力较小,常不能充分发挥其受力作用;靠近腹板框架(与水平荷载作用方向平行)的柱子轴力较大,能够充分的发挥其受力作用。因此,可将翼缘框架中靠近腹板框架的部分作为腹板框架的有效翼缘,忽略翼缘框架中间部分的抗力作用。这样,框筒结构简化为两个等效槽形截面(图6.10),按材料力学方法近似计算梁、柱内力。

等效槽形截面翼缘有效宽度 b 可取下列三者中的最小值:$b \leq L/3$(L 为翼缘框架的长度),

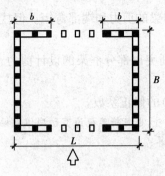

图 6.10 等效槽形截面

$b \leqslant B/2$(B 为腹板框架的长度)，$b \leqslant H/10$（H 为框筒高度）。

这样，双槽形截面作为悬臂梁结构抵抗水平（侧向）荷载的作用，在槽形内的密排柱中产生轴力，连接密排柱的横梁则产生剪力。柱内轴力和梁内剪力，通过悬臂梁的计算方法分别求得为：

$$N_c = \frac{My_c}{I_c}A_c \tag{6.27}$$

$$V_b = \frac{VS}{I_c}h \tag{6.28}$$

式中 N_c——水平侧向力作用下整体弯曲引起的柱轴力；
M——水平侧向力作用下的整体弯曲产生的弯矩；
I_c——双槽形截面对其中性轴的惯性矩；
A_c——所求轴力的柱截面面积；
y_c——所求轴力的柱形心到框架筒中性轴的距离；
V_b——横梁的剪力；
V——水平侧向力引起的楼层剪力；
S——双槽形截面中的柱对框筒中性轴的面积矩之和；
h——梁所在高度处的楼层层高，如果梁的上、下层层高不同，则取平均值。

梁的剪力求出后，假定梁的反弯点在梁净跨度的中点，则可求得梁端弯矩；柱的剪力可根据楼层剪力[假定仅由两腹板框架柱（包括角柱）承担]按 D 值分配而求得，进而求得柱的弯距。

2）展开平面框架法

上述的等效槽形截面方法，仅用于初步设计的粗略估算。框筒结构比较准确的分析方法之一，是把框筒展开成为一个等效的平面框架结构，然后按框架结构的分析方法进行分析。这种分析方法概念明确，运算也不复杂，而且可以利用一般框架分析程序稍加变通即可进行计算。

框筒结构通常有两个对称面，故可仅取 1/4 筒体来计算，水平荷载亦仅取整个筒体所承受的水平荷载的 1/4，如图 6.11 所示。把 1/4 框筒展开成平面框架，其计算简图如图 6.12 所示。

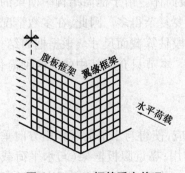

图 6.11 1/4 框筒受力状况

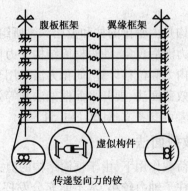

图 6.12 计算简图

这个 1/4 框筒结构的边界条件如下：在平行于荷载方向的腹板框架对称轴上，柱的轴向位移为零，所以可用竖向位移约束来表示；在翼缘框架的对称轴上，水平位移和转角均应为零，可用水平位移约束来表示。角柱的作用是将腹板框架柱的轴向变形传递到翼缘框架，使其参加工作。因此角柱的作用可以用一个只传递剪力，但不传递弯矩和轴力的虚拟构件来代替。角柱在翼缘框架和腹板框架中各取一半面积，惯性矩按各自方向的全截面惯性矩取用。因此，用现有一般平面框架程序进行框筒结构分析时，对程序要进行下列扩充：

①可以在边界节点附加相应约束，或取腹板框架边界上各柱横截面面积为无限大，其惯性矩取实际惯性矩的一半；取翼缘框架边界上各柱惯性矩为无限大，其横截面面积取实际横截面面积的一半。

②增加虚拟构件的单元刚度矩阵，在这刚度矩阵中，与剪切有关的元素取很大的数值，其他的元素取为零。

应用扩充后的平面框架程序，可解算 1/4 框筒结构的内力和位移，再利用对称与反对称的关系，即可求得整个框筒结构的内力和位移。

6.3.4 巨型框架结构的简化计算

1) 简化模型

根据连续化概念和刚度等效原则，将巨型框架（图6.13(a)）中的巨型梁和巨型柱，等效为实腹构件，使其形如普通框架结构（图6.13(b)），可按6.3.1节中的简化方法对其进行简化计算。

2) 基本假定

为便于根据连续化模型概念和等效刚度原则，确定巨型构件的等效刚度，特作如下基本假定：

①巨型柱中同一方向的两片竖向平面桁架所对应的构件尺寸和钢材牌号相同；

②巨型柱中斜撑与框架铰接，主要承受水平剪力；

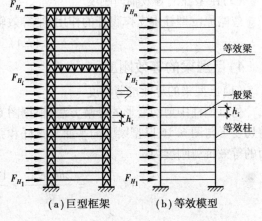

（a）巨型框架　　（b）等效模型

图6.13　巨型框架简化过程

③巨型柱中的立柱与横梁刚接，承担部分剪力；

④巨型梁中竖向两片平面桁架所对应的构件尺寸和钢材牌号均相同；

⑤巨型梁中的斜撑主要承受剪力；

⑥巨型梁中的弦杆与竖腹杆刚接，承担部分竖向剪力；

⑦材料是匀质、弹性的。

3) 巨型柱的等效刚度

（1）巨型柱等效剪切刚度

根据基本假定①②④，并结合 j 层巨型柱的剪切变形（图6.14），可得巨型柱的等效剪切刚度为：

$$(GA)_{cj} = \frac{4b^2 h_j EA_{dj}}{d_j^3} + \frac{48(i_{bj} + i_{bj-1})i_{cj}}{(4i_{cj} + i_{bj} + i_{bj-1})h_j} \qquad (6.29)$$

式中，斜杆长度 $d_j = \sqrt{b^2 + h_j^2}$。

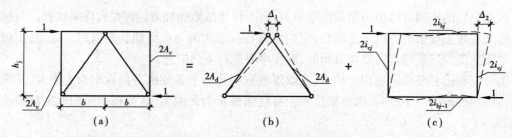

图 6.14　j 层巨型柱的剪切变形分解

（2）巨型柱等效抗弯刚度

根据基本假定③，按等效刚度原则，由图 6.14（a）可得等效抗弯刚度（确定巨型柱的等效抗弯刚度时，只考虑原巨型柱中的各柱肢的作用）为：

$$(EI)_{cj} = 4\mu E(I_{c1} + A_{cj}b^2) \tag{6.30}$$

式中　μ——考虑柱肢局部弯曲效应的刚度折减系数，可取 $0.8 \sim 0.9$[1]；

　　　I_{c1}——原巨型柱中的柱肢对自身形心轴的惯性矩。

（3）巨型柱的等效轴向刚度

忽略原巨型柱中支撑腹杆的作用，则等效轴向刚度为：

$$(EA)_{cj} = 4EA_{cj} \tag{6.31}$$

4）巨型梁的等效刚度

（1）巨型梁的等效抗剪刚度

仿巨型柱中剪切变形的分解方法，根据图 6.15 巨型梁竖向平面斜腹杆在单位力作用下的剪切变形与图 6.16 巨型梁竖向平面竖腹杆和弦杆在单位力作用下的剪切变形，可得其竖向平面的等效抗剪刚度为：

$$(GA)_{gjv} = \frac{2bh_j^2 EA_b}{d_j^3} + \frac{12i_{vj}}{a_x}\left(\frac{i_{bj}}{i_{bj}+i_{vj}} + \frac{i_{bj-1}}{i_{bj-1}+i_{vj}}\right) \tag{6.32}$$

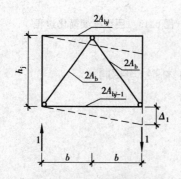

图 6.15　巨梁斜杆的剪切变形

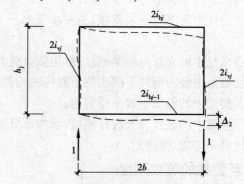

图 6.16　巨梁弦杆与竖腹杆的剪切变形

（2）巨型梁的等效弯曲刚度

由图 6.15 在确定巨型梁截面重心轴后，很容易求得其等效弯曲刚度为：

$$(EI)_g = 2EA_{bj}A_{bj-1}h_j^2/(A_{bj} + A_{bj-1}) \tag{6.33}$$

（3）巨型梁的等效轴向刚度

由于巨型框架中的巨型梁所在楼层常为转换层或设备层等特殊用途，比较重要。因此，不

宜忽略其轴力的影响。为便于在等效模型中计入轴力的影响,需对轴向刚度进行等效。按等效刚度原则可得其轴向刚度为:

$$(EA)_g = 2E(A_{bj} + A_{bj-1}) \tag{6.34}$$

5)分析方法

在求出巨型框架中的巨型梁和巨型柱的等效刚度之后(一般梁、柱无需等效),可视其普通框架结构(图6.13(b)),按6.3.1节中的简化方法对其进行简化计算。

6.4 精确计算方法

该处的精确计算方法是指使用较少的计算假定,运用计算机对多高层钢结构进行分析计算方法。根据结构分析模型(二维模型或三维模型)的不同,其计算方法可分为二维分析(平面分析)和三维分析(空间分析)。对于多高层建筑钢结构,通常采用空间结构分析模型对其进行结构分析。只有当结构布置规则、质量和刚度沿高度分布均匀、不计扭转效应时,可采用平面结构分析模型进行结构分析。

由于高层建筑钢结构的体系众多、体型复杂、规模差异较大,因此,在确定计算方法时,应综合考虑建筑体型、规模、结构体系,计算所耗机时、人力、物力等多种因素,以便在满足计算精度基础上,尽量减少计算机时、人力、物力的投入,提高设计效率和降低设计成本。

6.4.1 三维结构的二阶弹性分析

1)单元划分

在多高层钢结构分析中,为了考虑梁柱节点域剪切变形对结构变形和内力的影响,应将梁柱节点域单独作为一个单元进行结构分析。因此,其单元划分如图6.17所示。

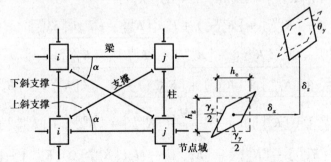

图6.17 结构单元划分及位移参量

2)分析思路

首先,在单元坐标系(局部坐标系)中建立单元刚度方程,然后将其转换到整体坐标系中形成整体坐标系下的单元刚度方程,再组装成结构整体刚度方程,最后求解结构非线性方程,从而获得作用效应。

3)基本假定

①构件是等截面的,且双轴对称;

②变形前与构件中线垂直的平截面变形后仍为平面,但不必再与变形后的中线垂直;

③采用大位移小应变理论;

④构件截面无局部屈曲和翘曲变形;

⑤材料为匀质、弹性的;

⑥节点域中以剪切变形为主,因此忽略其轴向、弯曲变形;支撑斜杆的轴力由与其相交节点处柱翼缘和横向加劲肋(或梁翼缘)共同承担;忽略节点板域平面外的受力及变形影响;空间框架中两正交方向节点域的剪切变形各自独立。

4)考虑剪切效应的三维梁柱单元二阶弹性刚度方程

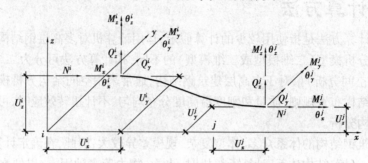

图 6.18　空间杆件单元的受力和变形

根据图 6.18 空间杆件单元的受力和变形,将由梁柱理论所导出的考虑剪切效应的单元横向位移和转角位移稳定插值函数代入基于 UL 法和非线性连续介质力学理论(有限变形理论)导出的严格三维梁柱单元虚功增量方程,可得严格三维梁柱单元的二阶弹性刚度方程为:

$$[k_{et}]\{\Delta u\} = \{\Delta f\} \tag{6.35}$$

式中　$\{\Delta u\}$, $\{\Delta f\}$ ——三维梁柱单元的节点位移增量和节点力增量;

$[k_{et}]$ ——12×12 阶(二维时则为 6×6)的三维梁柱单元弹性切线刚度矩阵,可表示为:

$$
\begin{aligned}
[k_{et}] &= EA[K_{u_x u_x}^{110}] + EI_y[K_{\theta_y \theta_y}^{110}] + EI_z[K_{\theta_z \theta_z}^{110}] + GJ_x[K_{\theta_x \theta_x}^{110}] \\
&+ F_{xk}([K_{u_x u_x}^{110}] + [K_{u_y u_y}^{110}] + [K_{u_z u_z}^{110}]) + F_{xk}i_y^2[K_{\theta_y \theta_y}^{110}] + F_{xk}i_z^2[K_{\theta_z \theta_z}^{110}] \\
&+ F_{xk}i_0^2[K_{\theta_x \theta_x}^{110}] + GA_y([K_{u_y u_y}^{110}] - [K_{\theta_z u_y}^{010}] - [K_{u_y \theta_z}^{100}] + [K_{\theta_z \theta_z}^{000}]) \\
&+ GA_z([K_{u_z u_z}^{110}] + [K_{\theta_y u_z}^{010}] + [K_{u_z \theta_y}^{100}] + [K_{\theta_y \theta_y}^{000}]) + M_{xk}i_{yx}([K_{\theta_y \theta_z}^{100}] + [K_{\theta_y \theta_z}^{010}]) \\
&- M_{xk}i_{zx}([K_{\theta_z \theta_y}^{100}] + [K_{\theta_y \theta_z}^{010}]) + \frac{M_{yj} + M_{yk}}{L}([K_{u_x \theta_y}^{100}] + [K_{\theta_y u_x}^{010}] + [K_{u_y \theta_x}^{100}] + [K_{\theta_x u_y}^{010}] \\
&+ [K_{u_x \theta_y}^{111}] + [K_{\theta_y u_x}^{111}] - [K_{u_y \theta_x}^{111}] - [K_{\theta_x u_y}^{111}]) - M_{yj}([K_{u_x \theta_y}^{110}] + [K_{\theta_y u_x}^{110}] - [K_{u_y \theta_x}^{110}] - [K_{\theta_x u_y}^{110}]) \\
&+ \frac{M_{zj} + M_{zk}}{L}([K_{u_x \theta_z}^{100}] + [K_{\theta_z u_x}^{010}] - [K_{u_z \theta_x}^{100}] - [K_{\theta_x u_z}^{010}] + [K_{u_x \theta_z}^{111}] + [K_{\theta_z u_x}^{111}] - [K_{u_z \theta_x}^{111}] - [K_{\theta_x u_z}^{111}]) \\
&- M_{zj}([K_{u_x \theta_z}^{110}] + [K_{\theta_z u_x}^{110}] - [K_{u_z \theta_x}^{110}] - [K_{\theta_x u_z}^{110}])
\end{aligned} \tag{6.36}
$$

其中,$i_0^2 = (I_y + I_z)/A$, $i_y^2 = I_y/A$, $i_z^2 = I_z/A$, $i_{yx} = I_y/J_x$, $i_{zx} = I_z/J_x$ \hfill (6.37)

$$[K_{gh}^{stv}] = \int_0^L \frac{d^s[N_g]^T}{dx^s} \frac{d^t[N_h]}{dx^t} x^v dx \tag{6.38}$$

式中,下标 g 和 h 表示位移 $u_x, u_y, u_z, \theta_x, \theta_y, \theta_z$;上标 s 和 t 表示对位移插值函数 $[N]$ 求导的

阶数;v 则表示以 x 为底的幂函数的次数。

位移插值函数 $[N]$ 中的轴向位移和扭转角位移(按图 6.14 坐标系),不论受压单元还是受拉单元,均采用线性插值函数,即

$$N_1 = 1 - \xi, \quad N_2 = \xi, \quad \xi = x/l \tag{6.39}$$

其余位移插值函数则需根据单元受压或受拉情况,选用能满足梁柱微分方程的精确的稳定插值函数。其受压单元的稳定插值函数为:

$$N_{3n} = \frac{1-c}{\varphi_c}\cos(\alpha x) - \frac{s}{\varphi_c}\sin(\alpha x) + \frac{\eta s}{\varphi_c}\alpha x - \frac{1-c}{\varphi_c} \quad (n = y,z) \tag{6.40}$$

$$N_{4n} = \frac{s - \eta\beta c}{\eta\alpha\varphi_c}\cos(\alpha x) + \frac{1 - c + \eta\beta s}{\eta\alpha\varphi_c}\sin(\alpha x) + \frac{1-c}{\eta\alpha\varphi_c}\eta\alpha x + \frac{\eta\beta c - s}{\eta\alpha\varphi_c} \tag{6.41}$$

$$N_{5n} = \frac{c-1}{\varphi_c}\cos(\alpha x) + \frac{s}{\varphi_c}\sin(\alpha x) - \frac{\eta s}{\varphi_c}\alpha x + \frac{1-c}{\varphi_c} \tag{6.42}$$

$$N_{6n} = \frac{\eta\beta - s}{\eta\alpha\varphi_c}\cos(\alpha x) + \frac{c-1}{\eta\alpha\varphi_c}\sin(\alpha x) + \frac{1-c}{\eta\alpha\varphi_c}\eta\alpha x + \frac{s - \eta\beta}{\eta\alpha\varphi_c} \tag{6.43}$$

$$N_{7n} = \frac{c-1}{\varphi_c}\alpha\sin(\alpha x) - \frac{\alpha s}{\varphi_c}\cos(\alpha x) + k_n\frac{\varphi\alpha s}{\varphi_c} \tag{6.44}$$

$$N_{8n} = \frac{\eta\beta c - s}{\eta\varphi_c}\sin(\alpha x) + \frac{1 - c + \eta\beta s}{\eta\varphi_c}\cos(\alpha x) + k_n\frac{1-c}{\varphi_c} \tag{6.45}$$

$$N_{9n} = \frac{1-c}{\varphi_c}\alpha\sin(\alpha x) + \frac{\alpha s}{\varphi_c}\cos(\alpha x) - k_n\frac{\eta\alpha s}{\varphi_c} \tag{6.46}$$

$$N_{10n} = \frac{s - \eta\beta}{\eta\varphi_c}\sin(\alpha x) + \frac{c-1}{\eta\varphi_c}\cos(\alpha x) + k_n\frac{1-c}{\varphi_c} \tag{6.47}$$

式中 $c = \cos\beta, s = \sin\beta, \varphi_c = 2 - 2\cos\beta - \eta\beta\sin\beta$

$$\alpha = \sqrt{|N/(\eta EI_n)|} \, (n = y,z), \quad \eta = 1 + \frac{\mu N}{GA_n} \text{(压力:}N < 0\text{;拉力:}N > 0\text{;}n = y,z\text{)}$$

$$\beta = \alpha L = \sqrt{|NL^2/(\eta EI_n)|} \, (n = y,z)$$

$$k_y = 1 + \frac{\mu\eta\alpha^2 EI_z}{GA_y}$$

$$k_z = 1 + \frac{\mu\eta\alpha^2 EI_y}{GA_z} (A_y, A_z \text{ 为截面 } y \text{ 轴和 } z \text{ 轴方向受剪面积;}L \text{ 为杆单元长度})$$

其受拉单元的稳定插值函数为:

$$N_{3n} = \frac{1 - \text{ch}\beta}{\varphi_t}\text{ch}(\alpha x) + \frac{\text{sh}\beta}{\varphi_t}\text{sh}(\alpha x) - \frac{\eta\text{sh}\beta}{\varphi_t}\alpha x - \frac{1 - \text{ch}\beta}{\varphi_t} \quad (n = y,z) \tag{6.48}$$

$$N_{4n} = \frac{\text{sh}\beta - \eta\beta\text{ch}\beta}{\eta\alpha\varphi_t}\text{ch}(\alpha x) + \frac{\eta\beta\text{ch}\beta - \text{sh}\beta}{\eta\alpha\varphi_t} + \frac{1 - \text{ch}\beta + \eta\beta\text{sh}\beta}{\eta\alpha\varphi_t}\text{sh}(\alpha x) + $$
$$\frac{1 - \text{ch}\beta}{\eta\alpha\varphi_t}\eta\alpha x \tag{6.49}$$

$$N_{5n} = \frac{\text{ch}\beta - 1}{\varphi_t}\text{ch}(\alpha x) - \frac{\text{sh}\beta}{\varphi_t}\text{sh}(\alpha x) + \frac{\eta\text{sh}\beta}{\varphi_t}\alpha x + \frac{1 - \text{ch}\beta}{\varphi_t} \tag{6.50}$$

$$N_{6n} = \frac{\eta\beta - \text{sh}\beta}{\eta\alpha\varphi_t}\text{ch}(\alpha x) - \frac{\eta\beta - \text{sh}\beta}{\eta\alpha\varphi_t} + \frac{\text{ch}\beta - 1}{\eta\alpha\varphi_t}\text{sh}(\alpha x) + \frac{1 - \text{ch}\beta}{\eta\alpha\varphi_t}\eta\alpha x \tag{6.51}$$

$$N_{7n} = \frac{1 - \mathrm{ch}\,\beta}{\varphi_t}\alpha\mathrm{sh}(\alpha x) + \frac{\mathrm{sh}\,\beta}{\varphi_t}\alpha\mathrm{ch}(\alpha x) - k_{n1}\frac{\eta\alpha\mathrm{sh}\,\beta}{\varphi_t} \tag{6.52}$$

$$N_{8n} = \frac{\mathrm{sh}\,\beta - \eta\beta\mathrm{ch}\,\beta}{\eta\varphi_t}\mathrm{sh}(\alpha x) + \frac{1 - \mathrm{ch}\,\beta + \eta\beta\mathrm{sh}\,\beta}{\eta\varphi_t}\mathrm{ch}(\alpha x) + k_{n1}\frac{1 - \mathrm{ch}\,\beta}{\varphi_t} \tag{6.53}$$

$$N_{9n} = \frac{\mathrm{ch}\,\beta - 1}{\varphi_t}\alpha\mathrm{sh}(\alpha x) - \frac{\mathrm{sh}\,\beta}{\varphi_t}\alpha\mathrm{ch}(\alpha x) + k_{n1}\frac{\eta\alpha\mathrm{sh}\,\beta}{\varphi_t} \tag{6.54}$$

$$N_{10n} = \frac{\eta\beta - \mathrm{sh}\,\beta}{\eta\varphi_t}\mathrm{sh}(\alpha x) + \frac{\mathrm{ch}\,\beta - 1}{\eta\varphi_t}\mathrm{ch}(\alpha x) + k_{n1}\frac{1 - \mathrm{ch}\,\beta}{\varphi_t} \tag{6.55}$$

式中　$\varphi_t = 2 - 2\mathrm{ch}\beta + \eta\beta\mathrm{sh}\beta, k_{y1} = 1 - \dfrac{\mu\eta\alpha^2 EI_z}{GA_y}, k_{z1} = 1 - \dfrac{\mu\eta\alpha^2 EI_y}{GA_z}$。

当轴力很小时,可采用考虑剪切变形影响的三次多项式插值函数:

$$N_{3n} = 1 - \xi + K_n(\xi - 3\xi^2 + 2\xi^3) \quad (n = y,z) \tag{6.56}$$

$$N_{4n} = [\xi - \xi^2 + K_n(\xi - 3\xi^2 + 2\xi^3)] \cdot L/2 \tag{6.57}$$

$$N_{5n} = \xi - K_n(\xi - 3\xi^2 + 2\xi^3) \tag{6.58}$$

$$N_{6n} = [-\xi + \xi^2 + K_n(\xi - 3\xi^2 + 2\xi^3)] \cdot L/2 \tag{6.59}$$

$$N_{7n} = -6K_n(\xi - \xi^2)/L \tag{6.60}$$

$$N_{8n} = 1 - \xi - 3K_n(\xi - \xi^2) \tag{6.61}$$

$$N_{9n} = 6K_n(\xi - \xi^2)/L \tag{6.62}$$

$$N_{10n} = \xi - 3K_n(\xi - \xi^2) \tag{6.63}$$

式中　$K_y = \dfrac{1}{1 + \dfrac{12EI_z}{GA_y L^2}}, \quad K_z = \dfrac{1}{1 + \dfrac{12EI_y}{GA_z L^2}}$

方程(6.36)所表示的刚度矩阵中带横线的项主要表示单元轴向变形和(或)剪切变形对单元刚度矩阵的贡献。式(6.36)全面反映了轴向变形、剪切变形、双向弯曲和扭转及其各耦合项对单元刚度矩阵的贡献。因此,用该矩阵可以准确预测三维结构的失稳模态与稳定承载力。

注意:对于二维分析,只需在上述插值函数中,将对 z 轴的插值函数和对 x 轴的扭转角插值函数置零,并在矩阵中去掉相应的行和列即可。

5)三维支撑单元的弹性刚度方程

支撑是巨型钢框架结构和框架-支撑结构等体系的重要抗侧力构件,其受力以轴向力为主,一般当作二力杆。虽然其受力简单,但受压可能屈曲,使得支撑轴向力与轴向变形关系十分复杂。

(1)基本假定

为分析方便,特作如下假定:

①支撑端部只受轴力,两端连接为铰接;

②支撑的应力应变关系是弹性的;

③支撑轴压力达到屈曲荷载 P_{cr} 时,发生整体侧向弯曲,但不产生局部失稳。

(2)三维支撑单元的弹性刚度方程的建立

结合图6.19,根据杆单元所固有的几何及受力特点,用状态平衡方程,在整体坐标系下以

最简捷的方法直接导出空间杆单元弹性切线刚度
方程增量形式的精确表达式为：

$$[\pmb{k}_{\text{bet}}]^e \{\Delta u\}^e = \{\Delta f\}^e \qquad (6.64)$$

式中

$$[\pmb{k}_{\text{bet}}]^e = \begin{bmatrix} [\pmb{k}] & -[\pmb{k}] \\ -[\pmb{k}] & [\pmb{k}] \end{bmatrix} \qquad (6.65)$$

其中

$$[\pmb{k}] = \begin{bmatrix} k_{11} & k_{12} & k_{13} \\ & k_{22} & k_{23} \\ 对称 & & k_{33} \end{bmatrix} \qquad (6.66)$$

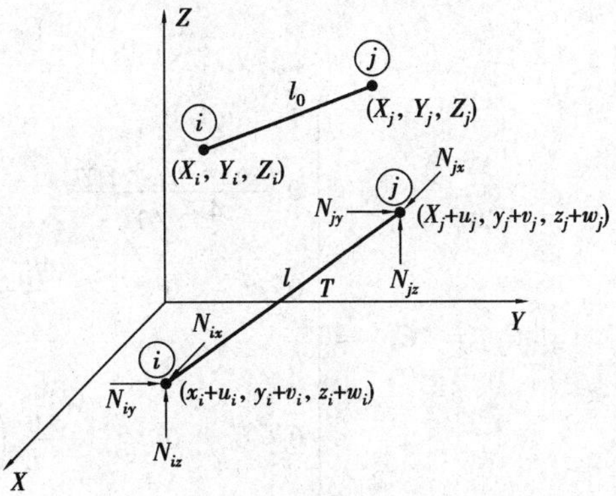

图 6.19 空间杆单元

$$k_{11} = \frac{EA}{l_0} - \frac{EA}{l}(1 - \cos^2 \theta_x)$$

$$k_{12} = \frac{EA}{l} \cos \theta_x \cos \theta_y$$

$$k_{13} = \frac{EA}{l} \cos \theta_x \cos \theta_z$$

$$k_{22} = \frac{EA}{l_0} - \frac{EA}{l}(1 - \cos^2 \theta_y)$$

$$k_{23} = \frac{EA}{l} \cos \theta_y \cos \theta_z$$

$$k_{33} = \frac{EA}{l_0} - \frac{EA}{l}(1 - \cos^2 \theta_z)$$

$$l_0 = \sqrt{(x_j - x_i)^2 + (y_j - y_i)^2 + (z_j - z_i)^2}$$

$$l = \sqrt{(x_j + u_j - x_i - u_i)^2 + (y_j + v_j - y_i - v_i)^2 + (z_j + w_j - z_i - w_i)^2}$$

$$\cos \theta_x = \frac{x_j + u_j - x_i - u_i}{l}$$

$$\cos \theta_y = \frac{y_j + v_j - y_i - v_i}{l}$$

$$\cos \theta_z = \frac{z_j + w_j - z_i - w_i}{l}$$

公式(6.65)就是空间杆单元弹性切线刚度矩阵的精确表达式。由于在推导过程中没有任何小位移假设，因此在计算中结点位移可以任意大。

注意：对于二维分析，只需在上述公式中将对 z 轴有关的所有项置零，并在矩阵中去掉相应的行和列即可。

6) 考虑节点柔性(半刚性连接)对三维单元刚度矩阵的修正

结构分析中采用刚性连接或铰接连接模型，其目的是为了简化分析和设计过程，并不意味着它能代表真实的结构特性。因为，有关梁柱节点的试验结果表明，对于常用的节点形式，其弯矩和相对转角之间的关系呈非线性状态。所以，应对刚性连接的三维单元刚度矩阵进行修正。

分析中，对于梁单元，采用单元两端增设抗转弹簧来模拟梁柱节点半刚性。经推导可得其切线刚度矩阵为：

$$[\pmb{k}_{\text{gst}}] = [\pmb{k}_{\text{et}}][\pmb{s}] \qquad (6.67)$$

式中，$[\pmb{s}]$ 为考虑半刚性连接的三维梁单元的刚度修正矩阵，其表达式为：

$$[s] = \begin{bmatrix} C_{jj} & C_{jk} \\ C_{kj} & C_{kk} \end{bmatrix} \tag{6.68}$$

$$[C_{jj}] = [C_{kj}] = \begin{bmatrix} 1 & 0 & 0 & 0 & 0 & 0 \\ 0 & \dfrac{4\gamma_k - 2\gamma_j + \gamma_j\gamma_k}{4 - \gamma_j\gamma_k} & 0 & 0 & 0 & -2L\left(\dfrac{\gamma_j(1-\gamma_k)}{4-\gamma_j\gamma_k}\right) \\ 0 & 0 & \dfrac{4\beta_k - 2\beta_j + \beta_j\beta_k}{4 - \beta_j\beta_k} & 0 & -2L\left(\dfrac{\beta_j(1-\beta_k)}{4-\beta_j\beta_k}\right) & 0 \\ 0 & 0 & 0 & 1 & 0 & 0 \\ 0 & 0 & \dfrac{6}{L}\left(\dfrac{\beta_j-\beta_k}{4-\beta_j\beta_k}\right) & 0 & \dfrac{3\beta_j(2-\beta_k)}{4-\beta_j\beta_k} & 0 \\ 0 & \dfrac{6}{L}\left(\dfrac{\gamma_j-\gamma_k}{4-\gamma_j\gamma_k}\right) & 0 & 0 & 0 & \dfrac{3\gamma_j(2-\gamma_k)}{4-\gamma_j\gamma_k} \end{bmatrix} \tag{6.69}$$

$$[C_{kk}] = [C_{jk}] = \begin{bmatrix} 1 & 0 & 0 & 0 & 0 & 0 \\ 0 & \dfrac{4\gamma_j - 2\gamma_k + \gamma_j\gamma_k}{4 - \gamma_j\gamma_k} & 0 & 0 & 0 & 2L\left(\dfrac{\gamma_k(1-\gamma_j)}{4-\gamma_j\gamma_k}\right) \\ 0 & 0 & \dfrac{4\beta_j - 2\beta_k + \beta_j\beta_k}{4 - \beta_j\beta_k} & 0 & 2L\left(\dfrac{\beta_k(1-\beta_j)}{4-\beta_j\beta_k}\right) & 0 \\ 0 & 0 & 0 & 1 & 0 & 0 \\ 0 & 0 & \dfrac{6}{L}\left(\dfrac{\beta_j-\beta_k}{4-\beta_j\beta_k}\right) & 0 & \dfrac{3\beta_k(2-\beta_j)}{4-\beta_j\beta_k} & 0 \\ 0 & \dfrac{6}{L}\left(\dfrac{\gamma_j-\gamma_k}{4-\gamma_j\gamma_k}\right) & 0 & 0 & 0 & \dfrac{3\gamma_k(2-\gamma_j)}{4-\gamma_j\gamma_k} \end{bmatrix} \tag{6.70}$$

4 个无量纲参数 $\gamma_j, \gamma_k, \beta_j, \beta_k$ 为:

$$\gamma_j = \frac{L}{L + \dfrac{3EI_z}{R_{kzA}}}, \quad \gamma_k = \frac{L}{L + \dfrac{3EI_z}{R_{kzB}}}$$

$$\beta_j = \frac{L}{L + \dfrac{3EI_y}{R_{kyA}}}, \quad \beta_k = \frac{L}{L + \dfrac{3EI_y}{R_{kyB}}} \tag{6.71}$$

对于三维柱单元和支撑单元的切线刚度矩阵,无需修正,即直接采用其切线刚度矩阵。

注意:对于二维分析,只需将上述公式中的无量纲参数 γ_j, γ_k 置零,并去掉相应的行和列即可。

7) 三维梁柱单元的坐标变换

根据有限变形理论所建立的三维梁柱单元的增量刚度方程式(6.35)、式(6.67)是在当前时刻 T 的局部坐标系上建立的,而单元的局部坐标系随着结构变形,其位置和方向随之而不断变化,为了便于结构整体刚度方程的组装,必须求出连续变化的任意时刻 T 的单元局部坐标系到结构整体坐标系的转换矩阵。

根据坐标变换矩阵与几何变化之间的关系,以当前时刻 T 为参考构形的三维梁柱单元局部坐标系到结构整体坐标系的转换矩阵 $[{}_g^T\boldsymbol{R}]$ 可以写成[27]:

$$[{}_g^T\boldsymbol{R}] = [{}_{T-\Delta T}^T\Delta\boldsymbol{R}][{}_g^{T-\Delta T}\boldsymbol{R}] \tag{6.72}$$

$$[{}_{T-\Delta T}^T\Delta\boldsymbol{R}] = \mathrm{diag}[[\Delta\boldsymbol{r}],[\Delta\boldsymbol{r}],[\Delta\boldsymbol{r}],[\Delta\boldsymbol{r}]] \tag{6.73}$$

$$[{}_g^{T-\Delta T}\boldsymbol{R}] = \mathrm{diag}[[{}_g\boldsymbol{r}],[{}_g\boldsymbol{r}],[{}_g\boldsymbol{r}],[{}_g\boldsymbol{r}]] \tag{6.74}$$

其中,T 时刻的单元局部坐标系到 $T-\Delta T$ 时刻的单元局部坐标系间的转换矩阵$[_{T-\Delta T}^{T}\Delta R]$可由欧拉角概念导出,$T-\Delta T$ 时刻的单元局部坐标系到结构整体坐标系的转换矩阵$[_{g}^{T-\Delta T}\Delta R]$可由空间解析几何确定,各 3×3 阶子矩阵$[\Delta r]$,$[_{g}r]$的详细推导及其表达式见参考文献[27]。

据此更新的参考坐标转换矩阵,可确定考虑半刚性连接的三维梁、柱单元在结构整体坐标系下的二阶弹性切线刚度矩阵。

柱单元为:
$$[k_{\text{cet}}]^{e} = [_{g}^{T}R][k_{\text{et}}][_{g}^{T}R]^{\text{T}} \tag{6.75}$$

梁单元为:
$$[k_{\text{get}}]^{e} = [_{g}^{T}R][k_{\text{et}}][s][_{g}^{T}R]^{\text{T}} \tag{6.76}$$

三维支撑单元的弹性刚度矩阵,本身是在结构整体坐标系下建立的,因此无需转换。

8) 考虑节点域变形效应对三维单元刚度矩阵的修正

就目前的资料看,有关考虑节点域变形影响的结构分析,基本上都是针对平面框架进行的。为了考虑节点域变形对空间框架(包括支撑框架)性能的影响,可将 Kato-Chen-Nakao 的方法推广到空间支撑框架结构,以一种较为简捷的方式导出其各单元刚度方程。

(1)节点单元

在支撑框架结构分析中,节点域分析模型应能反映支撑轴力的影响。因此,节点域受力如图 6.20 所示。图中各作用力的方向均为各构件端反力的正向。

由静力等效原则确定节点域等效剪力之后,根据剪应力互等定理可导出 xOz 平面节点域剪切力矩,按相似的方法可导出 yOz 平面节点域剪切力矩,然后建立空间框架任一节点单元的刚度方程为:

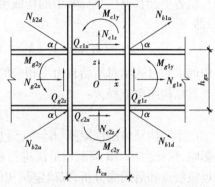

图 6.20 xOz 平面节点域受力

$$[k_{\text{p}}]^{e}\{u_{\text{p}}\}^{e} = \{f_{\text{p}}\}^{e} \tag{6.77}$$

$$[k_{\text{p}}]^{e} = \begin{bmatrix} 0 & 0 & 0 & 0 & 0 & 0 & 0 & 0 \\ 0 & 0 & 0 & 0 & 0 & 0 & 0 & 0 \\ 0 & 0 & 0 & 0 & 0 & 0 & 0 & 0 \\ 0 & 0 & 0 & 0 & 0 & 0 & 0 & 0 \\ 0 & 0 & 0 & 0 & 0 & 0 & 0 & 0 \\ 0 & 0 & 0 & 0 & 0 & 0 & 0 & 0 \\ 0 & 0 & 0 & 0 & 0 & 0 & k_{px} & 0 \\ 0 & 0 & 0 & 0 & 0 & 0 & 0 & k_{py} \end{bmatrix} \tag{6.78}$$

式中,$\{u_{\text{p}}\}^{e}$,$\{f_{\text{p}}\}^{e}$ 分别为节点位移向量和节点力向量。

节点域的抗剪刚度为:
$$k_{ps} = Gh_{gs}h_{cs}t_{ps} \quad (s = x,y) \tag{6.79}$$

式中,h_{gs},h_{cs},t_{ps},G 分别为节点域的高、宽、厚及钢材剪切模量。

注意:对于二维分析,只需将上述公式中对 y 有关的项置零,并去掉相应的行和列即可。

(2)杆单元

在考虑节点域剪切变形影响的结构分析中,其梁、柱、支撑单元的杆端力和杆端位移是指作用于节点域边缘的力向量和位移向量,而不是节点域中心的力向量和位移向量,这将给结构总刚的组装带来困难。解决这一困难的途径,通常是寻找节点中心的力向量和位移向量与节点域边缘的力向量和位移向量的转换关系。因此,根据杆端与节点域的变形协调关系,找出杆端位移与相应的节点位移间的关系后,根据逆向法则确定杆端力与相应节点域力的平衡关系,并结合不考虑节点域剪切变形影响的各单元刚度方程,可导出考虑节点域剪切变形影响的梁、柱、支撑各三维单元二阶弹性刚度方程为:

$$[k_n]^e \{\Delta u_n\}^e = \{\Delta f_n\}^e \quad (n = g, c, b) \tag{6.80}$$

其中

$$[k_n]^e = [T_n]^T [k_{net}]^e [T_n] \tag{6.81}$$

式中,$[T_n]$ 表示对梁、柱、支撑单元刚度矩阵的转换阵;$\{\Delta u\}^e$,$\{\Delta f\}^e$ 为单元节点位移和节点力向量。

注意:对于二维分析,只需将上述公式 $[T_n]$ 中对 y 有关的项置零,并去掉相应的行和列即可。

9) 结构非线性平衡方程的建立与求解

由各单元在整体坐标系中的切线刚度矩阵形成结构总刚时,可直接"对号入座"地进行叠加,即

$$[K] = \sum [k_g]^e + \sum [k_c]^e + \sum [k_b]^e + \sum [k_p]^e \tag{6.82}$$

式中的求和号表示对所给自由度相应的刚度系数进行组装。

其结构刚度方程为:

$$[K]\{\Delta U\} = \{\Delta F\} \tag{6.83}$$

由于结构整体刚度矩阵 $[K]$ 中已包含几何非线性和连接非线性,并考虑了节点域剪切变形的影响,因此宜用 NR 荷载增量法进行前屈曲的结构平衡路径跟踪,用位移增量法或弧长法进行近极值点和后屈曲分析,以确定结构的极限承载力。用位移收敛准则来控制迭代精度。

10) 结构位移与内力的求解

迭代求解式(6.83),可获得结构的节点位移,然后将其代回单元刚度方程并求解,可获得构件内力。

6.4.2 三维结构的二阶非弹性分析

除了增加考虑材料非线性因素外,三维结构的二阶非弹性分析方法与三维结构的二阶弹性分析方法相同。因此本节主要介绍考虑材料非线性因素建立三维梁柱单元二阶非弹性刚度方程和三维杆单元二阶非弹性刚度方程,其余部分只需将三维结构的二阶弹性分析方法中相应方程的弹性刚度矩阵替换为非弹性刚度矩阵即可,故不赘述。

1) 基本假定

①构件是等截面的,且双轴对称;
②变形前与构件中线垂直的平截面变形后仍为平面,但不必再与变形后的中线垂直;
③杆件的塑性仅出现在杆端附近的局部区域,并只在杆端形成有一定转动能力的塑铰;
④采用大位移小应变理论;
⑤构件截面无局部屈曲和翘曲变形;
⑥节点域中以剪切变形为主,因此忽略其轴向、弯曲变形;支撑斜杆的轴力由与其相交节点处柱翼缘和横向加劲肋(或梁翼缘)共同承担;忽略节点板域平面外的受力及变形影响;空间框

架中两正交方向节点域的剪切变形各自独立。

2) 三维梁柱单元二阶非弹性刚度方程的建立

为了比较准确地模拟材料非线性,同时又不增加过多的计算工作量,可采用一种三维结构非线性有限元分析的简化塑性区模型。它由两类区域组成,即位于单元中部的弹性区和位于单元两端的变长度弹塑性区。

分析中,通过引入单元截面弹塑性影响因子 p_s 和杆轴向弹塑性影响因子 p_a 来分别考虑塑性沿截面高度和沿杆轴方向扩展的影响。杆轴向弹塑性因子可通过塑性曲率与转角关系确定,它是曲率与单元两端塑性区长度的函数;其截面弹塑性因子可由弯矩与塑性转角关系导出,它是截面屈服函数 φ 的函数。

结合图 6.14 和式 6.35,根据有限变形理论和 Prandtl-Reuss 理论导出三维梁柱单元在局部坐标系中的二阶非弹性刚度方程:

$$[k_{\text{nept}}]\{\Delta u\} = \{\Delta f\} \qquad (n = g, c) \qquad (6.84)$$

其切线刚度矩阵为:

$$[k_{\text{nept}}] = [k_{\text{net}}] - [k_{\text{net}}][G][E][L][E]^{\text{T}}[G]^{\text{T}}[k_{\text{net}}] \qquad (6.85)$$

式中,$[L]$ 为杆端屈服状态矩阵,它是单元二阶弹性刚度矩阵 $[k_{\text{net}}]$、截面弹塑性因子 p_s、杆轴向弹塑性因子 p_a 以及屈服函数 φ 的函数。其中矩阵 $[L]$ 按下列 4 种情况确定:

① 杆件两端均未屈服,即弹性阶段 $[L] = \begin{bmatrix} 0 & 0 \\ 0 & 0 \end{bmatrix}$ $\qquad (6.86a)$

② 杆件仅 i 端屈服 $\qquad [L] = \begin{bmatrix} 1/k^{ii} & 0 \\ 0 & 0 \end{bmatrix}$ $\qquad (6.86b)$

③ 杆件仅 j 端屈服 $\qquad [L] = \begin{bmatrix} 0 & 0 \\ 0 & 1/k^{jj} \end{bmatrix}$ $\qquad (6.86c)$

④ 杆件两端均屈服 $\qquad [L] = \begin{bmatrix} k^{ii} & k^{ji} \\ k^{ij} & k^{jj} \end{bmatrix}^{-1}$ $\qquad (6.86d)$

屈服梯度向量 $[G]$ 为: $\qquad [G] = \begin{bmatrix} [g_i] & [0] \\ [0] & [g_j] \end{bmatrix}$ $\qquad (6.87)$

单位矩阵 $[E]$ 为: $\qquad [E] = \begin{bmatrix} \{1\} & \{0\} \\ \{0\} & \{1\} \end{bmatrix}$ $\qquad (6.88)$

$$k^{ii} = \{1\}^{\text{T}}[g_i]^{\text{T}}([k_t^{ii}] + [k_h^i])[g_i]\{1\} \qquad (6.89a)$$

$$k^{ij} = \{1\}^{\text{T}}[g_i]^{\text{T}}[k_t^{ij}][g_j]\{1\} \qquad (6.89b)$$

$$k^{ji} = \{1\}^{\text{T}}[g_j]^{\text{T}}[k_t^{ji}][g_i]\{1\} \qquad (6.89c)$$

$$k^{jj} = \{1\}^{\text{T}}[g_j]^{\text{T}}([k_t^{jj}] + [k_h^j])[g_j]\{1\} \qquad (6.89d)$$

$$\{1\} = \begin{bmatrix} 1 & 1 & 1 & 1 & 1 & 1 \end{bmatrix}^{\text{T}} \qquad (6.90)$$

$$[g_m] = \text{diag}\left[\frac{\partial \varphi_m}{\partial N_m} \quad 0 \quad 0 \quad \frac{\partial \varphi_m}{\partial M_{xm}} \quad \frac{\partial \varphi_m}{\partial M_{ym}} \quad \frac{\partial \varphi_m}{\partial M_{zm}}\right] \quad (m = i, j) \qquad (6.91)$$

$$[k_h^m] = \text{diag}[B_{m1} \quad B_{m2} \quad B_{m3} \quad B_{m4} \quad B_{m5} \quad B_{m6}] \quad (m = i, j) \qquad (6.92)$$

$$B_{mr} = p_{sm}p_{am}k_t^{mrr} \quad (m = i, j; r = 1, \cdots, 6) \qquad (6.93)$$

式中 k_t^{mrr}——矩阵中的第 r 行第 r 列元素。

根据基本假定③和弯矩与塑性转角的关系可导出单元两端截面弹塑性因子：

$$p_{sm} = \frac{1-\gamma}{\gamma} \quad (m = i,j) \qquad (6.94)$$

$$\gamma = \begin{cases} 0 & \varphi < \varphi_s \\ -(q-1)\left(\frac{\varphi - \varphi_s}{\varphi_p - \varphi_s}\right) & \varphi_s \leq \varphi \leq \varphi_p \\ 1-q & \varphi > \varphi_p \end{cases} \qquad (6.95)$$

式中 q——应变强化系数,当不考虑材料应变强化作用时,取 $q = 0$。

根据塑性曲率与塑性转角的关系,可导得单元两端轴向弹塑性影响因子：

$$p_{am} = \beta/L_m \quad (m = i,j) \qquad (6.96)$$

式中,β 根据曲率增量 $\Delta\Phi$ 在弹塑性区段上的分布情况而定,当 $\Delta\Phi$ 为直线分布时,取2；当 $\Delta\Phi$ 为二次曲线分布时,取3；当 $\Delta\Phi$ 为三次曲线分布时,取4。

单元两端的弹塑性区长度(其值在杆件两端可能不等)可由杆件的弯矩分布图和截面屈服弯矩值由单元区段的剪力平衡条件确定。

$$L_m = \sqrt{L_{ym}^2 + L_{zm}^2} \quad (m = i,j) \qquad (6.97)$$

式中,L_{ym},L_{zm}——单元截面 y,z 两主轴所在平面内的 i,j 两端的弹塑性区长度。

使用考虑扭矩效应的屈服函数为：

$$\varphi = m_{yT}^{a_y}(1 - n_T^{\beta_z})^{a_z} + m_{zT}^{a_z}(1 - n_T^{\beta_y})^{a_y} - (1 - n_T^{\beta_y})^{a_y}(1 - n_T^{\beta_z})^{a_z} + 1 \qquad (6.98)$$

对于宽翼缘工字钢和 H 型钢截面：取 $\alpha_y = 2$,$\alpha_z = 1.2 + 2n_T$,$\beta_y = 1.3$,$\beta_z = 2 + 1.2A_w/A_f$。A_w 和 A_f 分别为腹板面积和翼缘板面积；

对于箱形截面：取 $\alpha_y = \alpha_z = 1.7 + 1.5n_T$,$\beta_y = 2 - 0.5B/H$,$\beta_z = 2 - 0.5H/B$。$\beta_y$ 和 β_z 小于1.3时,取1.3；B 和 H 分别为薄壁箱形截面的宽度和高度。其中：

$$n_T = n/\sqrt{1 - m_x^2}, \quad m_{yT} = m_y/\sqrt{1 - m_x^2}, \quad m_{zT} = m_z/\sqrt{1 - m_x^2}$$

$$n = F_x/F_{xp}, \quad m_y = M_y/M_{yp}, \quad m_z = M_z/M_{zp}, \quad m_x = M_x/M_{xp}$$

式中 F_x,M_y,M_z,M_x——单元所受的轴力、绕 y 轴和绕 z 轴的弯矩、绕 x 轴的扭矩；

F_{xp},M_{yp},M_{zp},M_{xp}——单元仅受轴力、仅受绕 y 轴和仅受绕 z 轴弯矩、仅受绕 x 轴扭矩的极限屈服值。

3) 三维支撑单元二阶非弹性刚度方程的建立

三维支撑单元二阶非弹性分析中的基本假定,除将三维支撑单元二阶弹性分析中的基本假定②"支撑的应力应变关系是弹性的"改为"支撑的应力应变关系为理想弹塑性"以外,其他完全相同。

建立三维支撑单元二阶非弹性刚度方程的方法,除需引入刚度修正系数外,与建立三维支撑单元二阶弹性刚度方程的方法相同。其二阶非弹性刚度方程为：

$$[k_{bept}]^e \{\Delta u\}^e = \{\Delta f\}^e \qquad (6.99)$$

$$[k_{bet}]^e = \beta \begin{bmatrix} [k] & -[k] \\ -[k] & [k] \end{bmatrix} \qquad (6.100)$$

式中 β——刚度修正系数,其值介于 0~1。即当支撑处于弹性变形阶段时,取 $\beta = 1.0$；当支撑处于拉伸屈服阶段和受压屈曲阶段时,均取 $\beta = 0.0$。

6.5 地震作用效应计算

6.5.1 抗震设计原则

①多高层建筑钢结构的抗震设计,应遵循"三水准""两阶段"设计原则。这里的"三水准"抗震设防目标是指小震(多遇烈度,它比中震低1.55度)不坏,中震(偶遇烈度,即基本烈度)可修,大震(罕遇烈度,它比中震大约高1度)不倒。上述"三水准"设防目标是通过"两阶段"设计来实现的。即第一阶段为多遇地震作用下的弹性分析,验算构件的承载力和稳定以及结构的层间侧移;第二阶段为罕遇地震作用下的弹塑性分析,验算结构的层间侧移和层间侧移延性比。

②第一阶段抗震设计中,框架-支撑(剪力墙板)体系中总框架所承担的地震剪力,不得小于整个结构体系底部总剪力的25%和框架部分(各层中)地震剪力最大值的1.8倍中的较小者。当不满足上述要求时,框架部分应按能承受上述较小者计算,将其在地震作用下的内力进行调整,然后与其他荷载产生的内力组合。

③各楼层楼盖、屋盖,应根据其平面形状、实际水平刚度和平面内变形态态,确定为刚性、分块刚性、半刚性、局部弹性和柔性等的横隔板,以及确定半刚性横隔板是属剪切型还是弯剪型。再按抗侧力系统的布置,确定抗侧力构件间的共同工作,并进行各构件间的地震内力分析。

④计算模型。结构符合下列各项条件时,可按平面结构模型进行抗震分析:

a. 平、立面形状规则;

b. 质量和侧向刚度分布接近对称;

c. 楼盖和屋盖可视为刚性横隔板。

但对于角柱和两个互相垂直的抗侧力构件上所共有的柱,应考虑同时受双向地震作用的效应。通常采用简化方法处理,即将一个方向的地震作用产生的柱内力提高30%。

其他情况,则应按空间结构模型进行地震作用效应计算。

⑤当多高层建筑钢结构在地震作用下的重力附加弯矩大于初始弯矩的10%,即满足式(6.101)的要求时,在进行结构地震反应分析时,应计入重力二阶效应对结构内力和侧移的影响。

$$\frac{\sum G_i \cdot \Delta u_i}{V_i h_i} > 0.1 \tag{6.101}$$

式中 ΔG_i——i 层以上全部重力荷载计算值;

Δu_i——第 i 层楼层质心处的弹性或弹塑性层间侧移;

V_i, h_i——第 i 层地震剪力计算值、楼层的层高。

⑥高度超过12层且采用H形截面柱的钢框架(中心支撑框架除外),宜计入梁-柱节点域剪切变形对结构侧移的影响。

⑦中心支撑框架的斜杆轴线偏离梁柱轴线交点不超过支撑斜杆的宽度时,仍可按中心支撑框架分析,但应计及由此产生的附加弯矩。

⑧对于甲类、9度乙类、高度超过150 m的高层钢结构以及平、立面不规则且存在明显薄弱

楼层(或部位)而可能导致地震时严重破坏的多高层钢结构,应进行罕遇烈度地震作用下的结构弹塑性变形分析。其分析方法,可根据结构特点,选用静力弹塑性分析方法或弹塑性时程分析方法。若选用弹塑性时程分析方法,此时阻尼比可取 0.05。

当相关规范有具体规定时,尚可采用简化方法计算结构的弹塑性变形。

⑨弹性时程分析时,每条时程曲线计算所得的结构底部剪力,不应小于振型分解反应谱法计算结果的 65%;多条时程曲线计算所得结构底部剪力的平均值,不应小于振型分解反应谱法计算结果的 80%。一般取多条时程曲线计算结果的平均值与振型分解反应谱法计算结果两者中的较大者,作为结构设计依据。

⑩当采用时程分析时,时间步长不宜超过输入地震波卓越周期的 1/10,且不宜大于 0.02 s。

⑪当验算倾覆力矩对地基的作用,应符合下列规定:

a. 验算在多遇地震作用下整体基础(筏形或箱形基础)对地基的作用时,可采用底部剪力法计算作用于地基的倾覆力矩,其折减系数宜取 0.8;

b. 计算倾覆力矩对地基的作用时,不应考虑基础侧面回填土的约束作用。

⑫非结构构件,包括建筑非结构构件和建筑附属机电设备、自身及其与结构主体的连接,应进行抗震设计。

⑬框架结构的围护墙和隔墙,应估计其设置对结构抗震的不利影响,避免不合理设置而导致主体结构的破坏。

⑭利用计算机进行结构抗震分析,应符合下列要求:

a. 计算模型的建立、必要的简化计算与处理,应符合结构的实际工作状况,计算中应考虑楼梯构件的影响;

b. 计算软件的技术条件应符合《抗震规范》及有关标准的规定,并应阐明其特殊处理的内容和依据;

c. 复杂结构在多遇地震作用下的内力和变形分析时,应采用不少于两个合适的不同力学模型,并对其计算结果进行分析比较;

d. 所有计算机计算结果,应经分析判断确认其合理、有效后方可用于工程设计。

6.5.2 抗震设计方法

多高层建筑钢结构的抗震设计,可采用底部剪力法或振型分解反应谱法或时程分析法。

采用底部剪力法或振型分解反应谱法对多高层钢结构进行抗震设计时,只要按 5.3 节的方法确定地震作用后,将该地震作用视为静力荷载,按 6.4 节或 6.3 节的方法即可确定地震作用效应(内力和侧移),然后将该地震作用效应与其他荷载效应组合,进行构件验算和结构的层间侧移验算。运用底部剪力法或振型分解反应谱法进行多高层钢结构抗震设计时,只需综合应用前述有关章节内容即可,故本节不再赘述。本节主要介绍时程分析法在多高层钢结构抗震设计中的应用。

1)计算步骤

与振型分解反应谱法不同,时程分析法是对结构的振动微分方程直接进行逐步积分求解的一种动力分析方法,能比较真实地描述结构地震反应的全过程。由时程分析可得到各质点随时间变化的位移、速度和加速度时程反应,进而可计算出构件内力的时程变化以及各构件出现塑性铰的顺序。它从强度和变形两个方面来检验结构的安全和抗震可靠度,并判明结构的屈服机制和类型。采用时程分析法对多高层建筑钢结构进行地震反应分析时,可按下列步骤进行:

①选择合适的地震波,使之尽可能与建筑场地可能发生的地震强度、频谱特性及持续时间三要素符合;

②根据结构体系的受力特点、计算机容量、地震反应内容要求以及计算精度要求等确定合理的结构振动模型;

③根据结构材料特性、构件类型及受力状态选择恰当的构件或结构的恢复力模型,并确定恢复力特性参数;

④建立结构在地震作用下的振动微分方程;

⑤采用逐步积分法求解振动微分方程,得出结构地震反应的全过程;

⑥必要时可利用小震下的结构弹性反应所计算出的构件或杆件最大地震内力,与其他荷载内力组合,进行截面设计;

⑦采用容许变形限值来检验中震和大震下结构弹塑性反应所计算出的结构层间侧移角,判别是否符合要求。

利用时程分析法确定地震反应的设计步骤可用框图来直观表示,如图 6.21 所示。

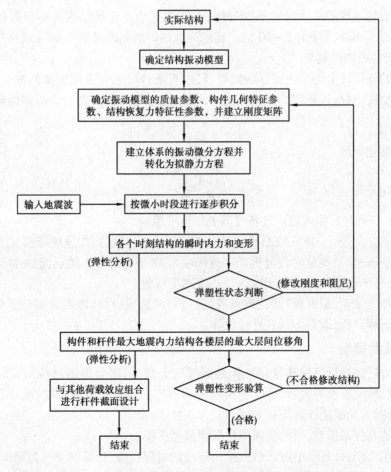

图 6.21　结构时程分析的全过程

2)地震波的选取

（1）选取的地震波数量

考虑地震动的随机性及不同地震波计算结果的差异性，因此，现行《抗震规范》规定：采用时程分析法时，应按建筑场地类别和设计地震分组，选取实际地震记录和人工模拟的加速度时程曲线，其中实际地震记录的数量不应少于总数量的2/3。

其平均地震影响系数曲线应与振型分解反应谱法所采用的地震影响系数曲线在统计意义上相符，即两者在各个周期点上的差值不大于20%，以保证时程分析结果的平均结构底部剪力一般不会小于振型分解反应谱法计算结果的80%，每条地震波输入的计算结果不会小于振型分解反应谱法计算结果的65%。

（2）对所选地震波的要求

正确选择输入的地震加速度时程曲线，应能满足地震动三要素的要求，即频谱特性、有效峰值和持续时间均要符合规定。

频谱特性可用地震影响系数曲线表征，依据所处场地类别和设计地震分组确定。

输入的地震波的峰值加速度，可由场地危险性分析确定；未作场地危险性分析的工程，可按表5.18取用。

输入的地震加速度的持续时间不宜过短，一般不宜小于建筑结构基本自振周期的5倍和15 s，常为建筑结构基本周期的5～10倍。其地震波的时间间距可取0.01 s或0.02 s。

（3）对所选地震波的调整

要求输入的地震波采用加速度标准化处理，在有条件时也可采用速度标准化处理，即根据建筑物的设防烈度，对所选地震波的强度进行调整，使之与设防烈度相应的多遇地震和罕遇地震的强度相当。

加速度标准化处理

$$a'_t = \frac{A_{max}}{a_{max}} a_t \qquad (6.102)$$

速度标准化处理

$$a'_t = \frac{V_{max}}{v_{max}} a_t \qquad (6.103)$$

式中　a'_t——调整后输入地震波各时刻的加速度值；

　　　a_t, a_{max}, v_{max}——地震波原始记录中各时刻的加速度值、加速度峰值及速度峰值；

　　　A_{max}——由场地危险性分析确定或按表5.18规定的输入地震波加速度峰值；

　　　V_{max}——按设防烈度要求输入地震波速度峰值。

调整后的加速度a'_t，根据现行《抗震规范》应进行两阶段设计，即需分别对多遇地震和罕遇地震作用进行时程分析，取其不利者进行设计。

3)结构振动模型

采用时程分析法进行高层建筑钢结构地震反应分析时，需要根据结构形式、构造、受力特点、计算机容量、精度要求等因素，确定结构的振动模型。其基本原则是：既能较真实地描述结构内力和变形特性，又能使计算简单方便。

目前常用的有杆系模型、层模型和单柱框架模型3类。

与层模型相比较，杆系模型可以给出结构杆件的时程反应，计算结果更为精确，但计算工作量大；而采用层模型则可得到各楼层的时程反应，虽然计算精度稍差，但结果简明、易于整理，其计算结果能够满足第二阶段抗震设计的目标。因此，工程设计中多采用层模型。单柱框架模型的计算结果和工作量,介于前两种模型之间。

(1)杆系模型

杆系模型又称杆模型,它是以结构中的梁、柱等杆件作为弹塑性分析的基本单元。该法是把整个结构转变为一榀等效的平面框架,全部质量分别集中到各个框架节点处,在每个节点处形成一个质点,如图 6.22(a)所示。每一个节点均具有水平位移、竖向位移和节点转动 3 个位移未知量(静力自由度),整个杆模型共有 $3n$ 个静力自由度,n 为总节点数。一般情况下,每一楼层可仅考虑 1 个"侧移"动力自由度,每个质点考虑 1 个竖向自由度,质点不存在转动的动力自由度。所以,杆模型的动力自由度比静力自由度少,它等于质点数加楼层数。因此,建立杆模型的刚度矩阵时,应该先把与动力自由度无关的位移未知量消去。其刚度矩阵的建立详见文献[48]。

杆模型比较适用于强柱型框架或混合型框架。如图 6.22(a)所示为框架体系的杆模型。对于框-墙体系,其中的实体抗震墙和大开洞抗震墙均可采用线形杆件来代表,大开洞抗震墙(图 6.22(b))可以转化为带刚域框架(图 6.22(c)),从而形成杆模型。

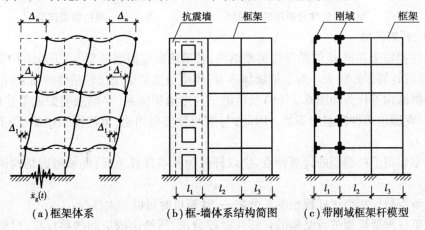

(a)框架体系   (b)框-墙体系结构简图   (c)带刚域框架杆模型

图 6.22 结构弹塑性分析用的杆模型

采用杆模型进行框架体系和框-墙体系的弹塑性时程分析,可以比较精确地求得结构各杆件、各部位的内力和变形状态,并可求出地震过程中各杆件进入屈服状态的先后次序。但计算工作量大、耗费机时多、费用高。

(2)层模型

层模型是以一个楼层为基本单元,将整个结构(图 6.23(a))各竖构件合并为一根竖杆,用结构的楼层等效剪切刚度作为竖杆的层刚度,并将全部建筑质量就近分别集中于各层楼盖处作为一个质点,从而形成"串联质点系"振动模型,如图 6.23(b)所示。

层模型的特点是:自由度数目等于结构的总层数(错层结构例外),自由度较少;层弹性刚度以及层弹塑性恢复力特性比较容易确定;计算工作量少,费用低;计算结果易于整理。采用层模型进行结构弹塑性时程分析,能够快速扼要地为工程设计提供结构弹塑性变形阶段的层剪力和层位移状态全过程,实用而简便,是当前实际工程中应用最广泛的方法。

层模型又可进一步分为剪切型层模型、弯剪型层模型和剪-弯并联层模型,简称为剪切层模型、弯剪层模型和剪-弯层模型。剪切型层模型适用于强梁弱柱型框架结构体系;弯剪型层模型适用于强柱弱梁型框架,也可用于框架-支撑、框架-剪力墙等结构体系。

层刚度计算:对于前两种类型的层模型,均可利用反应谱振型分析法的计算结果来计算层刚度,第 i 楼层的层刚度 K_i 等于振型耦合后的第 i 楼层水平剪力 V_i 除以第 i 楼层的层间侧移 δ_i(图 6.23),即 $K_i = V_i/\delta_i$。对于弱柱型框架,也可利用 D 值法计算确定。其刚度矩阵的形成与计算详见文献[48]和[62]。

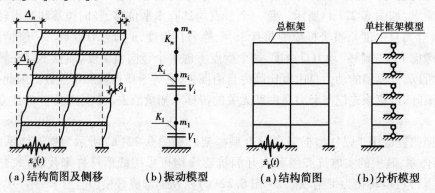

| (a)结构简图及侧移 | (b)振动模型 | (a)结构简图 | (b)分析模型 |

图 6.23　结构弹塑性分析用的层模型　　　　图 6.24　单柱框架模型

（3）单柱框架模型

对于强柱型框架和框-墙体系等弯剪型结构,若采用剪切型层模型,由于对结构变形特性的描述不够贴切,计算误差较大。对于框架体系,杆模型虽然能给出比较精确的结果,但计算工作量很大。若将结构等代为如图 6.24(b)所示的单柱半刚架体系(半刚架模型或单柱框架模型)进行分析,可克服前两种模型的不足。因此,与前两种模型相比,单柱框架模型(图 6.24)具有如下特点:

①该模型保留了杆模型的计算特点,仍以杆件为基本计算单元,能够考虑结构的整体弯曲变形;

②由于节点数仅相当于杆模型的几分之一,计算机时可以大大减少;

③采用单柱框架模型进行结构的弹塑性时程分析,所给出的层间侧移反应、层剪力反应以及杆件破坏状态,与杆模型的计算结果比较接近,基本上能满足工程设计的精度要求。

把原框架结构折算成单柱半框架结构的折算原则可参考文献[52],单柱框架模型的分析方法与杆模型相同,但自由度大大减少。

4）恢复力模型

结构或构件在承受外力产生变形后企图恢复到原有状态的抗力称为恢复力,所以恢复力体现了结构或构件恢复到原有形状的能力。恢复力与变形的关系曲线称为恢复力特性曲线。由于结构的材料性质、受力方式以及构件类型不同,恢复力特性较复杂,必须通过大量试验研究才能作出其恢复力特性曲线。

在弹塑性地震反应时程分析中,若直接采用由试验而得的恢复力特性关系则过于复杂,需将其简化为既能尽量模拟实际曲线的特征,又能用数学公式表达而便于应用的模型。这种既能满足工程需要的精度,又使计算简化的实用化模型,称为恢复力模型。恢复力模型概括了结构或构件的刚度、强度、延性、吸能等方面的力学特性,是结构弹塑性动力反应分析的重要依据。

直接对实际结构进行恢复力特性测定的试验是极其困难的,一般是采取结构中常用的梁、柱、墙体等典型杆件、典型节点,或者进一步采用框架层间单元作为试验对象,制作出恢复力模型,然后组合成分析用的结构恢复力模型。

恢复力模型的纵坐标和横坐标分别表示力(S)和变形(δ)。针对不同杆件,它可以是力-位移(F-Δ),弯矩-转角(M-θ),弯矩-曲率(M-φ),剪力-变形角(V-γ)或应力-应变(σ-ε)等关系曲线。

在高层建筑钢结构的弹塑性时程分析中,当采用杆系振动模型时,需先确定杆件的恢复力模型。其钢梁和钢柱可采用双线型恢复力模型(图6.25);钢支撑和消能梁段等构件的恢复力模型应按构件特性确定;以受弯为主的钢筋混凝土剪力墙、剪力墙板和核心筒等构件应选用退化双线型(图6.26)或三线型恢复力模型。在双线型模型的屈服点之前再增加一个开裂点,如图6.27中的1点。

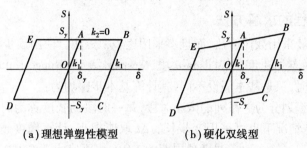

(a)理想弹塑性模型　　(b)硬化双线型

图6.25 双线型恢复力模型

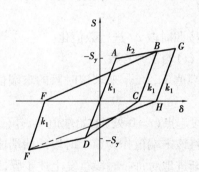

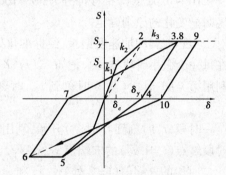

图6.26 退化双线型恢复力模型　　　　**图6.27 三线型恢复力模型**

双线型恢复力模型(包括退化双线型)需要依屈服力 S_y、刚度 k_1 和 k_2 3个参数确定。S_y 和 δ_y 可由试验数据或已有资料确定;$k_1 = S_y/\delta_y$;k_2 值则根据最大恢复力和相应变形确定。而三线型恢复力模型一般由 S_C,S_y,k_1,k_2,k_3 5个参数确定。

当采用层模型(振动模型)进行高层建筑钢结构的弹塑性地震反应分析时,需先确定层恢复力模型。在确定等效层剪切刚度时,应计入有关构件弯曲、轴向力、剪切变形的影响。

层恢复力模型骨架线可采用静力弹塑性方法计算确定,并可简化为折线型,简化后的折线与计算所得骨架线应尽量吻合。在对结构进行静力弹塑性计算时,应同时考虑水平地震作用与重力荷载。构件所用材料的屈服强度和极限强度采应用标准值。

5)结构振动方程的建立

在建立高层建筑钢结构的振动模型之后,可将高层钢结构的地震反应分析转化为多质点系的振动分析。由结构动力学可得其振动微分方程为:

$$[M]\{\ddot{x}\} + [C]\{\dot{x}\} + [K]\{x\} = -[M]\{\ddot{x}_g\} \tag{6.104}$$

由于式(6.104)中的地面振动加速度$\{\ddot{x}_g\}$是复杂的随机函数,同时在弹塑性反应中刚度矩阵$[K]$与阻尼矩阵$[C]$亦随时间变化,因此,不可能直接积分求出其解析解。故常将式(6.104)转变成增量方程(6.105)后,对增量方程逐步积分求解。

$$[M]\{\Delta\ddot{x}\} + [C]\{\Delta\dot{x}\} + [K]\{\Delta x\} = -[M]\{\Delta\ddot{x}_g\} \qquad (6.105)$$

式中　$[M]$——多质点系的质量矩阵;

　　　$[C]$,$[K]$——t_i时刻的结构阻尼矩阵和结构刚度矩阵;

　　　$\{\Delta x\}$,$\{\Delta\dot{x}\}$,$\{\Delta\ddot{x}\}$——t_i到t_{i+1}时段内各质点相对位移、相对速度和相对加速度的增量所组成的列向量;

　　　$\{\Delta\ddot{x}_g\}$——t_i到t_{i+1}时段内地面运动加速度增量的列向量。

6) 结构振动方程的求解方法

结构振动方程一般采用数值解法,而且多采用逐步积分法。使用逐步积分法求解振动方程常用线性加速度法、中点加速度法、Wilson-θ法、Newmark-β法、Runge-Kutta法等进行。应用这些方法求解振动方程时,只是基本假设不同,其计算基本步骤均为:

①将整个地震时程划分为一系列的微小时段,每一时段的长度称为时间步长,记为Δt。一般均采用等步长,特殊情况下也可采用变步长。Δt取值越小,计算精度越高,但计算工作量也越大。时间步长不宜超过输入地震波卓越周期的1/10,也不宜大于0.02 s。对于高层建筑,通常取$\Delta t = 0.01 \sim 0.02$ s,即每秒钟分为50~100步。必要时,可以按步长减半后,计算结构反应不再发生明显变化的原则确定。

②对于实际地震动加速度记录,经标准化处理后,按照时段Δt进行数值化。

③在每一个微小时段Δt内,把$M,C(t),K(t)$及$\ddot{x}_g(t)$均视为常数。

④利用第$i+1$时段(从t_i时刻到t_{i+1}时刻)的始端值$x_i,\dot{x}_i,\ddot{x}_i$来求该时段的末端值x_{i+1},$\dot{x}_{i+1},\ddot{x}_{i+1}$。

由第一时段(t_0时刻到t_1时刻)开始,利用第一时段起点($i=0$处)的始端值$x_0,\dot{x}_0,\ddot{x}_0$,来计算第一时段终点($i=1$处)的末端值$x_1,\dot{x}_1,\ddot{x}_1$,然后又将该末端值作为第二时段的始端值($i=1$处),求第二时段的末端值($i=2$处)$x_2,\dot{x}_2$和$\ddot{x}_2$。循序渐进地对每一时段重复上述步骤,即得整个时程的结构地震反应。

在结构地震反应分析中,对于$i=0$处的初始值,一般取$x_0=\dot{x}_0=\ddot{x}_0=0$;有时也以静荷载下的反应作为初始值。

应用线性加速度法、Wilson-θ法、Newmark-β法等求解振动方程的计算基本假定和详细计算步骤等内容,读者可参考相关文献资料。

6.6　作用效应组合

多高层建筑钢结构的荷载(重力荷载、风荷载)效应与地震作用效应基本组合的设计值,应按下述公式确定。

1) 不考虑地震作用时

持久设计状况和短暂设计状况下,当荷载和荷载效应按线性关系考虑时,荷载基本组合的效应设计值S_d应按式(6.106)确定:

$$S_d = \gamma_G S_{Gk} + \gamma_L \psi_Q \gamma_Q S_{Qk} + \psi_W \gamma_W S_{Wk} \tag{6.106}$$

式中 S_{Gk}, S_{Qk}, S_{Wk}——永久荷载、楼面活荷载、风荷载标准值所产生的效应值;

$\gamma_G, \gamma_Q, \gamma_W$——永久荷载、楼面活荷载、风荷载的分项系数,其值见表6.2。

γ_L——考虑结构设计使用年限的荷载调整系数,设计使用年限为50年时取1.0,设计使用年限为100年时取1.1;

ψ_Q, ψ_W——楼面活荷载组合值系数和风荷载组合值系数,当永久荷载效应起控制作用时应分别取0.7和0.0,当可变荷载效应起控制作用时应分别取1.0和0.6或0.7和1.0。

注意:(1)对于书库、档案库、储藏室、通风机房和电梯机房,本条楼面活荷载组合值系数取0.7的场合应取0.9。

(2)持久设计状况和短暂设计状况下,荷载基本组合的分项系数应按下列规定采用:

①永久荷载的分项系数 γ_G:当其效应对结构不利时,对由可变荷载效应控制的组合应取1.2,对由永久荷载效应控制的组合应取1.35;若其效应对结构有利时,应取1.0。

②楼面活荷载的分项系数 γ_Q:一般情况下应取1.4。

③风荷载的分项系数 γ_W 应取1.4。

2)考虑地震作用,按第一阶段设计时

地震设计状况下,当作用与作用效应按线性关系考虑时,荷载和地震作用基本组合的效应设计值 S_d,应按式(6.107)确定:

$$S_d = \gamma_G S_{GE} + \gamma_{Eh} S_{Ehk} + \gamma_{Ev} S_{Evk} + \psi_W \gamma_W S_{Wk} \tag{6.107}$$

式中 $S_{GE}, S_{Ehk}, S_{Evk}, S_{Wk}$——重力荷载代表值、水平地震作用标准值、竖向地震作用标准值、风荷载标准值所产生的效应值;

$\gamma_G, \gamma_{Eh}, \gamma_{Ev}, \gamma_W$——上述各相应荷载或作用的分项系数,其值见表6.2;

ψ_W——风荷载组合系数,在无地震作用的组合中取1.0,在有地震作用的组合中取0.2。

第一阶段抗震设计进行构件承载力验算时,可按表6.2选择可能出现的荷载组合情况及相应的荷载分项系数,分别进行内力设计值的组合,并取各构件的最不利组合进行截面设计。

表6.2 作用效应组合与荷载或作用的分项系数

序号	组合情况	重力荷载 γ_G	活荷载 γ_{Q1}, γ_{Q2}	水平地震作用 γ_{Eh}	竖向地震作用 γ_{Ev}	风荷载 γ_W	备 注
1	考虑重力、楼面活载及风荷载	1.20	1.40	—	—	1.40	用于非抗震高楼
2	考虑重力及水平地震作用	1.20	—	1.30	—	—	用于一般抗震建筑
3	考虑重力、水平地震作用及风荷载	1.20	—	1.30	—	1.40	用于按7、8度设防的60 m以上高层建筑
4	考虑重力及竖向地震作用	1.20	—	—	1.30	—	用于9度设防的高层钢结构和8、9度设防的大跨度和长悬臂结构
5	考虑重力、水平及竖向地震作用	1.20	—	1.30	0.50	—	

续表

序号	组合情况	重力荷载 γ_G	活荷载 γ_{Q1},γ_{Q2}	水平地震作用 γ_{Eh}	竖向地震作用 γ_{Ev}	风荷载 γ_W	备　注
6	考虑重力、水平和竖向地震作用及风荷载	1.20	—	1.30	0.50	1.40	同序号 4,5,但用于 60 m 以上高层

注:①在地震作用组合中,重力荷载代表值应符合第 5 章的规定。当重力荷载效应对构件承载力有利时,宜取 γ_G 为 1.0。
②对楼面结构,当活荷载标准值不小于 4 kN/m² 时,其分项系数取 1.3。

第一阶段抗震设计当进行结构侧移验算时,应取与构件承载力验算相同的组合,但各荷载或作用的分项系数应取 1.0,即应采用荷载或作用的标准值。

第二阶段抗震设计当采用时程分析法验算时,不应计入风荷载,其竖向荷载宜取重力荷载代表值。

本章小结

(1)结构的作用效应可采用弹性方法计算。对于抗震设防的结构,除进行多遇地震作用下的弹性效应计算外,尚应计算结构在罕遇地震作用下进入弹塑性状态时的变形。

(2)多高层建筑钢结构的计算模型,可采用平面抗侧力结构的空间协同计算模型。

(3)结构作用效应计算中,应计算梁、柱的弯曲变形和柱的轴向变形,还宜计算梁、柱的剪切变形,并应考虑梁柱节点域剪切变形对侧移的影响。一般可不考虑梁的轴向变形,但当梁同时作为腰桁架或帽桁架的弦杆时,应计入轴力的影响。

(4)柱间支撑两端应为刚性连接,但可按两端铰接杆元计算,其端部连接的刚度则通过支撑构件的计算长度加以考虑。偏心支撑中的消能梁段应取为单独单元计算。

(5)进行多高层钢结构内力分析时,应计入重力荷载引起的竖向构件差异缩短所产生的影响。

(6)多高层钢结构的静、动力分析一般应采用专门软件借助计算机完成。对于平面布置规则、质量和刚度沿结构平面和高度分布比较均匀的层数不多的框架设计或初步设计时的预估截面可采用简化方法。

(7)钢框架结构的内力计算,在竖向荷载作用下常选用分层法,水平荷载作用下常选用 D 值法。

(8)对于平面布置规则、质量和刚度分布均匀的双重抗侧力结构体系,在水平荷载作用下可简化为平面抗侧力体系协同模型进行内力分析。

(9)结构精确分析方法的基本思路:首先,在单元坐标系(局部坐标系)中建立单元刚度方程;然后,将其转换到整体坐标系中形成整体坐标系下的单元刚度方程;再组装成结构整体刚度方程;最后,求解结构非线性方程,从而获得作用效应。

(10)对于抗震设防结构,分两阶段设计:第一阶段为多遇地震作用下的弹性分析,验算构件的承载力和稳定以及结构的层间侧移;第二阶段为罕遇地震作用下的弹塑性分析,验算结构的层间侧移和层间侧移延性比。

（11）时程分析法是对结构的振动微分方程直接进行逐步积分求解的一种动力分析方法，能比较真实地描述结构地震反应的全过程。

复习思考题

6.1　试述结构分析方法的分类及其基本步骤。

6.2　在竖向荷载和水平荷载作用下的框架结构,分别宜用何种简化计算方法计算其作用效应？各种方法的基本假定、计算模型、计算思路或计算步骤如何？

6.3　在框架结构的简化计算中,为什么要考虑节点柔性和梁、柱节点域剪切变形对其作用效应的影响？如何考虑？

6.4　如何确定双重抗侧力体系的简化计算模型和结构参数？

6.5　简述双重抗侧力体系的工作性态、简化计算基本假定以及计算思路。

6.6　为什么要对双重抗侧力体系简化计算中的框架剪力作适当调整？如何调整？

6.7　试述框筒结构体系的常用简化计算方法及各种简化方法的计算模型及思路。

6.8　试述巨型框架结构体系的简化方法计算模型、基本假定、等效刚度的确定。

6.9　试述精确计算方法的单元划分、基本假定及分析思路。

6.10　试述高层建筑钢结构的抗震设计原则。

6.11　试述时程分析法的适用条件、地震波的选用、结构模型的选用(包括振动模型与恢复力模型)、振动方程的建立与求解方法及步骤。

6.12　试述作用效应组合的方式及方法。

第7章　结构验算

本章导读

- 内容与要求　本章主要介绍构件承载力验算、结构侧移检验、风振舒适度验算以及结构二阶分析与稳定验算方法。通过本章学习,应对结构验算的相关知识有较全面的了解。
- 重点　结构侧移检验、风振舒适度验算与稳定验算。
- 难点　风振舒适度验算与结构二阶分析。

7.1　承载力验算

1)不考虑地震时

对于多高层钢结构,当不考虑地震作用时,即在风荷载和重力荷载作用下,结构构件、连接及节点应采用下列承载能力极限状态设计表达式:

对持久设计状况、短暂设计状况:

$$\gamma_0 S \leqslant R \tag{7.1}$$

式中　S——荷载或作用效应组合的设计值;

　　　R——结构构件承载力设计值;

　　　γ_0——结构重要性系数,对安全等级为一级、二级和三级的结构构件,应分别取不小于1.1,1.0和0.9;

2)考虑地震时

对于多高层钢结构进行第一阶段抗震设计时,在多遇烈度地震作用下,构件承载力应满足下列条件:

$$S \leqslant R/\gamma_{\text{RE}} \tag{7.2}$$

式中　S——荷载效应和地震作用效应最不利组合的内力设计值;

　　　R——结构构件承载力设计值,按各有关规定计算;

　　　γ_{RE}——结构构件承载力的抗震调整系数,按表7.1取值。

当仅考虑竖向地震效应组合时,各类构件承载力抗震调整系数均取1.0。

表7.1　承载力抗震调整系数

结构类型	结构构件	受力状态	γ_{RE}
钢结构	柱、梁、支撑、节点板件、螺栓、焊缝	强度	0.75
	柱、支撑	稳定	0.80

续表

结构类型	结构构件	受力状态	γ_{RE}
钢骨混凝土结构	梁	受弯	0.75
	轴压比小于0.15的柱	偏压	0.75
	轴压比不小于0.15的柱	偏压	0.80
	抗震墙	偏压	0.85
	各类构件	受剪、偏拉	0.85

7.2 结构侧移检验

7.2.1 风荷载作用下的侧移检验

1)变形计算规定

①多高层建筑的各类结构,均应验算其在风荷载作用下的弹性变形;

②计算结构的弹性侧移时,各项荷载和作用均应采用标准值。

2)多高层建筑钢结构

钢结构自身的变形能力很强,而且在钢结构多高层建筑中,内部隔断又多采用轻型隔墙,外墙面多采用悬挂墙板或玻璃幕墙、铝板幕墙,适应变形的能力较强。因此,对于钢结构高层建筑,风荷载作用下的变形限值可以比其他结构放宽一些,所以其侧移应满足下列要求:

①结构顶点质心位置的侧移不宜超过建筑高度的1/500;

②各楼层质心位置的层间侧移不宜超过楼层高度的1/400;

③结构平面端部构件的最大侧移值,不得超过质心侧移的1.2倍;

④弹性层间侧移角(楼层层间最大水平位移与层高之比)不宜大于1/250。

3)多高层钢-混凝土混合结构

在钢-混凝土混合结构中,往往采用钢筋混凝土剪力墙或钢筋混凝土筒体作为主要抗侧力构件。既然在抵抗侧力方面是以钢筋混凝土构件为主,那么,关于结构的变形限值也应该着重考虑钢筋混凝土构件的变形能力。对于钢-混凝土混合结构的多高层建筑,在风荷载作用下,按弹性方法计算的最大层间侧移角 $\Delta u/h$,不宜超过表7.2所规定的限值。

表7.2 钢-混凝土混合结构高层建筑最大层间侧移角限值 $\Delta u/h$

结构体系 \ 房屋高度 H	$H \leqslant 150$ m	$H \geqslant 250$ m	150 m $< H <$ 250 m
钢框架-钢筋混凝土筒体	$\dfrac{1}{800}$	$\dfrac{1}{500}$	$\dfrac{1}{800} \sim \dfrac{1}{500}$ 线性插值
型钢混凝土框架-钢筋混凝土筒体			

注:①Δu 为结构层间弹性侧移;

②H 为主体结构高度,h 为层高。

4）多高层钢-混凝土组合结构

型钢混凝土组合结构,按弹性方法计算的风荷载作用下的最大层间侧移角 $\Delta u/h$,不宜超过表 7.3 所规定的限值。

表 7.3　型钢混凝土组合结构最大层间侧移角 $\Delta u/h$ 的限值

结构体系 ＼ 房屋高度 H	①$H \leqslant 150$ m	②$H \geqslant 250$ m	③$150$ m $< H < 250$ m
框架	1/550	—	—
框架-剪力墙、框架-筒体	1/800	$\dfrac{1}{500}$	取①②两项的线性插值
筒中筒、剪力墙	1/1 000		
框支层	1/1 000	—	—

7.2.2　地震作用下的侧移检验

1）第一阶段抗震设计

（1）侧移计算规定

①多高层钢结构,均应验算其在多遇烈度地震作用下的弹性变形;

②计算结构的弹性侧移时,各项荷载和作用均应采用标准值;

③对于钢-混凝土混合构件和组合构件,其截面刚度可采用弹性刚度;

④除结构平移振动产生的侧移外,还应考虑因结构平面不对称产生扭转所引起的水平相对位移;

⑤对于高度超过 12 层的钢框架结构,当其柱截面为 H 形时,侧移计算中应计入节点域剪切变形的影响;当其柱截面为箱形时,可忽略其影响;

⑥当结构在地震作用下的重力附加弯矩大于初始弯矩的 10% 时,还应计入二阶效应所产生的附加侧移。

（2）侧移验算方法

根据现行《抗震规范》的规定,多高层建筑结构在多遇地震作用下,其结构平面内的最大弹性层间侧移,应满足下式要求:

$$\Delta u_e \leqslant h[\theta_e] \tag{7.3}$$

式中　Δu_e——多遇烈度地震作用下结构平面内的最大弹性层间侧移;

　　　$[\theta_e]$——结构弹性层间侧移角的限值,按表 7.4 取用;

　　　h——所计算楼层的层高。

表 7.4　多遇烈度地震下的多高层结构弹性层间侧移角限值$[\theta_e]$

结构类型	结构体系	$[\theta_e]$
多高层钢结构	各种结构体系	1/250

续表

结构类型	结构体系	$[\theta_e]$
钢-混凝土混合结构 骨混凝土结钢构	钢骨混凝土框架	1/550
	钢框架-混凝土抗震墙、钢框架-混凝土核心筒	1/800
	钢框筒-核心筒	1/1 000
	钢骨混凝土框支层	1/1 000

对于高层钢结构建筑,结构平面端部构件最大侧移不得超过质心位置侧移的1.3倍。

2)第二阶段抗震设计

多高层建筑钢结构的第二阶段抗震设计,应验算结构在罕遇地震作用下的弹塑性层间侧移和层间侧移延性比两项。

(1)验算对象

①应验算的对象:

a. 甲类建筑和9度抗震设防的乙类建筑;

b. 高度超过150 m 的钢结构高层建筑;

c. 采用隔震和消能减震设计的结构。

②宜验算的对象:

a. 7度Ⅲ、Ⅳ类场地和8度时乙类建筑中的钢结构和型钢混凝土结构;

b. 符合表5.17中所列高度范围且属于3.5.2节中所列竖向不规则结构的多高层建筑;

c. 高度不超过150 m 的钢结构建筑。

(2)侧移计算方法

①在罕遇地震作用下,结构薄弱层(部位)的弹塑性变形计算,一般情况下,宜采用三维静力弹塑性分析方法(如 Push-over)或弹塑性时程分析法。

②对于楼层侧向刚度无突变的钢框架结构和钢框架-支撑结构,在罕遇地震作用下,其薄弱层(部位)的弹塑性侧移 Δu_p 可用下述方法进行简化计算:

$$\Delta u_p = \eta_p \Delta u_e \tag{7.4}$$

或

$$\Delta u_p = \mu \Delta u_y = \frac{\eta_p}{\xi_y} \Delta u_y \tag{7.5}$$

式中　Δu_e——在罕遇地震作用下按弹性分析所得的结构层间侧移;

　　　Δu_y——结构的层间屈服侧移;

　　　μ——结构的楼层延性系数;

　　　ξ_y——结构的楼层屈服强度系数;

　　　η_p——结构的弹塑性层间侧移增大系数。(当薄弱层(部位)的屈服强度系数与相邻层(部位)屈服强度系数平均值的比值不小于0.8时,可按表7.5采用;当其比值大于0.5时,可按表7.5中相应数值的1.5倍采用;当其比值介于0.5与0.8之间的情况,采用内插法取值。)

表 7.5 钢结构薄弱层的弹塑性层间侧移增大系数 η_p

结构类型	总层数 n 或部位	ξ_y		
		0.5	0.4	0.3
多层均匀框架结构	2～4	1.30	1.40	1.60
	5～7	1.50	1.65	1.80
	8～12	1.80	2.00	2.20

（3）侧移验算

震害经验和研究成果表明:梁、柱、墙等构件及其节点的变形达到临近破坏时的极限层间侧移角,可作为防止结构遭遇罕遇烈度地震时发生倒塌的结构弹塑性层间侧移角的限值。因此,在罕遇烈度地震作用下,结构薄弱层的弹塑性层间侧移应满足下列要求:

$$\Delta u_p \leqslant h[\theta_p] \tag{7.6}$$

式中 Δu_p——罕遇烈度地震作用下结构薄弱层的弹塑性层间侧移;

$[\theta_p]$——结构弹塑性层间侧移角的限值,按表 7.6 取用;

h——结构薄弱层的层高。

表 7.6 结构弹塑性层间侧移角限值

结构类型	结构体系	$[\theta_p]$
钢结构	各种结构体系	1/50
钢-混凝土混合结构 型钢混凝土结构	框架	1/50
	框架-抗震墙、框架-核心筒	1/100
	全抗震墙,筒中筒	1/120
	框支层	1/120

注:轴压比小于 0.4 的型钢混凝土框架柱,$[\theta_p]$ 可比表中数值提高10%。

（4）侧移延性比控制

多高层建筑钢结构的层间侧移延性比不得超过表 7.7 规定的限值。层间侧移延性比限值,是指结构允许的最大层间侧移与其弹性极限侧移(屈服侧移)之比。

表 7.7 钢结构层间侧移延性比限值

结构类别和体系		层间侧移延性比限值
钢结构	框架体系	3.5
	框架-(偏心)支撑体系	3.0
	框架-(中心)支撑体系	2.5
型钢-混凝土框架体系		2.5
钢-混凝土混合结构		2.0

7.3　风振舒适度验算

1) 风振舒适度验算公式

工程实例和研究表明,在高层建筑特别是超高层钢结构建筑中,必须考虑人体的舒适度,不能用水平位移控制来代替。风工程学者通过大量试验研究后认为,结构的风振加速度是衡量人体对风振反应的最好尺度。因此,《高钢规程》规定,高层建筑钢结构在风荷载作用下的顺风向和横风向顶点最大加速度,应满足下列要求:

住宅、公寓建筑　　　　　　a_w（或 a_{tr}）$\leqslant 0.20$ m/s² 　　　　　(7.7)

办公、旅馆建筑　　　　　　a_w（或 a_{tr}）$\leqslant 0.28$ m/s² 　　　　　(7.8)

2) 风振加速度计算公式

参考国内外有关规范和资料,高层建筑钢结构的顺风向和横风向加速度的计算公式可按下式计算:

(1) 顺风向顶点最大加速度

$$a_w = \xi \nu \frac{\mu_s \mu_r w_0 A}{m_{tot}} \tag{7.9}$$

式中　a_w——顺风向顶点最大加速度,m/s²;

　　　μ_s——风荷载体型系数;

　　　μ_r——重现期调整系数,取重现期为 10 年时的系数 0.77;

　　　w_0——基本风压,kN/m²;

　　　ξ, ν——脉动增大系数和脉动影响系数,分别按表 5.7 和表 5.9 采用;

　　　A——建筑物总迎风面积,m²;

　　　m_{tot}——建筑物总质量,t。

(2) 横风向顶点最大加速度

$$a_{tr} = \frac{b_r}{T_{tr}^2} \cdot \frac{\sqrt{BL}}{\gamma_B \sqrt{\zeta_{t,cr}}} \tag{7.10}$$

$$b_r = 2.05 \times 10^{-4} \left(\frac{\nu_{n,m} T_{tr}}{\sqrt{BL}} \right)^{3.3} \quad (\text{kN/m}^3) \tag{7.11}$$

$$\nu_{n,m} = 40 \sqrt{\mu_s \mu_z w_0} \tag{7.12}$$

式中　a_{tr}——横风向顶点最大加速度,m/s²;

　　　$\nu_{n,m}$——建筑物顶点平均风速,m/s;

　　　μ_z——风压高度变化系数,见表 5.2;

　　　γ_B——建筑物所受的平均重力,kN/m³;

　　　$\zeta_{t,cr}$——建筑物横风向的临界阻尼比值,一般可取 0.01 ~ 0.02;

　　　T_{tr}——建筑物横风向第一自振周期,s;

　　　B, L——分别为建筑物平面的宽度和长度,m。

3) 横风向共振控制

圆筒形高层建筑有时会发生横风向的涡流共振现象,此种振动较为显著,设计不允许出现

横风向共振。一般情况下,设计中用高层建筑顶部风速来控制。因此《高钢规程》规定,圆筒形高层建筑钢结构应满足下列条件:

$$v_n < v_{cr} \tag{7.13}$$

式中　v_n——高层建筑顶部风速,$v_n = 40\sqrt{\mu_z w_0}$;

　　　v_{cr}——临界风速,$v_{cr} = 5D/T_1$;

　　　D——圆筒形建筑的直径,m;

　　　T_1——圆筒形建筑的基本自振周期,s。

若不能满足式(7.13)的要求,一般可采用增加刚度使结构自振周期减小来提高临界风速,或进行横风向涡流脱落共振验算。

4)楼盖舒适度控制

楼盖结构应具有适宜的舒适度。楼盖结构的竖向振动频率不宜小于3 Hz,竖向振动加速度峰值不应超过表7.8的限值。

表7.8　楼盖竖向振动加速度限值

人员活动环境	峰值加速度限值/($m \cdot s^{-2}$)	
	竖向频率不大于2 Hz	竖向频率不小于4 Hz
住宅、办公	0.07	0.05
商场及室内连廊	0.22	0.15

注:结构竖向频率为2~4 Hz时,峰值加速度限值可按线性插值选取。

一般情况下,当楼盖结构竖向振动频率小于3 Hz时,应验算其竖向振动加速度。楼盖结构竖向振动加速度可按现行行业标准《高层建筑混凝土结构技术规程》(JGJ 3—2010)的有关规定计算。

7.4　结构二阶分析与稳定验算

7.4.1　二阶分析的意义

结构的整体稳定分析主要是计及二阶效应的结构分析,即按二阶理论进行的结构分析。按二阶理论进行的结构分析简称二阶分析。下面举例说明二阶理论的概念。

如图7.1所示的竖向悬臂杆,在其自由端有竖向力P和水平剪力V_0的作用。按一阶理论分析时,其截面A的弯矩为:

$$M_A^I = V_0(h - y) \tag{7.14}$$

若考虑杆件变位后的几何关系,即按二阶理论分析时,则截面A的弯矩为(图7.1(b)):

$$M_A^{II} = V_0(h - y) + P[(h - y)\psi + u] \tag{7.15}$$

式中,右方第二项$P[(h-y)\psi + u]$为按二阶理论分析的附加效应,通常称为二阶效应。该项效应实际上由两部分组成:一部分为轴力P乘以它到通过弦线BC上A_1点的竖线距离$(h-y)\psi$所产生的弯矩$P(h-y)\psi$,这部分通常称为轴力-变位效应,或简称P-Δ效应;另一部分为轴力P

乘以弦线上 A_1 点到杆件截面形心的距离 u 所产生的弯矩 Pu，这就是通常所指的梁-柱效应。上述概念可表示如下：

$$M_A^{II} = V_0(h - y) + P(h - y)\psi + Pu \tag{7.15a}$$

在二阶效应的两个组成部分中，通常 P-Δ 效应是主要的，梁-柱效应仅占二阶效应的很小部分。所以，在很多情况中，可以用较简单的方法来近似考虑 P-Δ 效应的附加作用，借以代替较复杂的二阶理论分析。这样，在式(7.15a)中，略去右方第三项后，得到按二阶理论计算截面 A 的弯矩近似值为：

$$M_A^{II} \approx (V_0 + P\psi)(h - y) \tag{7.15b}$$

如果把 $P\psi$ 想象为附加的假想剪力，而把 $V = V_0 + P\psi$ 想象为竖向悬臂杆的水平总剪力，则式(7.15b)所表示的 M_A^{II} 就相当于由水平总剪力 V 按一阶理论分析计算所得到的弯矩，即

$$M_A^{II} \approx (V_0 + P\psi)(h - y) = V(h - y) \tag{7.16}$$

至此，我们获得了一个重要结果：要近似考虑柱的二阶效应，可以把柱的轴力 P 和弦转角 ψ 的乘积 $P\psi$ 作为附加的水平剪力，然后按一阶理论计算。

常规结构的二阶效应不会很大。但当轴力很大和侧向刚度很小时，二阶效应甚至会超过一阶内力。例如，如图 7.2 所示的框架，截面 A 的一阶弯矩仅为 $M_A^{I} = 10\ \text{kN} \times 5\ \text{m} = 50\ \text{kN} \cdot \text{m}$；而按二阶理论分析，弯矩竟达 $M_A^{II} = 125\ \text{kN} \cdot \text{m}$。

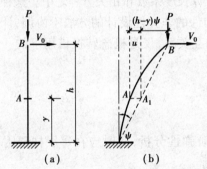

图7.1 悬臂杆受力与变形

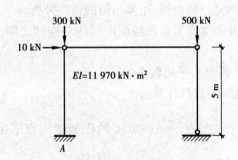

图7.2 框架简图

7.4.2 不需二阶分析的条件

高层建筑钢结构，通常由于柱轴力和结构侧移均较大，原则上应按二阶理论进行分析，或者用简化方法来考虑二阶效应，以保证结构变形的稳定性。

当满足下式要求时，可不进行二阶分析：

$$\frac{\sum N_i \cdot \Delta u_i}{\sum H_i \cdot h_i} \leqslant 0.1 \tag{7.17}$$

式中　$\sum N_i$——任一楼层 i 中各柱轴心压力设计值之和，或 i 楼层及以上总重力荷载设计值；

Δu_i——按一阶线弹性计算所得的 i 楼层质心处层间侧移，或按 7.2 节方法确定的侧移限值；

h_i——i 楼层层高；

$\sum H_i$——计算 i 楼层及以上全部水平力之和。

7.4.3　二阶分析方法

二阶分析计算方法比较复杂，包括按弹性阶段分析（二阶弹性分析），以及按弹-塑性阶段分析（二阶非弹性分析）。根据结构的重要性和复杂程度，以及不同设计阶段的精度要求，分析计算既可以采用一些近似的简化方法，也可以采用比较精确的方法。现将在高层钢结构中常用的几种有关整体稳定的分析计算方法（二阶分析方法）予以简要介绍。

1）近似方法

（1）有效长度法（一阶内力弹性分析与构件验算相结合的方法）

①适用条件。要求任一楼层的层间侧移角满足式（7.18），即

$$\frac{\Delta u}{h} \leqslant \frac{1}{1\,000} \tag{7.18}$$

②计算思路。首先按一阶弹性理论计算框架内力，并确定柱的计算长度；然后把柱当作偏心受压构件，按现行的《钢结构设计规范》（GB 50017）中简化了的相关公式验算。

在相关方程式中近似地考虑了柱的连续性、非弹性和初始缺陷。这样把框架分析转换成为杆件分析，它的实质是把二阶效应分散包含在柱的计算长度系数和相关方程之中。这种做法缺乏严密和充分的论据，整体结构的弹性分析与单个构件的非弹性设计的方法不协调，计算长度的概念并不能真实有效地反应结构和构件之间的相互关系，仅是概念转换借用下的一种近似方法。

（2）假想水平荷载法

方法一：直接计算法。

对于 $\dfrac{\sum N_i \cdot \Delta u_i}{\sum H_i \cdot h_i} > 0.1$ 的框架结构宜采用二阶弹性分析，此时应在每层柱顶附加由式（7.19）计算的假想水平力 H_{ni}。

$$H_{ni} = \frac{Q_i}{250}\sqrt{\frac{f_y}{235}}\sqrt{0.2 + \frac{1}{n_s}} \tag{7.19}$$

式中　Q_i——第 i 楼层及以上总重力荷载设计值；

n_s——框架总层数，当 $\sqrt{0.2 + 1/n_s} > 1$ 时，取此根号值为 1.0。

在确定了每层柱顶的附加假想水平力后，将其与其他的实际荷载作用在结构上，按一阶弹性理论计算框架内力，并应用现行《钢结构设计规范》（GB 50017）中简化了的相关公式验算各构件。此时，受压构件的计算长度可取其几何长度。

方法二：P-Δ 分析的半迭代法。

对于双重抗侧力体系，如果抗剪结构是支撑桁架，且结构体系满足式（7.20）要求：

$$\frac{S_b}{S_v} \geqslant 5 \tag{7.20}$$

式中 S_b——整个框架-抗剪结构体系的水平刚度;

S_v——除掉支撑系统后的结构(纯框架部分)的水平刚度。

则设计框架柱时,可以忽略柱上、下端的相对水平位移,仅按承受一阶弯矩和轴力计算。

但在设计支撑杆件时,必须考虑二阶效应,可以用简化方法考虑 $P\text{-}\Delta$ 效应。按照式(7.16)所示的原理,支撑系统除承受由水平外荷载所产生的楼层剪力 V_0 外,还要加上一个假想楼层剪力 $\psi\sum P$,于是楼层的水平总剪力为:

$$V = V_0 + \psi\sum P \tag{7.21}$$

式中 $\sum P$——所考虑的楼层传递的竖向荷载的总和;

ψ——楼层柱的弦转角,即变位后柱上、下端连线与竖线间的夹角。

弦转角 ψ 除了包括结构受力引起变位所产生的部分外,还包括制造和安装误差所引起的初始偏斜 ψ_0 值。很多国家和地区都在规范中规定了 ψ_0 值。在没有具体规定的情况下,可参照下式选定:

$$\psi_0 = \frac{1}{500} \tag{7.22a}$$

或

$$\psi_0 = \frac{1}{200}\gamma_1\gamma_2 \tag{7.22b}$$

$$\gamma_1 = \sqrt{0.5 + 1/n_c} \leqslant 1.0 \tag{7.23}$$

$$\gamma_2 = \sqrt{0.2 + 1/n_s} \leqslant 1.0 \tag{7.24}$$

式中 n_c——层楼中柱的数目;

n_s——高楼的层数。

然而,弦转角 ψ 中由结构受力引起变位所产生的部分,与楼层的总剪力 V(即式(7.21)左方)有关,因此不能直接解出,但可沿下列途径逐步迭代逼近:

$$\psi = \psi_0 + \psi_1 + \psi_2 + \psi_3 + \psi_4 + \cdots \tag{7.25}$$

式中 ψ_0——初始偏斜(倾角)值,可按规定或由式(7.20)确定;

ψ_1——由楼层总剪力 $(V_0 + \psi_0\sum P)$ 按一阶线性理论所算得的弦转角;

ψ_2——由假想楼层剪力 $\psi_1\sum P$ 按一阶线性理论所算得的弦转角;

ψ_3——由假想楼层剪力 $\psi_2\sum P$ 按一阶线性理论所算得的弦转角。

其余类推。这样继续下去,式(7.25)右方的级数就可逐步逼近 ψ 的真值。如果支撑系统具有足够水平刚度,则式(7.25)右方的级数将很快收敛;如果级数显示出收敛很慢,说明支撑系统的水平刚度偏小;如果级数不收敛,则说明支撑系统的刚度不足以保证结构水平变位的稳定性,这时必须修改设计,增加支撑系统的水平刚度。

如果抗剪结构是剪力墙或筒体结构,仍可按照上述原理计算。

方法三:$P\text{-}\Delta$ 分析迭代法。

其计算步骤为:

① 计算结构在使用荷载作用下,每一楼层水平面上各柱轴向压力之和 $\sum F$。

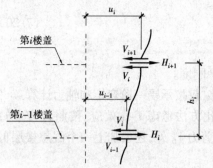

**图 7.3 框架发生侧移后柱轴压力
引起的附加水平力**

②按一阶分析所得的每层楼盖处的水平位移 u，或按预先确定的楼盖水平位移 u，确定由各层柱的轴向压力作用于变形结构之上所引起的柱端附加水平力（图7.3）：

$$V_i = \alpha \frac{\sum F_i}{h_i}(u_i - u_{i-1}) \tag{7.26}$$

式中　V_i——由侧移引起的第 i 楼层处的附加水平力；

$\sum F_i$——第 i 楼层所有柱的轴向压力之和；

α——放大系数，一般取 $1.05 \sim 1.2$；

h_i——第 i 楼层的层高；

u_i, u_{i-1}——分别为第 i 层楼盖和第 $i-1$ 层楼盖的水平位移，并不得大于规定的限值。

③取每一楼层附加水平力的代数和，作为各楼盖水平面处的附加侧向力，即

$$H_i = V_i - V_{i-1} \tag{7.27}$$

④把附加侧向力 H_i 和其他水平荷载相加，按合并后的水平力连同竖向荷载进行一阶弹性分析，得出各节点的位移值。

⑤验算在第④步中所得各层楼盖水平位移的精度，即验算在迭代过程中，前后两次迭代所得的楼盖水平位移的误差是否在容许范围之内。如果精度不够，则需重复第②～④步骤的运算，直至计算精度符合要求。

⑥采用最后一次迭代结果所得的构件内力，对各杆件进行截面承载力验算。此时，柱的有效长度系数取 $\mu = 1.0$。

一般而言，当结构的抗推刚度较大时，在迭代运算过程中，各层楼盖的水平位移收敛较快，通常仅需迭代 $2 \sim 3$ 次即可获得满意效果。如果按照上述步骤迭代 $5 \sim 6$ 次后仍不收敛，则说明结构的抗推刚度过小，很可能不符合要求，需要重新选择杆件截面，以适当增大结构的抗推刚度。

（3）放大系数法

欧洲规范 EC3 规定，当

$$\frac{\sum N_i \cdot \Delta u_i}{\sum H_i \cdot h_i} \leqslant 0.2 \tag{7.28}$$

时，结构的二阶分析可用一阶分析结果乘以按式（7.29）计算的放大系数来近似，即通过一阶分析结果乘以考虑 $P\text{-}\Delta$ 效应的放大系数而获得二阶分析结果，大大简化了繁琐的非线性迭代求解过程。

$$\alpha_i = \frac{1}{1 - \beta_i} \tag{7.29}$$

$$\beta_i = \frac{\sum N_i \cdot \Delta u_i}{\sum H_i \cdot h_i} \tag{7.30}$$

（4）Merchant-Rankine-Wood 简化方法

这是个半理论半试验公式，它考虑了钢材应变硬化和围护结构等的实际影响，一般能较好地估算框架在弹-塑性阶段的破坏荷载（稳定极限荷载）值 λ_f。该公式为：

$$\lambda_{\mathrm{f}} = \frac{\lambda_{\mathrm{p}}}{0.9 + \dfrac{\lambda_{\mathrm{p}}}{\lambda_{\mathrm{e}}}} \tag{7.31}$$

式中　λ_{p}——一阶刚-塑性分析(即简单塑性铰理论)所求得的倒塌荷载因子;

λ_{e}——弹性临界荷载因子。

应用式(7.31)时应注意:

①如 $\lambda_{\mathrm{e}}/\lambda_{\mathrm{p}} \geqslant 10$,则取 $\lambda_{\mathrm{f}} = \lambda_{\mathrm{p}}$,即框架可按一阶刚-塑性(简单塑性铰理论)分析计算;

②如 $4 \leqslant \lambda_{\mathrm{e}}/\lambda_{\mathrm{p}} \leqslant 10$,$\lambda_{\mathrm{f}}$ 值按式(7.31)计算,但在确定 λ_{f} 值时,只允许在梁而不允许在柱中出现塑性铰;

③如 $\lambda_{\mathrm{e}}/\lambda_{\mathrm{p}} < 4$ 不能应用式(7.31),这时框架必须按精确的二阶弹-塑性理论分析应用式(7.31)既简捷又能获得接近精确分析的结果,但它缺乏严格的理论根据,只给出破坏荷载,无法获知框架的内力分布。

2)精确方法(直接分析设计法)

精确方法可获得所需的所有可靠的参数和资料,它需应用有限元通过计算机迭代求解。精确方法可分为二阶弹性分析和二阶弹-塑性分析方法,其方法和步骤详见6.4节。

7.4.4　结构稳定验算

1)稳定分类及区别

多高层建筑钢结构的稳定可分为整体稳定和局部稳定两大类型。

整体稳定又可分为整体倾覆稳定和整体压屈稳定。倾覆稳定是将结构物视为刚体,计算所有竖向荷载对其基跟点的稳定力矩和所有水平荷载对其基跟点的倾覆力矩,并要求稳定力矩不小于倾覆力矩;而压屈稳定则是将结构物视为弹性体,对其进行二阶分析,要求实际荷载不大于其极限承载力。

构件或杆件以及板件是整体结构的组成部分,因此相对结构而言,构件或杆件以及板件是局部,其稳定统称为局部稳定。

但就构件或杆件及板件而言,构件或杆件是由板件组成,构件或杆件可称为整体,板件则是局部,因此构件或杆件整体的稳定,常简称整体稳定,而板件的稳定则又被称为局部稳定。

构件或杆件以及板件的稳定问题详见第8章"构件设计",此处只介绍多高层钢结构的整体稳定验算。

2)倾覆稳定验算

为防止高楼发生倾覆失稳,在风或地震作用下,高层建筑结构应按下式进行倾覆稳定验算:

$$1.3M_{\mathrm{ov}} \leqslant M_{\mathrm{st}} \tag{7.32}$$

式中　M_{ov}——由水平风荷载或水平地震作用标准值产生的倾覆力矩标准值;

M_{st}——结构的抗倾覆力矩标准值,取90%的重力荷载标准值和50%的活荷载标准值计算。

3)压屈稳定验算

(1)需进行整体压屈稳定验算的条件

结构的整体压屈稳定分析,主要是计及二阶效应的结构极限承载力验算,而现行《钢结构设计规范》（GB 50017）又规定，对 $\dfrac{\sum N_i \cdot \Delta u_i}{\sum H_i \cdot h_i} > 0.1$ 的框架结构宜采用二阶弹性分析，据此可得出推论：凡需进行二阶分析的结构，均需进行整体稳定验算。因此，需进行整体压屈稳定验算的条件是：

$$\frac{\sum N_i \cdot \Delta u_i}{\sum H_i \cdot h_i} > 0.1 \tag{7.33}$$

（2）可不验算结构整体压屈稳定的条件

凡符合下述①②中的任何一款规定，均可不必验算结构的整体压屈稳定。

①根据（1）中叙述，按逆向法则可知，凡不需进行二阶分析的结构，均不需进行整体稳定验算。因此，不需进行整体压屈稳定验算的条件可以是：

$$\frac{\sum N_i \cdot \Delta u_i}{\sum H_i \cdot h_i} \leqslant 0.1$$

②根据理论分析和实例计算，若把结构的层间侧移、柱的轴压比和长细比，控制在某一限值以内，就能控制住二阶效应对结构极限承载力的影响。因此，多高层建筑钢结构同时符合以下两个条件时，可不验算结构的整体稳定。

a. 结构各楼层柱子平均长细比和平均轴压比满足下式要求：

$$\frac{N_m}{N_{pm}} + \frac{\lambda_m}{80} \leqslant 1 \tag{7.34}$$

$$N_{pm} = f_y A_m \tag{7.35}$$

式中　λ_m——楼层柱的平均长细比；

　　　N_m——楼层柱的平均轴压力设计值；

　　　N_{pm}——楼层柱的平均全塑性轴压力；

　　　f_y——钢材的屈服强度；

　　　A_m——楼层柱截面面积的平均值。

b. 结构按一阶线性弹性计算所得各楼层的层间相对侧移值，满足下式要求：

$$\frac{\Delta u}{h} \leqslant 0.12 \frac{\sum F_h}{\sum F_v} \tag{7.36}$$

式中　Δu——按一阶线弹性计算所得的质心处层间侧移；

　　　h——楼层的层高；

　　　$\sum F_h$——所验算楼层以上的全部水平作用之和；

　　　$\sum F_v$——所验算楼层以上的全部竖向作用之和。

（3）结构整体压屈稳定验算方法的选择

①无侧移结构（强支撑结构）。研究表明，对于无侧移的结构，采用"有效长度法"来验算结构的整体稳定，能够取得较高精度的计算结果；对于有侧移的钢框架体系，当在结构体系中设置竖向支撑或剪力墙或筒体等侧向支撑，且层间侧移角 $\Delta u/h \leqslant 1/1\,000$ 时，可视为无侧移的框架，同样可以采用"有效长度法"进行结构整体稳定的验算。柱的计算长度系数可按现行《钢结构设计规范》（GB 50017）采用。

②有侧移结构(弱支撑结构)。在结构体系中未设置竖向支撑或剪力墙或筒体等侧向支撑的钢框架,以及虽设置侧向支撑,但层间侧移角 $\Delta u/h > 1/1\ 000$ 的结构,均属有侧移的结构。验算有侧移结构的整体稳定,应采用能反映 $P\text{-}\Delta$ 效应的二阶分析法。

本章小结

(1)多高层建筑的各类结构,均应验算其在风荷载作用下的弹性变形。

(2)多高层钢结构,均应验算其在多遇烈度地震作用下的弹性变形。

(3)当结构在地震作用下的重力附加弯矩大于初始弯矩的10%时,应计入二阶效应所产生的附加侧移。

(4)多高层钢结构的第二阶段抗震设计,应验算结构在罕遇地震作用下的弹塑性层间侧移和层间侧移延性比两项。

(5)结构的风振加速度是衡量人体对风振反应的最好尺度。

(6)结构的整体稳定分析主要是计及二阶效应的结构分析,即按二阶理论进行的结构分析。

(7)多高层建筑钢结构的稳定可分为整体稳定和局部稳定两大类型。整体稳定又可分为整体倾覆稳定和整体压屈稳定。倾覆稳定是将结构物视为刚体,计算所有竖向荷载对其基跟点的稳定力矩和所有水平荷载对其基跟点的倾覆力矩,并要求稳定力矩不小于倾覆力矩;而压屈稳定则是将结构物视为弹性体,对其进行二阶分析,要求实际荷载不大于其极限承载力。

复习思考题

7.1 试述风载作用下的结构变形计算原则及其检验方法。

7.2 试述地震作用下的结构变形计算原则及其检验方法。

7.3 在高层钢结构设计中,我国现行规范怎样检验风振舒适度?

7.4 试述结构二阶分析的意义、常用二阶分析方法、各种方法的适用条件及分析思路。

7.5 试述结构稳定分类及区别。

7.6 试述不需验算高层钢结构整体稳定的条件及验算整体稳定的方法。

第8章 构件设计

本章导读

- 内容与要求 本章主要介绍梁、轴心受压柱、框架柱、中心支撑、偏心支撑、钢板剪力墙、内藏钢板支撑剪力墙以及带竖缝的混凝土剪力墙等构件设计计算方法与构造措施。通过本章学习,应对多高层钢结构构件设计的相关知识有较全面的了解。
- 重点 计算方法与构造措施。
- 难点 稳定和抗震验算与构造措施。

多高层房屋钢结构的主要受力构件按照其功能和构造特点可分为承重构件和抗侧力构件两大类。承重构件包括梁、柱(一般梁、柱和框架梁、柱);抗侧力构件包括框架梁、框架柱、中心支撑和偏心支撑、抗震剪力墙等。

多高层建筑钢结构构件设计内容及一般步骤为:

①试选构件截面(形式和尺寸);

②构件截面验算;

③检验是否满足构造要求。

多高层建筑钢结构构件的截面形式、构造特点、设计原理和计算原则与一般建筑钢结构并没有本质上的差别,主要是构件的截面尺寸较大、钢板厚度较大。因此,本章不介绍构件的详细设计过程,只介绍其设计特点。

8.1 梁的设计

8.1.1 梁的截面初选

在多层建筑钢结构中,梁是主要承受横向荷载的受弯构件,其受力状态主要表现为单向受弯。无论框架梁或承受重力荷载的梁,其截面一般采用双轴对称的轧制或焊接 H 型钢。对于跨度较大或受荷很大,而高度又受到限制时,可选用抗弯和抗扭性能较好的箱形截面。有些设计,考虑了钢梁和混凝土楼板的共同工作,形成组合梁。对于墙梁等维护构件,可采用槽形等截面形式,其受力状态主要表现为双向受弯。

梁截面预估时,一般根据荷载与支座情况,其截面高度按跨度的 $1/20 \sim 1/50$ 确定;其翼缘宽度 b 根据侧向支撑间的距离 l/b 确定;其板件厚度按现行《钢结构设计规范》(GB 50017)中局部稳定的限值确定。

8.1.2 梁的截面验算

一般而言,所选梁截面需要根据荷载组合按现行《钢结构设计规范》(GB 50017)的验算公式进行强度、整体稳定(满足某些条件可不验算)、局部稳定和刚度验算,并满足构造要求。其验算方法可参见现行《钢结构设计规范》(GB 50017)或前期课程钢结构原理的相关教材,故此处不予赘述。下面仅就某些特殊规定简述如下。

1) 梁的强度

梁的强度主要包括抗弯强度和抗剪强度。

(1) 抗弯强度

计算梁的抗弯强度时,框架梁端弯矩的取值原则为:

① 在重力荷载作用下,或风与重力荷载组合作用下,梁端弯矩应取柱轴线处的弯矩值;

② 当计入水平地震作用的组合时,梁端弯矩应取柱面处(即梁端处)的弯矩值进行设计。

当不考虑梁腹板屈曲后强度时,其抗弯强度按下式计算:

单向弯曲梁
$$\frac{M_x}{\gamma_x W_{nx}} \leq f \tag{8.1}$$

双向弯曲梁
$$\frac{M_x}{\gamma_x W_{nx}} + \frac{M_y}{\gamma_y W_{ny}} \leq f \tag{8.2}$$

式中　M_x,M_y——分别为绕 x 轴、y 轴的弯矩设计值;

　　　W_{nx},W_{ny}——分别为对 x 轴、y 轴的净截面抵抗矩;

　　　γ_x,γ_y——截面塑性发展系数,按现行《钢结构设计规范》(GB 50017)的规定采用;

　　　f——钢材的抗弯强度设计值,抗震设计时,应除以抗震调整系数 0.75。

(2) 抗剪强度

① 在主平面内受弯的实腹式钢梁,当不考虑梁腹板屈曲后强度时,其抗剪强度应按式(8.3)计算:

$$\tau = \frac{VS}{It_w} \leq f_v \tag{8.3}$$

② 框架梁端部腹板受切割削弱时,其端部截面的抗剪强度应按式(8.4)计算:

$$\tau = \frac{V}{A_{wn}} \leq f_v \tag{8.4}$$

式中　V——计算截面处沿腹板平面作用的剪力;

　　　S——计算剪应力处以上毛截面对中和轴的面积矩;

　　　I——毛截面对中和轴的惯性矩;

　　　t_w——腹板厚度;

　　　f_v——钢材的抗剪强度设计值,抗震设计时,应除以抗震调整系数 0.75;

　　　A_{wn}——扣除扇形切角和螺栓孔后的腹板受剪净截面面积。

注意:高层钢结构中的托柱梁,因柱的不连续,在支承柱处造成该托柱梁的受力状态集中。因此在多遇地震作用下计算托柱梁的承载力时,其内力应乘以不小于 1.5 的增大系数。9 度抗震设防的结构不应采用大梁托柱的结构形式。

2）梁的整体稳定

（1）不必验算整体稳定的条件

符合下列条件之一者，可不必验算梁的整体稳定：

①有刚性铺板（钢板、各种钢筋混凝土板、压型钢板-混凝土组合楼板）密铺在梁的受压翼缘，并与其牢固相连，能阻止梁的受压翼缘的侧向位移；

②钢框架梁的上翼缘采用抗剪连接件与组合楼板连接时；

③对于非抗震设防或按6度抗震设防的结构，其简支实腹钢梁受压翼缘的侧向自由长度与其宽度之比，不超过表8.1所规定的数值时（对于箱形截面简支梁，其截面尺寸还应同时满足 $h/b_0 \leq 6$ 的要求）；

表8.1　非抗震设防或按6度抗震设防的简支实腹钢梁的最大侧向长细比

钢号	工字形截面（含 H 型钢）梁 l_1/b_f			箱形截面梁 l_1/b_0
	跨中无侧向支撑点		跨中受压翼缘有侧向支撑点	
	荷载作用于上翼缘	荷载作用于下翼缘	荷载作用于任何部位	
Q235	13	20	16	95
Q345	10.5	16.5	13	65
Q390	10	15.5	12.5	57
Q420	9.5	15	12	—

注：采用其他钢号的梁，最大 l_1/b_f 值应取 Q235 相应值乘以 $\sqrt{235/f_{ay}}$（工形梁）或 $235/f_{ay}$（箱形梁）。

④按7度及以上抗震设防的结构，实腹钢梁相邻侧向支撑点间的长细比不超过表8.2所规定的数值时。

表8.2　按7度及以上抗震设防的实腹钢梁容许侧向长细比

应力比值	侧向支撑点间的构件长细比 λ_y
$-1.0 \leq \dfrac{M_1}{W_{px} f} \leq 0.5$	$\lambda_y \leq \left(60 - 40 \dfrac{M_1}{W_{px} f}\right)\sqrt{\dfrac{235}{f_{ay}}}$
$0.5 \leq \dfrac{M_1}{W_{px} f} \leq 1.0$	$\lambda_y \leq \left(45 - 10 \dfrac{M_1}{W_{px} f}\right)\sqrt{\dfrac{235}{f_{ay}}}$

注：表中 λ_y 为钢梁在弯矩作用平面外的长细比，$\lambda_y = l_1/i_y$（l_1 为钢梁相邻支撑点间的距离，i_y 为钢梁截面对 y 轴的回转半径）。M_1 表示与塑性铰相距为 l_1 的侧向支撑点间的距离。当在长度 l_1 范围内为同向曲率时，$M_1/(W_{px} f)$ 为正；当为反向曲率时，$M_1/(W_{px} f)$ 为负。W_{px} 为钢梁截面对 x 轴的塑性截面模量。f_{ay}，f 分别为钢材屈服点与强度设计值。

（2）整体稳定验算公式

当不符合上述条件之一者，应按下式计算梁的整体稳定：

单向弯曲梁

$$\frac{M_x}{\varphi_b \gamma_x W_x} \leq f \tag{8.5}$$

双向弯曲梁

$$\frac{M_x}{\varphi_b \gamma_x W_x} + \frac{M_y}{\gamma_y W_y} \leq f \tag{8.6}$$

式中 M_x，M_y——绕 x 轴、y 轴的最大弯矩设计值；

$\quad\quad W_x$，W_y——对 x 轴、y 轴的毛截面抵抗矩；

$\quad\quad \gamma_x$，γ_y——截面塑性发展系数，按现行《钢结构设计规范》(GB 50017)的规定采用；

$\quad\quad f$——钢材的抗弯强度设计值，抗震设计时，应除以抗震调整系数 0.75；

$\quad\quad \varphi_b$——梁的整体稳定系数，按现行《钢结构设计规范》(GB 50017)的规定确定，当梁在端部仅以腹板与柱(或主梁)相连时，φ_b(或当 $\varphi_b > 0.6$ 时的 φ_b')应乘以降低系数 0.85。

3)梁的局部稳定(板件宽厚比)

防止板件局部失稳最有效的方法是限制其宽厚比。钢框架梁的板件宽厚比，应随截面塑性变形发展程度的不同，而需满足不同的要求。

在多高层建筑钢结构中，对按 7 度及以上抗震设防的多高层建筑，在抗侧力框架的梁可能出现塑性铰的区段，要求在出现塑性铰之后，仍具有较大的转动能力，以实现结构内力重分布，因此板件的宽厚比限制较严；而对于非抗震设防和按 6 度抗震设防的钢结构建筑，当抗侧力框架的梁中可能出现塑性铰之后，不要求具有太大的转动能力，因此板件宽厚比限制相对较宽。梁的板件宽厚比应符合现行《钢结构设计规范》(GB 50017)中的限值。对于抗震设防结构的框架梁还应满足表 8.3 规定的限值。

表 8.3 框架梁、柱的板件宽厚比限值

板件名称		抗震等级				非抗震设计
		一级	二级	三级	四级	
柱	工字形截面翼缘外伸部分	10	11	12	13	13
	工字形截面腹板	43	45	48	52	52
	箱形截面壁板	33	36	38	40	40
	冷成型方管壁板	32	35	37	40	40
	圆管(径厚比)	50	55	60	70	70
梁	工字形截面和箱形截面翼缘外伸部分	9	9	10	11	11
	箱形截面翼缘在两腹板之间部分	30	30	32	36	36
	工字形截面和箱形截面腹板	$30 \leqslant 72 - 120\rho$ $\leqslant 60$	$35 \leqslant 72 - 100\rho$ $\leqslant 65$	$40 \leqslant 80 - 110\rho$ $\leqslant 70$	$45 \leqslant 85 - 120\rho$ $\leqslant 75$	$85 - 120\rho$

注意：①表中所列数值适用于 Q235 钢，采用其他牌号钢材时，应乘以 $\sqrt{235/f_{ay}}$，圆管应乘以 $235/f_y$。

②表中 $\rho = N/(Af)$ 为梁轴压比。

③表中冷成型方管适用于 Q235GJ 或 Q345GJ 钢。

④非抗侧力构件的板件宽厚比，应按现行国家标准《钢结构设计规范》(GB 50017)的有关规定执行。

钢结构房屋应根据设防分类、烈度和房屋高度采用不同的抗震等级，并应符合相应的计算和构造措施要求。丙类建筑的抗震等级应按表 8.4 确定。

表 8.4　钢结构房屋的抗震等级

房屋高度	6	7	8	9
≤50 m		四	三	二
>50 m	四	三	二	一

注意：①高度接近或等于高度分界时,应允许结合房屋不规则程度和场地、地基条件确定抗震等级。

②一般情况下,构件的抗震等级应与结构相同;当某个部位各构件的承载力均满足 2 倍地震

作用组合下的内力要求时,7~9 度的构件抗震等级应允许按降低一度确定。

对于框架-支撑(含中心支撑和偏心支撑)结构体系中的框架,当房屋高度不超过 100 m,且框架部分所承担的地震作用不大于结构底部地震总剪力的 25% 时,对 8、9 度抗震设防的框架梁的板件宽厚比限值,可按表 8.3 中规定的相应条款降低一度的要求采用。

8.1.3　梁的构造要求

①变截面框架梁的截面变化,宜改变梁翼缘的宽度和厚度,而保持梁的腹板高度不变。

②当梁的上翼缘采用抗剪连接件与组合楼板连接时,可不验算组合梁的整体稳定,但仍应根据条件在其下翼缘设置隔撑。

③框架梁的端部以及有集中荷载作用点等可能出现塑性铰的部位,梁的受压翼缘应设置侧向支撑(按 7 度及以上抗震设防的结构,梁的上、下翼缘均应设置侧向支撑),且实腹钢梁相邻侧向支撑点间的长细比应符合表 8.2 的要求。

④焊接梁的翼缘一般用一层钢板做成;当大跨度钢梁的翼缘采用两层钢板时,外层钢板与内层钢板之比宜为 0.5 ~ 1.0,其外层钢板的理论断点应符合现行《钢结构设计规范》(GB 50017)的相关要求;其梁中横向加劲肋的切角应符合图 8.1 的要求。

⑤采用高强度螺栓摩擦型连接拼合的大跨度钢梁,其翼缘板不宜超过 3 层;其外层钢板的理论断点处的外伸长度内的高强度螺栓数目,应按该层钢板的 1/2 净截面面积的承载力进行计算;钢梁翼缘角钢截面面积不宜少于整个翼缘截面面积的 30% ,当采用最大型号的角钢仍不能满足此项要求时,可增设腋板(图 8.2)。此时,角钢与腋板截面面积之和不应少于翼缘总截面面积的 30% 。

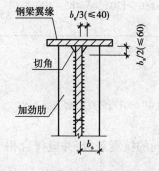

图 8.1　焊接梁横向加劲肋的切角

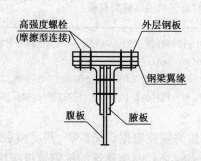

图 8.2　高强度螺栓连接的钢梁翼缘截面

⑥钢梁端部支座应满足图 8.3 的构造要求。

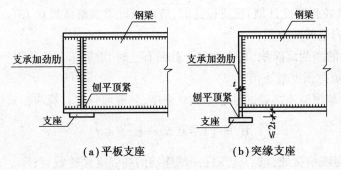

（a）平板支座　　　　　　（b）突缘支座

图 8.3　梁端支座构造

8.2　柱的设计

8.2.1　轴心受压柱

在非抗震的多高层钢结构中,当采用双重抗侧力体系时,若考虑其核心筒或支撑等抗侧力结构承受全部或大部分侧向及扭转荷载进行设计,其框架中的梁与柱的连接可以做成铰接。此时的柱即为轴心受压柱,按重力荷载设计。梁与柱采用铰接连接,设计和施工都比较方便。

多高层建筑中的轴心受压柱,主要是承受轴向荷载作用,一般不涉及抗震的问题,柱的设计方法与一般轴心受压柱相似,所不同的是柱子的钢材厚度较厚。对厚壁柱设计应注意材料强度设计值和稳定系数 φ 的取值有所不同(较一般轴心受压柱低)。

1)轴心受压柱的截面初选

轴心受压柱宜采用双轴对称的实腹式截面。截面形式可采用 H 形、箱形、十字形、圆形等,通常采用轧制或焊接的 H 型钢或由 4 块钢板焊成的箱形截面。箱形截面材料分布合理,截面受力性能好,抗扭刚度大,应用日益广泛。

轴心受压柱的截面可按长细比 λ 预估,通常 $50 \leqslant \lambda \leqslant 120$,设计时一般假定 $\lambda = 100$ 时进行截面预估。

2)轴心受压柱的截面验算

(1)轴心受压柱的强度

①轴心受压柱(高强度螺栓摩擦型连接除外),当端部连接(及中部拼接)处组成截面的各板件都由连接件直接传力时,截面强度应按式(8.7)计算。但含有虚孔的构件尚需在孔心所在截面按式(8.8)计算。

毛截面屈服

$$\sigma = \frac{N}{A} \leqslant f \tag{8.7}$$

净截面断裂

$$\sigma = \frac{N}{A_n} \leqslant 0.7 f_u \tag{8.8}$$

式中　N——所计算截面的轴力设计值；

　　　f——钢材抗拉强度设计值，抗震设计时，应除以抗震调整系数 0.75；

　　　A——构件的毛截面面积；

　　　A_n——构件的净截面面积，当构件多个截面有孔时，取最不利的截面；

　　　f_u——钢材抗拉强度最小值。

②高强度螺栓摩擦型连接处的轴心受压柱强度，其截面强度计算应按式(8.9)验算：

$$\sigma = \left(1 - 0.5\frac{n_1}{n}\right)\frac{N}{A_n} \leqslant f \tag{8.9}$$

式中　n——在节点或拼接处，轴心受压柱一端连接的高强度螺栓数目；

　　　n_1——轴心受压柱所验算截面的高强度螺栓数目。

注意：轴压构件，当其组成板件在节点或拼接处并非全部直接传力时，应对危险截面的面积乘以有效截面系数 η，不同构件截面形式和连接方式的 η 值应符合表 8.5 的规定。

表 8.5　轴心受力构件节点或拼接处危险截面有效截面系数

构件截面形式	连接形式	η	图　例
角钢	单边连接	0.85	
工形、H 形	翼缘连接	0.90	
	腹板连接	0.70	

（2）轴心受压柱的整体稳定

①验算公式。轴心受压柱的承载力往往取决于整体稳定性，应按式(8.10)计算：

$$\sigma = \frac{N}{\varphi_{min}A} \leqslant f \tag{8.10}$$

式中　A——柱的毛截面面积；

　　　φ_{min}——轴心受压构件最小稳定系数，取截面中两主轴的稳定系数 φ_x, φ_y 的较小者；

　　　f——钢材的强度设计值，抗震设计时，应除以抗震调整系数 0.80。

②稳定系数的确定。对于轴心受压构件稳定系数 φ_x, φ_y，应根据板件的厚度、截面分类、长细比和钢材屈服强度等因素确定。

● 截面分类

a. 当轴心受压构件的板件厚度 $t < 40$ mm 时，构件的截面分类按表 8.6 确定；

b. 当轴心受压构件的板件厚度 $t \geqslant 40$ mm 时，构件的截面分类按表 8.7 确定。

表8.6 板件厚度 $t < 40$ mm 的轴心受压构件截面分类

截面形式		制作工艺及边长比	截面分类	
			φ_x	φ_y
H形截面		轧制 $b_f/h \leqslant 0.8$	a 类	b 类
		轧制 $b_f/h > 0.8$	b 类	b 类
		焊接 翼缘为焰切边	b 类	b 类
		焊接 翼缘为轧制或剪切边	b 类	c 类
箱形截面		轧制	b 类	b 类
		焊接 板件宽厚比 $b/t > 20$	b 类	b 类
		焊接 板件宽厚比 $b/t \leqslant 20$	c 类	c 类
十字形截面		焊接	c 类	b 类
圆管		轧制	a 类	a 类
		焊接	b 类	b 类

表8.7 板件厚度 $t \geqslant 40$ mm 的轴心受压构件截面分类

构件截面形式			板件厚度 /mm	截面分类	
				φ_x	φ_y
	轧制 H 形截面		$t < 80$	b 类	c 类
			$t \geqslant 80$	c 类	d 类
	焊接 H 形截面	翼缘为焰切边	$t \geqslant 40$	b 类	b 类
		翼缘为轧制或剪切边	$t \geqslant 40$	c 类	d 类
	焊接箱形截面		$b/t > 20$	b 类	b 类
			$b/t \leqslant 20$	c 类	c 类

• 构件长细比计算

a. 当计算弯曲屈曲时(截面为双轴对称),对主轴 x 或主轴 y 长细比,分别按式(8.11)计算:

$$\lambda_x = \frac{l_{0x}}{i_x}, \quad \lambda_y = \frac{l_{0y}}{i_y} \tag{8.11}$$

式中 l_{0x}, l_{0y}——构件对主轴 x 和主轴 y 的计算长度;

i_x, i_y——构件截面对主轴 x 和主轴 y 的回转半径。

b. 当计算扭转屈曲时,其长细比按式(8.12)计算:

$$\lambda_z = \sqrt{\frac{I_0}{I_t/25.7 + I_\omega/l_\omega^2}} \tag{8.12}$$

式中 I_0, I_t, I_ω——分别为构件毛截面对剪心的极惯性矩、截面抗扭惯性矩和扇形惯性矩,对十字形截面可近似取 $I_\omega = 0$;

I_ω——扭转屈曲的计算长度,两端铰支且端截面可自由翘曲者取几何长度 l,两端嵌固且端部截面的翘曲完全受到约束者取 $0.5l$。

双轴对称十字形截面板件宽厚比不超过 $15\varepsilon_k$ 者,可不计算扭转屈曲。

c. 当计算弯扭屈曲时,截面为单轴对称的构件,绕非对称轴(设为 x 轴)的长细比 λ_x,仍按式(8.11)计算;但绕对称轴(设为 y 轴)的长细比,应考虑其扭转效应,用换算长细比 λ_{yz} 取代。其换算长细比 λ_{yz} 应按式(8.13)计算:

$$\lambda_{yz} = \frac{1}{\sqrt{2}}\left[(\lambda_y^2 + \lambda_z^2) + \sqrt{(\lambda_y^2 + \lambda_z^2)^2 - 4(1 - e_0^2/i_0^2)\lambda_y^2\lambda_z^2}\right]^{\frac{1}{2}} \tag{8.13}$$

式中 i_0——构件截面对剪心的极回转半径,$i_0^2 = e_0^2 + i_x^2 + i_y^2$;

e_0——构件截面形心至剪心的距离;

λ_y——构件对对称轴 y 的长细比;

λ_z——构件扭转屈曲的换算长细比,按式(8.12)计算。

• 构件稳定系数

稳定系数 φ 值应根据板件的厚度、截面分类、长细比和钢材屈服强度等因素,由现行《钢结构设计规范》(GB 50017)查表获得。也可根据正则化长细比(λ_n)的大小按下列公式计算确定:

$$\lambda_n = \frac{\lambda}{\pi}\sqrt{\frac{f_y}{E}} \tag{8.14}$$

当 $\lambda_n \leqslant 0.215$ 时

$$\varphi = 1 - \alpha_1\lambda_n^2 \tag{8.15}$$

当 $\lambda_n > 0.215$ 时

$$\varphi = \frac{1}{2\lambda_n^2}\left[(\alpha_2 + \alpha_3\lambda_n + \lambda_n^2) - \sqrt{(\alpha_2 + \alpha_3\lambda_n + \lambda_n^2)^2 - 4\lambda_n^2}\right] \tag{8.16}$$

式中 $\alpha_1, \alpha_2, \alpha_3$——系数,根据表8.6,表8.7 的截面分类,按表8.8 采用。

表8.8 系数 $\alpha_1, \alpha_2, \alpha_3$

截面类别	α_1	α_2	α_3
a 类	0.41	0.986	0.152
b 类	0.65	0.965	0.300

截面类别		α_1	α_2	α_3
c 类	$\lambda_n \leq 1.05$	0.73	0.906	0.595
	$\lambda_n > 1.05$		1.216	0.302
d 类	$\lambda_n \leq 1.05$	0.35	0.868	0.915
	$\lambda_n > 1.05$		1.375	0.432

（3）轴心受压柱的局部稳定

轴心受压柱的局部稳定是通过其板件宽厚比来控制的。其板件的宽厚比,抗震设计时应满足表 8.3 的要求,非抗震设计时应符合现行《钢结构设计规范》(GB 50017)的规定要求。

对于 H 形、工字形、箱形截面的轴压构件,非抗震设计时,可按如下方法验算。

①H 形截面腹板:

当 $\lambda \leq 50\varepsilon_k$ 时 $\qquad\qquad h_0/t_w \leq 42\varepsilon_k$ (8.17a)

当 $\lambda > 50\varepsilon_k$ 时 $\qquad h_0/t_w \leq \min[21\varepsilon_k + 0.42\lambda, 21\varepsilon_k + 50]$ (8.17b)

式中 $\quad\lambda$ ——构件的较大长细比;

h_0, t_w ——腹板计算高度和厚度;

ε_k ——参数,$\varepsilon_k = \sqrt{\dfrac{235}{f_y}}$。

②H 形截面翼缘:

当 $\lambda \leq 70\varepsilon_k$ 时 $\qquad\qquad b/t_f \leq 14\varepsilon_k$ (8.18a)

当 $\lambda > 70\varepsilon_k$ 时 $\qquad b/t_f \leq \min[7\varepsilon_k + 0.1\lambda, 7\varepsilon_k + 12]$ (8.18b)

式中 $\quad b, t_f$ ——翼缘板自由外伸宽度和厚度。

③箱形截面壁板:

当 $\lambda \leq 52\varepsilon_k$ 时 $\qquad\qquad b/t \leq 42\varepsilon_k$ (8.19a)

当 $\lambda > 52\varepsilon_k$ 时 $\qquad b/t \leq \min[29\varepsilon_k + 0.25\lambda, 29\varepsilon_k + 30]$ (8.19b)

式中 $\quad b$ ——壁板的净宽度。

注意:长方箱形截面较宽壁板宽厚比限值应按式(8.19a)和式(8.19b)取值,并乘以按下式计算的调整系数:

$$\alpha_r = 1.12 - \frac{1}{3}(\eta - 0.4)^2$$ (8.20)

式中 $\quad\eta$ ——箱形截面宽度和高度之比,$\eta \leq 1.0$。

④圆管压杆:圆管压杆的外径与壁厚之比不应超过 $100\varepsilon_k^2$。

注意:(1)当轴压构件的压力小于稳定承载力 $\varphi f A$ 时,可将其板件宽厚比限值由上述公式算得后乘以放大系数 $\alpha = \sqrt{\varphi f A/N}$。

(2)若其腹板的高厚比不满足现行规范的要求时,可采用下列措施之一:

①采用有效截面法验算构件的强度和稳定性。

采用有效截面法验算构件的强度和稳定性时,其有效截面取全部翼缘面积与图 8.4(a)中腹板阴影部分之和,但在计算构件的稳定系数时,仍取腹板的全部面积。

②配置纵向加劲肋。在腹板两侧配置成对的纵向加劲肋(图 8.4(b)),使腹板在较大翼缘与纵向加劲肋之

间的高厚比满足现行规范对高厚比的要求。

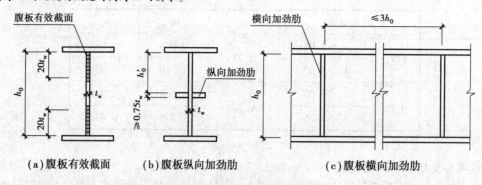

| (a)腹板有效截面 | (b)腹板纵向加劲肋 | (c)腹板横向加劲肋 |

图8.4 受压构件腹板的补强

(4)轴心受压柱的刚度验算

轴心受压柱的刚度验算是通过其长细比来控制的。其长细比不宜大于120,即两主轴方向的最大长细比应满足下式要求:

$$\lambda_{max}(\lambda_x,\lambda_y) \leqslant 120 \tag{8.21}$$

3)轴心受压柱的构造要求

对于大型实腹柱,在较大水平力处及运送单元的端部,应设置横隔。横隔板的间距不得大于柱截面较大宽度的9倍,且不应大于8 m。

H形、工字形和箱形截面轴压构件的腹板,当用纵向加劲肋加强以满足宽厚比限值时,加劲肋宜在腹板两侧成对配置,其腹板一侧的外伸宽度不应小于$10t_w$,厚度不应小于$0.75t_w$,其t_w为受压构件的腹板厚度。

当实腹柱的腹板计算高度与其厚度之比$h_0/t_w > 70\sqrt{235/f_y}$时,应采用横向加劲肋加强,加劲肋的间距不得大于$3h_0$(图8.4(c))。

8.2.2 框架柱

由于与梁刚接的框架柱,在轴向力和弯矩的共同作用下,兼有压杆和梁的特点,属压弯或拉弯构件,其受力相对复杂,所以通常凭经验预估截面,然后按现行《钢结构设计规范》(GB 50017)的相应公式进行验算。其验算方法可参见现行《钢结构设计规范》(GB 50017)或钢结构原理课程的相关教材,故此处不予赘述。下面仅就前期课程教材没有介绍的某些特殊规定简述如下。

1)框架柱的截面初选

对于仅沿一个方向与梁刚性连接的框架柱,宜采用H形截面,并将柱腹板置于刚接框架平面内;对于在相互垂直的两个方向均与梁刚性连接的框架柱,宜采用箱形截面或十字形截面。

一般而言,框架柱受力复杂。因此,设计时通常在选定截面形式后,凭经验预估其截面尺寸。

2)框架柱的验算

(1)框架柱的强度

与梁刚接的框架柱,属于压弯或拉弯构件。由于轴心压力的存在,柱中出现塑性铰的弯矩比梁中塑性铰弯矩低。根据现行《钢结构设计规范》（GB 50017）的规定,弯矩作用于两个主平面内（圆形截面）的压弯构件和拉弯构件,考虑其截面局部发展塑性变形,其强度应按式(8.22)计算:

$$\sigma = \frac{N}{A_n} \pm \frac{M_x}{\gamma_x W_{nx}} \pm \frac{M_y}{\gamma_y W_{ny}} \leqslant f \tag{8.22}$$

弯矩作用在两个主平面内的圆形截面拉弯构件和压弯构件,其截面强度应按下列规定计算:

$$\frac{N}{A_n} + \frac{\sqrt{M_x^2 + M_y^2}}{\gamma_m W_n} \leqslant f \tag{8.23}$$

式中 N——验算截面的轴心压力或轴心拉力设计值;

A_n——验算截面的净截面面积;

M_x, M_y——验算截面处绕强轴和弱轴的弯矩;

W_{nx}, W_{ny}——验算截面处绕强轴和弱轴的净截面模量（抵抗矩）;

γ_x, γ_y——截面塑性发展系数,非抗震设防时按《钢结构设计规范》（GB 50017）中的规定采用,抗震设防时应取 $\gamma_x = \gamma_y = 1.0$;

f——钢材的强度设计值,抗震设计时,应除以抗震调整系数0.75;

γ_m——圆形构件的截面塑性发展系数,对于实腹圆形截面取1.2,圆管截面取1.15;

W_n——构件的净截面模量。

注意:当单轴受弯时,令式(8.22)、式(8.23)中的一项弯矩为零即可。

(2)框架柱的整体稳定

①单向压弯:弯矩作用于对称轴平面内（如绕 x 轴）的实腹式压弯构件（圆管截面除外）,其弯矩作用平面内的整体稳定,应按式(8.24)计算:

$$\sigma = \frac{N}{\varphi_x A} + \frac{\beta_{mx} M_x}{\gamma_x W_{1x}\left(1 - 0.8\dfrac{N}{N'_{Ex}}\right)} \leqslant f \tag{8.24}$$

而弯矩作用平面外的整体稳定,则应按式(8.25)计算:

$$\sigma = \frac{N}{\varphi_y A} + \eta \frac{\beta_{tx} M_x}{\varphi_b W_{1x}} \leqslant f \tag{8.25}$$

式中 N——所验算构件段范围内的轴心压力设计值;

A——验算截面的毛截面面积;

M_x——所验算构件段范围内的最大弯矩;

W_{1x}——在弯矩作用平面内对较大受压纤维的毛截面模量（抵抗矩）;

γ_x——截面塑性发展系数,非抗震设防时按《钢结构设计规范》（GB 50017）中的规定采用,抗震设防时应取 $\gamma_x = \gamma_y = 1.0$;

f——钢材的强度设计值,抗震设计时,应除以抗震调整系数0.80。

φ_x, φ_y——弯矩作用平面内、外的轴心受压构件稳定系数;

N'_{Ex}——参数,$N'_{Ex} = \pi^2 EA/(1.1\lambda_x^2)$;

E——钢材的弹性模量

λ_x——构件对 x 轴的长细比;

φ_b——均匀弯曲的受弯构件整体稳定系数,对于箱形截面可取 $\varphi_b = 1.0$,对于双轴对称

的 H 形截面,$\varphi_b = 1.07 - \dfrac{\lambda_y^2}{44\,000} \cdot \dfrac{f_{ay}}{235}$;

η——截面影响系数,箱形截面 $\eta = 0.7$,其他截面 $\eta = 1.0$;

β_{mx}, β_{tx}——等效弯矩系数,按《钢结构设计规范》(GB 50017)中的有关规定采用。

②双向受弯:

a. 双向弯矩作用于两个主平面内的双轴对称实腹式 H 形截面和箱形截面的压弯构件,其整体稳定应按下式计算:

强轴平面内稳定 $\qquad \sigma = \dfrac{N}{\varphi_x A} + \dfrac{\beta_{mx} M_x}{\gamma_x W_{1x}\left(1 - 0.8\dfrac{N}{N'_{Ex}}\right)} + \eta\dfrac{\beta_{ty} M_y}{\varphi_{by} W_{1y}} \leqslant f$ (8.26)

弱轴平面内稳定 $\qquad \sigma = \dfrac{N}{\varphi_y A} + \eta\dfrac{\beta_{tx} M_x}{\varphi_{bx} W_{1x}} + \dfrac{\beta_{my} M_y}{\gamma_y W_{1y}\left(1 - 0.8\dfrac{N}{N'_{Ey}}\right)} \leqslant f$ (8.27)

式中 $\quad M_x, M_y$——所验算构件段范围内对强轴和弱轴的最大弯矩;

W_{1x}, W_{1y}——验算截面处绕强轴和弱轴的毛截面模量(抵抗矩);

γ_x, γ_y——截面塑性发展系数,非抗震设防时按《钢结构设计规范》(GB 50017)中的规定

采用,抗震设防时应取 $\gamma_x = \gamma_y = 1.0$;

f——钢材的强度设计值,抗震设计时应除以抗震调整系数 0.80。

φ_x, φ_y——对强轴和弱轴的轴心受压构件稳定系数;

N'_{Ex}, N'_{Ey}——参数,$N'_{Ex} = \pi^2 EA/(1.1\lambda_x^2)$,$N'_{Ey} = \pi^2 EA/(1.1\lambda_y^2)$;

E——钢材的弹性模量;

λ_x, λ_y——构件对 x 轴和 y 轴的长细比;

$\varphi_{bx}, \varphi_{by}$——均匀弯曲的受弯构件整体稳定系数,箱形截面:$\varphi_{bx} = \varphi_{by} = 1.0$,双轴对称的 H

形截面:$\varphi_{bx} = \varphi_{by} = 1.07 - \dfrac{\lambda_y^2}{44\,000} \cdot \dfrac{f_{ay}}{235}$;

η——截面影响系数,箱形截面 $\eta = 0.7$,其他截面 $\eta = 1.0$;

β_{mx}, β_{my}——等效弯矩系数,按《钢结构设计规范》(GB 50017)中的弯矩作用平面内的稳

定计算有关规定采用;

β_{tx}, β_{ty}——等效弯矩系数,按《钢结构设计规范》(GB 50017)中弯矩作用平面外的稳定计

算有关规定采用。

b. 当柱段中没有很大横向力或集中弯矩时,双向压弯圆管的整体稳定按下式计算:

$$\dfrac{N}{\varphi A} + \dfrac{\beta M}{\gamma_m W\left(1 - 0.8\dfrac{N}{N'_{Ex}}\right)} \leqslant f \qquad (8.28)$$

$$M = \max\left(\sqrt{M_{xA}^2 + M_{yA}^2},\ \sqrt{M_{xB}^2 + M_{yB}^2}\right) \qquad (8.29)$$

$$\beta = \beta_x \beta_y \qquad (8.30)$$

$$\beta_x = 1 - 0.35\sqrt{N/N_E} + 0.35\sqrt{N/N_E}\,(M_{2x}/M_{1x}) \qquad (8.31a)$$

$$\beta_y = 1 - 0.35\sqrt{N/N_E} + 0.35\sqrt{N/N_E}\,(M_{2y}/M_{1y}) \qquad (8.31b)$$

$$N_{\rm E} = \frac{\pi^2 EA}{\lambda^2} \qquad (8.32)$$

式中 φ——轴心受压构件的整体稳定系数，按构件最大长细比取值；

    M——计算双向压弯圆管构件整体稳定时采用的弯矩值；

    $M_{xA}, M_{yA}, M_{xB}, M_{yB}$——分别为构件 A 端关于 x, y 轴的弯矩和构件 B 端关于 x, y 轴的弯矩；

    β——计算双向压弯整体稳定时采用的等效弯矩系数；

    $M_{1x}, M_{2x}, M_{1y}, M_{2y}$——分别为构件两端关于 x 轴的最大、最小弯矩，关于 y 轴的最大、最小弯矩，同曲率时取同号，异曲率时取负号；

    $N_{\rm E}$——根据构件最大长细比计算的欧拉力。

（3）框架柱的计算长度

现行的国内、外结构设计规范，基本都不直接计算结构的整体稳定，而是通过对组成结构的框架柱的稳定分析来间接控制结构的整体稳定，即先按一阶弹性分析或二阶弹性分析方法计算结构由多种荷载产生的内力设计值，然后把框架柱作为单独的压弯构件来设计。由于该法在设计框架柱时应用了计算长度的概念，因此常被称为计算长度法或有效长度法。其计算长度等于该层柱的高度乘以计算长度系数。等截面框架柱在框架平面内的计算长度系数，按下列规定确定：

①无支撑纯框架体系（有侧移框架）：

a. 当采用一阶弹性分析方法计算框架内力时，框架柱的计算长度系数 μ 应按有侧移框架确定，即按表 8.9 的规定取值。为便于计算机使用，其计算长度系数亦可采用近似公式（8.33）计算：

$$\mu = \sqrt{\frac{1.6 + 4(K_1 + K_2) + 7.5K_1K_2}{K_1 + K_2 + 7.5K_1K_2}} \qquad (8.33)$$

式中 K_1, K_2——交于柱上、下端的横梁线刚度之和与柱线刚度之和的比值。

表 8.9   有侧移框架柱的计算长度系数 μ

K_2 \ K_1	0	0.05	0.1	0.2	0.3	0.4	0.5	1	2	3	4	5	≥10
0	∞	6.02	4.46	3.42	3.01	2.78	2.64	2.33	2.17	2.11	2.08	2.07	2.03
0.05	6.02	4.16	3.47	2.86	2.58	2.42	2.31	2.07	1.94	1.90	1.87	1.86	1.83
0.1	4.46	3.47	3.01	2.56	2.33	2.20	2.11	1.90	1.79	1.75	1.73	1.72	1.70
0.2	3.42	2.86	2.56	2.23	2.05	1.94	1.87	1.70	1.60	1.57	1.55	1.54	1.52
0.3	3.01	2.58	2.33	2.05	1.90	1.80	1.74	1.58	1.49	1.46	1.45	1.44	1.42
0.4	2.78	2.24	2.20	1.94	1.80	1.71	1.65	1.50	1.42	1.39	1.37	1.37	1.35
0.5	2.64	2.31	2.11	1.87	1.74	1.65	1.59	1.45	1.37	1.34	1.32	1.32	1.30
1	2.33	2.07	1.90	1.70	1.58	1.50	1.45	1.32	1.24	1.21	1.19	1.19	1.17
2	2.17	1.94	1.79	1.60	1.49	1.42	1.37	1.24	1.16	1.14	1.12	1.12	1.10
3	2.11	1.90	1.75	1.57	1.46	1.39	1.34	1.21	1.14	1.11	1.10	1.09	1.07

续表

K_2 \ K_1	0	0.05	0.1	0.2	0.3	0.4	0.5	1	2	3	4	5	≥10
4	2.08	1.87	1.73	1.55	1.45	1.37	1.32	1.20	1.12	1.10	1.08	1.08	1.06
5	2.07	1.86	1.72	1.54	1.44	1.37	1.32	1.19	1.12	1.09	1.08	1.07	1.05
≥10	2.03	1.83	1.70	1.52	1.42	1.35	1.30	1.17	1.10	1.07	1.06	1.05	1.03

注:①K_1,K_2——相交于柱上端、柱下端的横梁线刚度之和与柱线刚度之和的比值。

②若与所考虑的柱相连的梁远端出现以下情况,则在计算 K_1、K_2 时梁的线刚度首先应进行修正:

a. 当梁的远端铰接时,梁的线刚度应乘以 0.5;

b. 当梁的远端固接时,梁的线刚度应乘以 2/3;

c. 当梁近端与柱铰接时,梁的线刚度为 0。

③对底层框架柱,K_2 应符合以下规定:

a. 下端铰接且具有明确转动可能时,$K_2 = 0$;

b. 下端采用平板式铰支座时,$K_2 = 0.1$;

c. 下端刚接时,$K_2 = 10$。

④当与柱刚接的横梁承受的轴力很大时,横梁线刚度应进行折减,折减系数 α 为:

横梁远端与柱刚接时,$\alpha = 1 - N_b/4N_{Eb}$;

横梁远端铰接时,$\alpha = 1 - N_b/N_{Eb}$;

横梁远端嵌固时,$\alpha = 1 - N_b/2N_{Eb}$。

式中:N_b 为柱轴力,$N_{Eb} = \pi^2 EI_b/l_b^2$,此处,$I_b$ 和 l_b 分别为横梁的惯性矩和长度。

b. 当采用二阶弹性分析方法计算框架内力时,框架柱的计算长度系数 $\mu = 1.0$。

c. 纯框架结构当设有摇摆柱时,由式(8.33)计算得到的框架柱的计算长度系数应乘以下列放大系数 η:

$$\eta = \sqrt{1 + \frac{\sum (N_1/h_1)}{\sum (N_f/h_f)}} \qquad (8.34)$$

式中 $\sum (N_f/h_f)$ —— 本层各框架柱轴心压力设计值与柱子高度比值之和;

$\sum (N_1/h_1)$ —— 本层各摇摆柱轴心压力设计值与柱子高度比值之和。

摇摆柱本身的计算长度系数为 1.0。

d. 支撑框架采用线性分析设计时,框架柱的计算长度系数应按下列规定采用:

(a)当不考虑支撑对框架稳定的支承作用,框架柱的计算长度按式(8.33)计算;

(b)当框架柱的计算长度系数取 1.0,或取无侧移失稳对应的计算长度系数时,应保证支撑能对框架的侧向稳定提供支承作用;

(c)当支撑构件的应力比 ρ 满足式(8.35)的要求时,可认为能对框架提供充分支承。

$$\rho \leqslant 1 - 3\theta \qquad (8.35)$$

式中 θ ——所考虑柱所在楼层的二阶效应系数。

②有支撑框架体系:我国现行《钢结构设计规范》(GB 50017)将有支撑框架,根据其抗侧移刚度的大小,将其分为强支撑框架和弱支撑框架两类。当支撑结构(竖向支撑、剪力墙、竖向筒体等)的抗侧移刚度(产生单位侧倾角的水平力)S_b 满足式(8.36)的要求时,为强支撑框架,否则为弱支撑框架。

$$S_b \geqslant \frac{3.6K_0}{1-\rho}, \quad \rho = \frac{H_i}{H_{i,\rho}} \tag{8.36}$$

式中　$H_i, H_{i,\rho}$——第 i 层支撑所分担的水平力和所能抵抗的水平力；

$\quad\quad K_0$——多层框架柱的层侧移刚度；

$\quad\quad S_b$——支撑系统的层侧移刚度。

a. 强支撑框架(无侧移框架)柱的计算长度系数。强支撑框架柱的计算长度系数 μ 应按无侧移框架确定,即按表 8.10 的规定取值。为便于计算机使用,其计算长度系数亦可采用近似公式(8.37)计算：

$$\mu = \sqrt{\frac{(1+0.41K_1)(1+0.41K_2)}{(1+0.82K_1)(1+0.82K_2)}} \tag{8.37}$$

表 8.10　无侧移框架柱的计算长度系数 μ

K_2 ＼ K_1	0	0.05	0.1	0.2	0.3	0.4	0.5	1	2	3	4	5	≥10
0	1.000	0.990	0.981	0.964	0.949	0.935	0.922	0.875	0.820	0.791	0.773	0.760	0.732
0.05	0.990	0.981	0.971	0.955	0.940	0.926	0.914	0.867	0.814	0.784	0.766	0.754	0.726
0.1	0.981	0.971	0.962	0.946	0.931	0.918	0.906	0.860	0.807	0.778	0.760	0.748	0.721
0.2	0.964	0.955	0.946	0.930	0.916	0.903	0.891	0.846	0.795	0.767	0.749	0.737	0.711
0.3	0.949	0.940	0.931	0.916	0.902	0.889	0.787	0.834	0.784	0.756	0.739	0.728	0.701
0.4	0.935	0.926	0.918	0.903	0.889	0.877	0.866	0.823	0.774	0.747	0.730	0.719	0.693
0.5	0.922	0.914	0.906	0.891	0.878	0.866	0.855	0.813	0.795	0.738	0.721	0.710	0.685
1	0.875	0.867	0.860	0.846	0.834	0.823	0.813	0.774	0.729	0.704	0.688	0.677	0.654
2	0.820	0.814	0.807	0.795	0.784	0.774	0.765	0.729	0.686	0.663	0.648	0.638	0.615
3	0.791	0.784	0.778	0.767	0.756	0.747	0.738	0.704	0.663	0.640	0.625	0.616	0.593
4	0.773	0.766	0.760	0.749	0.739	0.730	0.721	0.688	0.648	0.625	0.611	0.601	0.580
5	0.760	0.754	0.748	0.737	0.728	0.719	0.710	0.677	0.638	0.616	0.601	0.592	0.570
≥10	0.732	0.726	0.721	0.711	0.701	0.693	0.685	0.654	0.615	0.593	0.580	0.570	0.549

注：①K_1, K_2——相交于柱上端、柱下端的横梁线刚度之和与柱线刚度之和的比值。

②若与所考虑的柱相连的梁远端出现以下情况,则在计算 K_1、K_2 时梁的线刚度首先应进行修正：

　a. 当梁的远端铰接时,梁的线刚度应乘以 1.5；

　b. 当梁的远端固接时,梁的线刚度应乘以 2；

　c. 当梁近端与柱铰接时,梁的线刚度为 0。

③对底层框架柱,K_2 应符合以下规定：

　a. 下端铰接且具有明确转动可能时,$K_2 = 0$；

　b. 下端采用平板式铰支座时,$K_2 = 0.1$；

　c. 下端刚接时,$K_2 = 10$。

④当与柱刚接的横梁承受的轴力很大时,横梁线刚度应进行折减,折减系数 α 为：

　横梁远端与柱刚接时,$\alpha = 1 - N_b/N_{Eb}$；

　横梁远端铰接时,$\alpha = 1 - N_b/N_{Eb}$；

　横梁远端嵌固时,$\alpha = 1 - N_b/2N_{Eb}$。

　式中：N_b 为柱轴力,$N_{Eb} = \pi^2 EI_b/l_b^2$,此处,$I_b$ 和 l_b 分别为横梁的惯性矩和长度。

b. 弱支撑框架。由于弱支撑框架的抗侧移刚度介于强支撑框架（无侧移框架）和无支撑纯框架（有侧移框架）的抗侧移刚度之间，所以弱支撑框架柱的轴心受压杆稳定系数 φ 应按式(8.38)求得。

$$\varphi = \varphi_0 + (\varphi_1 - \varphi_0)\frac{(1-\rho)S_{\mathrm{b}}}{3K_0} \tag{8.38}$$

式中　φ_1, φ_0——框架柱按无侧移框架和有侧移框架柱的计算长度系数算得的轴心压杆稳定系数。

（4）框架柱的局部稳定

框架柱的局部稳定是通过其板件宽厚比来控制。非抗震设防的框架柱板件宽厚比，可按我国现行《钢结构设计规范》（GB 50017）的规定采用；抗震设防的框架柱板件宽厚比，不应大于表8.3 所规定的限值。

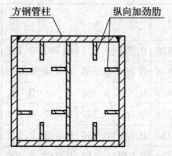

图 8.5　箱形柱的纵向加劲肋

注意：

①框架-支撑体系中的框架，当房屋高度未超过100 m，且框架部分（总框架）所承担的水平地震作用不大于结构底部总地震剪力的25%时，对于按8,9 度抗震设防的框架柱的板件宽厚比限值，可按降低一级的要求采用；

②对于因建筑功能布局等要求所形成的"强柱弱梁型"框架，为使其钢柱能耐受较大侧移而不发生局部失稳，其板件宽厚比限值宜比表8.3 控制的更严一些；

③当箱形柱的板件宽厚比超过限值时，也可采取在管内加焊纵向加劲肋（图8.5）等措施，以满足其局部稳定的要求。

（5）框架柱的刚度

框架柱的刚度是通过控制其长细比来实现的。非抗震设防和按6 度抗震设防的结构，其柱长细比 λ 不应大于 $120\sqrt{235/f_y}$。为了保证框架柱具有较好的延性和稳定性，地震区框架柱的长细比应满足下列规定：

①多层框架。按7 度及以上抗震设防时，多层框架柱的长细比 λ，抗震等级为一级不应大于 $60\sqrt{235/f_{\mathrm{ay}}}$，二级不应大于 $80\sqrt{235/f_{\mathrm{ay}}}$，三级不应大于 $100\sqrt{235/f_{\mathrm{ay}}}$，四级时不应大于 $120\sqrt{235/f_{\mathrm{ay}}}$。

②高层框架。按7 度及以上抗震设防时，高层框架柱的长细比 λ，抗震等级为一级不应大于 $60\sqrt{235/f_{\mathrm{ay}}}$，二级不应大于 $70\sqrt{235/f_{\mathrm{ay}}}$，三级不应大于 $80\sqrt{235/f_{\mathrm{ay}}}$，四级时不应大于 $100\sqrt{235/f_{\mathrm{ay}}}$。

3）抗震承载力验算（对强柱弱梁的要求）

为使框架在水平地震作用下进入弹塑性阶段工作时，避免发生楼层屈服机制，实现总体屈服机制，以增大框架的消能容量，因此框架柱和梁应按"强柱弱梁"的原则设计。为此柱端应比梁端有更大的承载力储备。对于抗震设防的框架柱，在框架的任一节点处，汇交于该节点的、位于验算平面内的各柱截面的塑性抵抗矩和各梁截面的塑性抵抗矩宜满足下式要求：

等截面梁

$$\sum W_{\mathrm{pc}}(f_{\mathrm{yc}} - N/A_{\mathrm{c}}) \geqslant \eta \sum W_{\mathrm{pb}}f_{\mathrm{yb}} \tag{8.39a}$$

端部翼缘变截面的梁

$$\sum W_{pc}(f_{yc} - N/A_c) \geq \sum (\eta W_{pbl}f_{yb} + V_{bp}s) \qquad (8.39b)$$

式中 W_{pc}, W_{pb}——分别为计算平面内交汇于节点的柱和梁的塑性截面模量;

         W_{pbl}——梁塑性铰所在截面的梁塑性截面模量;

         f_{yc}, f_{yb}——分别为柱和梁钢材的屈服强度;

         N——按多遇地震作用组合计算出的柱轴向压力设计值;

         A_c——框架柱的截面面积;

         η——强柱系数,一级取 1.15,二级取 1.10,三级取 1.05;

         V_{pb}——梁塑性铰剪力;

         s——塑性铰至柱面的距离,塑性铰可取梁端部变截面翼缘的最小处。

注意:(1)当符合下列条件之一时,可不遵循"强柱弱梁"的设计原则(即不需满足式(8.39)的要求):

①柱所在层的受剪承载力比上一层的受剪承载力高出 25%;

②柱轴压比不超过 0.4;

③柱作为轴心受压构件,在 2 倍地震力作用下的稳定性仍能得到保证时,即 $N_2 \leq \varphi A_c f$(N_2 为 2 倍地震作用下的组合轴力设计值);

④与支撑斜杆相连的节点。

(2)在罕遇地震作用下不可能出现塑性铰的部分,框架柱和梁当不满足式(8.39)的要求时,则需控制柱的轴压比。此时,框架柱应满足式(8.40)的要求:

$$N \leq 0.6A_c f \qquad (8.40)$$

式中 f——柱钢材抗压强度设计值。

4)框筒结构柱的验算

框筒结构柱应符合下列要求:

$$\frac{N_c}{A_c} \leq \beta f \qquad (8.41)$$

式中 N_c——框筒结构柱在地震作用组合下的最大轴向压力设计值;

         A_c——框筒结构柱截面面积;

         f——框筒结构柱钢材强度设计值;

         β——系数,一、二、三级时取 0.75,四级时取 0.80。

5)托墙柱的内力调整

对于承托钢筋混凝土抗震墙的钢框架柱或转换层下的钢框架柱,在进行多遇地震作用下构件承载力验算时,由地震作用产生的内力,应乘以增大系数 1.5。

6)框架柱的构造要求

箱形截面框架柱角部的拼装焊缝,应采用部分熔透的 V 形或 U 形焊缝,其焊缝厚度不应小于板厚的 1/3,且不应小于 14 mm;对于抗震设防结构,焊缝厚度不应小于板厚的 1/2(图 8.6(a))。

当钢梁与柱刚性连接时,H 形截面框架柱与腹板的连接焊缝和箱形截面框架柱的角部拼装焊缝,在钢梁上、下翼缘的上、下各 500 mm 的区段内,应采用坡口全熔透焊缝(图 8.6(b)),以保证地震时该范围柱段进入塑性状态时不被破坏。

十字形截面框架柱可采用厚钢板拼装焊接而成(图 8.7(a)),或者采用一个 H 型钢和两个剖分 T 型钢焊接而成(图 8.7(b))。其拼装焊缝均应采用部分熔透的 K 形剖口焊缝,每条焊缝深度不应小于板厚的 1/3。

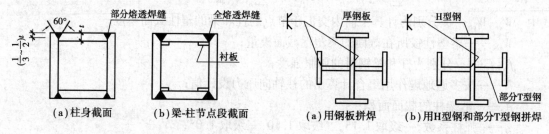

(a)柱身截面　(b)梁-柱节点段截面

图 8.6　焊接箱形柱的角部拼装焊缝

(a)用钢板拼焊　(b)用H型钢和部分T型钢拼焊

图 8.7　十字形截面柱的拼装焊接

8.3　支撑设计

根据支撑斜杆轴线与框架梁、柱轴线交点的区别,可将竖向支撑划分为中心支撑和偏心支撑两大类。根据支撑斜杆是否被约束消能情况,又可将其分为约束屈曲支撑与非约束屈曲支撑(如中心支撑和偏心支撑)两种。

中心支撑是指支撑斜杆的轴线与框架梁、柱轴线的交点汇交于同一点的支撑,所以中心支撑又称轴交支撑(图 8.8)。而偏心支撑是在构造上使支撑斜杆轴线偏离梁和柱轴线交点(在支撑与柱之间或支撑与支撑之间形成一段称为消能梁段的短梁)的支撑,所以偏心支撑又称偏交支撑 (8.12)。而约束屈曲支撑则是将支撑芯材通过刚度相对较大的约束部件约束,使芯材在压力作用下屈服而不屈曲,通过芯材屈服消能。

实际工程中,抗风及抗震设防烈度为 7 度以下时,可采用非约束屈曲支撑中的中心支撑;抗震设防烈度为 8 度及以上时,宜采用偏心支撑或约束屈曲支撑。

8.3.1　中心支撑

1)中心支撑的类型及应用

中心支撑包括十字交叉(X 形)支撑、单斜杆支撑、人字形或 V 形支撑、K 形支撑等形式,如图 8.8 所示。

(a)X形支撑　(b)单斜杆支撑　(c)人字形支撑　(d)V形支撑　(e)K形支撑

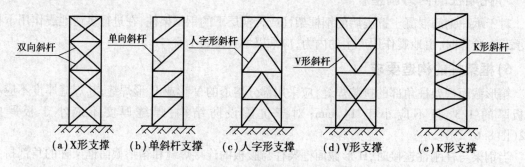

图 8.8　中心支撑的类型

在多高层建筑钢结构中,宜采用十字交叉(X 形)支撑、单斜杆支撑、人字形或 V 形支撑。特别是十字交叉支撑、人字形或 V 形支撑,在弹性工作阶段具有较大的刚度,层间位移小,能很好地满足正常使用的功能要求,因此在非抗震高层钢结构中最常应用;K 形支撑的交点位于柱上,在地震力作用下可能因受压斜杆屈曲或受拉斜杆屈服而引起较大的侧向变形,从而使柱中部受力而屈曲破坏,故在抗震结构中,不得采用 K 形支撑体系。

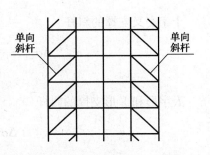

当采用只能受拉的单斜杆体系时,必须设置两组不同倾斜方向的支撑,即单斜杆对称布置(图 8.9),且每层中不同方向斜杆的截面面积在水平方向的投影面积之差不

图 8.9 单斜杆支撑的对称布置

得大于 10%,以保证结构在两个方向具有大致相同的抗侧力能力。

2)支撑斜杆截面选择

支撑斜杆宜采用轧制或焊接 H 型钢、箱形截面、圆管等双轴对称截面,如图 8.10 所示。

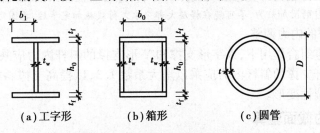

(a)工字形　　　(b)箱形　　　(c)圆管

图 8.10 支撑斜杆的截面形式

注意:设防烈度为 8、9 度时,若支撑斜杆采用焊接工字形截面,其翼缘与腹板的连接宜采用全熔透连续焊缝。

3)支撑杆件的内力计算

计算支撑杆件的内力时,其中心支撑斜杆可按两端铰接杆件,根据第 6 章"作用效应计算及其组合"中的相关方法进行,并应考虑施工过程逐层加载及各受力构件的变形对支撑内力的影响。

(1)附加剪力

在重力和水平力(风荷载或多遇地震作用)下,支撑除作为竖向桁架斜杆承受水平荷载引起的剪力外,还承受水平位移和重力荷载产生的附加弯曲效应(P-Δ 效应)。故计算支撑内力时,还应计入按式(8.42)计算的由附加弯曲效应引起的附加剪力的影响。

$$V_i = 1.2 \frac{\Delta u_i}{h_i} \sum G_i \tag{8.42}$$

式中　h_i——计算楼层的高度;

　　$\sum G_i$——计算楼层以上的全部重力;

　　Δu_i——计算楼层的层间位移。

注意:人字形和 V 形支撑,尚应考虑支撑所在跨梁传来的楼面垂直荷载以及钢梁挠度对支撑斜杆内力的影响。

(2)附加压应力

对于十字交叉支撑、人字形支撑和 V 形支撑的斜杆,尚应计入柱在重力作用下的弹性压缩变形在斜杆中引起的附加压应力。附加压应力可按下式计算:

十字交叉支撑的斜杆

$$\Delta\sigma_{\mathrm{br}} = \frac{\sigma_{\mathrm{c}}}{\left(\dfrac{l_{\mathrm{br}}}{h}\right)^2 + \dfrac{h}{l_{\mathrm{br}}} \cdot \dfrac{A_{\mathrm{br}}}{A_{\mathrm{c}}} + 2\dfrac{b^3}{l_{\mathrm{br}}h^2} \cdot \dfrac{A_{\mathrm{br}}}{A_{\mathrm{b}}}} \tag{8.43}$$

人字形和 V 形支撑的斜杆

$$\Delta\sigma_{\mathrm{br}} = \frac{\sigma_{\mathrm{c}}}{\left(\dfrac{l_{\mathrm{br}}}{h}\right)^2 + \dfrac{b^3}{24 l_{\mathrm{br}}} \cdot \dfrac{A_{\mathrm{br}}}{I_{\mathrm{b}}}} \tag{8.44}$$

式中　σ_{c}——斜杆端部连接固定后,该楼层以上各层增加的恒荷载和活荷载产生的柱压应力;

　　　　l_{br}——支撑斜杆长度;

　　　　b, I_{b}, h——分别为支撑所在跨梁的长度、绕水平主轴的惯性矩和楼层高度;

　　　　$A_{\mathrm{br}}, A_{\mathrm{c}}, A_{\mathrm{b}}$——分别为计算楼层的支撑斜杆、支撑跨的柱和梁的截面面积。

注意:为了减少斜杆的附加应力,尽可能在楼层大部分永久荷载施加完毕后,再固定斜撑端部的连接。

(3)抗震设防时的内力调整

在多遇地震效应组合作用下,人字形支撑和 V 形支撑的斜杆内力应乘以增大系数 1.5,十字交叉支撑和单斜杆支撑的斜杆内力应乘以增大系数 1.3,以提高支撑斜杆的承载力,避免在大震时出现过大的塑性变形。

4)支撑杆件的截面验算

组成支撑系统的横梁和柱,分别按 8.1 节、8.2 节与 8.3 节的方法进行。其支撑斜杆,当采用十字交叉支撑或成对的单斜杆支撑时,非抗震设计可按轴拉杆件进行,抗震设计可按轴压设计;其余形式的支撑斜杆均按轴压设计。压杆设计需验算其强度、整体稳定、局部稳定和刚度;拉杆设计仅需验算其强度和刚度即可。其强度验算按 8.2 节的方法进行,其余验算按如下方法进行。

(1)整体稳定验算

在多遇地震效应组合作用下,其斜杆整体稳定性应按下列公式验算:

$$\frac{N_{\mathrm{br}}}{\varphi A_{\mathrm{br}}} \leqslant \psi f / \gamma_{\mathrm{RE}}, \quad \psi = \frac{1}{1 + 0.35 \lambda_{\mathrm{n}}} \tag{8.45}$$

式中　N_{br}——支撑斜杆的轴心压力设计值;

　　　　φ——轴心压力构件的整体稳定系数;

　　　　ψ——受循环荷载时的设计强度降低系数,对于 Q235 钢,其值可按表 8.11 采用;

　　　　λ_{n}——支撑斜杆的正则化长细比,按式 $\lambda_{\mathrm{n}} = \dfrac{\lambda}{\pi}\sqrt{\dfrac{f_{\mathrm{y}}}{E}}$ 计算;

　　　　f——钢材强度设计值;

　　　　γ_{RE}——支撑承载力抗震调整系数,取 0.80。

表 8.11　Q235 钢强度降低系数

杆件长细比 λ	50	70	90	120
ψ 值	0.84	0.79	0.75	0.69

(2)局部稳定验算

支撑斜杆的局部稳定是通过限制板件宽厚比来实现的。按非抗震设计的结构,支撑斜杆板件宽厚比可按现行《钢结构设计规范》(GB 50017)的规定采用;按抗震设计的结构,支撑斜杆的板件宽厚比应比钢梁按塑性设计要求更严格一些。中心支撑斜杆的板件宽厚比不应超过表8.12所规定的限值。采用节点板连接时，应注意节点板的强度和稳定。

表8.12 钢结构中心支撑板件宽厚比限值

板件名称	一级	二级	三级	四级
翼缘外伸部分	8	9	10	13
工字形截面腹板	25	26	27	33
箱形截面壁板	18	20	25	30
圆管外径与壁厚比	38	40	40	42

注：①表列数值适用于Q235钢，采用其他牌号钢材应乘以 $\sqrt{235/f_{ay}}$，圆管应乘以 $235/f_{ay}$；
②非抗震设计的支撑斜杆板件宽厚比可按四级的宽厚比限值采用。

（3）刚度验算

支撑斜杆的刚度是通过其长细比来控制的。中心支撑的斜杆长细比，按压杆设计时，不应大于 $120\sqrt{235/f_{ay}}$；一、二、三级中心支撑不得采用拉杆设计，四级采用拉杆设计时，其长细比不应大于 $180\sqrt{235/f_{ay}}$。

5）中心支撑的有关构造要求

①中心支撑斜杆的轴线，原则上应汇交于框架梁、柱轴线的交点，有困难时，斜杆轴线偏离梁、柱轴线交点的距离不应超过斜杆的截面宽度；

②人字形支撑和V形支撑的中间节点，两个方向斜杆的轴线应与梁轴线交汇于一点；

③人字形支撑和V形支撑的横梁，其跨中部位与支撑斜杆的连接处，应保持整根梁连续通过，并应在连接处设置水平侧向撑杆，此时梁的侧向长细比应符合表8.2的规定；

④沿竖向连续布置的支撑，其地面以下部分宜采用剪力墙的形式延伸至基础；

⑤在抗震设防的结构中，支撑斜杆两端与框架梁、柱的连接，在构造上应采取刚接；

⑥抗震设防烈度为7度及以上时，设置中心支撑的框架，其梁与柱的连接不得采用铰接；

⑦按8度及以上抗震设防的结构，宜采用带有消能装置的中心支撑体系（图8.11），此时，支撑斜杆的承载力应为消能装置滑动或屈服时承载力的1.5倍。

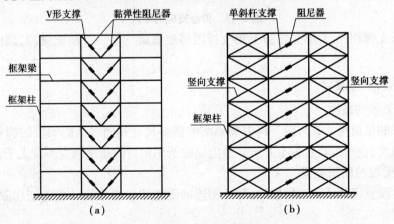

图8.11 带有阻尼器的中心支撑

8.3.2 偏心支撑

1)偏心支撑框架的性能与特点

偏心支撑框架的设计原则是强柱、强支撑和弱消能梁段,使其在大震时消能梁段屈服形成塑性铰,而柱、支撑和其他梁段仍保持弹性。

偏心支撑框架在弹性阶段呈现较好的刚度(其弹性刚度接近中心支撑框架),在大震作用下通过消能梁段的非弹性变形消能,达到抗震的目的,而支撑不屈曲,提高了整个结构体系的抗震可靠度。因此,偏心支撑框架是一种良好的抗震设防结构体系。

偏心支撑框架中的每根支撑斜杆,只能在一端与消能梁段相连。

为使偏心支撑斜杆能承受消能梁段的端部弯矩,支撑斜杆与横梁的连接应设计成刚接。

总层数超过 12 层的 8,9 度抗震设防钢结构,宜采用偏心支撑框架,但顶层可不设消能梁段,即在顶层改用中心支撑;在设置偏心支撑的框架跨,当首层(即底层)的弹性承载力等于或大于其余各层承载力的 1.5 倍时,首层也可采用中心支撑。

沿竖向连续布置的偏心支撑,在底层室内地坪以下,宜改用中心支撑或剪力墙的形式延伸至基础。

2)偏心支撑的类型

偏心支撑(亦叫偏交支撑),可分为如图 8.12 所示的 5 种形式。

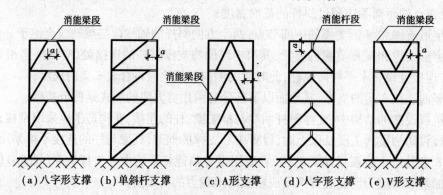

(a)八字形支撑　(b)单斜杆支撑　(c)A形支撑　(d)人字形支撑　(e)V形支撑

图 8.12　偏心支撑的形式

与八字形支撑相比,A 形支撑和 V 形支撑因每层横梁均多一个消能梁段,因而具有更大的消能容量。

3)消能梁段的设计

(1)消能梁段的截面

消能梁段的截面尺寸宜与同一跨内框架梁的截面尺寸相同。消能梁段的腹板不得贴焊补强板以提高强度,也不得在腹板上开洞。消能梁段所用钢材的屈服强度不应大于 345 MPa。

(2)消能梁段的屈服类型

各消能梁段宜设计成剪切屈服型;与柱相连的消能梁段必须设计成剪切屈服型,不应设计成弯曲屈服型。

消能梁段的净长 a 符合下式者为剪切屈服型,否则为弯曲屈服型。

$$a \leqslant 1.6M_{lp}/V_l \tag{8.46}$$

$$V_l = 0.58f_y h_0 t_w \text{ 或 } V_l = 2M_{lp}/a(\text{取较小值}) \tag{8.47}$$

$$M_{lp} = W_p f_y \tag{8.48}$$

式中 h_0, t_w ——消能梁段腹板计算高度和厚度;

W_p ——消能梁段截面的塑性抵抗矩;

V_l, M_{lp} ——消能梁段的塑性(屈服)受剪承载力和塑性(屈服)受弯承载力。

(3)消能梁段的净长

偏心支撑框架的抗推刚度,主要取决于消能梁段的长度与所在跨框架梁长度的比值。随着消能梁段的变短,其抗推刚度将逐渐接近于中心支撑框架;相反,随着消能梁段的变长,其抗推刚度逐渐减小,以至接近纯框架。因此,为使偏心支撑框架具有较大的抗推刚度,并使消能梁段能承受较大的剪力,一般宜采用较短的消能梁段,通常可取框架梁净长度的 0.1 ~ 0.15 倍。

我国现行《抗震规范》规定:当消能梁段承受的轴力 $N > 0.16Af$ 时,消能梁段的净长度应符合下列规定:

当 $\rho(A_w/A) < 0.3$ 时 $\qquad a \leqslant 1.6M_{lp}/V_l$ (8.49)

当 $\rho(A_w/A) \geqslant 0.3$ 时 $\qquad a \leqslant [1.15 - 0.5\rho(A_w/A)]1.6M_{lp}/V_l$ (8.50)

式中 N, V ——消能梁段承受的轴力和剪力设计值;

ρ ——消能梁段轴力和剪力设计值的比值,$\rho = N/V$;

A, A_w ——消能梁段的截面面积和腹板截面面积。

(4)消能梁段的强度验算

为了简化计算并确保消能梁段在全截面剪切屈服时具有足够的抗弯能力,消能梁段的截面设计宜采用"腹板受剪,翼缘承担弯矩和轴力"的设计原则。

①消能梁段的抗剪承载力验算。偏心支撑框架消能梁段的抗剪承载力,应按下列公式验算:

a. 当 $N \leqslant 0.15Af$ 时,不计轴力对受剪承载力的影响,即

$$V \leqslant \varphi V_l/\gamma_{RE} \tag{8.51}$$

b. 当 $N > 0.15Af$ 时,计及轴力对受剪承载力的影响,即

$$V \leqslant \varphi V_{lc}/\gamma_{RE} \tag{8.52}$$

$$V_{lc} = 0.58f_y h_0 t_w \sqrt{1 - N/(Af)^2} \text{ 或 } V_{lc} = 2.4M_{lp}[1 - N/(Af)]/a(\text{取较小值})$$

式中 φ ——修正系数,取 0.9;

f ——钢材的抗拉强度设计值;

γ_{RE} ——消能梁段承载力抗震调整系数,取 0.75;

其余字母含义同前。

②消能梁段的腹板强度验算。消能梁段腹板强度应按下式计算:

$$\frac{V_{lb}}{0.8 \times 0.58h_0 t_w} \leqslant \frac{f}{\gamma_{RE}} \tag{8.53}$$

③消能梁段的翼缘强度验算。消能梁段的翼缘强度应分别按下列公式计算:

a. 消能梁段净长 $a < 2.2M_{lp}/V_l$ 时 $\qquad \left(\dfrac{M_{lb}}{h_{lb}} + \dfrac{N_{lb}}{2}\right)\dfrac{1}{b_f t_f} \leqslant \dfrac{f}{\gamma_{RE}}$ (8.54)

b. 消能梁段净长 $a \geqslant 2.2M_{lp}/V_l$ 时 $\qquad \dfrac{M_{lb}}{W} + \dfrac{N_{lb}}{A_{lb}} \leqslant \dfrac{f}{\gamma_{RE}}$ (8.55)

式中　M_{lb}——消能梁段的弯矩设计值；

　　　W, h_{lb}——消能梁段截面抵抗矩和截面高度。

（5）消能梁段的板件宽厚比控制

消能梁段和非消能梁段的板件宽厚比，均不应大于表 8.13 及表 8.3 所规定的限值，以保证消能梁段屈服时的板件稳定。

表 8.13　偏心支撑框架梁的板件宽厚比限值

简　　图	板件所在部位		板件宽厚比限值
	翼缘外伸部分（b_1/t_f）		8
	腹板 $\left(\dfrac{h_0}{t_w}\right)$	当 $\dfrac{N}{Af} \leq 0.14$ 时	$90\left(1 - \dfrac{1.65N}{Af}\right)$
		当 $\dfrac{N}{Af} > 0.14$ 时	$33\left(2.3 - \dfrac{N}{Af}\right)$

注意：①A, N 分别为偏心支撑框架梁的截面面积和轴力设计值，f 为钢材的抗压强度设计值；

　　　②表列数值适用于 Q235 钢，当材料为其他钢号时，应乘以 $\sqrt{235/f_{ay}}$，f_{ay} 为钢材的屈服强度。

4）支撑斜杆设计

（1）支撑斜杆截面

支撑斜杆宜采用轧制 H 型钢或圆形或箱形等双轴对称截面。当支撑斜杆采用焊接工字形截面时，其翼缘与腹板的连接焊缝宜采用全熔透连续焊缝。

（2）偏心支撑斜杆的承载力验算

在多遇地震效应组合作用下，偏心支撑斜杆的强度应按 8.2 节的相关公式进行验算；其斜杆稳定性，应按下列公式验算：

$$\frac{N_{br}}{\varphi A_{br}} \leq \frac{f}{\gamma_{RE}} \tag{8.56}$$

$$N_{br} = \eta \frac{V_l}{V_{lb}} N_{br,com} \tag{8.57}$$

$$N_{br} = \eta \frac{M_{pc}}{M_{lb}} N_{br,com} \tag{8.58}$$

式中　A_{br}——支撑斜杆截面面积；

　　　φ——由支撑斜杆长细比确定的轴心受压构件稳定系数；

　　　η——偏心支撑杆件内力增大系数，按表 8.14 取值；

表 8.14　偏心支撑杆件内力增大系数 η

杆件名称　＼　烈度	7 度	8 度	9 度
支撑斜杆	1.4	1.4	1.5
支撑横梁	1.5	1.5	1.6
支撑柱	1.5	1.5	1.6

N_{br}——支撑斜杆轴力设计值,取式(8.57)和式(8.58)中较小值;

$N_{br,com}$——在跨间梁的竖向荷载和多遇水平地震作用最不利组合下的支撑斜杆轴力设计值;

M_{pc}——消能梁段承受轴向力时的全塑性受弯承载力,即压弯屈服承载力,应按式(8.59)计算:

$$M_{pc} = W_p(f_y - \sigma_N) \tag{8.59}$$

σ_N——消能梁段轴力产生的梁段翼缘平均正应力,应按式(8.60)、式(8.61)计算,当计算出的 $\sigma_N < 0.15 f_y$ 时,取 $\sigma_N = 0$。

当消能梁段净长 $a < 2.2 M_{lp}/V_l$ 时 $\sigma_N = \dfrac{V_l}{V_{lb}} \cdot \dfrac{N_{lb}}{2 b_f t_f}$ $\tag{8.60}$

当消能梁段净长 $a \geqslant 2.2 M_{lp}/V_l$ 时 $\sigma_N = \dfrac{N_{lb}}{A_{lb}}$ $\tag{8.61}$

式中　V_{lb}, N_{lb}——消能梁段的剪力设计值和轴力设计值;

b_f, t_f, A_{lb}——消能梁段翼缘宽度、厚度和梁段截面面积;

V_l——消能梁段的屈服受剪承载力,按式(8.47)计算。

(3)支撑斜杆的刚度

支撑斜杆的刚度是通过其长细比来控制的,其长细比不应大于 $120\sqrt{235/f_y}$。

(4)支撑斜杆的板件宽厚比

支撑斜杆的板件宽厚比不应超过表8.12对中心支撑斜杆所规定的宽厚比限值。

5)偏心支撑框架柱的设计

偏心支撑框架柱的设计应按8.3节中的方法进行。但在计算承载力时,其弯矩设计值 M_c 应按下列公式计算,并取其较小值。

$$M_c = \eta \frac{V_l}{V_{lb}} M_{c,com} \tag{8.62}$$

$$M_c = \eta \frac{M_{pc}}{M_{lb}} M_{c,com} \tag{8.63}$$

其轴力设计值 N_c 应按下列公式计算,并取其较小值。

$$N_c = \eta \frac{V_l}{V_{lb}} N_{c,com} \tag{8.64}$$

$$N_c = \eta \frac{M_{pc}}{M_{lb}} N_{c,com} \tag{8.65}$$

式中　$M_{c,com}, N_{c,com}$——偏心支撑框架柱在竖向荷载和水平地震作用最不利组合下的弯矩设计值和轴力设计值;

η——偏心支撑杆件内力增大系数,按表8.14取值;

其余字母含义同前。

8.4　剪力墙设计

剪力墙是多高层钢结构工程中抗侧力构件的主要类型之一。根据制作安装方式,可将其分为现浇和预制两大类;根据所用材料,可将其分为钢筋混凝土剪力墙、型钢混凝土剪力墙、钢板剪力墙、内藏钢板支撑混凝土剪力墙、带竖缝钢筋混凝土剪力墙等。综合上述两种分类方法,又可分为现浇钢筋混凝土剪力墙、现浇型钢混凝土剪力墙、预制钢板剪力墙、预制内藏钢板支撑混凝土剪力墙、预制带竖缝钢筋混凝土剪力墙等。

多高层钢结构工程中,特别是有抗震设防要求的高层钢结构工程,多选用预制剪力墙。预制剪力墙板嵌置于钢框架的梁、柱框格内,构造和计算均与现浇剪力墙有较大的区别。所以,本节主要介绍上述3种预制剪力墙的设计特点。其详细内容可参见现行《高钢规程》或相关资料。

8.4.1　钢板剪力墙

1)钢板剪力墙的设计要点

①钢板剪力墙是采用厚钢板或带加劲肋的较厚钢板制成。

②钢板剪力墙嵌置于钢框架的梁、柱框格内(图8.13)。

③钢板剪力墙与钢框架的连接构造,应能保证钢板剪力墙仅参与承担水平剪力,而不参与承担重力荷载及柱压缩变形引起的压力。

④非抗震设防或抗震等级为四级的多高层房屋钢结构,采用钢板剪力墙可不设置加劲肋;抗震等级为三级及以上抗震设防的多高层房屋钢结构,宜采用带纵向和横向加劲肋的钢板剪力墙,且加劲肋宜两面设置。

⑤纵、横加劲肋可分别设置于钢板剪力墙的两面,即在钢板剪力墙的两面非对称设置(图8.13、图8.14(a)、图8.15);必要时,钢板剪力墙的两面均对称设置纵、横加劲肋,即在钢板剪力墙的两面对称设置(图8.14(b))。

如上海新锦江分馆采用的钢板剪力墙体系,剪力墙的钢板厚度为100 mm,在墙板的正面,分别在高度的三分点处各焊接一块水平加劲肋,在墙板的背面宽度的三分点处各焊接一块竖向加劲肋,如图8.13所示。

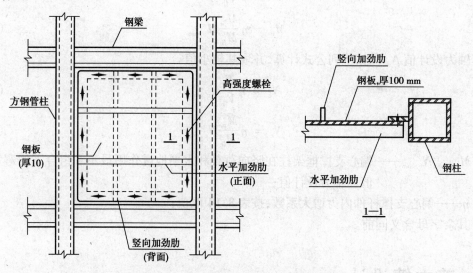

图8.13　上海新锦江分馆采用的钢板剪力墙

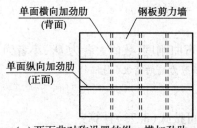

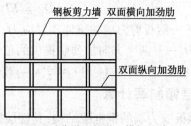

（a）两面非对称设置的纵、横加劲肋　　（b）两面对称设置的纵、横加劲肋

图8.14　钢板剪力墙的加劲肋设置方式

2）钢板剪力墙的承载力验算

（1）无肋钢板剪力墙

对于不设加劲肋的钢板剪力墙，其抗剪强度及稳定性可按下列公式计算：

抗剪强度　　　　　　　　　　　　$\tau \leqslant f_v$　　　　　　　　　　　　（8.66）

抗剪稳定性　　　　$\tau \leqslant \tau_{cr} = \left[123 + \dfrac{93}{(l_1/l_2)^2} \right] \left(\dfrac{100t}{l_2} \right)^2$　　　　（8.67）

式中　f_v——钢材抗剪强度设计值，抗震设防的结构应除以承载力抗震调整系数0.75；

　　　τ, τ_{cr}——钢板剪力墙的剪应力和临界剪应力；

　　　l_1, l_2——所验算的钢板剪力墙所在楼层梁和柱所包围区格的长边和短边尺寸；

　　　t——钢板剪力墙的厚度。

注意：对非抗震设防的钢板剪力墙，当有充分根据时可利用其屈曲后强度；在利用钢板剪力墙的屈曲后强度时，钢板屈曲后的张力应能传递至框架梁和柱，且设计梁和柱截面时应计入张力场效应。

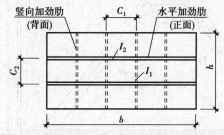

图8.15　带纵、横加劲肋的钢板剪力墙

（2）有肋钢板剪力墙

对于设有纵向和横向加劲肋的钢板剪力墙（图8.15），应按以下公式验算其强度和稳定性：

抗剪强度　　　　　　　　　　　　$\tau \leqslant \alpha f_v$　　　　　　　　　　　　（8.68）

局部稳定性　　　　　　　　　　　$\tau \leqslant \alpha \tau_{cr,p}$　　　　　　　　　　（8.69）

$$\tau_{cr,p} = \left[100 + 75 \left(\frac{c_2}{c_1} \right)^2 \right] \left(\frac{100t}{c_2} \right)^2 \qquad (8.70)$$

式中　α——调整系数，非抗震设防时取1.0，抗震设防时取0.9；

　　　$\tau_{cr,p}$——由纵向和横向加劲肋分割成的区格内钢板的临界应力；

　　　c_1, c_2——区格的长边和短边尺寸。

整体稳定性　　　　$\tau_{crt} = \dfrac{3.5\pi^2}{h_t^2} D_1^{1/4} \cdot D_2^{3/4} \geqslant \tau_{cr,p}$　　　　（8.71）

$$D_1 = EI_1/c_1, D_2 = EI_2/c_2 \tag{8.72}$$

式中　τ_{crt}——钢板剪力墙的整体临界应力；

　　　D_1, D_2——两个方向加劲肋提供的单位宽度弯曲刚度，数值大者为 D_1，小者为 D_2。

注意：整体稳定性验算式(8.71)，适于 $h < b$ 的有肋钢板剪力墙的情况(图8.15)。

3)楼层倾斜率计算

采用钢板剪力墙的钢框架结构，其楼层倾斜率可按式(8.73)计算：

$$\gamma = \frac{\tau}{G} + \frac{e_c}{b} \tag{8.73}$$

式中　e_c——剪力墙两边的框架柱在水平力作用下轴向伸长和压缩之和；

　　　b——设有钢板剪力墙的开间宽度。

8.4.2　内藏钢板支撑剪力墙

内藏钢板支撑剪力墙是以钢板为基本支撑，外包钢筋混凝土墙板所形成的预制装配式抗侧力构件(图8.16)。

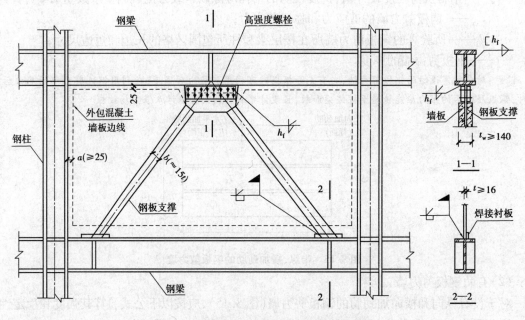

图8.16　内藏钢板支撑的预制混凝土剪力墙

1)设计要点

①内藏钢板支撑剪力墙仅在内藏钢板支撑的节点处与钢框架相连，外包混凝土墙板周边与框架梁、柱间应留有间隙，以避免强震时出现像一般现浇钢筋混凝土墙板那样在结构变形初期就发生脆性破坏的不利情况，从而提高了墙板与钢框架同步工作的程度，增加了整体结构的延性，以吸收更多的地震能量。

②内藏钢板支撑依其与框架的连接方式，可做成中心支撑，也可做成偏心支撑。在高烈度地区，宜采用偏心支撑。

③内藏钢板支撑的形式可采用X形支撑、人字形支撑、V形支撑或单斜杆支撑等。

④内藏钢板支撑剪力墙就其受力特性而言,仍属钢支撑范畴,所以其基本设计原则可参照第8.3节的普通钢支撑。

⑤内藏钢板支撑斜杆的截面形式一般为矩形板,其净截面面积应根据所承受的剪力按强度条件确定(即无需考虑钢板支撑斜杆的屈曲影响,因为钢板支撑斜杆外包了钢筋混凝土,它能有效地保证钢板支撑斜杆在屈服前不会屈曲)。

2)强度验算

(1)钢板支撑的受剪承载力

内藏钢板支撑的受剪承载力 V,可按下式计算:

$$V = nA_{br}f\cos\theta \tag{8.74}$$

式中　n——支撑斜杆数,单斜杆支撑时 $n=1$,人字形、V 形和 X 形支撑时 $n=2$;

　　　θ——支撑斜杆的倾角;

　　　A_{br}——支撑斜杆的截面面积;

　　　f——支撑钢材的抗拉、抗压强度设计值。

(2)混凝土墙板的承载力

内藏钢板支撑剪力墙的混凝土墙板截面尺寸,应满足下式要求:

$$V \leqslant 0.1f_c d_w l_w \tag{8.75}$$

式中　V——设计荷载下墙板所承受的水平剪力;

　　　d_w,l_w——混凝土墙板厚度及长度;

　　　f_c——墙板混凝土的轴心抗压强度设计值,按现行国家标准《混凝土结构设计规范》

　　　　　　(GB 50010—2010)的规定采用。

(3)支撑连接强度

内藏钢板支撑剪力墙与钢框架连接节点的极限承载力,应不小于钢板支撑屈服承载力的1.2 倍,以避免在大震作用下,连接节点先于支撑杆件的破坏,即遵循"强节点、弱杆件"的设计原则。

3)刚度计算

(1)支撑钢板屈服前

内藏钢板支撑剪力墙的侧移刚度 K_1,可近似地按下式计算:

$$K_1 = 0.8(A_s + md_w^2/\alpha_E)E_s \tag{8.76}$$

式中　E_s——钢材弹性模量;

　　　α_E——钢与混凝土弹性模量之比,$\alpha_E = E_s/E_c$;

　　　d_w——墙板厚度;

　　　m——墙板有效宽度系数,单斜杆支撑为 1.08,人字支撑及 X 形支撑为 1.77。

(2)支撑钢板屈服后

内藏钢板支撑剪力墙的侧移刚度 K_2,可近似取:

$$K_2 = 0.1K_1 \tag{8.77}$$

4)构造要求

(1)钢板支撑

①内藏钢板支撑的斜杆宜采用与框架结构相同的钢材;

②支撑斜杆的钢板厚度不应小于16 mm,适当选用较小的宽厚比,一般支撑斜杆的钢板宽厚比在15左右为宜;

③混凝土墙板对支撑斜杆端部的侧向约束较小,为了提高钢板支撑斜杆端部的抗屈曲能力,可在支撑钢板端部长度等于其宽度的范围内,沿支撑方向设置构造加劲肋;

④支撑斜杆端部的节点构造应力求截面变化平缓,传力均匀,以避免应力集中;

⑤在支撑钢板端部1.5倍宽度范围内不得焊接钢筋、钢板或采用任何有利于提高局部黏结力的措施;

⑥当平卧浇捣混凝土墙板时,应采取措施避免钢板自重引起支撑的初始弯曲。

(2)混凝土墙板

①混凝土墙板的混凝土强度等级应不小于C20。

②混凝土墙板的厚度不应小于下列各项要求:

$$d_w \geqslant 140 \text{ mm} \tag{8.78a}$$

$$d_w \geqslant h_w/20 \tag{8.78b}$$

$$d_w \geqslant 8t \tag{8.78c}$$

式中　t——支撑斜杆的钢板厚度;

　　　d_w, h_w——混凝土墙板的厚度、高度。

③混凝土墙板内应双面设置钢筋网,每层钢筋网的双向最小配筋率ρ_{min}均为0.4%,且不应小于$\phi 6@100 \times 100$;双层钢筋网之间应适当设置横向连系钢筋,一般不宜小于$\phi 6@400 \times 400$;在钢板支撑斜杆端部、墙板边缘处,双层钢筋网之间的横向连系钢筋还应加密;墙板四周宜设置不小于$2\phi 10$的周边钢筋;钢筋网的保护层厚度c不应小于15 mm(图8.17)。

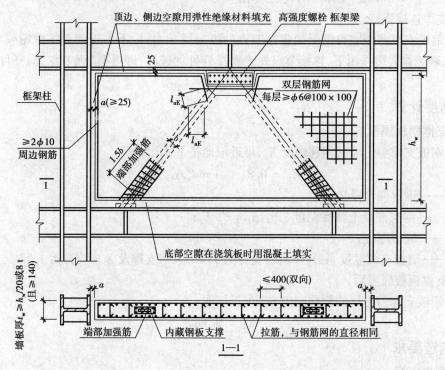

图8.17　内藏钢板支撑混凝土剪力墙的构造

④在钢板支撑端部离墙板边缘1.5倍支撑钢板宽度的范围内,应在混凝土板中设置加强构造钢筋。加强构造钢筋可从下列几种形式中选用:加密钢箍的钢筋骨架,如图8.18(a)所示;麻花形钢筋,如图8.18(b)所示;螺旋形钢箍。

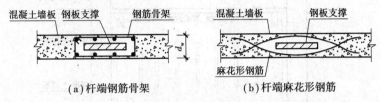

(a)杆端钢筋骨架　　　　　　　　(b)杆端麻花形钢筋

图8.18　钢板支撑斜杆的加强构造钢筋

⑤当混凝土墙板厚度 d_w 与支撑钢板的厚度相比较小时,为了提高墙板对支撑的侧向约束,也可沿钢板支撑斜杆全长在墙板内设置带状钢筋骨架(图8.18(a))。

⑥当支撑钢板端部与墙板边缘不垂直时,应注意使支撑钢板端部的加强构造钢筋(箍筋)在靠近墙板边缘附近与墙板边缘平行布置,然后逐步过渡到与支撑斜杆垂直(图8.19(a)),以避免钢板支撑的端部形成钢筋空白区(图8.19(b)),无力控制支撑钢板端部失稳。

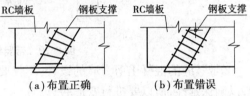

(a)布置正确　　　　　　(b)布置错误

图8.19　钢板支撑斜杆端部的箍筋布置

(3)与框架的连接

①内藏钢板支撑剪力墙仅在节点处(支撑斜杆端部)与框架结构相连。

②墙板上部宜用节点板和高强度螺栓与上框架梁下翼缘处的连接板在施工现场连接,支撑钢板的下端与下框架梁的上翼缘连接件之间在现场应采用全熔透坡口焊缝连接(图8.18)。

③用高强度螺栓连接时,每个节点的高强度螺栓不宜少于4个,螺栓布置应符合现行《钢结构设计规范》(GB 50017)的要求。

④剪力墙板与四周梁、柱之间均宜留25 mm的空隙。

⑤剪力墙板与框架柱的间隙 a,还应满足下式要求:

$$2[u] \leqslant a \leqslant 4[u] \tag{8.79}$$

式中　$[u]$——荷载标准值下框架的层间侧移容许值。

⑥剪力墙墙板下端的缝隙,在浇筑楼板时,应用混凝土填实;剪力墙墙板上部与上框架梁之间的间隙以及两侧与框架柱之间的间隙,宜用隔音的弹性绝缘材料填充,并用轻型金属架及耐火板材覆盖。

8.4.3　带竖缝的混凝土剪力墙

带竖缝的混凝土剪力墙,是一种在混凝土墙板中间以一定间隔沿竖向设置许多缝的预制钢筋混凝土墙板,如图8.20所示。它嵌固于钢框架梁、柱所形成的框格之间,是一种延性很好的抗侧力构件。

1)设计要点

①带竖缝的混凝土剪力墙只承担水平荷载产生的剪力,不考虑承受框架竖向荷载产生的压力。

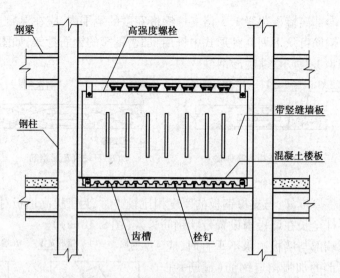

图 8.20　带竖缝的混凝土剪力墙板

②带竖缝的混凝土剪力墙的设计,不仅要考虑强度要求,而且还要使其具有足够的变形能力,以确保延性,所以要进行变形验算。

③从保证延性的意义来讲,带竖缝的混凝土剪力墙的弯曲屈服承载力和弯曲极限承载力不能超过抗剪承载力。

④带竖缝的混凝土剪力墙的承载力,是以一个缝间墙及其相应范围内的水平带状实体墙作为验算对象而进行计算的。

2)墙板几何尺寸

(1)外形尺寸

在设计带竖缝混凝土剪力墙板的外形尺寸时,其墙板的长度 l、高度 h(图 8.21),应按建筑层高、钢框架柱间净距和结构设计的要求确定。

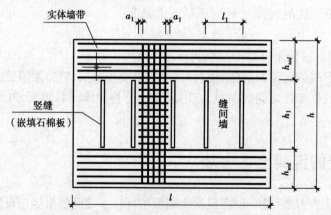

图 8.21　带竖缝混凝土剪力墙的几何尺寸

注意:当钢框架柱距较大时,同一柱距内也可沿长度方向划分为两块墙板。

(2)竖缝数量

为实现墙板的延性破坏,每块墙板的竖缝数量及其尺寸应满足下列要求:

缝间墙的高度 $\qquad\qquad\qquad h_1 \leqslant 0.45h$ (8.80)

缝间墙的高宽比 $\qquad$ $1.7 \leqslant h_1/l_1 \leqslant 2.5$ 或 $0.6 \geqslant l_1/h_1 \geqslant 0.4$ (8.81)

上、下实体墙带的高度 $\qquad$ $h_{sol} \geqslant l_1$ (8.82)

(3)墙板厚度

为使墙板的水平配筋配置合理、适当,带竖缝混凝土剪力墙板的厚度可按下列公式确定:

$$t \geqslant \frac{F_v}{\omega \rho_{sh} l f_{shy}}$$ (8.83)

$$\omega = \frac{2}{1 + \dfrac{0.4 I_{os}}{t l_1^2 h_1} \cdot \dfrac{1}{\rho_2}} \leqslant 1.5$$ (8.84)

式中 F_v ——墙板的总水平剪力设计值;

ρ_{sh} ——墙板水平横向钢筋配筋率,初步设计时可取 $\rho_{sh} = 0.6\%$;

ρ_2 ——箍筋的配筋系数, $\rho_2 = \rho_{sh} \cdot f_{shy}/f_{cm}$;

f_{shy} ——水平横向钢筋的抗拉强度设计值;

f_{cm} ——混凝土弯曲抗压强度设计值;

ω ——墙板开裂后,竖向约束力对墙板横向(水平)承载力的影响系数;

I_{os} ——单肢缝间墙折算惯性矩,可近似取 $I_{os} = 1.08 I$;

I ——单肢缝间墙的水平截面惯性矩, $I = t l_1^3/12$。

3)墙板的承载力计算

(1)计算和配筋原则

墙板的承载力计算是以一个缝间墙及其相应范围内的实体墙作为计算对象。

缝间墙两侧的竖向钢筋,按对称配筋大偏心受压构件计算确定。

(2)计算方法

单肢缝间墙在缝根处的水平截面内力,按下列公式确定:

弯矩设计值 $\qquad$ $M = V_1 \cdot h_1/2$ (8.85)

轴力设计值 $\qquad$ $N = 0.9 V_1 \cdot h_1/l_1$ (8.86)

剪力设计值 $\qquad$ $V_1 = F_v/n_1$ (8.87)

式中 n_1 ——一块墙板内的缝间墙肢数。

由缝间墙弯剪变形引起的附加偏心距 Δe,按式(8.88)确定:

$$\Delta e = 0.003 h$$ (8.88)

缝间墙的截面配筋系数 ρ_1 按式(8.89)计算:

$$\rho_1 = \frac{A}{t(l_1 - a_1)} \cdot \frac{f_{sy}}{f_{cm}} = \rho \cdot \frac{f_{sy}}{f_{cm}}$$ (8.89)

ρ_1 宜控制在 $0.075 \sim 0.185$,且实配钢筋面积不宜超过计算所需面积的 5%。若超过此范围过多,则应重新调整缝间墙肢数 n_1,缝间墙尺寸 l_1 和 h_1, a_1(受力纵筋合力中心至缝间墙边缘的距离) f_{cm}, f_{sy} 的值,使 ρ_1 尽可能控制在上述范围内。

单肢缝间墙斜截面抗剪强度应满足下式要求:

$$\eta_v V_1 \leqslant 0.18 t(l_1 - a_1) f_c$$ (8.90)

式中 η_v ——剪力设计值调整系数,可取 1.2;

f_c ——墙板混凝土抗压强度设计值。

上、下带状实体墙的斜截面抗剪强度应满足下式要求：

$$\eta_v V_1 \leqslant k_s t l_1 f_c \tag{8.91}$$

$$k_s = \frac{\lambda \cdot (l_1/h_1) \cdot \beta}{\beta^2 + (l_1/h_1)^2 [h/(h-h_1)]^2} \tag{8.92}$$

式中　k_s——竖向约束力对上、下带状实体墙斜截面抗剪承载力的影响系数；

　　　　λ——剪应力不均匀修正系数，$\lambda = 0.8(n_1 - 1)/n_1$；

　　　　β——竖向约束系数，$\beta = 0.9$。

4)墙板的 $V\text{-}u$ 曲线

(1)墙板变形

带竖缝的墙板在水平荷载作用下的变形，由图8.22所示的三部分组成。

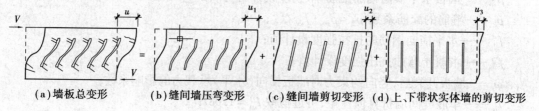

(a)墙板总变形　　(b)缝间墙压弯变形　　(c)缝间墙剪切变形　(d)上、下带状实体墙的剪切变形

图8.22　带竖缝的墙板在水平荷载作用下的变形

试验结果表明：在墙板的总变形中，缝间墙的压弯变形约占75%。因此，作为一种简化计算，墙板的总变形计算是以缝间墙的纯弯曲变形为基础，再考虑约束压力的影响及另外两项变形，对其进行修正后而得。

(2)墙板的抗侧力性能

带竖缝墙板的抗侧力性能，可通过其 $V\text{-}u$ 曲线来描述，如图8.23所示。

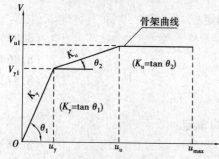

图8.23　带竖缝墙板的 $V\text{-}u$ 曲线

①当缝间墙的纵筋(竖向钢筋)屈服时，单肢缝间墙的受剪承载力 V_y 和墙板的总体侧移 u_y，按下列公式计算：

$$V_{y1} = \mu \cdot \frac{l_1}{h_1} \cdot A_s f_{shy} \tag{8.93}$$

$$u_y = V_{y1}/K_y \tag{8.94}$$

$$K_y = B_1 \cdot 12/(\xi h_1^3) \tag{8.95}$$

$$\xi = \left[35\rho_1 + 20 \left(\frac{l_1 - a_1}{h_1} \right)^2 \right] \left(\frac{h - h_1}{h} \right)^2 \tag{8.96}$$

式中　μ——系数，按表8.15的规定采用；

　　　　A_s——单肢缝间墙所配纵筋截面面积；

　　　　K_y——缝间墙纵筋屈服时墙板的总体抗侧力刚度；

　　　　ξ——考虑剪切变形影响的刚度修正系数；

　　　　B_1——缝间墙抗弯刚度，按现行《混凝土结构设计规范》
　　　　　　　(GB 50010—2010)的规定确定。

表8.15　系数 μ 值

a_1	μ
$0.05l_1$	3.67
$0.10l_1$	3.41
$0.15l_1$	3.20

$$B_1 = \frac{E_s A_s (l_1 - a_1)^2}{1.35 + 6(E_s/E_c)\rho} \tag{8.97}$$

②当缝间墙弯曲破坏时,单肢缝间墙的最大抗剪承载力 V_{u1} 和墙板的总体最大侧移 u_u,可按下列公式计算:

$$V_{u1} = (2txf_{cmk}e_1)/h_1 \approx 1.1txf_{cmk} \cdot l_1/h_1 \tag{8.98}$$

$$u_u = u_y + (V_{u1} - V_{y1})/K_u \tag{8.99}$$

$$K_u = 0.2K_y \tag{8.100}$$

$$x = \left[-AB\sqrt{(AB)^2 + 2AC}\right]/A \tag{8.101}$$

式中　K_u——缝间墙达弯压最大承载力时的总体抗侧移刚度;

　　　e_1——缝间墙在竖缝根部截面的约束力偏心距,$e_1 = l_1/1.8$;

　　　x——缝根截面的缝间墙混凝土受压区高度,其中 $A = tf_{cmk}$,$B = e_1 + \Delta e - l_1/2$,$C = A_s f_{shy}(l_1 - 2a_1)$。

墙板的极限侧移可按下式确定:

$$u_{max} = \frac{h}{\sqrt{\rho_1}} \cdot \frac{h_1}{l_1 - a_1} \cdot 10^{-3} \tag{8.102}$$

式中各符号的含义同前。

5)构造要求

（1）墙板材料

①墙板应采用 C20～C30 混凝土。

②墙板的竖缝宜采用延性好、易滑动的耐火材料(如两片石棉板)作为填充材料。

（2）墙板的连接

①墙板的两侧边与框架柱之间应留有一定的空隙,使彼此之间无任何连接。

②墙板的上端采用高强度螺栓与框架梁连接;墙板的下端除临时连接措施外,全长均应埋于现浇混凝土楼板内,并通过楼板底面齿槽与钢梁顶面的焊接栓钉实现可靠的连接;墙板四角还应采取充分可靠的措施与框架梁连接,如图8.20所示。

（3）墙板配筋

①墙板竖缝两端的上、下带状实体墙中应配置横向主筋(水平钢筋),其数量不应低于缝间墙一侧纵向(竖向)钢筋用量。

②墙板中水平(横向)钢筋的配筋率,应符合下列要求:

当 $\eta_v V_1/V_{y1} < 1$ 时　　$\rho_{sh} = \dfrac{A_{sh}}{ts}$　且　$\rho_{sh} \leqslant 0.65 \dfrac{V_{y1}}{tf_{shyk}}$ $\tag{8.103}$

当 $1 \leqslant \eta_v V_1/V_{y1} \leqslant 1.2$ 时　$\rho_{sh} = \dfrac{A_{sh}}{ts}$　且　$\rho_{sh} \leqslant 0.60 \dfrac{V_{u1}}{tl_1 f_{shyk}}$ $\tag{8.104}$

式中　s——横向(水平)钢筋间距;

　　　A_{sh}——同一高度处横向(水平)钢筋总截面积;

　　　V_{y1},V_{u1}——缝间墙纵筋(竖向钢筋)屈服时的抗剪承载力和缝间墙弯压破坏时的抗剪承载力,分别按式(8.93)和式(8.98)计算。

本章小结

（1）构件设计内容主要包括试选截面、截面验算、检验是否满足构造要求。

（2）梁截面预估时，一般根据荷载与支座情况，其截面高度按跨度的1/20～1/50确定；其翼缘宽度 b 根据侧向支撑间的距离 l/b 确定；其板件厚度按现行《钢结构设计规范》（GB 50017）中局部稳定的限值确定。

（3）一般而言，梁截面的验算包括强度、整体稳定（满足某些条件可不验算）、局部稳定和刚度，并满足构造要求。

（4）轴心受压柱宜采用双轴对称的实腹式截面。截面形式可采用 H 形、箱形、十字形、圆形等。

（5）轴心受压柱的截面可按长细比 λ 预估，通常 $50 \leqslant \lambda \leqslant 120$，设计时一般假定 $\lambda = 100$ 时进行截面预估。

（6）对于仅沿一个方向与梁刚性连接的框架柱，宜采用 H 形截面，并将柱腹板置于刚接框架平面内；对于在相互垂直的两个方向均与梁刚性连接的框架柱，宜采用箱形截面或十字形截面。

（7）抗风及抗震设防烈度为 7 度以下时，可采用非约束屈曲支撑中的中心支撑；抗震设防烈度为 8 度及以上时，宜采用偏心支撑或约束屈曲支撑。

（8）支撑斜杆宜采用轧制或焊接 H 型钢、箱形截面、圆管等双轴对称截面。

（9）偏心支撑框架的设计原则是强柱、强支撑和弱消能梁段，使其在大震时消能梁段屈服形成塑性铰，而柱、支撑和其他梁段仍保持弹性。

（10）沿竖向连续布置的偏心支撑，在底层室内地坪以下，宜改用中心支撑或剪力墙的形式延伸至基础。

（11）多高层钢结构工程中，特别是有抗震设防要求的高层钢结构工程，多选用预制剪力墙板。

复习思考题

8.1　试述高层建筑钢结构构件设计内容及一般步骤。

8.2　在高层钢结构的构件设计中，为什么要对板件的宽厚比提出更严格的要求？

8.3　在高层钢结构的构件设计中，为何压杆的长细比限值比普通钢结构压杆的限值更严？

8.4　试述不需计算钢梁整体稳定的条件。

8.5　试述中心支撑的类型及应用。

8.6　试述偏心支撑框架的性能与特点。

8.7　偏心支撑与中心支撑相比，具有哪些优点？

8.8　试述建立墙板的设计要点、设计内容及设计方法。

第9章 组合楼盖设计

本章导读

- **内容与要求** 本章主要介绍楼盖结构的分类与组成、组合楼板与组合梁的设计计算方法与构造措施。通过本章学习,应对组合楼盖设计的相关知识有较全面的了解。
- **重点** 组合楼板与组合梁的设计计算方法与构造措施。
- **难点** 组合楼板与组合梁的设计计算方法。

9.1 分类与组成

组合楼盖由组合梁与楼板组成,其构造如图9.1所示。因此,组合楼盖设计主要包括组合梁与楼板设计两大部分内容。

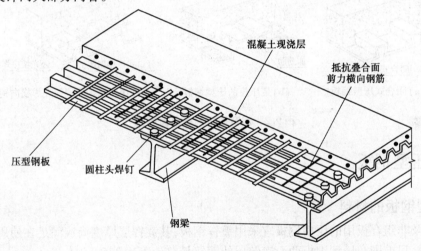

图9.1 组合楼盖的构造

组合梁是由钢梁与钢筋混凝土翼板通过抗剪连接件组合成为整体而共同工作的一种受弯构件,它可以提高结构的强度和刚度、节约钢材、降低造价、减轻结构自重,具有较显著的技术经济效果。其中,钢筋混凝土板可以是在压型钢板上现浇钢筋混凝土所构成的楼板(以下简称压型钢板-混凝土楼板),或者是现浇的钢筋混凝土板或预制后浇成整体的混凝土板(叠合板)。

在多高层建筑钢结构中,普遍使用的是压型钢板-混凝土楼板。这是因为它不仅具有良好的结构性能和合理的施工工序,而且比其他组合楼盖有更好的综合经济效益,更能显示其优越性。

对于压型钢板-混凝土楼板,根据压型钢板的使用功能,可将其分为压型钢板-混凝土组合楼板(以下简称组合楼板)与压型钢板-混凝土非组合楼板(以下简称非组合楼板)两大类型。其主要区别在于:组合楼板中的压型钢板不仅用作永久性模板,而且代替混凝土板的下部受拉钢筋与混凝土一起工作,承担包括自重在内的楼面荷载;而非组合楼板中的压型钢板仅用作永久性模板,不考虑与混凝土共同工作。

在多高层建筑钢结构中,大多采用非组合楼板。因为非组合楼板的压型钢板不需另作防火保护处理,其总造价反而较低。

9.2 组合楼板设计

由于非组合楼板的设计方法与普通钢筋混凝土楼板相同,读者可参考钢筋混凝土教材及其相关资料,本节不予赘述。本节仅叙述组合楼板的设计方法。

在组合楼板中,为使压型钢板与混凝土板形成整体,使其叠合面能够承受和传递纵向剪力,可采用下列3种措施之一:

①采用闭合式压型钢板(图9.2(a)),依靠楔形混凝土块为叠合面提供必要的抗剪能力;

②采用带压痕、冲孔或加劲肋的压型钢板(图9.2(b)),靠压痕、冲孔或加劲肋为叠合面提供必要的抗剪能力;

③在无压痕的压型钢板上翼缘加焊横向钢筋(图9.2(c)),以承受压型钢板与混凝土叠合面的纵向剪力。钢筋与压型钢板的连接,宜采用喇叭形坡口焊。

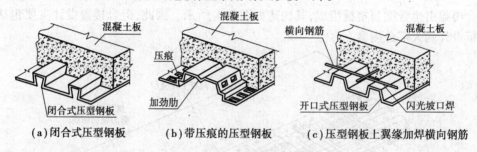

(a)闭合式压型钢板　　　(b)带压痕的压型钢板　　　(c)压型钢板上翼缘加焊横向钢筋

图9.2　组合楼板的叠合面形式

9.2.1 压型钢板

1)压型钢板的材料

组合板及非组合板用的压型钢板宜采用镀锌钢板,其镀锌层厚度尚应满足在使用期间不致锈损的要求。目前国产压型钢板两面镀锌层的镀锌量总计可达 275 g/m^2。

压型钢板用钢材的牌号可采用现行国家标准《碳素结构钢》(GB/T 700—2006)中规定的Q215 或 Q235,并应保证抗拉强度、伸长率、屈服点及冷弯试验 4 项力学性能指标,以及硫、磷、碳 3 项化学成分要求。一般情况下,压型钢板用钢材的牌号宜为 Q235。

压型钢板用钢材牌号为 Q215 及 Q235 的强度设计值见表 9.1。

表 9.1　国产压型钢板的强度设计值

强度种类	符　号	铜牌号	
		Q215	Q235
抗拉、抗压、抗弯	f_p	190	205

续表

强度种类	符 号	铜牌号	
		Q215	Q235
抗剪	f_v	110	120
弹性模量	E_a	2.06×10^5	

2)压型钢板的尺寸

用于组合板的压型钢板净厚度(不包括镀锌层或饰面层厚度)不应小于0.75 mm,一般宜大于1.0 mm,但不得超过1.6 mm,否则栓钉穿透焊有困难;仅作模板的压型钢板厚度不小于0.5 mm。

为便于浇注混凝土,压型钢板的波槽平均宽度(图9.3(a))或上口槽宽(图9.3(b))不应小于50 mm。

当在槽内设置圆柱头栓钉连接件时,压型钢板总高度(包括压痕在内)不应大于80 mm。

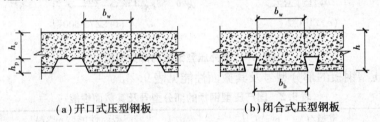

(a)开口式压型钢板   (b)闭合式压型钢板

图9.3 压型钢板尺寸

3)压型钢板的型号及其截面性能

目前国内外市场上的压型钢板部分型号及各部分尺寸如图9.4、图9.5所示,这些压型钢板都可用于组合板中。

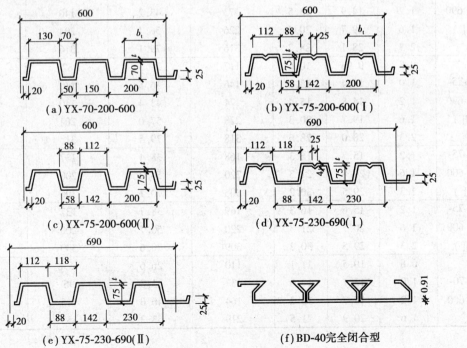

(a)YX-70-200-600   (b)YX-75-200-600(Ⅰ)

(c)YX-75-200-600(Ⅱ)   (d)YX-75-230-690(Ⅰ)

(e)YX-75-230-690(Ⅱ)   (f)BD-40完全闭合型

图9.4 国产压型钢板的部分板型

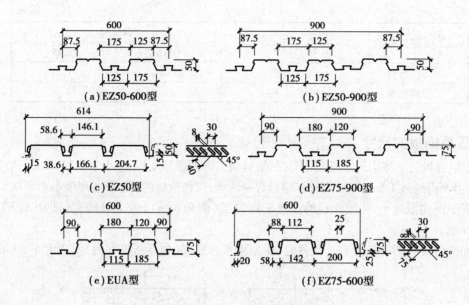

图9.5 国外压型钢板的部分板型

目前国产压型钢板的部分型号及其截面性能见表9.2。

表9.2 国产压型钢板的部分型号及其截面性能

板型	板厚/mm	重量/(kg·m⁻¹)		截面性能(1m 宽)			
				全截面		有效宽度	
		未镀锌	镀锌 Z27	惯性距 $I/(\mathrm{cm^4 \cdot m^{-1}})$	截面系数 $W/(\mathrm{cm^3 \cdot m^{-1}})$	惯性距 $I/(\mathrm{cm^4 \cdot m^{-1}})$	截面系数 $W/(\mathrm{cm^3 \cdot m^{-1}})$
YX-75-230-690（Ⅰ）	0.8	9.96	10.6	117	29.3	82	18.8
	1.0	12.4	13.0	145	36.3	110	26.2
	1.2	14.9	15.5	173	43.2	140	34.5
	1.6	19.7	20.3	226	56.4	204	54.1
	2.3	28.1	28.7	316	79.1	316	79.1
YX-75-230-690（Ⅱ）	0.8	9.96	10.6	117	29.3	82	18.8
	1.0	12.4	13.0	146	36.5	110	26.2
	1.2	14.8	15.4	174	43.4	140	34.5
	1.6	19.7	20.3	228	57.0	204	54.1
	2.3	28.0	28.6	318	79.5	318	79.5
YX-75-200-600（Ⅰ）	1.2	15.7	16.3	168	38.4	137	35.9
	1.6	20.8	21.3	220	50.2	200	48.9
	2.3	29.5	30.2	306	70.1	306	70.1
YX-75-200-600（Ⅱ）	1.2	15.6	16.3	169	38.7	137	35.9
	1.6	20.7	21.3	220	50.7	200	48.9
	2.3	29.5	30.2	309	70.6	309	70.6
YX-70-200-600	0.8	10.5	11.1	110	26.6	76.8	20.5
	1.0	13.1	13.6	137	33.3	96	25.7
	1.2	15.7	16.2	164	40.0	115	30.6
	1.6	20.9	21.5	219	53.3	153	40.8

注意:对于没有齿槽或压痕的压型钢板多数只适用于非组合板中,若要用于组合板中,必须在板的上翼缘加焊横向附加钢筋(图9.2(c)),以提高叠合面的抗剪能力,保证组合效应。

4)压型钢板的截面特征计算

（1）计算原则

①当压型钢板的受压翼缘宽厚比小于容许最大宽厚比(见表9.3)时,其截面特征可采用全截面进行计算;

②当压型钢板的受压翼缘宽厚比大于容许最大宽厚比时,其截面特征应按有效截面进行计算。

表9.3　压型钢板受压翼缘的容许最大宽厚比

翼缘板件的支承条件	宽厚(b_t/t)
两边支承(有中间加劲肋时,包括中间加劲肋)	500
一边支承,一边卷边	60
一边支承,一边自由	60

注:b_t为压型钢板受压翼缘在相邻支承点(腹板或纵向加劲肋)之间的实际宽度;t为压型钢板的基板厚度。

（2）压型钢板受压翼缘的有效宽度

当压型钢板的受压翼缘宽厚比超过表9.3所规定的容许最大宽厚比时,其受压翼缘的有效计算宽度(图9.6),可按表9.4中所列相应公式进行计算。

实际计算中,压型钢板受压翼缘的有效计算宽度可取

$$b_{ef} = 50t \tag{9.1}$$

式中　　t——压型钢板受压翼缘的基板厚度。

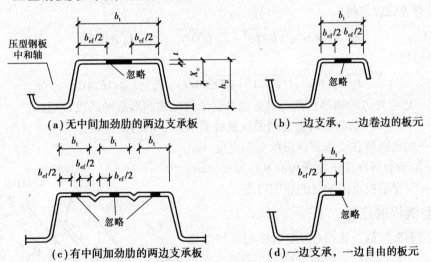

（a）无中间加劲肋的两边支承板　　　　（b）一边支承,一边卷边的板元

（c）有中间加劲肋的两边支承板　　　　（d）一边支承,一边自由的板元

图9.6　压型钢板受压翼缘的有效计算宽度

（3）压型钢板的受压翼缘纵向加劲肋的刚度要求

当压型钢板的受压翼缘带有纵向加劲肋时,其惯性矩应满足式(9.7)或式(9.8)要求;否则,其受压翼缘板应按无加劲肋的受压翼缘板计算。

表 9.4 压型钢板受压翼缘有效计算宽度 b_{ef} 的计算公式

板元受力状态	计算公式
1. 两边支承,无中间加劲肋(图 9.6(a)) 2. 两边支承,上下翼缘不对称,$b_t/t > 160$ 3. 一边支承,一边卷边,$b_t/t \leqslant 160$	当 $b_t/t \leqslant 1.2\sqrt{E/\sigma_c}$ 时 $b_{ef} = b_t$ (9.2) 当 $b_t/t > 1.2\sqrt{E/\sigma_c}$ 时 $b_{ef} = 1.77\sqrt{E/\sigma_c}\left(1 - \dfrac{0.387}{b_t/t}\sqrt{E/\sigma_c}\right)t$ (9.3)
4. 一边支承,一边卷边 $b_t/t > 160$(图 9.6(b))	$b_{ef}^{re} = b_{ef} - 0.1(b_t/t - 60)t$ (9.4) 式中,b_{ef} 按式(9.3)计算
5. 一边支承,一边自由 (图 9.6(d))	当 $b_t/t \leqslant 0.39\sqrt{E/\sigma_c}$ 时 $b_{ef} = b_t$ 当 $0.39\sqrt{E/\sigma_c} < b_t/t \leqslant 1.26\sqrt{E/\sigma_c}$ 时 $b_{ef} = 0.58t\sqrt{E/\sigma_c}\left(1 - \dfrac{0.126}{b_t/t}\sqrt{E/\sigma_c}\right)$ (9.5) 当 $1.26\sqrt{E/\sigma_c} < b_t/t \leqslant 60$ 时 $b_{ef} = 1.02t\sqrt{E/\sigma_c} - 0.39b_t$ (9.6)
6. 有 1~2 个中间加劲肋的两边支撑受压翼缘 $b_t/t \leqslant 60$(图 9.6(c))	当 $b_t/t \leqslant 1.2\sqrt{E/\sigma_c}$ 时, 按式(9.2)计算 当 $b_t/t > 1.2\sqrt{E/\sigma_c}$ 时 按式(9.3)计算
7. 有 1~2 个中间加劲肋的两边支撑受压翼缘 $b_t/t > 60$(图 9.6(c))	按式(9.4)计算

注:b_{ef}——压型钢板受压翼缘的有效计算宽度,mm;b_{ef}^{re}——折剪的有效计算宽度,mm;σ_c——按有效截面计算时,受压边缘板的支撑边缘处的实际应力,N/mm²;E——压型钢板的弹性模量。

①边缘卷边的加劲肋

$$I_{es} \geqslant 1.83t^4\sqrt{(b_t/t)^2 - 27\,600/f_y} \quad 且 \quad I_{es} \geqslant 9.2t^4 \tag{9.7}$$

②中间加劲肋

$$I_{is} \geqslant 3.66t^4\sqrt{(b_t/t)^2 - 27\,600/f_y} \quad 且 \quad I_{is} \geqslant 18.4t^4 \tag{9.8}$$

式中 I_{es}——边缘卷边的加劲肋截面对被加劲受压翼缘截面形心轴的惯性矩;

      I_{is}——中间加劲肋截面对被加劲受压翼缘截面形心轴的惯性矩;

      b_t——加劲肋所在受压翼缘板的实际宽度,mm;

      t——加劲肋所在受压翼缘板的基板厚度,mm;

      f_y——压型钢板所用钢材的屈服强度。

5)压型钢板的连接

(1)压型钢板的侧边连接(压型钢板相互间的搭接连接)

压型钢板相互间的搭接连接可采用贴角焊或塞焊,以防止压型钢板相对移动或分离。其搭接连接的每段焊缝长度为 20~30 mm,焊缝间距为 200~300 mm如图 9.7 所示。

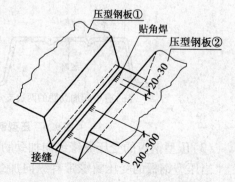

图 9.7 压型钢板相互间的搭接连接

（2）压型钢板的端部连接（压型钢板与钢梁的连接）

在压型钢板的端部，应设置锚固件与钢梁连接，可采用塞焊（图9.8（a））或贴角焊（图9.8（b））或采用圆柱头栓钉穿透压型钢板与钢梁焊接（图9.8（c））。穿透焊的栓钉直径不应大于19 mm。

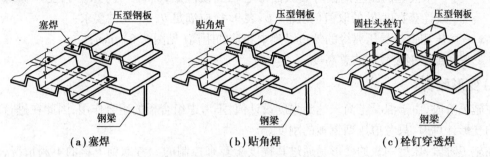

| （a）塞焊 | （b）贴角焊 | （c）栓钉穿透焊 |

图9.8　压型钢板与钢梁的连接

9.2.2　楼板施工阶段的验算

在施工阶段，由于混凝土尚未达到强度设计值，不论组合板或非组合板，均不考虑其组合作用，因此在进行施工阶段的强度和变形计算时，只考虑压型钢板的作用。

1）计算原则

①在施工阶段，对组合板或非组合板的压型钢板，应验算强边（顺肋）方向的强度和变形；

②验算压型钢板在施工阶段荷载作用下的受弯承载力和变形时，可采用弹性分析方法进行计算；

③压型钢板强边（顺肋）方向的正、负弯矩和挠度，应按单向板计算；弱边（垂直于肋）方向不计算；

④经验算，若压型钢板的强度和变形不能满足要求时，可增设临时支撑以减小压型钢板的跨度，此时的计算跨度可取临时支撑点间的距离。

2）荷载确定

施工阶段，压型钢板作为浇注混凝土的底模和工作平台，对其进行强度和变形验算时，应考虑下列荷载：

①永久荷载，包括压型钢板、钢筋和湿混凝土等自重。

注意：在确定湿混凝土自重时，应考虑挠曲效应，即当压型钢板跨中挠度 w 大于20 mm时，应在全跨增加 $0.7w$ 厚度的混凝土均布荷载，或增设临时支撑。

②可变荷载，包括施工荷载和附加荷载，主要为施工荷载。施工荷载包括工人、施工机具、设备等的自重，宜取不小于1.5 kN/m²；当有过量冲击、混凝土堆放、管线和泵的荷载时，应增加相应的附加荷载。

3）承载力验算

压型钢板的受弯承载力应符合下式要求：

$$M \leqslant W_s f_s \tag{9.9}$$

式中　M——压型钢板在施工阶段荷载作用下顺肋方向一个波宽的弯矩设计值；

f_s——压型钢板的抗拉、抗压强度设计值,N/mm²;

W_s——压型钢板的截面模量,mm³,取受压边 W_{sc} 与受拉边 W_{st} 中的较小值;

$$W_{sc} = I_s/x_c, \quad W_{st} = I_s/(h_s - x_c) \tag{9.10}$$

I_s——一个波宽的压型钢板对其截面形心轴的惯性矩,mm⁴。计算 I_s 时,受压翼缘的有效计算宽度 b_{ef} 的取值(见图 9.6、表 9.4)应满足 $b_{ef} \leqslant 50t$ 的要求;

x_c——压型钢板受压翼缘的外边缘到中和轴的距离(见图 9.6),mm;

h_s——压型钢板截面的总高度。

4)变形验算

在施工阶段,由于混凝土尚未达到强度设计值,不考虑组合板的组合作用,因此在进行施工阶段的变形计算时,只考虑压型钢板的刚度。

在施工阶段,压型钢板的变形是通过其挠度验算来控制的。考虑到下料的不利情况,压型钢板可取两跨连续板或单跨简支板进行挠度验算,其挠度验算为:

两跨连续板
$$w = \frac{ql^4}{185EI_s} \leqslant [w] \tag{9.11}$$

单跨简支板
$$w = \frac{ql^4}{384EI_s} \leqslant [w] \tag{9.12}$$

式中　q——在施工阶段压型钢板上的荷载标准值,N/mm;

EI_s——一个波宽的压型钢板截面的弯曲刚度,N·mm²;

l——压型钢板的计算跨度,mm;

$[w]$——在施工阶段压型钢板的容许挠度,可取 $l/180$ 与 20 mm 的较小者(其中 l 为压型钢板的计算跨度)。

注意:若压型钢板的变形不能满足式(9.11)或式(9.12)要求时,应采取增设临时支撑等措施,以减小施工阶段压型钢板的变形。

9.2.3　组合楼板使用阶段的验算

对于压型钢板仅用作永久性模板的非组合楼板,其设计方法与普通钢筋混凝土楼板相同,但楼板的有效厚度取压型钢板顶面以上的混凝土厚度,并应在压型钢板波槽内设置纵向受力钢筋,设计时可参考普通钢筋混凝土的相关资料,故本节不予赘述。本节仅叙述与组合楼板有关的验算内容。

1)组合板可能的主要破坏模式

在承载能力极根状态下,组合楼板可能发生的主要破坏模式有:弯曲破坏、压型钢板与混凝土界面的纵向剪切破坏、斜截面的剪切破坏、局部荷载作用下的冲切破坏等。

(1)弯曲破坏

如果压型钢板与混凝土之间连接可靠,则组合板最有可能在最大弯矩截面 1—1 发生弯曲破坏,如图 9.9 所示。

在正常设计情况下,应当使弯曲破坏先于其他破坏。因为,弯曲破坏一般属于延性破坏,在破坏前有明显的预兆,足以使人们引起警惕并采取有效的加固措施。

与一般钢筋混凝土板类似,根据组合板中受拉钢材(包括压型钢板与受拉钢筋)的含钢率

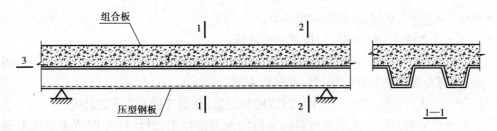

图9.9 组合楼板可能的破坏截面

多少,组合板可能发生少筋、超筋和适筋破坏的不同形态。

弯曲破坏的不同形态与含钢率和受压区高度 x 值密切相关,因为通常应以含钢率或受压区高度 x 值来控制其破坏形态。正常情况下,应将板设计成适筋的弯曲破坏,避免因少筋、超筋不正常破坏形态的发生。

(2)纵向剪切破坏

在组合板尚未达到极限弯矩之前,若压型钢板与混凝土界面的抗剪切连接强度不足,而导致丧失其抗剪切连接能力,从而使压型钢板与混凝土板在其界面处产生相对纵向滑移,失去其组合作用,这种破坏模式为压型钢板与混凝土界面(图9.9中的3—3截面)的纵向剪切破坏。它也是组合板的主要破坏模式之一。在设计中应采取必要的措施,以增强压型钢板与混凝土界面的抗剪切连接能力。

(3)斜截面剪切破坏

这种破坏模式在板中虽不常见,但当组合板的高跨比很大、荷载比较大,尤其是在集中荷载作用处(支座处,图9.9中的2—2截面),可能沿斜截面剪切破坏。因此,在较厚的组合板中,当混凝土的抗剪能力不足时,应设置钢箍以抵抗剪力。

(4)冲切破坏

当组合板比较薄,在局部面积上作用有较大的集中荷载时,可能发生组合板局部冲切破坏。因此,当组合板的冲切强度不足时,应适当配置分布钢筋,以使集中荷载分布到较大范围的板上,并适当配置承受冲切力的附加钢箍或吊筋。

(5)压型钢板的局部失稳

在连续板的中间支座处,压型钢板处于受压区,以及虽然压型钢板处于受拉区,但是当含钢量过大、受压区高度较高,以致压型钢板上翼缘及部分腹板可能处于受压区时,此时可能出现压型钢板的局部屈曲而导致组合板丧失其承载能力。设计时尚应防止压型钢板的局部失稳而导致组合板丧失其承载能力。

2)计算原则

①在使用阶段,当压型钢板顶面以上的混凝土厚度为 $50 \sim 100$ mm 时,按下列规定进行组合板计算:

a.组合板强边(顺肋)方向的正弯矩和挠度,均按承受全部荷载的简支单向板计算;

b.强边方向的负弯矩,按固端板取值;

c.不考虑弱边(垂直于肋)方向的正、负弯矩。

②当压型钢板顶面以上的混凝土厚度大于 100 mm 时,按下列规定进行组合板计算:

a.板的挠度应按强边方向的简支单向板计算;

b.板的承载力应根据其两个方向跨度的比值按下列规定进行计算:

- 当 $0.5 < \lambda_e < 2.0$ 时,应按双向板计算;
- 当 $\lambda_e \le 0.5$ 或 $\lambda_e \ge 2.0$ 时,应按单向板计算。

$$\lambda_e = \mu l_x / l_y, \quad \mu = (I_x / I_y)^{1/4} \tag{9.13}$$

式中　μ——组合板的受力异向性(各向异性)系数;

　　l_x, l_y——分别为组合板强边(顺肋)方向和弱边(垂直于肋)方向的跨度;

　　I_x, I_y——分别为组合板强边和弱边方向的截面惯性矩,但计算 I_y 时只考虑压型钢板顶面以上的混凝土厚度 h_c。

③双向组合板周边的支承条件:

a. 当跨度大致相等,且相邻跨连续时,楼板周边可视为固定边;

b. 当组合板相邻跨度相差较大,或压型钢板以上浇的混凝土板不连续时,应将楼板周边视为简支边。

④四边支承双向板的设计规定:

a. 强边(顺肋)方向,按组合板设计;

b. 弱边(垂直于肋)方向,仅取压型钢板上翼缘顶以上的混凝土板($h = h_c$),按常规混凝土板设计。

⑤在局部荷载作用下,组合板的有效工作宽度 b_{ef}(图9.10)不得大于按下列公式计算的值:

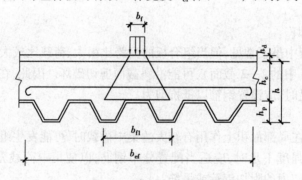

图9.10　集中荷载分布的有效宽度

a. 抗弯计算时

简支板　　　　　$b_{ef} = b_{fl} + 2l_p(1 - l_p/l) \tag{9.14}$

连续板　　　　　$b_{ef} = b_{fl} + [4l_p(1 - l_p/l)]/3 \tag{9.15}$

b. 抗剪计算时

$$b_{ef} = b_{fl} + l_p(1 - l_p/l) \tag{9.16}$$

$$b_{fl} = b_f + 2(h_c + h_d) \tag{9.17}$$

式中　l——组合板跨度;

　　l_p——荷载作用点到组合楼板较近支座的距离,当组合楼板的跨度内有多个集中荷载作用时,l_p 取产生较小 b_{ef} 值的相应荷载作用点到组合楼板较近支座的距离;

　　b_f, b_{fl}——分别为集中(局部)荷载的作用宽度和集中荷载在组合板中的分布宽度;

　　h_c——压型钢板顶面以上的混凝土计算厚度;

　　h_d——组合板的饰面厚度,若无饰面层时取 $h_d = 0$。

3)荷载确定

①永久荷载:包括压型钢板、混凝土层、面层、构造层、吊顶等自重以及风管等设备重。

②可变荷载:包括使用活荷载、安装荷载或设备检修荷载等。

注意:当采用足尺试件进行加载试验来确定组合板的承载力时,应按下列规定确定组合板的设计荷载:

①具有完全抗剪连接的构件,其设计荷载应取静力试验极限荷载的1/2;

②具有不完全抗剪连接的构件,其设计荷载应取静力试验极限荷载的1/3;

③取挠度达到跨度的1/50时的实际荷载的一半。

4)验算内容

在使用阶段,应对组合楼板在全部荷载作用下的强度和变形验算以及振动控制。

组合楼板的强度验算主要包括正截面抗弯、斜截面抗剪、混凝土与压型钢板叠合面的纵向抗剪、抗冲剪4个方面;其变形验算包括挠度验算和负弯矩区段的截面裂缝宽度验算;其振动控制主要是对自振频率的验算。

5)验算方法

(1)强度验算

①正截面抗弯强度验算。

a.计算假定。组合板正截面抗弯承载力计算,是建立在合理配筋和保证极限状态时发生适筋破坏基础上的。在工程中,可以通过受压高度的限制条件和构造要求来控制,避免少筋破坏与超筋破坏。当组合板发生适筋破坏时,计算应符合下列基本假定:

(a)采用塑性设计方法进行计算,此时假定截面受拉区和受压区的材料均达到强度设计值(图9.11);

(b)压型钢板抗拉强度设计值与混凝土的弯曲抗压强度设计值,均应乘以折减系数0.8。这是考虑到作为受拉钢筋的压型钢板没有混凝土保护层,以及中和轴附近材料强度未能充分发挥等原因;

(c)忽略混凝土的抗拉作用,这是因为混凝土的抗拉强度很低;

(d)假定组合板中的混凝土与压型钢板始终保持共同作用,因此直至达到极限状态,组合板都符合平截面假定。

b.抗弯承载力验算。对组合板的抗弯承载力计算分以下两种情况考虑:

(a)当$A_p f \leq \alpha_1 f_c b h_c$时,塑性中和轴在压型钢板顶面以上的混凝土截面内(图9.11(a)),此时组合板在一个波宽内的弯矩应符合下式要求:

$$M \leq 0.8\alpha_1 f_c x b y_p \qquad (9.18)$$

$$y_p = h_0 - x/2 \qquad (9.19)$$

式中　M——组合板在压型钢板一个波宽内的弯矩设计值,N·mm;

　　　x——组合板受压区高度,mm,$x = A_p f / \alpha_1 f_c b$,当$x > 0.55h_0$时,取$0.55h_0$,$h_0$为组合板的有效高度(压型钢板重心以上的混凝土厚度);

　　　y_p——压型钢板截面应力合力至混凝土受压区截面应力合力的距离,mm;

　　　b——压型钢板的波距,mm;

　　　A_p——压型钢板波距(一个波宽)内的截面面积,mm²;

　　　f——压型钢板钢材的抗拉强度设计值,N/mm²;

　　　α_1——受压区混凝土矩形应力图的应力值与混凝土轴心抗压强度设计值的比值,按我国现行《混凝土结构设计规范》(GB 50010—2010)的规定取用;

　　　f_c——混凝土轴心抗压强度设计值,N/mm²;

h_c——压型钢板顶面以上混凝土计算厚度。

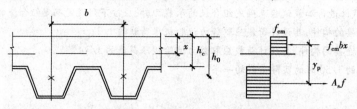

（a）塑性中和轴位于压型钢板顶面以上的混凝土截面内

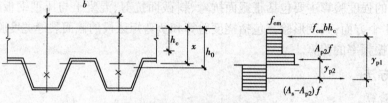

（b）塑性中和轴位于压型钢板截面内

图 9.11　组合板截面受弯承载力计算简图

（b）当 $A_p f > \alpha_1 f_c bh_c$ 时，塑性中和轴在压型钢板内（图 9.11（b）），此时组合板在一个波宽内的弯矩应符合下式要求：

$$M \leqslant 0.8(\alpha_1 f_c h_c by_{p1} + A_{p2} fy_{p2}) \tag{9.20}$$

$$A_{p2} = 0.5(A_p - \alpha_1 f_c h_c b/f) \tag{9.21}$$

式中　A_{p2}——塑性中和轴以上的压型钢板波距内截面面积，mm^2；

y_{p1}，y_{p2}——压型钢板受拉区截面拉应力合力分别至受压区混凝土板截面和压型钢板截面压应力合力的距离。

②集中荷载下的抗冲切验算。组合板在集中荷载下的冲切力 V_1，应符合式（9.22）的要求：

$$V_1 \leqslant 0.6 f_t u_{cr} h_c \tag{9.22}$$

式中　u_{cr}——临界周界长度，如图 9.12 所示；

h_c——压型钢板顶面以上的混凝土计算厚度；

f_t——混凝土轴心抗拉强度设计值。

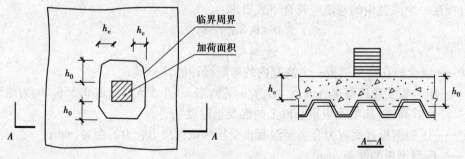

图 9.12　组合板在集中荷载作用下冲切面的临界周界

③斜截面抗剪验算。组合板端部（图 9.9 中的 2—2 截面）的斜截面抗剪承载力，应符合式（9.23）要求：

$$V_{in} \leqslant 0.07 f_t bh_0 \tag{9.23}$$

式中　V_{in}——组合板一个波距内斜截面最大剪力设计值；

h_0——组合板有效高度,即压型钢板重心至混凝土受压区边缘的距离。

④叠合面的纵向抗剪验算。组合板的混凝土与压型钢板叠合面(图9.9中的3—3截面)上的纵向剪力,应符合式(9.24)、式(9.25)的要求:

$$V \leqslant V_u \tag{9.24}$$

$$V_u = \alpha_0 - \alpha_1 l_v + \alpha_2 b_w h_0 + \alpha_3 t \tag{9.25}$$

式中　V——作用于组合板一个波距叠合面上的纵向剪力设计值,kN/m;

V_u——组合板中一个波距叠合面上的纵向(容许)受剪承载力设计值,kN/m;

l_v——组合板的剪力跨距,mm,$l_v = M/V$,M 为与剪力设计值 V 相应的弯矩设计值;对于承受均部荷载的剪支板,$l_v = l/4$,l 为板的计算跨度;

b_w——压型钢板用于浇筑混凝土的凹槽的平均宽度,mm,如图9.16所示;

h_0——组合板有效高度,mm,等于压型钢板重心至混凝土受压区边缘的距离;

t——压型钢板的厚度,mm;

$\alpha_0 \sim \alpha_3$——剪力黏结系数,由试验确定,当无试验资料时,可采用下列数值:$\alpha_0 = 78.124$,$\alpha_1 = 0.098$,$\alpha_2 = 0.0036$,$\alpha_3 = 38.625$。

(2)变形验算

组合板的变形验算,包括组合板的挠度验算和负弯矩区的混凝土裂缝宽度验算两部分。

①组合板的挠度验算。计算组合板的挠度时,通常不论其实际支承情况如何,均按简支单向板计算其沿强边(顺肋)方向的挠度,并应按荷载短期效应组合,且考虑永久荷载长期作用的影响进行计算,其算得的挠度不应超过计算跨度的1/360,即挠度验算应满足下式要求:

$$w = \frac{5}{384}\left(\frac{q_k l^4}{E_s I_0} + \frac{g_k l^4}{E_s I'_0}\right) \leqslant \frac{l}{360} \tag{9.26}$$

$$I_0 = \frac{1}{\alpha_E}\left[I_c + A_c(x'_n - h'_c)^2\right] + I_s + A_s(h_0 - x'_n)^2 \tag{9.27}$$

$$I'_0 = \frac{1}{2\alpha_E}\left[I_c + A_c(x'_n - h'_c)^2\right] + I_s + A_s(h_0 - x'_n)^2 \tag{9.28}$$

$$x'_n = \frac{A_c h'_c + \alpha_E A_s h_0}{A_c + \alpha_E A_s}, \quad \alpha_E = \frac{E_s}{E_c} \tag{9.29}$$

式中　q_k, g_k——分均布的可变荷载和永久荷载标准值;

I_0——将组合板中的混凝土截面换算成单质的钢截面的等效截面惯性矩;

I'_0——考虑永久荷载长期作用影响的等效截面惯性矩;

x'_n——全截面有效时组合板中和轴至受压区边缘的距离;

α_E——钢材的弹性模量与混凝土弹性模量的比值;

A_s, A_c——压型钢板和混凝土的截面面积;

I_s, I_c——压型钢板和混凝土各自对其自身形心轴的惯性矩;

h_0——组合板截面的有效高度,即组合板受压区边缘至压型钢板重心的距离;

h'_c——组合板受压区边缘至混凝土截面重心的距离,如图9.13所示。

②组合板负弯矩区的裂缝宽度验算。连续组合板负弯矩区段的最大裂缝宽度计算,可近似忽略压型钢板的作用,即只考虑混凝土板及其负钢筋的作用情况下计算连续组合板负弯矩区段的最大裂缝宽度,并使其符合我国现行《混凝土结构设计规范》(GB 50010—2010)规定的裂缝宽度限值,且满足不超过0.3 mm(室内正常环境)或0.2 mm(室内高湿度环境或室外露天环

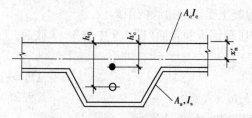

图 9.13　组合楼板截面特征简图

境)要求。

注意:上述计算中的板段负弯矩值,可近似地按一端简支一端固定或两端固定的单跨简支板算得。

(3)振动控制

组合板的振动控制是通过其自振频率的控制来实现的。我国现行《高钢规程》规定,组合板的自振频率 f 不得小于 15 Hz,即应符合式(9.30)要求:

$$f = \frac{1}{k} \sqrt{w} \geqslant 15 \tag{9.30}$$

式中　w——永久荷载作用下组合板的最大挠度,cm。

　　　　k——支承条件系数,按下列规定取值:

　　　　两端简支时,取 $k = 0.178$;

　　　　一端简支、一端固定时,取 $k = 0.177$;

　　　　两端固定时,取 $k = 0.175$。

9.2.4　组合楼板的构造要求

1)组合板的支承长度

①组合板在钢梁上的支承长度不应小于 75 mm,其中压型钢板在钢梁上的支承长度不应小于 50 mm,如图 9.14(a)、(b)所示。

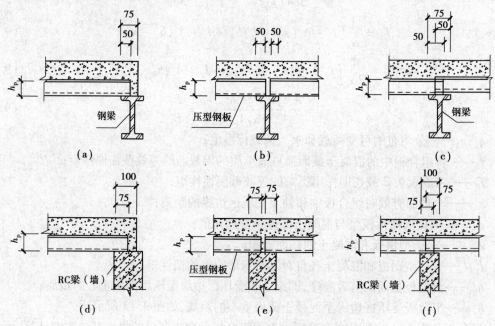

图 9.14　组合板的最小支承长度

(a)～(c)支承于钢梁上;(d)～(f)支承于混凝土梁(墙)上

②组合板在混凝土梁或剪力墙上的支承长度不应小于 100 mm,其中压型钢板在其上的支

承长度不应小于 75 mm,如图 9.14(d)、(e)所示。

③连续板和搭接板在钢梁或混凝土梁(墙)上的支承长度,应分别不小于 75 mm 和 100 mm,如图 9.14(c)、(f)所示。

2)组合板的端部锚固

为防止压型钢板与混凝土之间的相对滑移,在简支组合板的端部支座处和连续组合板的各跨端部,均应按下列要求设置栓钉锚固件。

(1)栓钉的设置位置

应将圆柱头栓钉设置于压型钢板端部的凹槽内,利用穿透平焊法,将栓钉穿透压型钢板焊至钢梁的上翼缘(图 9.15(a)),或者将圆柱头栓钉焊至钢梁上翼缘的中线处,同时将两侧的压型钢板端部凸肋打扁,并点焊固定于钢梁上翼缘(图 9.15(b))。

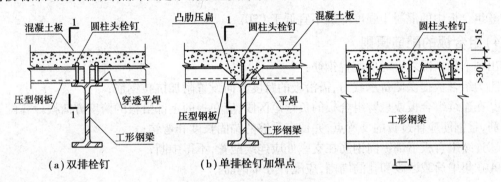

图 9.15　组合板的端部锚固

(2)栓钉直径

当栓钉穿透压型钢板焊接于钢梁时,其直径 d 不得大于 19 mm,并可根据组合板的跨度按下列规定采用:

①跨度小于 3 m 的组合板,栓钉直径宜为 13 mm 或 16 mm;

②跨度为 3~6 mm 的组合板,栓钉直径宜为 16 mm 或 19 mm;

③跨度大于 6 m 的组合板,栓钉直径宜为 19 mm。

(3)栓钉高度及其顶面的混凝土保护层厚度

①栓钉焊后高度应大于压型钢板波高加 30 mm;

②栓钉顶面的混凝土保护层厚度不应小于 15 mm。

3)组合板中的混凝土

①组合板的总厚度不应小于 90 mm,压型钢板顶面以上的混凝土厚度不应小于 50 mm,如图 9.16 所示;

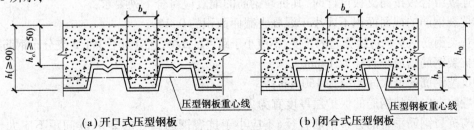

图 9.16　组合板的截面尺寸

②压型钢板用作混凝土板的底部受力钢筋时,需要进行防火保护,此时组合楼板的厚度及防火保护层的厚度尚应符合表9.5的规定;

表9.5 耐火极限为1.5 h的压型钢板组合楼板厚度及其防火保护层厚度

类 别	无保护层的楼板		有保护层的楼板	
图 例	h_1	h	h_1 ↕ a	h_1 ↕ a
楼板厚度 h_1 或 h/mm	≥80	≥110	≥50	
保护层厚度 a/mm	—	—	≥15	

③组合板中的混凝土强度等级不宜低于C20。

4)组合板的配筋原则

出现下列情况之一时应配置钢筋:

①为组合板提供储备承载力,需沿板的跨度方向设置附加抗拉钢筋;

②在连续组合板或悬臂组合板的负弯矩区段,应在板的上部沿板的跨度方向按计算配置连续钢筋,且钢筋应伸过板的反弯点,并留有足够的锚固长度和弯钩;

③连续组合板下部纵向钢筋在支座处应连续配置,不得中断;

④在集中荷载区段和孔洞周围,应配置分布钢筋;

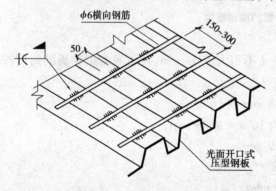

图9.17 压型钢板上翼缘焊接横向钢筋构造要求

⑤当楼板的防火等级提高时,应在组合板的底部沿板跨方向配置附加抗拉钢筋;

⑥在集中荷载作用的部位,应在组合板的有效宽度 b_{ef}(图9.10)范围内配置横向钢筋,其截面面积不应小于压型钢板顶面以上混凝土板截面面积的0.2%。

⑦当在压型钢板上翼缘焊接横向钢筋时,其横向钢筋应配置在剪距区段(均布荷载时,为板两端各1/4跨度范围)内,横向钢筋直径宜取 $\phi6$,间距宜为150~300 mm,且要求压型钢板上翼缘与横向钢筋焊接的每段喇叭形焊缝的焊缝长度不应小于50 mm(图9.17)。

5)组合板中抗裂钢筋的配筋要求

当连续组合板按简支板设计时,其抗裂钢筋的配置应符合下列要求:

①抗裂钢筋的截面面积不应小于混凝土截面面积的0.2%;

②抗裂钢筋从支承边缘算起的长度,不应小于跨度的1/6,且应与不少于5支分布钢筋相交;

③抗裂钢筋的最小直径为4 mm;

④抗裂钢筋的最大间距应为150 mm;

⑤顺肋方向抗裂钢筋的保护层厚度宜为20 mm;

⑥与抗裂钢筋垂直的分布钢筋直径,不应小于抗裂钢筋直径的2/3,其间距不应大于抗裂钢筋间距的1.5倍。

9.3　组合梁设计

9.3.1　组合梁的构成及特点

组合梁是由钢梁与钢筋混凝土翼板通过抗剪连接件组合成为整体而共同工作的一种受弯构件,其截面高跨比不宜小于1/15。

组合梁中的钢筋混凝土翼板可以是以压型钢板为底模的组合楼板(图9.18(a)),或者是普通的现浇钢筋混凝土楼板(图9.18(b))或预制后浇成整体的混凝土楼板(叠合楼板)。在工程中,对于由组合楼板或叠合楼板作组合梁的翼板时,均不必设置板托(图9.18(a)、(b)及图9.19(b));对于由现浇钢筋混凝土楼板作组合梁的翼板时,可以设置板托(图9.19(a))或不设板托(图9.19(b))。

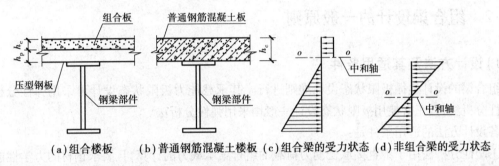

(a)组合楼板　(b)普通钢筋混凝土楼板　(c)组合梁的受力状态　(d)非组合梁的受力状态

图9.18　组合梁的构成与受力状态

其钢梁截面须根据组合梁的受力特点而确定,通常对于按单跨简支梁设计的组合梁,或者跨度大、受荷大的组合梁,宜采用上窄下宽的单轴对称工字形截面(图9.19(a));对于按连续梁或单跨固端梁或悬臂梁设计的组合梁,或者跨度小、受荷小的组合梁,宜采用双轴对称工字形截面(图9.19(b));对于组合边梁,其钢梁截面宜采用槽钢形式。

在正弯矩区段,对于完全抗剪连接组合梁的受力状态大体是混凝土翼板受压,其下的钢梁全部受拉(图9.18(c));而对于非组合梁,由于混凝土楼板不参与梁的抗弯,其下的钢梁则是上部受压、下部受拉(图9.18(d));对于部分抗剪连接组合梁的受力状态,则介于上述二者之间,混凝土翼板与其下钢梁各自受弯(图9.20),混凝土翼板与其下钢梁在界面处出现相对滑移。

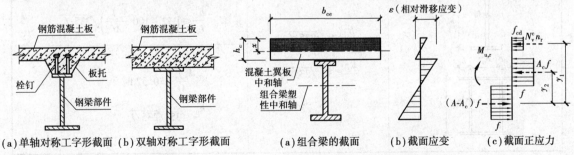

(a)单轴对称工字形截面　(b)双轴对称工字形截面　　(a)组合梁的截面　(b)截面应变　(c)截面正应力

图9.19　组合梁中的钢梁截面　　　　**图9.20　部分抗剪连接组合梁的受力状态**

组合梁中的抗剪连接件是把钢梁与混凝土楼板二者有效地组合起来共同工作的关键部件。其主要作用是:承受钢梁与混凝土楼板二者叠合面之间的纵向剪力,限制二者之间的相对滑移;抵抗组合梁中的梁端"掀起力"。

组合梁中的抗剪连接件宜采用带头栓钉,也可采用槽钢、弯筋或有可靠依据的其他类型连接件。带头栓钉、槽钢及弯筋连接件的外形及设置方向如图9.21所示。

(a)带头栓钉连接件　　(b)槽钢连接件　　(c)弯筋连接件

图9.21　连接件的外形及设置方向

9.3.2　组合梁设计的一般原则

1)设计方法及其适用条件

组合梁的设计遵循极限状态设计准则进行。其承载能力极限状态设计可采用弹性分析法或塑性分析法;其正常使用极限状态设计一般均采用弹性分析法。

各设计方法的适用条件是:

①塑性分析法用于不直接承受动力荷载的组合梁承载力的计算,且要求钢材的力学性能满足:强屈比$f_u/f_y \geqslant 1.2$;伸长率$\delta_5 \geqslant 15\%$;$\varepsilon_u \geqslant 20\varepsilon_y$,$\varepsilon_y$和$\varepsilon_u$分别为钢材的屈服点应变和抗拉强度应变。

②弹性分析法用于直接承受动力荷载或钢梁中受压板件的宽厚比(见表9.6)不符合塑性设计要求的组合梁计算(强度和变形)。

注意:不管什么条件的组合梁,其挠度计算始终是采用弹性方法。

表9.6　塑性设计时钢梁翼缘及腹板的板件宽厚比

截面形式	翼　缘	腹　板
(上图 I 形截面)	$\dfrac{b}{t} \leqslant 9\sqrt{235/f_y}$	当 $\dfrac{A_s f_{sy}}{Af} < 0.37$ 时 $\dfrac{h_0}{t_w} \leqslant \left(72 - 100\,\dfrac{A_s f_{sy}}{Af}\right)\sqrt{235/f_y}$
(下图 箱形截面)	$\dfrac{b_0}{t} \leqslant 30\sqrt{235/f_y}$	当 $\dfrac{A_s f_{sy}}{Af} \geqslant 0.37$ 时 $\dfrac{h_0}{t_w} \leqslant 35\sqrt{235/f_y}$

注:A_s,f_{sy}——组合梁负弯矩截面中钢筋的截面面积和强度设计值;A,f_y——组合梁中钢梁截面面积和钢材屈服强度;f——塑性设计时钢梁钢材的抗拉、抗压、抗弯强度设计值,按现行《钢结构设计规范》(GB 50017)第11.1.6条的规定取值。

2) 组合梁设计工况

组合梁的设计一般均应按施工阶段和使用阶段两种工况进行, 只有当施工阶段钢梁下设置了临时支撑, 而且其支撑点间的距离小于 3.5 m 时, 才可只按使用阶段设计。

3) 组合梁混凝土翼板的有效宽度

组合梁混凝土翼板的有效宽度 b_{ce}, 应按下列公式计算:

$$b_{ce} = b_0 + b_1 + b_2 \qquad (9.31)$$

式中　b_0——板托顶部的宽度, 当板托倾角 $\alpha < 45°$ 时, 应按 $\alpha = 45°$ 计算板托顶部的宽度(图 9.22(a)); 当无板托时, 则取钢梁上翼缘宽度(图 9.22(b)、图 9.23)。

　　　b_1, b_2——梁外侧和内侧的翼板计算宽度, 各取 $l/6$ 和 $6h_c$ 中的较小者, l 为梁的计算跨度。此外, b_1 尚不应超过混凝土翼板的实际外伸长度 s_1, 当为中间梁时, 取式 (9.31) 中的 b_1 等于 b_2; b_2 不应超过相邻钢梁上翼缘或板托间净距 s_n 的 1/2。

　　　h_c——混凝土翼板计算厚度, 对于采用以压型钢板为底模的混凝土楼板, 取压型钢板肋高以上的混凝土厚度(图 9.23)。

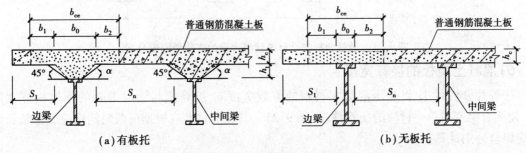

图 9.22　组合梁混凝土翼板的有效宽度(普通钢筋混凝土楼板)

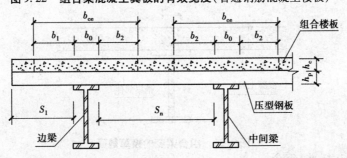

图 9.23　组合梁混凝土翼板的有效宽度(以压型钢板作底模的钢筋混凝土楼板)

4) 连续组合梁采用塑性分析法的条件

连续组合梁采用塑性分析法时应符号下列条件:

①相邻两跨跨度之差不大于短跨的 45%;

②边跨跨度不小于邻跨的 70%, 也不大于邻跨的 115%;

③在每跨的 1/5 范围内, 集中作用的荷载不大于该跨总荷载的一半;

④内力合力与外荷载保持平衡;

⑤内力调幅不超过 25%;

⑥中间支座截面材料总强度比 γ 小于 0.5, 且大于 0.15, 此处 $\gamma = A_s f_{sy} / Af$。

5) 连续组合梁采用弹性分析法的规定

连续组合梁采用弹性分析时应符号下列规定：

①不计入负弯矩区段内受拉开裂的混凝土翼板对刚度的影响；

②在正弯矩区段，其换算截面应根据短期或长期荷载采用相应的刚度，参见式(9.32a)和式(9.32b)；

③负弯矩区段的混凝土翼板受拉开裂的长度，可按试算法确定；

④在距中间支座 $0.15l$（l 为梁的跨度）范围内，确定梁的截面刚度时，不考虑混凝土翼板的作用，仅计入混凝土翼板有效宽度范围内的钢筋面积；在其余的跨中区段，应考虑混凝土翼板与钢梁形成整体来确定截面刚度；其变截面刚度连续梁如图9.24所示。

⑤考虑塑性发展的内力调幅系数不宜超过15%。

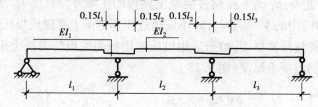

图9.24　弹性分析法计算连续组合梁的变截面刚度分布

6) 混凝土翼板的换算宽度

按弹性分析时，应将受压混凝土翼板的有效宽度 b_{ce} 折算成与钢材等效的弹性换算宽度 b_{eq}，使组合梁变成单一材质的换算截面（图9.25），其换算宽度应根据荷载短期效应组合及长期效应组合分别计算。

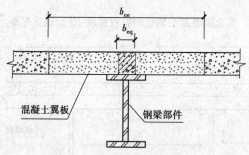

图9.25　组合梁变的换算截面

荷载短期效应（标准）组合 $\qquad b_{eq} = b_{ce}/\alpha_E \qquad$ (9.32a)

荷载长期效应（准永久）组合 $\qquad b_{eq} = b_{ce}/2\alpha_E \qquad$ (9.32b)

式中　b_{eq}——混凝土翼板的换算宽度；

　　　b_{ce}——混凝土翼板的有效宽度，应按式(9.31)确定；

　　　α_E——钢材弹性模量与混凝土弹性模量的比值。

7) 组合梁混凝土翼板的计算厚度

组合梁混凝土翼板的计算厚度应符合下列规定：

①普通钢筋混凝土翼板的计算厚度，应取原厚度 h_c（图9.22）；

②带压型钢板的混凝土翼板计算厚度，取压型钢板顶面以上的混凝土厚度 h_c（图9.23）。

8)组合梁的计算内容

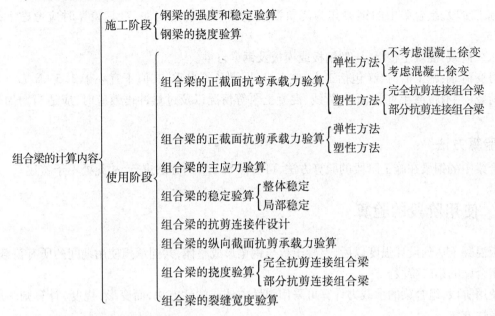

9.3.3　施工阶段的验算

1)计算原则

①对组合梁中的钢梁进行施工阶段验算时,应采用弹性分析方法;

②当楼板混凝土强度未达到其强度设计值的75%以前,全部荷载由组合梁中的钢梁单独承担(此时,称为组合梁的第一受力阶段);

③当组合梁施工时,若在其钢梁下方设置多个临时支撑(而且支撑后的梁跨小于3.5 m),并一直保留到楼板混凝土强度达到其强度设计值,则不必进行施工阶段验算(应力、变形和稳定),否则应进行施工阶段验算;

④在施工阶段,若钢梁受压翼缘的自由长度 l_1 与其宽度 b_1 的比值,不超过表9.7中的数值时,不必验算钢梁的整体稳定。

表9.7　H 型钢或工字形截面"简支梁"不需验算整体 l_1/b_1 的限值

钢　号	跨中无侧向支撑点的梁		跨中受压翼缘有侧向支撑点的梁（不论荷载作用于何处）
	荷载作用在上翼缘	荷载作用在下翼缘	
Q235	13	20	16
Q345	10.5	16.5	13
Q390	10	15.5	12.5
Q420	9.5	15	12

注:① l_1 为钢梁受压翼缘的自由长度,对跨中无侧向支撑点的梁, l_1 为其跨度;对跨中有侧向支撑点的梁, l_1 为受压翼缘侧向支撑点的距离(梁的支座处视为有侧向支撑)。

②其他钢号的梁不需计算整体稳定性的最大 l_1/b_1 值,应取 Q235 钢的数值乘以 $\sqrt{235/f_y}$ 。

③梁的支座处,应采取构造措施防止梁端截面的扭转。

2) 荷载确定

在施工阶段,组合梁中的钢梁作为浇筑混凝土楼板的承重构件,对其验算时应考虑下列荷载:

①永久荷载:混凝土楼板、压型钢板或模板及钢梁自重。

②可变荷载:施工活荷载(包括工人、施工机具、设备等自重,其值不宜小于 1.5 kN/m²)及附加活荷载(当有混凝土堆放、附加管线、混凝土泵等情况以及过量冲击效应时,应适当增加荷载)。

3) 验算方法

组合梁中的钢梁在施工阶段的验算方法,可参照 8.1 节的方法进行,故此处不予赘述。

9.3.4 使用阶段的验算

楼板混凝土达到设计强度以后,混凝土板与钢梁形成整体,共同承担使用期间的所有荷载,称之为组合梁的第二阶段。

在使用阶段,组合梁的承载力计算可采用弹性方法或塑性方法,而变形(挠度)计算则一般只采用弹性方法。

1) 计算假定

(1) 弹性方法的计算假定

①钢材和混凝土均为弹性体;

②混凝土与钢梁整体工作,接触面间无相对滑移(因滑移很小,忽略不计);

③截面应变符合平截面假定;

④不考虑组合梁混凝土翼板内钢筋对截面计算的影响;

⑤不考虑板托对截面计算的影响;

⑥不考虑混凝土开裂后的影响。

(2) 塑性方法的计算假定

①混凝土翼板与钢梁有可靠的抗剪连接;

②位于塑性中和轴一侧的受拉混凝土因开裂不参加工作;

③受压区混凝土为均匀受压,其压应力全部达到混凝土轴心抗压强度设计值;

④钢梁的拉、压区分别均匀受拉、压,并分别达到钢材塑性设计的抗拉、抗压强度设计值;

⑤组合梁中负弯矩区段的混凝土翼板有效宽度范围内的纵向受拉钢筋应力,全部达到钢筋抗拉强度设计值;

⑥在组合梁的强度、变形计算中,不考虑混凝土板托截面的作用。

2) 荷载确定

计算组合梁在使用期间的强度和变形时,应考虑下列荷载:

(1) 永久荷载

①楼板及其饰面层、找平层、防水层、吊顶等的自重;

②钢梁及悬挂管线重、固定设备重等。

（2）可变荷载

①屋面或楼面活荷载,设备振动效应等;

②风和地震作用效应、地基变形效应、温差变形效应等。

3)组合梁受弯承载力验算

组合梁的受弯承载力计算可采用弹性方法或塑性能方法进行。

（1）弹性方法

采用弹性方法分析组合梁受弯承载力时,在竖向荷载作用下的组合梁截面及其正应力如图 9.26 所示,因此设计时应分别计算其混凝土板顶或板底以及钢梁上、下翼缘的最大正应力,并控制在其强度设计值之内。

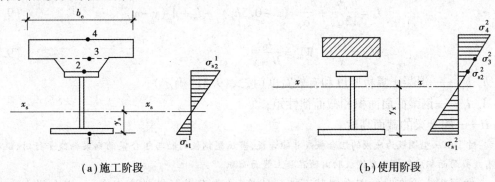

（a）施工阶段　　　　　　　　　　　　　　（b）使用阶段

图 9.26　组合梁截面及其正应力

①截面特征计算

a. 不考虑混凝土徐变时的组合梁截面特征计算（荷载短期效应组合）。组合梁在荷载短期效应组合作用下,混凝土翼板换算成钢材后的截面特征计算如下:

（a）中和轴在混凝土翼板内（图 9.27（a））。

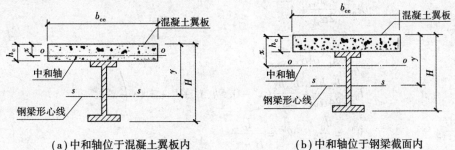

（a）中和轴位于混凝土翼板内　　　　　　　（b）中和轴位于钢梁截面内

图 9.27　组合梁截面的中和轴位置

组合截面面积 A_0、组合截面中和轴 $o\!-\!o$ 至混凝土翼板顶面的距离 x、组合截面对中和轴的惯性矩 I_0、对混凝土翼板顶面的抵抗矩 W_{0c}^t、对钢梁下翼缘的抵抗矩 W_{0s}^b,分别按下列各式计算:

$$A_0 = \frac{b_{ce}x}{\alpha_E} + A_s \tag{9.33}$$

$$x = \frac{1}{A_0}\left(\frac{b_{ce}x^2}{2\alpha_E} + A_s y\right) \tag{9.34}$$

$$I_0 = \frac{b_{ce}x^3}{12\alpha_E} + \frac{b_{ce}x^3}{4\alpha_E} + I_s + A_s(y-x)^2 \tag{9.35}$$

$$W_{0c}^t = \frac{I_0}{x}, \qquad W_{0s}^b = \frac{I_0}{H-x} \tag{9.36}$$

（b）中和轴在钢梁截面内（图 9.27（b））。此时的各值分别按下列各式计算：

$$A_0 = \frac{b_{ce}h_c}{\alpha_E} + A_s \tag{9.37}$$

$$x = \frac{1}{A_0}\left(\frac{b_{ce}h_c^2}{2\alpha_E} + A_s y\right) \tag{9.38}$$

$$I_0 = \frac{b_{ce}h_c^3}{12\alpha_E} + \frac{b_{ce}h_c}{\alpha_E}(x-0.5h_c)^2 + I_s + A_s(y-x)^2 \tag{9.39}$$

$$W_{0c}^t = \frac{I_0}{x}, \qquad W_{0s}^b = \frac{I_0}{H-x} \tag{9.40}$$

式中　h_c, b_{ce}——混凝土翼板厚度和有效宽度（按式（9.31）确定）；

　　　A_s, I_s——钢梁截面面积和截面惯性矩；

　　　H——组合梁的截面高度。

注意：对于以压型钢板为底模的组合板或非组合板，当压型钢板的肋与组合梁的钢梁轴线平行时，混凝土翼板的有效截面面积应包括压型钢板肋内的混凝土截面面积。

b. 考虑混凝土徐变时的组合梁截面特征计算（永久荷载长期效应组合）。组合梁在永久荷载的长期作用下，由于混凝土的徐变，将使混凝土翼板的应力减小，而钢梁的应力增大。为了在计算中反映这一效应，可将混凝土翼板有效宽度内的截面面积除以 $2\alpha_E$ 换算成单质的钢截面面积。此时，组合截面的中和轴多数位于其钢梁截面内（图 9.27（b）），其几何特征各值分别按下列各式计算：

$$A_0^c = \frac{b_{ce}h_c}{2\alpha_E} + A_s \tag{9.41}$$

$$x^c = \frac{1}{A_0^c}\left(\frac{b_{ce}h_c^2}{4\alpha_E} + A_s y\right) \tag{9.42}$$

$$I_0^c = \frac{b_{ce}h_c^3}{24\alpha_E} + \frac{b_{ce}h_c}{2\alpha_E}(x^c - 0.5h_c)^2 + I_s + A_s(y-x^c)^2 \tag{9.43}$$

$$W_{0c}^{tc} = \frac{I_0}{x^c}, \qquad W_{0s}^{bc} = \frac{I_0}{H-x^c} \tag{9.44}$$

②组合梁的弹性受弯承载力验算。对于一般的组合梁，通常不考虑温度作用和收缩作用的影响，即只考虑竖向荷载作用，并按下列方法进行组合梁的弹性受弯承载力验算。

a. 不考虑翼板混凝土徐变影响：

对混凝土翼板顶面的验算　　　　$\sigma_{0c}^t = \pm\dfrac{M}{W_{0c}^t} \leqslant f \tag{9.45}$

对钢梁下翼缘的验算　　　　　　$\sigma_{0s}^b = \pm\dfrac{M}{W_{0s}^b} \leqslant f \tag{9.46}$

式中　M——全部荷载对组合梁产生的正弯矩；

　　　f——钢材的抗拉、抗压、抗弯强度设计值；

W_{0c}^t,W_{0s}^b——分别为对组合梁的混凝土翼板顶面的抵抗矩和对钢梁下翼缘的抵抗矩,按式(9.36)或(9.40)计算。

b. 考虑翼板混凝土徐变影响:

对混凝土翼板顶面的验算
$$\sigma_{0c}^{tc} = \pm \left(\frac{M_q}{W_{0c}^t} + \frac{M_g}{W_{0c}^{tc}} \right) \leqslant f \tag{9.47}$$

对钢梁下翼缘的验算
$$\sigma_{0s}^{bc} = \pm \left(\frac{M_q}{W_{0s}^b} + \frac{M_g}{W_{0s}^{bc}} \right) \leqslant f \tag{9.48}$$

式中　M_q,M_g——分别为可变荷载与永久荷载对组合梁产生的正弯矩;

W_{0c}^{tc},W_{0s}^{bc}——分别为考虑翼板混凝土徐变影响时,对组合梁的混凝土翼板顶面的抵抗矩和对钢梁下翼缘的抵抗矩,按式(9.44)计算。

(2)塑性方法

用塑性方法计算组合梁的强度时,对受正弯矩的组合梁截面和 $A_{st} \cdot f_{st} \geqslant 0.15Af$ 的受负弯矩的组合梁截面可不考虑弯矩和剪力的相互影响。

由于塑性设计不存在应力叠加问题,所以计算时不考虑施工过程中有无支撑,也不考虑混凝土的徐变、收缩以及温差的影响。

组合梁截面受弯承载力按塑性理论计算时,是以截面充分发展塑性作为组合梁的抗弯强度极限状态。因此,计算过程中应根据完全抗剪连接组合梁或部分抗剪连接组合梁的不同情况,分别采用相应的计算公式计算其受弯承载力。

①完全抗剪连接组合梁的受弯承载力验算。当组合梁上最大弯矩点和邻近零弯矩点之间的区段内,混凝土翼板和钢梁组合成整体,且叠合面间的纵向剪力全部由抗剪连接件承担时,该组合梁则称为完全抗剪连接组合梁。其正截面受弯承载力可根据塑性中和轴所处位置,分别采用不同的公式进行计算。

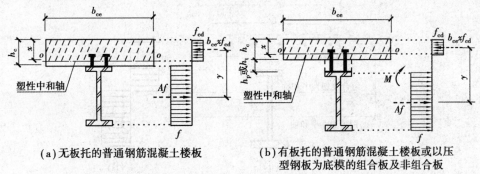

(a)无板托的普通钢筋混凝土楼板　　(b)有板托的普通钢筋混凝土楼板或以压型钢板为底模的组合板及非组合板

图9.28　塑性中和轴位于混凝土受压翼板内的组合梁截面及应力图形

a. 塑性中和轴位于混凝土受压翼板内(图9.28),即 $Af \leqslant b_{ce}h_c f_{cd}$ 时:
$$M \leqslant b_{ce}xf_{cd}y \tag{9.49}$$
$$x = Af/(b_{ce}f_{cd}) \tag{9.50}$$

式中　x——组合梁载面塑性中和轴至混凝土翼板顶面的距离;

M——全部荷载产生的最大正弯矩设计值;

A——组合梁中的钢梁截面面积;

y——钢梁截面拉应力合力至混凝土受压区应力合力之间的距离;

f——钢梁钢材的抗拉、抗压、抗弯强度设计值；

h_c, b_{ce}——混凝土翼板的计算厚度及有效宽度；

f_{cd}——混凝土抗压强度设计值。

 b. 塑性中和轴位于钢梁截面内（图 9.29），即 $Af > b_{ce}h_c f_{cd}$ 时，

$$M \leq b_{ce}h_c f_{cd}y_1 + A_{sc}fy_2 \tag{9.51}$$

$$A_{sc} = 0.5(A - b_{ce}h_c f_{cd}/f) \tag{9.52}$$

式中 A_{sc}——组合梁中的钢梁受压区截面面积；

   y_1——钢梁受拉区截面应力合力至混凝土翼板截面应力合力之间的距离；

   y_2——钢梁受拉区截面应力合力至钢梁受压区截面应力合力之间的距离。

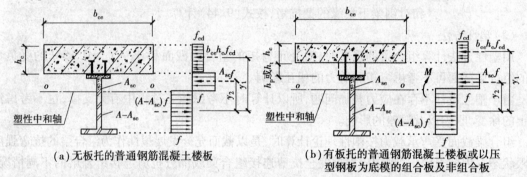

    （a）无板托的普通钢筋混凝土楼板   （b）有板托的普通钢筋混凝土楼板或以压
                          型钢板为底模的组合板及非组合板

图 9.29 塑性中和轴位于钢梁截面内的组合梁截面及应力图形

 c. 连续组合梁的负弯矩作用（图 9.30）截面抗弯承载力验算：

$$M' \leq M_s + A_{st}f_{st}(y_3 + y_4/2) \tag{9.53}$$

$$M_s = (S_1 + S_2)f \tag{9.54}$$

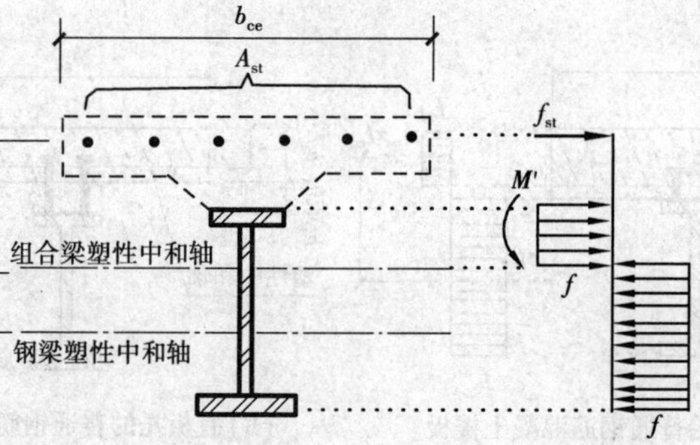

图 9.30 负弯矩区段组合梁截面和应力图形

式中 M'——连续组合梁中间支座处的最大负弯矩设计值；

   M_s——钢梁截面绕自身中和轴的全塑性受弯承载力；

   S_1, S_2——钢梁塑性中和轴（平分钢梁截面积的轴线）以上和以下截面积对该轴的面
      积矩；

   A_{st}——组合梁负弯矩区翼板有效宽度范围内纵向钢筋截面面积；

   f_{st}——钢筋抗拉强度设计值；

   y_3——纵向钢筋截面形心至组合梁塑性中和轴的距离；

y_4——组合梁塑性中和轴至钢梁塑性中和轴的距离,当组合梁塑性中和轴位于钢梁腹板内时,$y_4 = A_{st} f_{st} / (2 t_w f)$;当组合梁塑性中和轴位于钢梁翼缘内时,可取 y_4 等于钢梁塑性中和轴至腹板上边缘的距离。

②部分抗剪连接组合梁的受弯承载力验算。由于受构造等原因的影响,当抗剪连接件的实际设置数量 n_1 小于完全抗剪连接组合梁抗剪连接件的计算数量 n,但不小于 50% 时,则该组合梁称为部分抗剪连接组合梁。

a. 适用条件:

(a)承受静荷载且集中力不大的组合梁;

(b)跨度不超过 20 m 的组合梁;

(c)当钢梁为等截面梁时,其配置的连接件数量 n_1 不得小于完全抗剪连接时的连接件数量 n 的 50%。

b. 计算假定。对于单跨简支梁,可采用简化塑性理论,按下列假定计算:

(a)取所计算截面的左、右两个剪跨区段内的抗剪连接件受剪承载力设计值之和 $n N_v^c$ 两者中的较小者,作为混凝土翼板中的剪力;

(b)抗剪连接件全截面进入塑性状态;

(c)钢梁与混凝土翼板间产生相对滑移,以致混凝土翼板与钢梁具有各自的中和轴(见图 9.20)。

c. 正弯矩区段的受弯承载力验算。部分抗剪连接组合梁正弯矩区段的受弯承载力 $M_{u,r}$,可按下式计算:

$$M_{u,r} = n_r N_v^c y_1 + 0.5(Af - n_r N_v^c) y_2 \tag{9.55}$$

$$x = n_r N_v^c / (b_{ce} f_{cd}), \quad A_c = (Af - n_r N_v^c)/(2F) \tag{9.56}$$

式中 b_{ce}, x——混凝土翼板的有效宽度和受压区高度;

n_r——部分抗剪连接时一个剪跨区的抗剪连接件总数;

N_v^c——每个抗剪连接件的纵向承载力。

d. 负弯矩区段的受弯承载力验算。在对部分抗剪连接组合梁负弯矩区段的受弯承载力计算时,只需将完全抗剪连接组合梁负弯矩区段的受弯承载力计算公式(9.53)中右边第二项括弧前面的系数(即 $A_{st} f_{st}$),换为 $n_r N_v^c$ 和 $A_{st} f_{st}$ 二者中的较小者即可。

4)组合梁受剪承载力验算

组合梁的受剪承载力计算可采用弹性方法或塑性方法进行。

(1)弹性方法

①计算原则:

a. 验算组合梁的剪应力时,应考虑它在施工和使用两个受力阶段(不同工况)的不同工作截面和受力特点。

b. 在楼板混凝土未达到设计强度之前,施工阶段的全部静、活荷载均由组合梁中的钢梁单独承担,此时的剪应力按组合梁中的钢梁截面计算确定;当楼板混凝土达到其设计强度之后,后加的使用阶段荷载由整个组合梁来承担,此时的剪应力按组合梁截面计算确定;其实际剪应力(总剪应力)等于前述两个受力阶段所产生的剪应力之和,如图 9.31 所示。

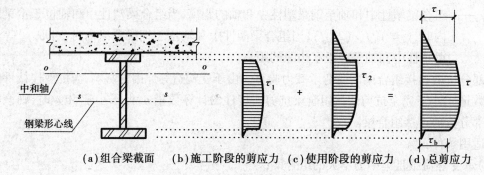

(a)组合梁截面　(b)施工阶段的剪应力　(c)使用阶段的剪应力　(d)总剪应力

图9.31　组合梁的剪应力图形

②计算公式：

a. 第一受力阶段(施工阶段)。在施工阶段的荷载作用下，钢梁单独承重时的剪应力τ_1(图9.31(b))按式(9.57)计算：

$$\tau_1 = \frac{V_1 S_1}{I_s t_w} \tag{9.57}$$

式中　V_1——施工阶段的可变与永久荷载在钢梁上产生的剪力设计值；

S_1——剪应力验算截面以上的钢梁截面面积对钢梁形心轴S—S的面积矩；

I_s, t_w——钢梁的毛截面惯性矩和腹板厚度。

b. 第二受力阶段(使用阶段)。组合梁在使用阶段增加的荷载作用下，整个组合梁共同承重时钢梁的剪应力τ_2(图9.31(c))按式(9.58)计算：

$$\tau_2 = \frac{V_2 S_2}{I_0 t_w} \tag{9.58}$$

式中　V_2——使用阶段的总荷载(可变与永久荷载之和)减去施工阶段的总荷载对组合梁产生的剪力设计值；

S_2——剪应力验算截面以上的组合梁换算截面面积对组合梁换算截面形心轴O—O的面积矩；

I_0——组合梁的换算截面惯性矩。

c. 剪应力验算公式：

(a)当组合梁的截面中和轴O—O位于钢梁截面内时，其总剪应力τ等于τ_1与τ_2之和(图9.31(d))，所以其剪应力验算公式为：

$$\tau = \tau_1 + \tau_2 \leqslant f_v \tag{9.59}$$

式中　f_v——钢材抗剪强度设计值。

(b)当组合梁的截面中和轴O—O位于混凝土翼板或板托内时，其总剪应力τ的验算截面取钢梁腹板与上翼缘的交接面，此时其总剪应力τ达到最大值。

(2)塑性方法

采用塑性设计法计算组合梁的承载力时，对于受正弯矩的组合梁截面，可不计入弯矩与剪力的相互影响，即分别验算受弯承载力和受剪承载力。

按塑性设计进行受剪承载力验算时，组合梁截面的全部剪力假定仅由钢梁的腹板承受，其受剪承载力应按式(9.60)计算：

$$V \leqslant h_w t_w f_v \tag{9.60}$$

式中　h_w,t_w——分别为组合梁内钢梁腹板的高度和厚度；

　　　　f_v——塑性设计时钢梁钢材的抗剪强度设计值。

5)组合梁的主应力验算

对于连续梁的中间支座处或其他截面,同时受到很大的剪力和弯矩作用时,其钢梁的腹板边缘处将同时产生很大的剪应力和很大的法向应力,此时必须验算主压应力和主剪应力是否超过允许值。

验算组合梁的截面主应力时,其截面的剪应力和法向应力(图9.32),应按弹性理论计算。

组合梁的钢梁截面腹板边缘的主压应力 σ_{max} 和主剪应力 τ_{max} 可按下式验算:

$$\sigma_{max} = \frac{\sigma}{2} + \sqrt{\left(\frac{\sigma}{2}\right)^2 + \tau^2} \leqslant f \tag{9.61}$$

$$\tau_{max} = \sqrt{\left(\frac{\sigma}{2}\right)^2 + \tau^2} \leqslant f \tag{9.62}$$

式中　σ,τ——分别为钢梁腹板边缘的法向压应力和剪应力。

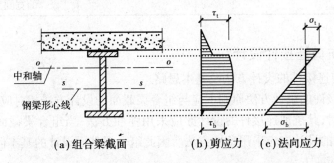

（a）组合梁截面　　（b）剪应力　　（c）法向应力

图9.32　组合梁的剪应力和法向应力

6)组合梁的稳定验算

（1）整体稳定

在使用阶段,由于混凝土楼板与以压型钢板为底模的混凝土楼板的刚度均较大,可对组合梁中正弯矩区段的受压翼缘起到有效的侧向支撑的作用,因此可不计算其整体稳定;但对连续组合梁在较大可变荷载不利分布的作用下,某一跨度的全跨产生负弯矩,此时组合梁中的钢梁下翼缘受压,若该垮的钢梁受压翼缘的侧向自由长度与其宽度之比超过表9.7所规定的最大值,则需验算该垮钢梁的整体稳定,其验算方法可参见第8.1节对纯钢梁整体稳定验算的方法进行。

（2）局部稳定

对于按弹性方法设计的组合梁,其钢梁受压板件的局部稳定应满足我国现行《钢结构设计规范》(GB 50017)中第4.3款规定要求,主要是负弯矩区段的钢梁下翼缘需满足表9.8中的板件宽厚比要求;对于按塑性方法设计的组合梁,其钢梁受压板件的局部稳定应满足我国现行《钢结构设计规范》(GB 50017)中第9.1.4款规定要求,即需满足表9.6中板件宽厚比的要求。

表 9.8　钢梁弹性设计时的受压翼缘宽厚比限值

项　次	截面形式	宽厚比限值	符号说明
1		组合工字形截面 $\dfrac{b}{t} \leqslant 13\sqrt{\dfrac{235}{f_y}}$	b——翼缘板自由外伸宽度
2		组合箱形截面 $\dfrac{b_0}{t} \leqslant 40\sqrt{\dfrac{235}{f_y}}$	b_0——箱形梁截面受压翼缘板在两腹板之间宽度,当箱形梁受压翼缘有纵向加劲肋时,则为腹板与纵向加劲肋之间翼缘板的宽度

7) 组合梁的抗剪连接件设计

(1) 组合梁抗剪连接件的设计方法及基本思路

组合梁抗剪连接件的设计方法原则上应与组合梁截面的设计方法相对应,即当组合梁截面设计采用弹性方法时,其抗剪连接件的设计亦应采用弹性方法;当组合梁截面设计采用塑性方法时,其抗剪连接件的设计亦应采用塑性方法。因此组合梁截面设计的基本假定完全适用于其抗剪连接件设计的相应方法。

组合梁是依靠抗剪连接件来保证其共同工作的。抗剪连接件除了传递水平剪力外,还对混凝土板提供锚固力,以阻止混凝土板与钢梁之间产生分离。组合梁抗剪连接件按塑性设计时,假定钢梁与混凝土翼板叠合面之间的纵向水平剪力全部由抗剪连接件承担,即不考虑叠合面的黏结力。

抗剪连接件按塑性方法设计的基本思路是:应先求出组合梁上最大弯矩点和邻近零弯矩点之间的剪跨区段总的纵向水平剪力 V_s,再根据 V_s 值确定该区段内所需的抗剪连接件数量,然后将抗剪连接件在该区段内按等间距均匀地布置。

(2) 纵向水平剪力 V_s

① 剪跨区段的划分原则。根据组合梁的弯矩图,以支座点、弯矩绝对值最大点和零弯矩点为界限,将其划分为若干个剪跨区段,如图 9.33 所示。

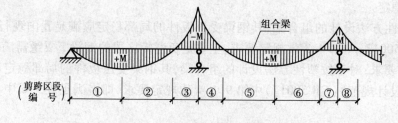

图 9.33　组合梁剪跨区段的划分

②剪跨区段纵向水平剪力的计算。在每个剪跨区段内,混凝土翼板与钢梁叠合面上的纵向水平剪力 V_s,分别按下列各式计算:

a. 位于正弯矩区的剪跨段(图9.33中的1,2,5,6剪跨段),纵向水平剪力 V_s 取下列两式计算结果中的较小者:

$$V_s = Af \tag{9.63a}$$

$$V_s = b_{ce} h_c f_{cd} \tag{9.63b}$$

b. 位于负弯矩区的剪跨段(图9.34中的3,4,7,8剪跨段):

$$V_s = A_{st} f_{st} \tag{9.64}$$

(3)抗剪连接件的数量

对于完全抗剪连接组合梁,每个剪跨区段内所需配置的抗剪连接件的总数 n_f,可按下列两式计算:

正弯矩区段 $\qquad\qquad n_f = V_s / N_v^c \tag{9.65}$

负弯矩区段 $\qquad\qquad n_f = V_s / (\eta N_v^c) \tag{9.66}$

式中 V_s——每个剪跨区内,混凝土翼板与钢梁叠合面上的纵向水平剪力设计值;

N_v^c——每个抗剪连接件的受剪承载力设计值;

η——抗剪连接件的受剪承载力降低系数,位于连续梁中间支座的负弯矩区段,取 $\eta = 0.9$;位于悬臂梁的负弯矩区段,取 $\eta = 0.8$。

对于部分抗剪连接组合梁,每个剪跨区段内实际配置的抗剪连接件数不得少于 n_f 的50%。

(4)抗剪连接件的布置

根据式(9.65)和式(9.66)算得的抗剪连接件,可在对应的剪跨区段内均匀布置。当剪跨区内有较大集中荷载作用时,可将连接件总数 n_f 按各剪力区段的剪力图面积分配,然后各自均匀布置(图9.34)。

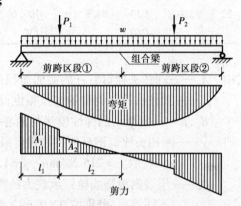

图9.34 集中荷载作用下抗剪连接件的布置

各剪力区段的抗剪连接件数按式(9.67)计算:

$$n_1 = \frac{A_1}{A_1 + A_2} n_f, \quad n_2 = \frac{A_2}{A_1 + A_2} n_f \tag{9.67}$$

(5)抗剪连接件的受剪承载力设计值

由于抗剪连接件的受剪承载力取决于连接件及其周围的混凝土强度,因此其受剪承载力设计值的计算由连接件及其周围混凝土的承载力两方面控制。

①圆柱头栓钉连接件。一颗圆柱头栓钉连接件的受剪承载力设计值 N_v^c,应按下式计算(当 $\beta_v = 1.0$ 时,可查表9.9):

$$N_v^c = 0.43 \beta_v A_{st} \sqrt{E_c f_c} \tag{9.68a}$$

且 $\qquad\qquad N_v^c \leqslant 0.7 A_{st} \gamma f_s \tag{9.68b}$

表 9.9 $\beta_v = 1.0$ 时的圆柱头栓钉的受剪承载力设计值 N_v^c

栓钉直径 /mm	钉杆截面面积 A_{ac} /mm²	混凝土强度等级	一个圆柱头栓钉受剪承载力设计值/kN		在下列间距(mm)沿梁长每米的单排圆柱头栓钉的受剪承载力设计值/kN									
			$0.7\gamma A_{st} f_a$	$0.43 A_{st}\sqrt{E_c f_c}$	150	175	200	250	300	350	400	450	500	600
13	132.7	C20		28.8										
		C30	31.0	38.3	133	114	100	80	67	57	50	44	40	33
		C40		45.4										
16	201.1	C20		43.7										
		C30	47.2	58.0	202	173	151	121	101	87	76	67	61	50
		C40		68.8										
19	283.5	C20		61.6										
		C30	66.3	81.8	284	244	213	171	142	122	107	95	85	71
		C40		97.0										
22	380.1	C20		82.5										
		C30	88.9	109.6	381	327	286	229	191	163	143	127	114	95
		C40		130.1										

式中 A_{st}——圆柱头栓钉钉杆的截面面积；

f_s——圆柱头栓钉钢材的抗拉强度设计值；

E_c, f_c——混凝土的弹性模量与轴心抗压强度设计值；

γ——圆柱头栓钉钢材的抗拉强度最小值与屈服强度之比,当栓钉材料性能等级为 4.6 级时,取 $f_s = 215$ N/mm²,$\gamma = 1.67$；

β_v——压型钢板影响栓钉承载力的折减系数,可根据压型钢板的肋与钢梁平行或垂直的不同情况,分别按式(9.69)或式(9.70)计算确定,对于普通钢筋混凝土楼板取 $\beta_v = 1.0$。

折减系数 β_v 应按下式计算：

a. 压型钢板的肋与钢梁平行时(图 9.35(a))

$$\beta_v = 0.6 \frac{b_w}{h_p}\left(\frac{h_s - h_p}{h_p}\right) \leq 1 \qquad (9.69)$$

b. 压型钢板的肋与钢梁垂直时(图 9.36b)

$$\beta_v = \frac{0.85}{\sqrt{n_0}} \cdot \frac{b_w}{h_p}\left(\frac{h_s - h_p}{h_p}\right) \leq 1 \qquad (9.70)$$

式中 b_w——混凝土凸肋(压型钢板波槽)的平均宽度(图 9.35(c)),当肋的上部宽度小于下部宽度时,改取上部宽度(图 9.35(d))；

h_p——压型钢板的高度；

h_s——栓钉焊接后的高度,但不应大于 $h_p + 75$ mm；

n_0——组合梁某截面上一个板肋中配置的栓钉总数,当栓钉数大于 3 个时,应仍取 3 个计算。

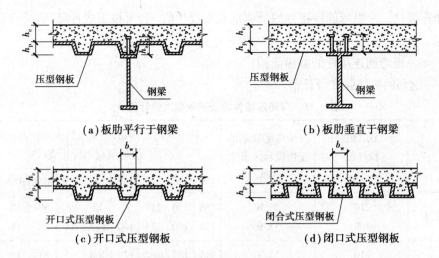

（a）板肋平行于钢梁　　　　　　　　（b）板肋垂直于钢梁

（c）开口式压型钢板　　　　　　　　（d）闭口式压型钢板

图 9.35　用压型钢板-混凝土组合板作翼缘的组合梁

②槽钢连接件。一根槽钢连接件的受剪承载力设计值 N_v^c，可按下式计算，也可查表 9.10。

$$N_v^c = 0.26(t_f + 0.5t_w)l_c\sqrt{E_c f_c} \tag{9.71}$$

式中　t_f, t_w——槽钢连接件的翼缘平均厚度与腹板厚度；

l_c——一根槽钢连接件的长度；

E_c, f_c——混凝土的弹性模量与轴心抗压强度设计值。

注意：槽钢连接件通过肢尖、肢背两条通长角焊缝与钢梁连接，角焊缝的高度按承受该连接件的抗剪承载力 N_v^c 进行计算。

表 9.10　槽钢连接件的受剪承载力设计值 N_v^c

槽钢型号	混凝土强度等级	一个槽钢的抗剪设计承载力/kN	在下列间距(mm)沿梁每米槽钢受剪承载力设计值/kN									
			150	175	200	250	300	350	400	450	500	600
6.3	C20	130	817	743	650	520	433	371	325	289	260	217
	C30	173	1 151	987	863	691	576	493	432	384	345	288
	C40	205	1 366	1 171	1 025	820	683	585	512	455	410	342
8	C20	138	919	993	689	551	460	393	345	306	276	230
	C30	183	1 221	1 046	916	732	610	523	458	407	366	305
	C40	217	1 449	1 242	1 087	869	724	621	543	483	435	362
10	C20	146	976	837	732	586	488	418	366	325	293	244
	C30	194	1 296	1 111	972	778	648	556	486	432	389	324
	C40	231	1 539	1 319	1 154	923	769	659	577	513	462	385
12.6	C20	154	1 028	882	771	617	514	441	386	343	309	257
	C30	205	1 366	1 171	1 025	820	683	586	512	455	410	342
	C40	243	1 621	1 389	1 216	973	811	695	608	540	486	405

注：表中槽钢长度按 100 mm 计算。当槽钢长不为 100 mm 时,其抗剪设计承载力按比例增减。

③弯筋连接件。一根弯筋连接件的受剪承载力设计值 N_v^c,可按下式计算,也可查表9.11。

$$N_v^c = A_{st} f_{st} \tag{9.72}$$

式中　A_{st}——一根弯筋连接件的截面面积;

　　　f_{st}——钢筋的抗拉强度设计值。

表9.11　弯筋连接件的受剪承载力设计值 N_v^c

直径 /mm	截面面积 mm²	钢筋强度 设计值 /(N·mm⁻²)	一个弯起钢筋的 受剪设计承载力 /kN	在下列间距(mm)沿梁长每米单排弯起钢筋的 受剪承载力设计值/kN									
				150	175	200	250	300	350	400	450	500	600
12	113.1	210	23.8	158	136	119	95	79	68	59	53	48	40
		300	33.9	234	200	175	140	117	100	88	78	70	58
14	153.9	210	32.3	215	185	162	129	108	92	81	72	65	54
		300	46.2	318	273	239	191	159	136	119	106	95	80
16	201.1	210	42.2	282	241	211	169	141	121	106	94	84	70
		300	60.3	416	356	312	249	208	178	156	139	125	104
18	254.5	210	53.4	356	305	267	214	178	153	134	119	169	89
		300	76.4	526	451	395	316	263	225	197	175	158	131
20	314.2	210	66.0	440	377	330	264	220	180	165	147	132	110
		300	94.3	649	557	487	390	325	278	244	216	195	162
22	380.1	210	79.8	532	456	399	319	266	228	200	177	160	133
		300	114.0	786	673	589	471	393	337	295	262	236	196

注:表中210 N/mm² 及310 N/mm² 的钢筋强度设计值分别为Ⅰ,Ⅱ级钢筋强度设计值。

8)纵向界面的抗剪承载力验算

(1)验算对象

属于下列情况之一者,需对组合梁的钢梁翼缘与混凝土翼板的纵向界面进行受剪承载力验算:

①组合梁的翼板采用普通的钢筋混凝土;

②组合梁的翼板采用以压型钢板为底模的组合板或非组合板,且压型钢板的板肋平行于钢梁的纵轴线。

注意:压型钢的板肋与钢梁垂直的组合梁,可不验算其纵向界面的抗剪承载力。

(2)纵向薄弱界面的确定

为了防止钢筋混凝土翼板有可能在纵向剪力作用下发生剪切破坏,在进行组合梁的钢梁翼缘与混凝土翼板的纵向受剪承载力计算时,应分别对下列两种界面进行验算:

①钢梁上翼缘两侧的混凝土翼板纵向界面,如图9.36界面 a—a 所示;

②包络连接件的纵向界面,如图9.36界面 b—b、界面 c—c 所示。

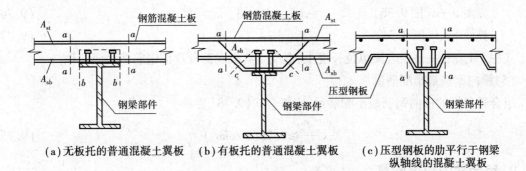

（a）无板托的普通混凝土翼板 （b）有板托的普通混凝土翼板 （c）压型钢板的肋平行于钢梁纵轴线的混凝土翼板

图9.36 组合梁翼板的纵向受剪界面

（3）纵向界面水平剪力的确定

在混凝土翼板纵向界面上，沿梁单位长度的水平剪力，依其所在位置，分别按下列公式计算：

①包络连接件的纵向界面（图9.36界面 b—b、界面 c—c）。

$$V_1 = \frac{n_r N_v^c}{s} \tag{9.73}$$

②混凝土翼板纵向界面（图9.36界面 a—a），设计时 V_1 应取式（9.74a）和（9.74b）中的较大者。

$$V_1 = \frac{n_r N_v^c}{s} \cdot \frac{b_1}{b_{ce}} \tag{9.74a}$$

或

$$V_1 = \frac{n_r N_v^c}{s} \cdot \frac{b_2}{b_{ce}} \tag{9.74b}$$

式中 V_1——混凝土翼板单位梁长纵向界面水平剪力，N/mm；

n_r——一个横截面上连接件的个数；

s——抗剪连接件的纵向间距（mm）；

N_v^c——一个抗剪连接件的受剪承载力设计值；

b_1,b_2,b_{ce} 见图9.22、图9.23及式（9.31）。

（4）纵向界面的受剪承载力验算

混凝土翼板纵向界面的水平剪力，应符合下列公式的要求：

$$V_1 \leqslant k_1 u \xi + 0.7 A_{s,tr} f_{st} \tag{9.75a}$$

且

$$V_1 \leqslant k_2 u f_c \tag{9.75b}$$

式中 ξ——系数，取 $\xi = 1$ N/mm²；

u——纵向受剪界面的周长，mm，如图9.36所示；

f_c——混凝土轴心抗压强度设计值，N/mm²；

f_{st}——钢筋的抗拉强度设计值；

k_1——折减系数，混凝土翼板用普通混凝土时取0.9，采用轻质混凝土时取0.7；

k_2——折减系数，混凝土翼板用普通混凝土时取0.19，用轻质混凝土时取0.15；

$A_{s,tr}$——单位梁长纵向受剪界面上与界面相交的横向钢筋截面积，mm²/mm，按下列规定采用：

界面 a—a(图 9.36) $A_{s,tr} = A_{sb} + A_{st}$ (9.76)

界面 b—b(图 9.36) $A_{s,tr} = 2A_{sb}$ (9.77)

式中 A_{sb},A_{st}——组合梁单位长度上,混凝土翼板底部及顶部钢筋的截面面积。

(5)横向钢筋最小配筋量

组合梁翼板的横向钢筋最小配筋量,应符合式(9.78)要求:

$$\frac{A_{s,tr}f_{st}}{u} \geqslant 0.75(N/mm^2)$$ (9.78)

9)组合梁的挠度验算

(1)完全抗剪连接组合梁的挠度验算

完全抗剪连接组合梁的挠度计算按结构力学的方法进行,并应考虑钢梁与混凝土翼板之间滑移效应对刚度的折减,即在计算挠度的公式中,采用折减刚度 B。

完全抗剪连接组合梁的挠度验算,应视施工阶段钢梁下有、无临时支撑,按两种情况分别进行。

①施工阶段钢梁下无临时支撑时

$$v_c = v_{s1} + v_{c2} \leqslant [v]$$ (9.79)

式中 v_c——完全抗剪连接组合梁的挠度;

v_{s1}——施工阶段组合梁的自重标准值作用下的钢梁挠度;

v_{c2}——使用阶段(施工阶段后续加的)各项荷载的标准组合与准永久组合进行计算的挠度 v_{sc2} 和 $v_{sc2,l}$ 二者中较大者,即 $v_{c2} = \max(v_{sc2}, v_{sc2,l})$;

$[v]$——受弯构件的挠度限值,对于一般的主梁和次梁,可分别取 $l/400$ 及 $l/250$,l 为梁的跨度。

②施工阶段钢梁下有临时支撑时

$$v_c = v \leqslant [v]$$ (9.80)

式中 v——组合梁各项荷载的标准组合与准永久组合进行计算的挠度 v_{sc} 和 $v_{sc,l}$ 二者中较大者,即 $v = \max(v_{sc}, v_{sc,l})$。

注意:考虑钢梁与混凝土翼板之间滑移效应的折减刚度 B 可按下式计算:

$$B = \frac{EI_{eq}}{1+\zeta}$$ (9.81)

式中 E——钢梁的弹性模量;

I_{eq}——组合梁的换算截面惯性矩,对于荷载的标准组合和荷载的准永久组合,分别按式(9.39)和式(9.43)计算。

ζ——刚度折减系数,按下式计算($\zeta \leqslant 0$ 时,取 $\zeta = 0$):

$$\zeta = \eta\left[0.4 - \frac{3}{(jl)^2}\right]$$ (9.82)

$$\eta = \frac{36Ed_cpA_0}{n_skhl^2}$$ (9.83)

$$j = 0.81\sqrt{\frac{n_skA_1}{EI_0p}}$$ (9.84)

$$A_0 = \frac{A_{ef}A}{\alpha_E A + A_{ef}} \tag{9.85}$$

$$A_1 = \frac{I_0 + A_0 d_c^2}{A_0} \tag{9.86}$$

$$I_0 = I + \frac{I_{ef}}{\alpha_E} \tag{9.87}$$

式中　A_{ef}——混凝土翼板截面面积,对以压型钢板为底模的组合板翼缘,取其较弱截面的面积,且不考虑压型钢板;

　　　　A,I——钢梁的截面面积和惯性矩;

　　　　I_{ef}——混凝土翼板截面惯性矩,对以压型钢板为底模的组合板翼缘,取其较弱截面的惯性矩,且不考虑压型钢板;

　　　　d_c——钢梁截面形心到混凝土翼板截面(对以压型钢板为底模的组合板翼缘,取其较弱截面的面积)形心的距离;

　　　　h,l——组合梁截面高度和跨度,mm;

　　　　k——抗剪连接件的刚度系数,$k = N_v^c$,N/mm;

　　　　p——抗剪连接件的纵向平均间距,mm;

　　　　n_s——抗剪连接件在一根梁上的列数;

　　　　α_E——钢材与混凝土弹性模量的比值。

当按荷载效应的准永久组合进行计算时,式(9.85)和式(9.87)中的 α_E 应以 $2\alpha_E$ 替换。

（2）部分抗剪连接组合梁的挠度验算

根据我国现行《高钢规程》的规定,部分抗剪连接组合梁的挠度 v_1 可按式(9.88)计算:

$$v_1 = v_c + 0.5(v - v_c)(1 - n_1/n_f) \leqslant [v] \tag{9.88}$$

式中　v_c——完全抗剪连接组合梁的挠度;

　　　　v——全部荷载由钢梁承受时的挠度;

　　　　n_f,n_1——分别为完全抗剪连接组合梁和部分抗剪连接组合梁所配置的抗剪连接件数目。

10）组合梁的裂缝宽度验算

连续组合梁负弯矩区段的最大裂缝宽度 w_{cra}(mm)限值:处于正常环境时为 0.3 mm,处于室内高湿度环境或露天环境时为 0.2 mm。

计算连续组合梁负弯矩区段内混凝土翼板的最大裂缝宽度时,应取荷载的短期效应组合。

连续组合梁的负弯矩区段,其混凝土翼板的受力状态近似于轴心受拉钢筋混凝土杆件。所以,其最大裂缝宽度 w_{cra}(mm),可按下列公式计算:

$$w_{cra} = 2.7\psi \frac{\sigma_s}{E_{st}}\left(2.7c + 0.1\frac{d}{\rho_{ce}}\right)v \tag{9.89}$$

$$\psi = 1.1 - \frac{0.65f_{tk}}{\rho_{ce}\sigma_s} \tag{9.90}$$

$$\sigma_s = M_k y_s / I \tag{9.91}$$

式中　v——纵向受拉钢筋表面特征系数,变形钢筋宜取 0.7,光面钢筋宜取 1.0。

　　　　ψ——裂缝间纵向受拉钢筋应变不均匀系数。当 $\psi < 0.3$ 时,宜取 $\psi = 0.3$;当 $\psi > 1.0$ 时,宜取 $\psi = 1.0$。

　　　　d,c——纵向钢筋直径和混凝土保护层厚度,均以 mm 计。当 $c < 20$ mm 时,宜取 $c = 20$ mm;$c > 50$ mm 时,宜取 $c = 50$ mm。

ρ_{ce}——按有效受拉混凝土面积计算的纵向受拉钢筋配筋率,当 $\rho_{ce} \leqslant 0.008$ 时,宜取 $\rho_{ce} = 0.008$。

f_{tk}——混凝土轴心抗拉强度标准值。

σ_s——荷载标准值短期效应作用下,负弯矩区段混凝土翼板内的纵向钢筋应力。

M_k——按荷载短期效应组合计算的负弯矩标准值。

I——由钢梁与混凝土翼板有效宽度内的纵向钢筋共同形成的钢质截面(钢梁与钢筋组合钢截面)惯性矩,即不计入混凝土翼板有效宽度内的受拉混凝土截面。

y_s——钢筋截面重心至钢梁与钢筋组合钢截面中和轴的距离,如图 9.37 所示。

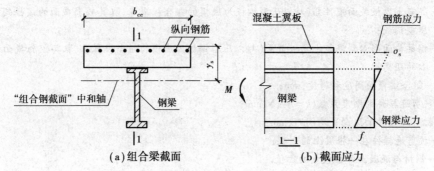

(a)组合梁截面   (b)截面应力

图 9.37　连续负弯矩区段的计算简图

9.3.5　组合梁的构造要求

1)组合梁截面尺寸的规定

①组合梁的高跨比不宜小于 1/15,即 $h/l \geqslant 1/15$;

②为使钢梁的抗剪强度与组合梁的抗弯强度协调,钢梁截面高度 h_s 不宜小于组合梁截面高度 h 的 1/2.5,即 $h_s \geqslant h/2.5$。

2)混凝土楼板

(1)板厚

①当楼板采用以压型钢板为底模的组合板时,组合板的总厚度不应小于 90 mm,其压型钢板顶面以上的混凝土厚度不应小于 50 mm;

②当楼板采用普通钢筋混凝土板时,其混凝土板的厚度不应小于 100 mm,一般采用 100,120,140,160 mm。

(2)板托尺寸

当楼板采用以压型钢板为底模的组合板时,其组合梁一般不设板托;当楼板采用普通钢筋混凝土板时,为了提高组合梁的承载力及节约钢材,可采用混凝土板托(图 9.38),其尺寸应符合下列要求:

①板托的高度 h_t 不应大于钢筋混凝土楼板厚度 h_c 的 1.5 倍,即 $h_t \leqslant 1.5h_c$。

②板托的顶面宽度 b_t:对于上、下等宽的工字形钢梁,其 b_t 不宜小于板托高度 h_t 的 1.5 倍(图 9.38(a));对于上窄、下宽的工字形钢梁,其 b_t 不宜小于钢梁上翼缘宽度 b_f 与板托高度 h_t 的 1.5 倍之和,即 $b_t \geqslant b_f + 1.5h_t$(图 9.38(b))。

③楼板边缘的组合梁(图 9.39),无板托时,混凝土翼板边缘至钢梁上翼缘边和至钢梁中心

线的距离应分别不小于 50 mm 和 150 mm(图 9.39(a));有板托时,外伸长度不宜小于 h_t(图 9.39(b))。

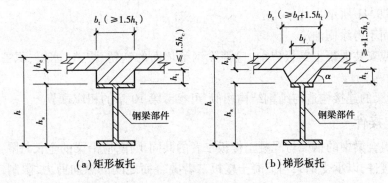

(a)矩形板托　　　　　(b)梯形板托

图 9.38　组合梁的混凝土板托

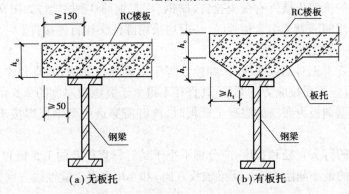

(a)无板托　　　　　(b)有板托

图 9.39　边梁混凝土翼板的最小外伸长度

(3)配筋

①在连续组合梁的中间支座负弯矩区段,混凝土翼板内的上部纵向钢筋应伸过梁的反弯点,并应留出足够的锚固长度和弯钩;

②支承于组合梁上的混凝土翼板,其下部纵向钢筋在中间支座处应连续配置,不得中断(图 9.40),钢筋长度不够时,可在其他部位搭接。

3) 钢梁

①跨度小、受荷小时,主、次钢梁均可采用热轧 H 型钢或工字型钢;跨度大、受荷大时,次梁可采用热轧 H 型钢,主梁宜采用上窄、下宽的单轴对称焊接工字形截面(图 9.41);对于组合边梁,其钢梁截面宜采用槽钢形式。

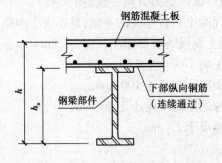

图 9.40　混凝土翼板的下部纵向钢筋

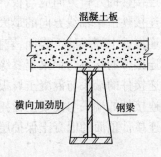

图 9.41　组合梁的横向加劲肋

②钢梁截面高度 h_s 不宜小于组合梁截面高度 h 的 1/2.5，即 $h_s \geq h/2.5$。

③为了确保组合梁腹板的局部稳定，应视其腹板高厚比的大小，设置必要的腹板横向加劲肋，其形式如图 9.41 所示。

④钢梁顶面不得涂刷油漆。

⑤在浇注或安装混凝土翼板以前，应消除钢梁顶面的铁锈、焊渣、冰层、积雪、泥土和其他杂物。

⑥主、次钢梁的连接构造与纯钢结构相似，可参考第 10 章的相应章节。

4)抗剪连接件

为了保证组合梁中的钢梁与混凝土楼板二者的共同工作，应沿梁的全长每隔一定距离在钢梁顶面设置连接件，以承受钢梁与混凝土楼板二者叠合面之间的纵向剪力，限制二者之间的相对滑移。

组合梁中常用的抗剪连接件有带头栓钉、槽钢、弯起钢筋 3 种类型，如图 9.21 所示。当采用以压型钢板为底模的混凝土组合楼板时，一般均采用圆柱头栓钉连接件。

(1)圆柱头栓钉连接件

①当栓钉的位置不正对钢梁腹板时，如栓钉焊于钢梁受拉翼缘，其直径不得大于翼缘板厚度的 1.5 倍；如栓钉焊于无拉应力的翼缘，其直径不得大于翼缘板厚度的 2.5 倍。

②当采用以压型钢板为底模的混凝土翼板时，栓钉需穿透压型钢板焊接于钢梁，其直径不宜大于 19 mm。

③圆柱头栓钉的钉头直径和长度，应分别不小于其钉杆直径 d 的 1.5 倍和 4 倍。

④圆柱头栓钉的最小间距为 $6d$（顺梁轴线方向）和 $4d$（垂直于梁轴线方向），边距不得小于 35 mm。

⑤圆柱头栓钉的最大间距为混凝土翼板厚度的 4 倍，且不大于 400 mm。

⑥圆柱头栓钉的钉头底面，宜高出混凝土翼板的底部钢筋顶面 30 mm 以上；当采用以压型钢板为底模的混凝土组合翼板时，焊后的栓钉高度应高出压型钢板波高 30 mm 以上。

⑦圆柱头栓钉的外侧边缘与钢梁上翼缘边缘的距离不应小于 20 mm。

⑧圆柱头栓钉的外侧边缘与混凝土翼板边缘的距离不应小于 100 mm。

⑨圆柱头栓钉的外侧边缘与混凝土板托边缘的距离不应小于 40 mm。

⑩圆柱头栓钉顶面的混凝土保护层厚度不应小于 15 mm。

(2)槽钢连接件

①槽钢连接件一般采用 Q235 钢轧制的 [8、[10、[12、[12.6 等小型槽钢；

②槽钢连接件的开口方向应与板、梁叠合面的纵向剪力方向一致（图 9.42）；

③槽钢连接件沿梁轴线方向的最大间距为混凝土翼板厚度的 4 倍，且不大于 400 mm；

④槽钢连接件上翼缘的下表面，宜高出混凝土翼板的底部钢筋顶面 30 mm 以上；

⑤槽钢连接件的端头与钢梁上翼缘边缘的距离不应小于 20 mm；

⑥槽钢连接件的端头与混凝土翼板边缘的距离不应小于 100 mm；

⑦槽钢连接件的端头与混凝土板托上口边缘的距离不应小于 40 mm；

⑧槽钢连接件顶面的混凝土保护层厚度不应小于 15 mm。

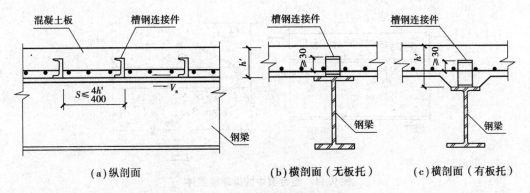

（a）纵剖面　　　　　　（b）横剖面（无板托）　　　　（c）横剖面（有板托）

图 9.42　组合梁中的槽钢连接件

（3）弯起钢筋连接件

①弯起钢筋宜采用直径 d 不小于 12 mm 的 HRB 级钢筋,并应成对对称布置,其弯起角一般为 45°,弯折方向应与混凝土翼板对钢梁的水平剪力方向相一致,如图 9.43 所示;

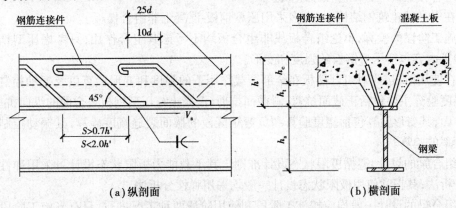

（a）纵剖面　　　　　　　　　（b）横剖面

图 9.43　组合梁中的弯起钢筋连接件

②在梁的跨中可能产生纵向水平剪应力变号处,应在两个方向均设置弯起钢筋(U 形钢筋);

③每根弯起钢筋从弯起点算起的总长度不应小于 25d(HRB 级钢筋应另加弯钩),其中水平段长度不应小于 10d;

④弯起钢筋连接件沿梁轴线方向的间距 S 不应小于混凝土翼板厚度(有板托时,包括板托,如图 9.43 所示)的 0.7 倍,且不大于 2 倍翼板厚度及 400 mm,即 $0.7h' \leqslant S \leqslant 2h'$,且 $S \leqslant 400$ mm;

⑤弯起钢筋与钢梁连接的双侧焊缝长度不应小于 4d(HRB 级钢筋)或 5d(HRB 级钢筋);

⑥弯起钢筋连接件的外侧边缘与钢梁上翼缘边缘的距离不应小于 20 mm;

⑦弯起钢筋连接件的外侧边缘与混凝土翼板边缘的距离不应小于 100 mm;

⑧弯起钢筋连接件的外侧边缘与混凝土板托上口边缘的距离不应小于 40 mm;

⑨弯起钢筋连接件顶面的混凝土保护层厚度不应小于 15 mm。

5）梁端锚固件

在组合梁的端部,应在钢梁的顶面焊接梁端锚固件,以抵抗组合梁中的梁端"掀起力"及因混凝土干缩所引起的应力。

梁端锚固件一般采用热轧工字钢或在工字钢上加焊水平锚筋(图 9.44);对小型梁,也可用设在梁端的抗剪连接件兼顾,即梁端设置抗剪连接件后,可不另设梁端锚固件。

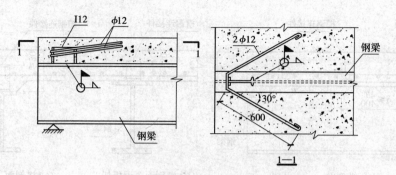

图9.44　组合梁中的梁端锚固件

本章小结

（1）组合楼盖由组合梁与楼板组成。

（2）在多高层建筑钢结构中，大多采用压型钢板-混凝土非组合楼板。

（3）施工阶段的验算，不论组合板或非组合板均不考虑其组合作用，只考虑压型钢板的作用。其验算内容包括压型钢板的强度和变形。

（4）在使用阶段，应对组合楼板在全部荷载作用下的强度和变形验算以及振动控制。组合楼板的强度验算主要包括正截面抗弯、斜截面抗剪、混凝土与压型钢板叠合面的纵向抗剪、抗冲剪4个方面；其变形验算包括挠度验算和负弯矩区段的截面裂缝宽度验算；其振动控制主要是对自振频率的验算。

（6）组合梁的设计，遵循极限状态设计准则。其承载能力极限状态设计可采用弹性分析法或塑性分析法；其正常使用极限状态设计一般均采用弹性分析法。

（7）组合梁的设计一般均应按施工阶段和使用阶段两种工况进行，只有当施工阶段钢梁下设置了临时支撑，而且其支撑点间的距离小于3.5 m时，才可只按使用阶段设计。

（8）组合梁施工阶段的验算内容包括：钢梁的强度、稳定和刚度；使用阶段的验算内容包括：组合梁的正截面抗弯、正截面抗剪、稳定、抗剪连接件、挠度等8大方面。

复习思考题

9.1　试述压型钢板-混凝土组合楼板的构成与特点。

9.2　试述组合楼板在施工阶段的计算原则、验算内容及方法。

9.3　试述组合楼板在使用阶段的计算原则、验算内容及方法。

9.4　试述组合梁的构成及特点。

9.5　试述组合梁的计算内容、计算原则及验算方法。

9.6　试比较完全抗剪连接组合梁与部分抗剪连接组合梁受弯承载力验算的异同。

9.7　抗剪连接件在组合梁上应如何布置？

9.8　组合板在什么情况下应配置钢筋？

第 10 章　节点设计

本章导读

- 内容与要求　本章主要介绍梁与柱、梁与梁、柱与柱、支撑与梁柱以及柱脚等连接节点的设计原则、计算方法与构造措施。通过本章学习,应对各节点设计的相关知识有较全面的了解。
- 重点　各节点的设计计算方法与构造措施。
- 难点　各节点的构造措施。

　　构件的连接节点是保证多高层钢结构安全可靠的关键部位,对结构的受力性能有着重要影响。节点设计的是否合理,不仅会影响结构承载力的可靠性和安全性,而且会影响构件的加工制作与工地安装的质量,并直接影响结构的造价。因此,节点设计是整个设计工作中的一个重要环节,必须予以足够的重视。

　　多高层房屋钢结构中,其主要节点包括:梁与柱、梁与梁、柱与柱、支撑与梁柱以及柱脚的连接节点,如图 10.1 所示。

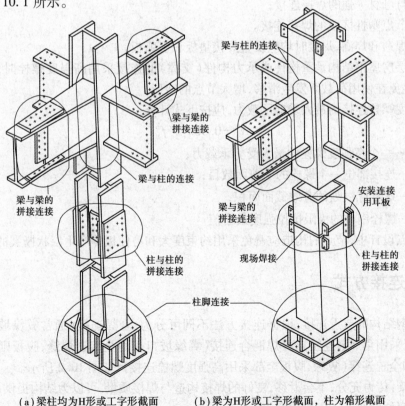

(a)梁柱均为H形或工字形截面　　(b)梁为H形或工字形截面,柱为箱形截面

图 10.1　多高层钢结构连接节点图示

10.1 概　述

10.1.1　设计原则

①多高层建筑钢结构的节点连接,当非抗震设防时,应按结构处于弹性受力阶段设计;当抗震设防时,应按结构进入弹塑性阶段设计,而且节点连接的承载力应高于构件截面的承载力。

②对于要求抗震设防的结构,当风荷载起控制作用时,仍应满足抗震设防的构造要求。

③按抗震设计的钢结构框架,在强震作用下塑性区一般会出现在距梁端(柱贯通型梁-柱节点)或柱端(梁贯通型梁-柱节点)算起的1/10跨长或2倍截面高度范围内。为考虑构件进入全塑性状态仍能正常工作,节点设计应保证构件直至发生充分变形时节点不致破坏,应验算下列各项:

　　a. 节点连接的最大承载力;

　　b. 构件塑性区的板件宽厚比;

　　c. 受弯构件塑性区侧向支撑点间的距离;

　　d. 梁-柱节点域中柱腹板的宽厚比和抗剪承载力。

④构件节点、杆件接头和板件拼装,依其受力条件,可采用全熔透焊缝或部分熔透焊缝。遇下列情况之一时,应采用全熔透焊缝:

　　a. 要求与母材等强的焊接连接;

　　b. 框架节点塑性区段的焊接连接。

⑤为了焊透和焊满,焊接时均应设置焊接垫板和引弧板。

⑥多高层房屋钢结构承重构件或承力构件(支撑)的连接采用高强度螺栓时,应采用摩擦型连接,以避免在使用荷载下发生滑移,增大节点的变形。

⑦高强度螺栓连接的最大受剪承载力,应按下式计算:

$$N_v^b = 0.58 n_v A_e^b f_u^b \tag{10.1}$$

式中　N_v^b——一个高强度螺栓的最大受剪承载力;

　　　n_v——连接部位一个螺栓的受剪面数目;

　　　A_e^b——螺栓螺纹处的有效截面面积;

　　　f_u^b——螺栓钢材的极限抗拉强度最小值。

⑧在节点设计中,节点的构造应避免采用约束度大和易使板件产生层状撕裂的连接形式。

10.1.2　连接方式

多高层钢结构的节点连接,根据连接方法不同可分为:全焊连接(通常翼缘坡口采用全熔透焊缝,腹板采用角焊缝连接)、栓焊混合连接(翼缘坡口采用全熔透焊缝,腹板则采用高强度螺栓连接)和全栓连接(翼缘、腹板全部采用高强度螺栓连接),如图10.2所示。

全焊连接:传力充分,不会滑移,良好的焊接构造与焊接质量,可以为结构提供足够的延性;缺点是焊接部位常留有一定的残余应力。

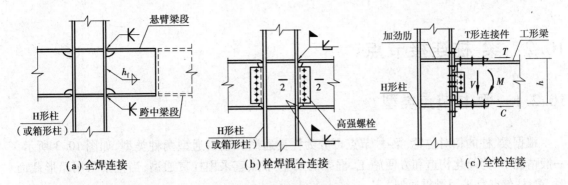

图 10.2　节点连接方式

栓焊混合连接:先用螺栓安装定位,然后翼缘施焊,操作方便,应用比较普遍。试验表明,此类连接的滞回曲线与全焊连接情况相近,但翼缘焊接将使螺栓预拉力平均降低 10% 左右。因此,连接腹板的高强度螺栓实际预拉应力要留一定富裕。

全栓连接:全部高强度螺栓连接,施工便捷,符合工业化生产模式。但接头尺寸较大,钢板用量稍多,费用较高。强震时,接头可能产生滑移。

在我国的多高层钢结构工程实践中,柱的工地接头多采用全焊连接;梁的工地接头以及支撑斜杆的工地接头和节点,多采用全栓连接;梁与柱的连接多采用栓焊混合连接。

10.1.3　安装单元的划分与接头位置

钢框架安装单元的划分,应根据构件自重、运输以及起吊设备等条件确定。

①当框架的梁-柱节点采用"柱贯通型"节点形式(图 10.2、10.3(a))时,柱的安装单元一般采用三层一根,梁的安装单元通常为每跨一根。

②柱的工地接头一般设于主梁顶面以上 1.0~1.3 m 处,以便安装。

③当采用带悬臂梁段的柱单元(树状柱单元)时,悬臂梁段可预先在工厂焊于柱的安装单元上,悬臂梁段的长度(即接头位置)应根据内力较小并能满足设置支撑的需要和运输方便等条件确定。距柱轴线算起的悬臂梁段长度一般取 0.9~1.6 m。

④框架筒结构采用带悬臂梁段的柱安装单元时,梁的接头可设置在跨中。

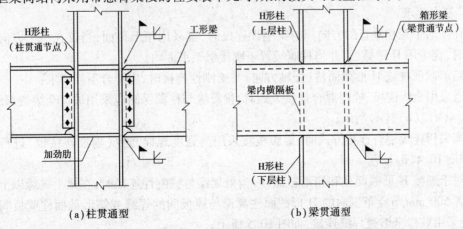

图 10.3　梁-柱节点类型

10.2 梁-柱连接节点

10.2.1 梁-柱节点类型

根据梁、柱的相对位置,梁-柱节点可分为柱贯通型和梁贯通型两种类型,如图 10.3 所示。一般情况下,为简化构造和方便施工,框架的梁-柱节点宜采用柱贯通型;当主梁采用箱形截面时,梁-柱节点宜采用梁贯通型。

根据约束刚度不同,梁-柱节点可分为刚性连接(刚性节点)、半刚性连接(半刚性节点)和柔性连接(铰接节点)三大类型。

刚性连接:是指连接受力时,梁-柱轴线之间的夹角保持不变。实际使用中只要连接对转动约束能达到理想刚接的 90% 以上,即可认为是刚接。工程中的全焊连接、栓焊混合连接以及借助 T 形铸钢件的全栓连接属此范畴,如图 10.2 所示。

柔性连接(铰接):是指连接受力时,梁-柱轴线之间的夹角可任意改变(无任何约束)。实际使用中只要梁-柱轴线之间夹角的改变量达到理想铰接转角的 80% 以上(即转动约束不超过 20%),即可视为柔性连接。工程中仅在梁腹板使用角钢或钢板通过螺栓与柱进行的连接属此范畴,如图 10.29 所示。

半刚性连接:介于以上两者之间的连接,它的承载能力和变形能力同时对框架的承载力和变形都会产生极为显著的影响。工程中借助端板或者借助在梁上、下翼缘布置角钢的全栓连接等形式属此范畴,如图 10.24、图 10.25 所示。

10.2.2 梁-柱刚性节点

1)刚性节点的构造要求

框架梁与柱的刚性连接宜采用柱贯通型,可视受力和安装形式采用如图 10.4 所示的连接方式。

(1)基本要求

①柱在两个互相垂直的方向都与梁刚性连接时,宜采用箱形截面;当仅在一个方向与梁刚性连接时,宜采用 H 形截面,并将柱腹板置于刚接框架平面内。

②箱形截面柱或 H 形截面柱(强轴方向)与梁刚性连接时,应符合下列要求:

a. 当采用全焊连接、栓焊混合连接方式时,梁翼缘与柱翼缘间应采用坡口全熔透焊缝连接,如图 10.4(a)、(b)、(d)所示;

b. 当采用栓焊混合连接方式时,梁腹板宜采用高强度螺栓与柱(借助连接板)进行摩擦型连接,如图 10.4(d)所示。

③对于焊接 H 形截面柱和箱形截面柱,当框架梁与柱刚性连接时,在梁上翼缘以上和下翼缘以下各 500 mm 节点范围内的 H 形截面柱翼缘与腹板间的焊缝或箱形截面柱壁板间的拼装焊缝,应采用坡口全熔透焊缝连接,如图 10.5 所示。

④框架梁轴线垂直于柱翼缘的刚性连接节点(图 10.6),应符合下列要求:

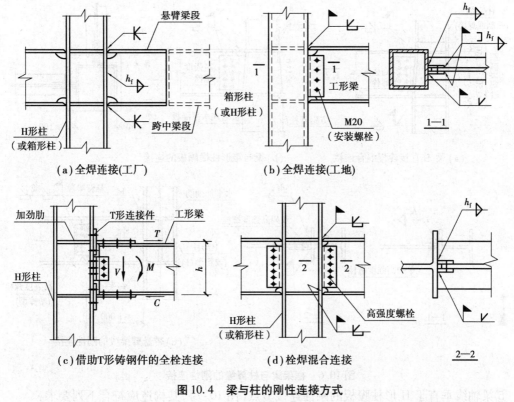

图 10.4 梁与柱的刚性连接方式

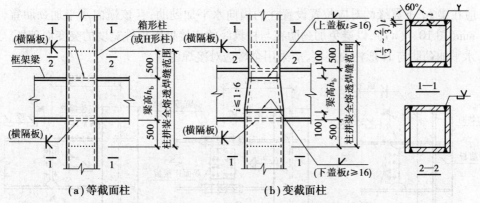

图 10.5 梁-柱节点区段内箱形柱的壁板拼装焊缝

a. 当框架梁垂直于 H 形截面柱翼缘,且梁与柱直接相连时,常采用栓焊混合连接。对于非地震区的钢框架,腹板的连接可采用单片连接板和单列高强度螺栓(图 10.6 剖面 1—1);对于抗震设防钢框架,腹板宜采用双片连接板和不少于两列高强度螺栓连接(图 10.6 剖面 2—2)。

b. 当框架梁与箱形截面柱进行栓焊混合连接时,在与框架梁翼缘相应的箱形截面柱中,应设置贯通式水平隔板,其构造如图 10.6(b)所示。

c. 框架梁采用悬臂梁段与柱刚性连接时,悬臂梁段与柱之间应采用全焊连接,并应预先在工厂完成;其悬臂梁段与跨中梁段的现场拼接,可采用全栓连接或栓焊混合连接。

d. 工字形柱的横向水平加劲肋与柱翼缘的连接,应采用坡口全熔透焊缝,与柱腹板的连接可采用角焊缝;箱形柱中的隔板与柱的连接,应采用坡口全熔透焊缝,如图 10.6(b)所示。

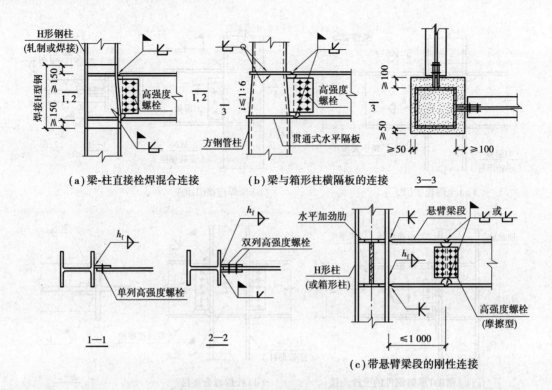

(a) 梁-柱直接栓焊混合连接　　(b) 梁与箱形柱横隔板的连接

1—1　　2—2　　(c) 带悬臂梁段的刚性连接

图 10.6　框架梁与柱翼缘的刚性连接

⑤梁轴线垂直于 H 形柱腹板的刚性连接节点(图 10.7),其构造应符合下列要求:

a. 应在梁上、下翼缘的对应位置设置柱的横向水平加劲肋,且该横向水平加劲肋宜伸出柱外 100 mm(图 10.7(a)),以避免加劲肋在与柱翼缘的连接处因板件宽度的突变而破坏。

b. 水平加劲肋与 H 形柱的连接,应采用全熔透对接焊缝。

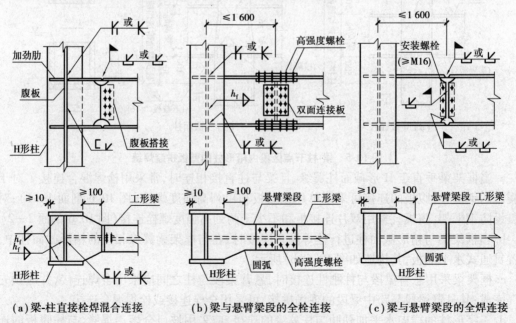

(a) 梁-柱直接栓焊混合连接　　(b) 梁与悬臂梁段的全栓连接　　(c) 梁与悬臂梁段的全焊连接

图 10.7　梁垂直于柱腹板的刚性连接

c. 在梁高范围内，与梁腹板对应位置，在柱的腹板上设置竖向连接板。

d. 梁与柱的现场连接中，梁翼缘与横向水平加劲肋之间采用坡口全熔透对接焊缝连接；梁腹板与柱上的竖向连接板相互搭接，并用高强度螺栓摩擦型连接，如图 10.7(a)所示。

e. 当采用悬臂梁段时，其悬臂梁段的翼缘与腹板应全部采用全熔透对接焊缝与柱相连(图 10.7(b)、(c))，该对接焊缝宜在工厂完成。

f. 柱上悬臂梁段与钢梁的现场拼接接头，可采用高强度螺栓摩擦型连接的全栓连接(图 10.7(b))，或全焊连接(图 10.7(c))，或栓焊混合连接(图 10.6(c))。

⑥当梁与柱的连接采用栓焊混合连接的刚性节点时，其梁翼缘连接的细部构造应符合下列要求：

a. 梁翼缘与柱的连接焊缝，应采用坡口全熔透焊缝，并按规定设置不小于 6 mm 的间隙和焊接衬板，且在梁翼缘坡口两侧的端部设置引弧板或引出板(图 10.8)。焊接完毕，宜用气刨切除引弧板或引出板并打磨，以消除起、灭弧缺陷的影响。

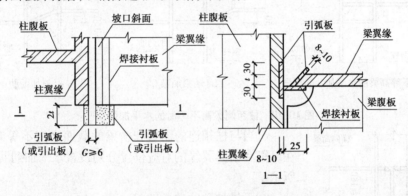

图 10.8 对接焊缝的引弧板和焊接衬板

b. 为设置焊接衬板和方便焊接，应在梁腹板上、下端头分别作扇形切角，其上切角半径 r 宜取 35 mm，并在扇形切角端部与梁翼缘连接处以 $r = 10 \sim 15$ mm 的圆弧过渡(图 10.9 详图 A)，以减小焊接热影响区的叠加效应；而下切角半径 r 可取 20 mm，如图 10.9 详图 B 所示。

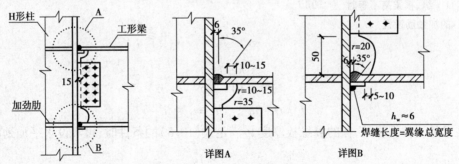

图 10.9 框架梁与柱刚接细部构造

c. 对于抗震设防的框架，梁的下翼缘焊接衬板的底面与柱翼缘相接处，宜沿衬板全长用角焊缝补焊封闭。由于仰焊不便，焊脚尺寸可取 6 mm。

⑦节点加劲肋的设置：

a. 当柱两侧的梁高相等时，在梁上、下翼缘对应位置的柱中腹板，应设置横向(水平)加劲肋(H 形截面柱)或水平加劲隔板(箱形截面柱)，且加劲肋或加劲隔板的中心线应与梁翼缘的中心线对准,并采用全熔透对接焊缝与柱的翼缘和腹板连接,如图10.4、图10.5所示;对于抗震设防的结构,加劲肋或隔板的厚度不应小于梁翼缘的厚度,对于非抗震设防或6度设防的结构,其厚度可适当减小,但不得小于梁翼缘厚度的一半,并应符合板件宽厚比限值。

b. 当柱两侧的梁高不相等时,每个梁翼缘对应位置均应设置柱的水平加劲肋或隔板。为方便焊接,加劲肋的间距不应小于150 mm,且不应小于柱腹板一侧的水平加劲肋的宽度(图10.10(a));因条件限制不能满足此要求时,应调整梁的端部宽度,此时可将截面高度较小的梁腹板高度局部加大,形成梁腋,但腋部翼缘的坡度不得大于1:3(图10.10(b));或采用有坡度的加劲肋(图10.10(c))。

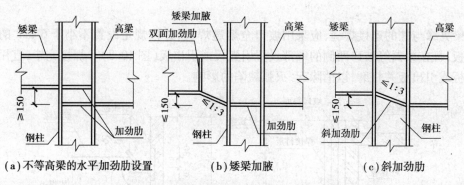

(a)不等高梁的水平加劲肋设置 　　(b)矮梁加腋 　　(c)斜加劲肋

图10.10　柱两侧梁高不等时的水平加劲肋

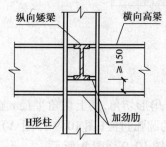

图10.11　纵、横梁高不等时的加劲肋设置

c. 当与柱相连的纵梁和横梁的截面高度不等时,同样也应在纵梁和横梁翼缘的对应位置分别设置水平加劲肋,如图10.11所示。

⑧不设加劲肋的条件:

a. 对于非抗震设防框架,当梁与柱采用全焊或栓焊混合连接方式所形成的刚性节点,在梁的受压翼缘处,柱的腹板厚度 t_w 同时满足式(10.2)和式(10.3)两个条件时,可不设水平加劲肋。

$$t_w \geq \frac{A_{fc} f_b}{l_z f_c} \tag{10.2}$$

$$t_w \geq \frac{h_c}{30} \sqrt{\frac{f_{yc}}{235}} \tag{10.3}$$

$$l_z = t_f + 5h_y, \quad h_y = t_{fc} + R \tag{10.4}$$

b. 在梁的受拉翼缘处,柱的翼缘板厚度 t_c 满足式(10.5)的条件时,可不设水平加劲肋:

$$t_c \geq 0.4 \sqrt{\frac{A_{ft} f_b}{f_c}} \tag{10.5}$$

式中　A_{fc}, A_{ft}——梁受压翼缘、受拉翼缘的截面面积;

t_f——梁受压翼缘的厚度;

l_z——柱腹板计算高度边缘压力的假想分布长度;

h_y——与梁翼缘相连一侧柱翼缘外表面至柱腹板计算高度边缘的距离;

t_{fc}——柱翼缘的厚度;

R——柱翼缘内表面至腹板弧根的距离,或腹板角焊缝的厚度;

h_c——柱腹板的截面高度;

f_b——梁钢材的抗拉、抗压强度设计值;

f_{yc},f_c——柱钢材的屈服强度和抗拉强度设计值。

⑨水平加劲肋的连接:

a. 与 H 形截面柱的连接。当梁轴线垂直于 H 形柱的翼缘平面时,在梁翼缘对应位置设置的水平加劲肋与柱翼缘的连接,抗震设计时,宜采用坡口全熔透对接焊缝;非抗震设计时,可采用部分熔透焊缝或角焊缝。当梁轴线垂直于 H 形柱腹板平面时,水平加劲肋与柱腹板的连接则应采用坡口全熔透焊缝(图 10.7)。

b. 与箱形截面柱的连接。对于箱形截面柱,应在梁翼缘的对应位置的柱内设置水平(横)隔板(图 10.12(a)),其板厚不应小于梁翼缘的厚度;水平隔板与柱的焊接,应采用坡口全熔透对接焊缝。当箱形柱截面较小时,为了方便加工,也可在梁翼缘的对应位置,沿箱形柱外圈设置水平加劲环板,并应采用坡口全熔透对接焊缝直接与梁翼缘焊接(图 10.12(b))。

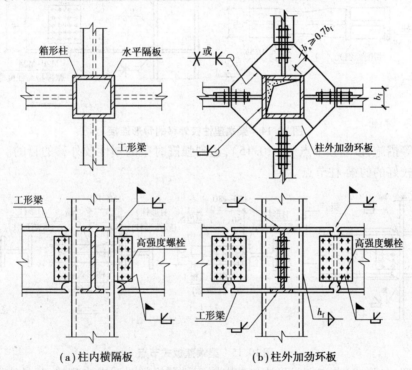

(a)柱内横隔板　　(b)柱外加劲环板

图 10.12　箱形截面柱与主梁的连接

对无法进行手工焊接的焊缝,应采用熔化嘴电渣焊(图 10.13)。由于这种焊接方法产生的热量较大,为了较小焊接变形,电渣焊缝的位置应对称布置,并应同时施焊。

(2)改进梁-柱刚性连接抗震性能的构造措施

为避免在地震作用下梁-柱连接处的焊缝发生破坏,宜采用能使塑性铰自梁端外移的做法,其基本措施有两类:一是翼缘削弱型,二是梁端加强型。前者是通过在距梁端一定距离处,对梁上、下翼缘进行切削切口或钻孔或开缝等措施,以形成薄弱截面(图 10.14),达到强震时梁的塑性铰外移的目的;后者则是通过在梁端加焊楔形盖板、竖向肋板、梁腋、侧板,或者局部加宽或加

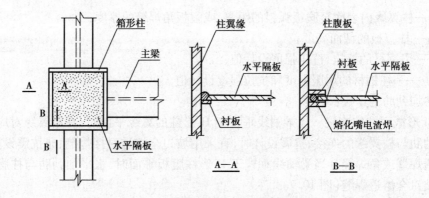

图 10.13　箱形截面柱水平隔板的焊接

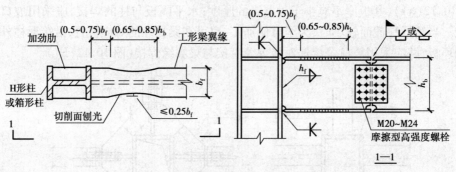

图 10.14　梁端塑性铰外移的骨形连接

厚梁端翼缘等措施,以加强节点(图 10.15),达到强震时梁的塑性铰外移的目的。下面列出两种抗震性能较好的的梁-柱节点。

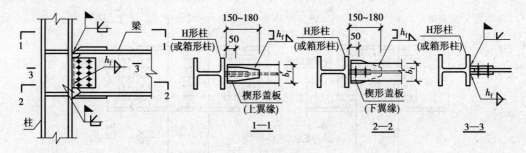

图 10.15　梁端盖板式节点

①削弱型(骨形式)节点。骨形连接节点属于梁翼缘削弱型措施范畴,其具体做法是:在距梁端一定距离(常取 150 mm)处,对梁上、下翼缘的两侧进行弧形切削(切削面应刨光,切削后的翼缘截面面积不宜大于原截面面积的 90%,并能承受按弹性设计的多遇地震下的组合内力),形成薄弱截面(图 10.14),使强震时梁的塑性铰外移。建议在 8 度Ⅲ、Ⅳ类场地和 9 度时采用该节点。

②加强型(梁端盖板式)节点。梁端盖板式节点属于梁端加强型措施范畴,其具体做法是:在框架梁端的上、下翼缘加焊楔形短盖板,先在工厂采用角焊缝焊于梁的翼缘,然后在现场采用坡口全熔透对接焊缝与柱翼缘焊接(图 10.15)。楔形短盖板的厚度不宜小于 8 mm,其长度宜取 $0.3h_b$,并不小于 150 mm,一般取 150 ~ 180 mm。

2) 刚性节点的承载力验算

钢梁与钢柱的刚性连接节点,一般应进行抗震框架节点承载力验算、连接焊缝和螺栓的强度验算、柱腹板的抗压承载力验算、柱翼缘的受拉区承载力验算、梁-柱节点域承载力验算 5 项内容。

(1)抗震框架节点承载力验算

①"强柱弱梁"型节点承载力验算。为使框架在水平地震作用下进入弹塑性阶段工作时,避免发生楼层屈服机制,实现总体屈服机制,以增大框架的耗能容量,因此框架柱和梁应按"强柱弱梁"的原则设计。为此,柱端应比梁端有更大的承载力储备。对于抗震设防的框架柱,在框架的任一节点处,汇交于该节点的位于验算平面内的各柱截面的塑性抵抗矩和各梁截面的塑性抗抵矩宜满足下式要求:

等截面梁
$$\sum W_{pc}(f_{yc} - N/A_c) \geqslant \eta \sum W_{pb} f_{yb} \tag{10.6a}$$

端部翼缘变截面的梁
$$\sum W_{pc}(f_{yc} - N/A_c) \geqslant \sum (\eta W_{pbl} f_{yb} + V_{bp}s) \tag{10.6b}$$

式中　W_{pc},W_{pb}——计算平面内交汇于节点的柱和梁的截面塑性抵抗矩;

　　　W_{pbl}——梁塑性铰所在截面的梁塑性截面模量;

　　　f_{yc},f_{yb}——柱和梁钢材的屈服强度;

　　　N——按多遇地震作用组合计算出的柱轴向压力设计值;

　　　A_c——框架柱的截面面积;

　　　η——强柱系数,一级取 1.15,二级取 1.10,三级取 1.05;

　　　V_{pb}——梁塑性铰剪力;

　　　s——塑性铰至柱面的距离,塑性铰位置可取梁端部变截面翼缘的最小处。

注:(1)当符合下列条件之一时,可不遵循"强柱弱梁"的设计原则(即不需满足式(10.6)的要求):

①柱所在层的受剪承载力比上一层的受剪承载力高出 25%;

②柱轴压比不超过 0.4;

③柱作为轴心受压构件,在 2 倍地震力作用下的稳定性仍能得到保证时,即 $N_2 \leqslant \varphi A_c f$($N_2$ 为 2 倍地震作用下的组合轴力设计值);

④与支撑斜杆相连的节点。

(2)在罕遇地震作用下不可能出现塑性铰的部分,框架柱和梁当不满足式(10.6)的要求时,则需控制柱的轴压比。此时,框架柱应满足式(8.40)的要求。

②"强连接、弱杆件"型节点承载力验算。

a.节点承载力验算式。对于抗震设防的多高层钢框架结构,当采用柱贯通型节点时,为确保"强连接、弱杆件"耐震设计准则的实现,其节点连接的极限承载力应满足式(10.7)、式(10.8)的要求:

$$M_u \geqslant \eta_j M_p \tag{10.7}$$
$$V_u \geqslant 1.2(2M_p/l_n) + V_{Gb}, \quad 且\ V_u \geqslant 0.58 h_w t_w f_{ay} \tag{10.8}$$

式中　M_u——梁上、下翼缘坡口全熔透焊缝的极限受弯承载力,按式(10.9)计算;

　　　V_u——梁腹板连接的极限受剪承载力,按式(10.10)至式(10.12)计算,当垂直于角焊缝受剪时可提高 1.22 倍;

　　　M_p——梁构件(梁贯通时为柱)的全塑性受弯承载力,按式(10.13)至式(10.17)计算;

　　　l_n——梁的净跨;

h_w,t_w——梁腹板的截面高度与厚度；

f_{ay}——钢材的屈服强渡；

V_{Gb}——梁在重力荷载代表值(9度时高层建筑还应包括竖向地震作用标准值)作用下，
　　　　按简支梁分析的梁端截面剪力设计值；

η_j——连接系数，可按表10.1采用。

表 10.1　钢结构抗震设计的连接系数

母材牌号	梁-柱连接		支撑连接,构件拼接		柱脚	
	焊接	螺栓连接	焊接	螺栓连接		
Q235	1.40	1.45	1.25	1.30	埋入式	1.2
Q345	1.30	1.35	1.20	1.25	外包式	1.2
Q345GJ	1.25	1.30	1.15	1.20	外露式	1.1

注：①屈服强度高于 Q345 的钢材，按 Q345 的规定采用；

②屈服强度高于 Q345GJ 的钢材，按 Q345GJ 的规定采用；

③翼缘焊接、腹板栓接时，连接系数分别按表中连接形式取用。

注：在柱贯通型连接中，当梁翼缘用全熔透焊缝与柱连接并采用引弧板时，式(10.7)将自行满足。

b. 极限承载力计算式。

(a)对于全焊连接，其连接焊缝的极限受弯承载力 M_u 和极限受剪承载力 V_u，应按式(10.9)、式(10.10)计算：

$$M_u = A_f(h - t_f)f_u \tag{10.9}$$

$$V_u = 0.58A_f^w f_u \tag{10.10}$$

式中　t_f,A_f——钢梁的一块翼缘板厚度和截面面积；

　　　h——钢梁的截面高度；

　　　A_f^w——钢梁腹板与柱连接角焊缝的有效截面面积；

　　　f_u——对接焊缝极限抗拉强渡(按第4章的规定取值)。

(b)对于栓焊混合连接，其梁上、下翼缘与柱对接焊缝的极限受弯承载力 M_u 和竖向连接板与柱面之间的连接角焊缝极限受剪承载力 V_u，仍然分别按式(10.9)和式(10.10)计算；但竖向连接板与梁腹板之间的高强度螺栓连接极限受剪承载力 V_u，应取式(10.11)、式(10.12)计算的较小者。

螺栓受剪　　　　　　　　　$$V_u = 0.58 n n_f A_e^b f_u^b \tag{10.11}$$

钢板承压　　　　　　　　　$$V_u = nd(\sum t)f_{cu}^b \tag{10.12}$$

式中　n,n_f——接头一侧的螺栓数目和一个螺栓的受剪面数目；

　　　f_u^b,f_{cu}^b——螺栓钢材的抗拉强度最小值(按第4章的规定取值)和螺栓连接钢板的极限承压强度，取 $1.5f_u$(f_u 为连接钢板的极限抗拉强度最小值)。

c. 全塑性受弯承载力计算式。对于梁构件全塑性受弯承载力计算式按下列方法进行：

当不计轴力时，　　　　　　　$$M_p = W_p f_{ay} \tag{10.13}$$

当计及轴力时，式(10.7)和式(10.8)中的 M_p 应以 M_{pc} 代替，并应按下列规定计算：

（a）对工字形截面（绕强轴）和箱形截面

当 $N/N_y \leqslant 0.13$ 时 $\hspace{4em} M_{pc} = M_p$ （10.14）

当 $N/N_y > 0.13$ 时 $\hspace{4em} M_{pc} = 1.15(1 - N/N_y)M_p$ （10.15）

（b）对工字形截面（绕弱轴）

当 $N/N_y \leqslant A_{wn}/A_n$ 时 $\hspace{4em} M_{pc} = M_p$ （10.16）

当 $N/N_y > A_{wn}/A_n$ 时 $\hspace{2em} M_{pc} = \left[1 - \left(\dfrac{N - A_{wn} f_y}{N_y - A_{wn} f_y} \right)^2 \right] M_p$ （10.17）

式中　N——构件轴力；

$\hspace{3em} N_y$——构件的轴向屈服承载力，$N_y = A_n f_y$；

$\hspace{3em} A_n$——构件截面的净面积；

$\hspace{3em} A_{wn}$——构件腹板截面净面积。

（2）连接焊缝和螺栓的强度验算

工字形梁与工字形柱采用全焊接连接时，可按简化设计法或精确设计法进行计算。当主梁翼缘的受弯承载力大于主梁整个截面承载力的 70% 时，即 $bt_f(h - t_t) > 0.7W_p$，可采用简化设计法进行连接承载力设计；当小于 70% 时，应考虑按精确设计法设计。

①简化设计法。简化设计法是采用梁的翼缘和腹板分别承担弯矩和剪力的原则，计算比较简便，对高跨比适中或较大的情况是偏于安全的。

a. 当采用全焊接连接时，梁翼缘与柱翼缘的坡口全熔透对接焊缝的抗拉强度应满足式（10.18）的要求：

$$\sigma = \frac{M}{b_{eff} t_f (h - t_f)} \leqslant f_t^w$$ （10.18）

梁腹板角焊缝的抗剪强度应满足：

$$\tau = \frac{V}{2 h_e l_w} \leqslant f_f^w$$ （10.19）

式中　M, V——梁端的弯矩设计值和剪力设计值；

$\hspace{3em} h, t_f$——梁的截面高度和翼缘厚度；

$\hspace{3em} b_{eff}$——对接焊缝的有效长度（图 10.16），柱中未设横向加劲肋或横隔时，按表 10.2 计算；当已设横向加劲肋或横隔时，取等于梁翼缘的宽度；

$\hspace{3em} h_e, l_w$——角焊缝的有效厚度和计算长度；

$\hspace{3em} f_t^w$——对接焊缝的抗拉强度设计值，抗震设计时，应除以抗震调整系数 0.9；

$\hspace{3em} f_f^w$——角焊缝的抗剪强度设计值，抗震设计时，应除以抗震调整系数 0.9。

表 10.2　对接焊缝的有效长度 b_{eff}

钢号 柱截面形状	Q235	Q345
H 形柱（图 10.16(a)）	$2t_{wc} + 7t_{fc}$	$2t_{wc} + 5t_{fc}$
箱形柱（图 10.16(b)）	$2t_2 + 5t_1$	$2t_2 + 4t_1$

b. 当采用栓焊混合连接时，翼缘焊缝的计算仍用全焊接连接计算式（10.18），梁腹板高强度螺栓的抗剪强度应满足：

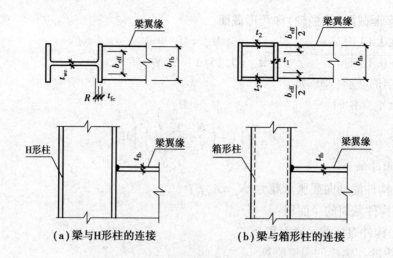

（a）梁与H形柱的连接　　　　　　（b）梁与箱形柱的连接

图 10.16　梁-柱翼缘连接焊缝的有效长度

$$N_{\mathrm{v}} = \frac{V}{n} \le 0.9 \left[N_{\mathrm{v}}^{\mathrm{b}} \right] \tag{10.20}$$

式中　n——梁腹板上布置的高强度螺栓的数目；

　　　$\left[N_{\mathrm{v}}^{\mathrm{b}} \right]$——一个高强度螺栓抗剪承载力的设计值；

　　　0.9——考虑焊接热影响的高强度螺栓预拉力损失系数。

②精确设计法。当梁翼缘的抗弯承载力小于主梁整个截面全塑性抗弯承载力的70%时，梁端弯矩可按梁翼缘和腹板的刚度比进行分配，梁端剪力仍全部由梁腹板与柱的连接承担。

$$M_{\mathrm{f}} = M \cdot \frac{I_{\mathrm{f}}}{I} \tag{10.21}$$

$$M_{\mathrm{w}} = M \cdot \frac{I_{\mathrm{w}}}{I} \tag{10.22}$$

式中　$M_{\mathrm{f}}, M_{\mathrm{w}}$——梁翼缘和腹板分担的弯矩；

　　　I——梁全截面的惯性矩；

　　　$I_{\mathrm{f}}, I_{\mathrm{w}}$——梁翼缘和腹板对梁截面形心轴的惯性矩。

梁翼缘对接焊缝的正应力应满足：

$$\sigma = \frac{M_{\mathrm{f}}}{b_{\mathrm{eff}} t_{\mathrm{f}} (h - t_{\mathrm{f}})} \le f_{\mathrm{t}}^{\mathrm{w}} \tag{10.23}$$

梁腹板与柱翼缘采用角焊缝连接时，角焊缝的强度应满足：

$$\sigma_{\mathrm{f}} = \frac{3M_{\mathrm{w}}}{h_e l_{\mathrm{w}}^2} \tag{10.24}$$

$$\tau_{\mathrm{f}} = \frac{V}{2h_e l_{\mathrm{w}}} \tag{10.25}$$

$$\sqrt{\left(\frac{\sigma_{\mathrm{f}}}{\beta_{\mathrm{f}}} \right)^2 + \tau_{\mathrm{f}}^2} \le f_{\mathrm{f}}^{\mathrm{w}} \tag{10.26}$$

梁腹板与柱翼缘采用高强度螺栓摩擦型连接时，最外侧螺栓承受的剪力应满足式(10.27)的要求：

$$N_v^b = \sqrt{\left(\frac{M_w y_1}{\sum y_i^2}\right)^2 + \left(\frac{V}{n}\right)^2} \leqslant 0.9[N_v^b] \tag{10.27}$$

式中 y_i——螺栓群中心至每个螺栓的距离;

y_1——螺栓群中心至最外侧螺栓的距离。

注:当工字形柱在弱轴方向与梁连接时,其计算方法与柱在强轴方向连接相同,梁端弯矩通过柱水平加劲板传递,梁端剪力由与梁腹板连接的高强度螺栓承担。

(3)柱腹板的抗压承载力验算

在梁的上下翼缘与柱连接处,一般应设置柱的水平加劲肋,否则由梁翼缘传来的压力或拉力形成的局部应力有可能造成在受压处柱腹板出现屈服或屈曲破坏,在受拉处使柱翼缘与相邻腹板处的焊缝拉开导致柱翼缘的过大弯曲。

当框架柱在节点处未设置水平加劲肋时,柱腹板的抗压强度应满足下列两式的要求:

$$F \leqslant f t_{wc} l_{zc}(1.25 - 0.5 |\sigma|/f) \tag{10.28}$$

$$F \leqslant f t_{wc} l_{zc} \tag{10.29}$$

式中 F——梁翼缘的压力;

t_{wc}——柱腹板的厚度,对于箱形截面柱,应取两块腹板厚度之和;

$|\sigma|$——柱腹板中的最大轴向应力(绝对值);

f——钢材的抗拉、抗压强度设计值,抗震设计时,应除以抗震调整系数 0.75;

l_{zc}——水平集中力在柱腹板受压区的有效分布长度(图 10.17、图 10.18),

　　对于全焊和栓焊混合连接,取 $l_{zc} = t_{fb} + 5(t_{fc} + R) \tag{10.30}$

　　对于全栓连接,取 $l_{zc} = t_{fb} + 2t_d + 5(t_{fc} + R) \tag{10.31}$

t_{fb}, t_{fc}——梁翼缘和柱翼缘的厚度;

t_d——端板厚度;

R——柱翼缘内表面至腹板圆角根部或角焊缝焊趾的距离。

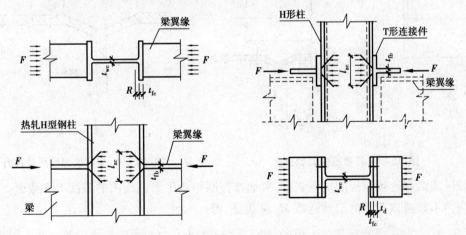

图 10.17　全焊或栓焊节点压力分布长度　　　图 10.18　全栓节点压力分布长度

当不能满足式(10.28)、式(10.29)的要求时,应在梁上、下翼缘对应位置的柱中设置横向水平加劲肋(图 10.2、图 10.3、图 10.4),加劲肋的总截面积 A_s 应满足下式:

$$A_s \geqslant A_{fb} - t_{wc} b_{eff} \tag{10.32}$$

为防止加劲肋屈曲,其宽厚比应满足:

$$\frac{b_s}{t_s} \leqslant 9\sqrt{\frac{235}{f_y}} \tag{10.33}$$

式中 b_s, t_s——加劲肋的宽度和厚度。

(4)柱翼缘的受拉区承载力验算

在梁受拉翼缘传来的拉力作用下,除非柱翼缘的刚度很大(翼缘很厚),否则柱翼缘受拉挠曲,腹板附近应力集中,焊缝很容易破坏,因此对于全焊或栓焊混合节点,当框架柱在节点处未设置水平加劲肋时,柱翼缘的厚度 t_{fc} 及其抗弯强度应满足下列两式要求:

$$t_{fc} \geqslant 0.4\sqrt{A_{fb}f_b/f_c} \tag{10.34}$$

$$F \leqslant 6.25t_{fc}^2 f_c \tag{10.35}$$

式中 A_{fb}, F——梁受拉翼缘的截面面积和所受到的拉力;

f_b, f_c——梁、柱钢材的强度设计值。

对于全栓节点,其受拉区翼缘和连接端板可按有效宽度为 b_{eff} 的等效 T 形截面进行计算(图10.19)。受拉区螺栓所受拉力如图 10.20 所示,其撬力可取为:

$$Q \geqslant F/20 \tag{10.36}$$

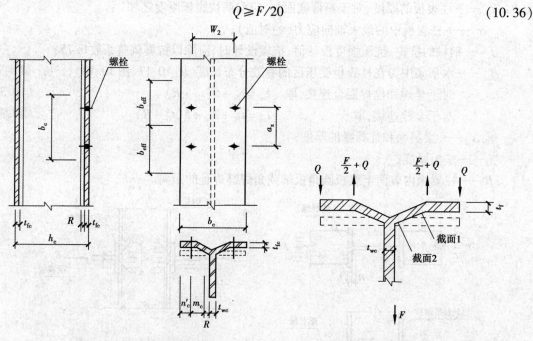

图 10.19 柱翼缘的有效宽度   图 10.20 受拉区螺栓所受拉力

受拉区翼缘和连接端板的抗弯强度,可通过控制等效 T 形截面内的截面 1 和截面 2 处的弯矩(M_1, M_2)不超过该截面的塑性弯矩 M_p 来保证,即

$$M_1(M_2) \leqslant M_p, \quad M_p = \frac{1}{4}b_{eff}t_t^2 f_y \tag{10.37}$$

其有效宽度 b_{eff} 应取下列三式中的最小者:

$$b_{eff} = a_z, \quad b_{eff} = 0.5a_z + 2m_c + 0.6n_c', \quad b_{eff} = 4m_c + 1.2n_c' \tag{10.38}$$

式中 t_f——柱的受拉翼缘或端板厚度;

f_y——钢材的屈服强度;

n'_c——取图 10.22 中所标注与 $1.25m_c$ 二者中的较小者。

当框架柱在节点处未设置水平加劲肋时,柱腹板的抗拉强度可按下式验算:

$$F \leqslant t_{wc} b_{eff} f \tag{10.39}$$

式中　F——作用于有效宽度为 b_{eff} 的等效 T 形截面上的拉力;

　　　f——钢材的强度设计值。

若不能满足式(10.34)、式(10.35)或式(10.37)或式(10.39)的要求,应在梁翼缘对应位置的柱中设置水平加劲肋,使应力趋于均匀。

水平加劲肋除承受梁翼缘传来的集中力外,对提高节点的刚度和节点域的承载力有重要影响。因此,高层钢结构的梁与柱的刚接节点均应设置柱水平加劲肋。

(5)梁-柱节点域承载力验算

①节点域的稳定验算。为了保证在大地震作用下使柱和梁连接的节点域腹板不致失稳,能吸收地震能量,应在柱与梁连接处的柱中设置与梁上下翼缘位置对应的加劲肋(图 10.2)。由上下水平加劲肋和柱翼缘所包围的柱腹板称为节点域,如图 10.21 所示。

按 7 度及以上抗震设防的结构,为了防止节点域的柱腹板受剪时发生局部屈曲,H 形截面柱和箱形截面柱在节点域范围腹板的稳定性(以板厚控制),应符合下式要求:

$$t_{wc} \geqslant \frac{h_{0b} + h_{0c}}{90} \tag{10.40}$$

式中　t_{wc}——柱在节点域的腹板厚度,当为箱形柱时仍取一块腹板的厚度;

　　　h_{0b}, h_{0c}——梁、柱的腹板高度。

当节点域柱的腹板厚度不小于梁、柱截面高度之和的 1/70 时,可不验算节点域的稳定。

②节点域的强度验算。在周边弯矩和剪力作用下的节点域如图 10.21 所示,略去节点上、下柱端水平剪力的影响,其抗剪强度应按下列公式计算:

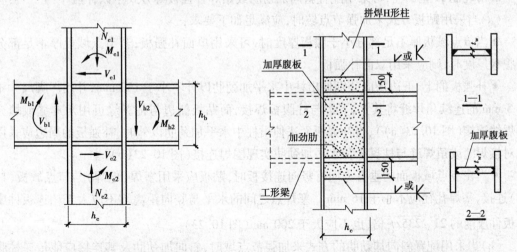

图 10.21　节点域周边的梁端弯矩和剪力　　　图 10.22　节点域腹板的加厚

对于非抗震或 6 度抗震设防的结构应符合下式的要求:

$$(M_{b1} + M_{b2})/V_p \leqslant (4/3)f_v \tag{10.41}$$

按7度及以上抗震设防的结构还应符合下式的要求：

$$\psi(M_{pb1} + M_{pb2})/V_p \leq (4/3)f_v/\gamma_{RE} \tag{10.42}$$

工字形截面柱
$$V_p = h_{b1}h_{c1}t_w \tag{10.43a}$$

箱形截面柱
$$V_p = 1.8h_{b1}h_{c1}t_w \tag{10.43b}$$

圆管截面柱
$$V_p = (\pi/2)b_{b1}h_{c1}t_w \tag{10.43c}$$

式中 M_{b1}, M_{b2}——节点域两侧梁端的弯矩设计值，绕节点顺时针为正，逆时针为负；

ψ——折减系数，三、四级取 0.6，一、二级取 0.7；

M_{pb1}, M_{pb2}——节点域两侧梁端的全塑性受弯承载力，$M_{pb1} = W_{pb1}f_y$，$M_{pb2} = W_{pb2}f_y$；

W_{pb1}, W_{pb2}——节点域两侧梁端截面的全塑性截面模量（抵抗矩）；

γ_{RE}——节点域承载力抗震调整系数，取 0.75；

h_{0b}, h_{0c}——梁、柱的腹板高度；

f_v——钢材的抗剪强度设计值；

f_y——钢材的屈服强度；

V_p——节点域的体积；

h_{b1}, h_{c1}——梁翼缘厚度中点间的距离和柱翼缘（或钢管直径线上管壁）厚度中点间的距离；

t_w——柱在节点域的腹板厚度。

当节点域厚度不满足式(10.41)和式(10.42)的要求时，可采用下列方法对节点域腹板进行加厚或补强：

a. 对于焊接工字形截面组合柱，宜将柱腹板在节点域局部加厚，即更换为厚钢板。加厚的钢板应伸出柱上、下水平加劲肋之外各 150 mm，并采用对接焊缝将其与上、下柱腹板拼接（图 10.22）。

b. 对轧制 H 型钢柱，可采用配置斜向加劲肋或贴焊补强板等方式予以补强。

（a）当采用贴板方式来加强节点域时，应满足如下要求：

• 当节点域板厚不足部分小于腹板厚度时，可采用单面补强板；若节点域板厚不足部分大于腹板厚度时，则应采用双面补强板。

• 补强板的上、下边缘应分别伸出柱中水平加劲肋以外不小于 150 mm，并用焊脚尺寸不小于 5 mm 的连续角焊缝将其上、下边与柱腹板焊接，而贴板侧边与柱翼缘可用角焊缝或填充对接焊缝连接（图 10.23(a)）；当补强板无法伸出柱中水平加劲肋以外时，补强板的周边应采用填充对接焊缝或角焊缝与柱翼缘和水平加劲肋实现围焊连接（图 10.23(b)）。

• 当在节点域板面的垂直方向有竖向连接板时，贴板应采用塞焊（电焊）与节点域板（柱腹板）连接，塞焊孔径应不小于 16 mm，塞焊点之间的水平与竖向距离均不应大于相连板件中较薄板件厚度的 $21\sqrt{235/f_y}$ 倍，也不应大于 200 mm（图 10.23）。

（b）当采用配置斜向加劲肋的方式来加强节点域时，斜向加劲肋及其连接应能传递柱腹板所能承担的剪力之外的剪力。

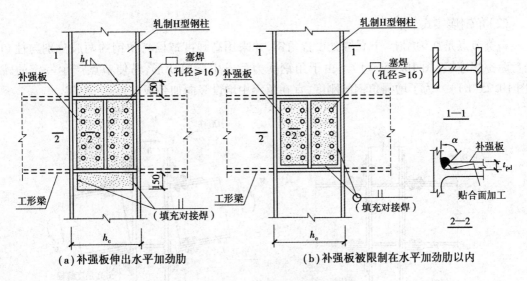

图 10.23　节点域腹板贴焊补强板

10.2.3　梁-柱半刚性节点

1) 半刚性节点的构造要求

对于非地震区的多高层钢框架结构,其梁-柱节点的半刚性连接常采用如下两种构造形式。

(1) 端板连接式节点

该类节点主要通过焊于梁端的端板与柱翼缘(图 10.24(a))或柱腹板(图 10.24(b))采用高强度螺栓摩擦型连接。

注意:当与柱腹板连接时,在柱腹板的另一侧应加焊一块补强钢板,以取代梁上下翼缘高度处在柱腹板上所设置的水平加劲肋。

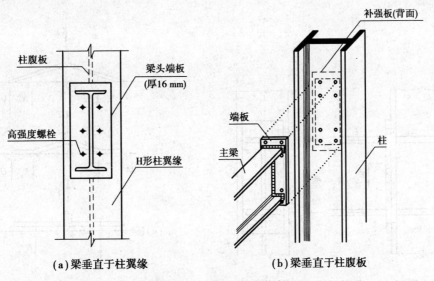

图 10.24　端板连接式节点

（2）角钢连接式节点

该类节点是在梁端上、下翼缘处设置角钢，并采用高强度螺栓将角钢的两肢分别与柱和梁进行摩擦型连接（图 10.25(a)）。由于角钢受力后发生弯曲变形，易使节点产生一定的转角（图 10.25(b)）。为了增强角钢的刚度，宜在角钢中增设竖向加劲板。

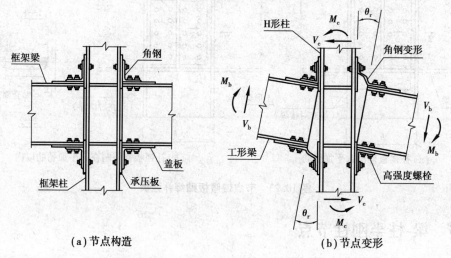

（a）节点构造　　　　　　　　　　　（b）节点变形

图 10.25　梁端上下翼缘角钢连接式节点

2）半刚性节点的承载力验算

对于梁与柱利用端板进行的半刚性连接（图 10.26），当端板厚度较小、变形较大时，端板出现附加撬力和弯曲变形。此时，位于梁翼缘附近的端板的受力状况与 T 形连接件相似。因此，完全可将位于梁上、下翼缘附近的端板分离出来，形同两个 T 形连接件进行分析计算。

由于端板尺寸和连接螺栓直径均会影响连接节点的承载能力，而且端板尺寸和螺栓直径又是相互影响和制约的。因此，随着端板和螺栓刚度的强弱变化，会出现不同的失效机构，如图 10.27 所示。

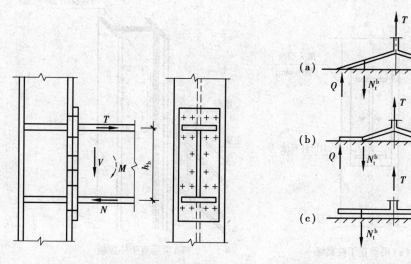

图 10.26　梁-柱端板连接节点　　　　　　图 10.27　端板受力与失效机构

图 10.27(a)为端板和螺栓等刚度时的受力与失效（破坏）机构，端板和螺栓同时失效，它们

的承载力均得到充分利用。此时由于端板和螺栓具有相同的刚度,所以在计算中两者的变形均应考虑,不得忽略。其承载力验算宜按下列方法进行:

螺栓抗拉承载力 $\quad\quad\quad\quad N_t^b = T + Q \leqslant 0.8P, \quad T = \dfrac{M}{2h_b}$ (10.44)

端板 A—A 截面抗弯承载力 $\quad\quad M_A = Qc \leqslant M_{AP}$ (10.45)

端板 B—B 截面抗弯承载力 $\quad\quad M_B = N_t^b a - Q(c + a) \leqslant M_{BP}$ (10.46)

式中 $\quad M$——梁端弯矩;

$\quad\quad h_b$——梁上、下翼缘板中面之间的距离;

$\quad\quad P$——高强度螺栓的预拉力;

$\quad\quad M_{AP}$——端板 A—A 截面全塑性弯矩;

$\quad\quad M_{BP}$——端板 B—B 截面全塑性弯矩;

其余字母含义如图 10.28 所示。

设计时可先选定端板撬力 Q,一般取 $Q = 0.1T \sim 0.2T$。端板厚度一般宜比螺栓直径略大。

图 10.27(b)为连接螺栓刚度大于端板抗弯刚度时的受力与失效(破坏)机构,这种情况常以端板出现塑性铰而失效。所以,计算中常忽略螺栓的弹性变形,按端板的塑性承载力设计,即主要按式(10.45)和式(10.46)验算端板的抗弯承载力。

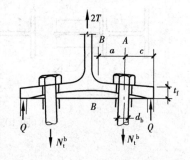

图 10.28 端板连接计算模型

图 10.27(c)为端板抗弯刚度远大于连接螺栓刚度时的受力与失效(破坏)机构,它常发生在端板厚度 $t_f \geqslant 2d_b$(d_b 为螺栓直径)的情况,常以螺栓拉断而失效。因此,计算中假定,端板绝对刚性,即端板无撬力 Q 的存在,只需验算螺栓的抗拉承载力即可。

10.2.4 梁-柱柔性节点

1)柔性连接的构造要求

由连接角钢或连接板通过高强度螺栓仅与梁腹板的连接(摩擦型或承压型),可视为柔性连接。该类连接的梁、柱节点构造如图 10.29 所示,其竖向连接板的厚度不应小于梁腹板的厚度,连接螺栓不应少于 3 个。

对于加宽的外伸连接板,应在连接板上、下端的柱中部位设置水平加劲肋。该加劲肋与 H 形柱腹板及翼缘之间可采用角焊缝连接,如图 10.29(c)所示。

2)柔性连接(铰接)的承载力验算

对于梁与柱采用铰接连接时(图 10.30),与梁腹板相连的高强度螺栓,除应承受梁端剪力外,尚应承受支承点的反力对连接螺栓所产生的偏心弯矩的作用。按弯矩和剪力共同作用下设计计算即可。其偏心弯矩 M 应按下式计算:

$$M = Ve \quad\quad\quad (10.47)$$

式中 $\quad e$——支承点至螺栓合力作用线的距离;

V——作用于梁端的竖向剪力。

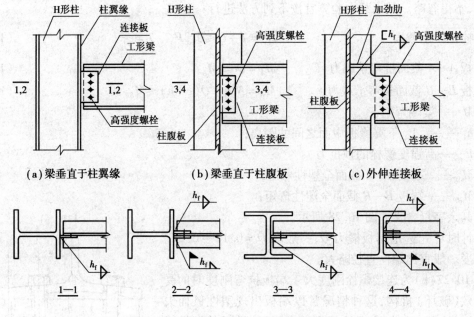

(a) 梁垂直于柱翼缘　　　　(b) 梁垂直于柱腹板　　　　(c) 外伸连接板

1—1　　　　2—2　　　　3—3　　　　4—4

图 10.29　工字形梁与 H 形柱的柔性连接

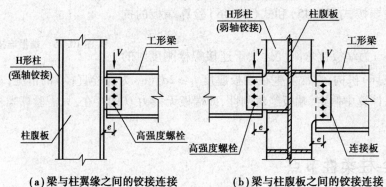

(a) 梁与柱翼缘之间的铰接连接　　　　(b) 梁与柱腹板之间的铰接连接

图 10.30　梁与柱的铰接受力

10.3　梁-梁连接节点

梁-梁连接主要包括主梁之间的拼接节点、主梁与次梁间的连接节点以及主梁与水平隅撑的连接节点等。

10.3.1　构造要求

1) 主梁的接头

主梁的拼接点应位于框架节点塑性区段以外,尽量靠近梁的反弯点处。主梁的接头主要用于柱外悬臂梁段与中间梁段的连接,可采用全栓连接、焊栓混合连接、全焊连接的接头形式。工程中,全栓连接和焊栓混合连接两种形式较常应用。

（1）全栓连接

梁的翼缘和腹板均采用高强度螺栓摩擦型连接,如图 10.31(a)、(b)所示。拼接板原则上应双面配置,如图 10.31(a)所示。

梁翼缘采取双面拼接板时,上、下翼缘的外侧拼接板厚度 $t_1 \geqslant t_f/2$,内侧拼接板厚度 $t_2 \geqslant t_f B/(4b)$;当梁翼缘宽度较小,内侧配置拼接板有困难时,也可仅在梁的上、下翼缘的外侧配置拼接板(图 10.31(b)),拼接材料的承载力应不低于所拼接构件的承载力。

梁腹板采取双面拼接板时,其拼接板厚度 $t_{w1} \geqslant t_w h_w/(2h_{w1})$,且不应小于 6 mm。式中,$t_w$,$h_w$ 分别为梁腹板的厚度和高度;h_{w1} 为拼接板的宽度(顺梁高方向的尺寸)。

（2）焊栓混合连接

梁的翼缘采用全熔透焊缝连接,腹板用高强度螺栓摩擦型连接,如图 10.31(c)所示。

（3）全焊连接

梁的翼缘和腹板均采用全熔透焊缝连接(图 10.31(d)),图中数字 1,2,3,4 表示焊接顺序,标注有"a"的一段最后施焊,以减小焊缝的约束。

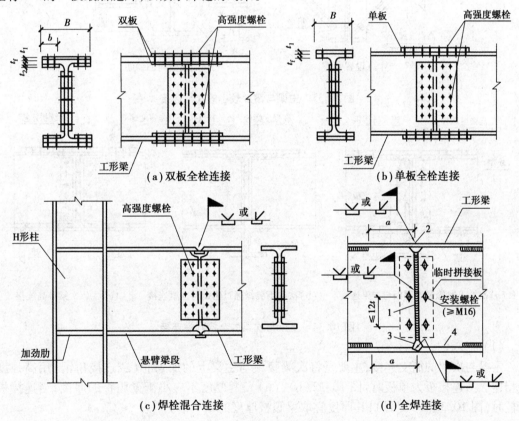

图 10.31　钢梁的工地接头

2）主梁与次梁的连接

主梁与次梁的连接一般采用简支连接,如图 10.32、图 10.33 所示。当次梁跨度较大、跨数较多或荷载较大时,为了减小次梁的挠度,次梁与主梁可采用刚性连接,如图 10.34 所示。

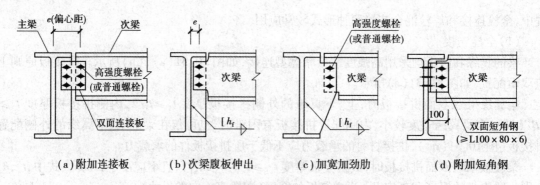

（a）附加连接板　　（b）次梁腹板伸出　　（c）加宽加劲肋　　（d）附加短角钢

图 10.32　主梁与次梁的简支连接

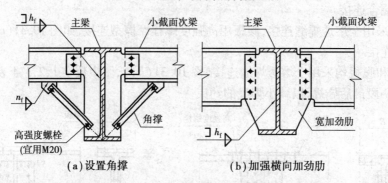

（a）设置角撑　　　　　　　　（b）加强横向加劲肋

图 10.33　主梁与高度较小的次梁连接

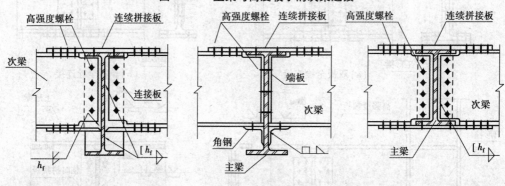

（a）次梁下翼缘通过钢板与主梁连接　（b）次梁下翼缘通过角钢与主梁连接　（c）主、次梁等高连接

图 10.34　主梁与次梁的全栓刚性连接

（1）简支连接

主梁与次梁的简支连接，主要是将次梁腹板与主梁上的加劲肋（或连接角钢）用高强度螺栓相连。当连接板为单板时（图 10.32（b）、（c）），其厚度不应小于梁腹板的厚度；当连接板为双板时（图 10.32（a）、（d）），其厚度宜取梁腹板厚度的 0.7 倍。

当次梁高度小于主梁高度一半时，可在次梁端部设置角撑，与主梁连接（图 10.33（a）），或将主梁的横向加劲肋加强（图 10.33（b）），用以阻止主梁的受压翼缘侧移，起到侧向支撑的作用。

次梁与主梁的简支连接，按次梁的剪力和考虑连接偏心产生的附加弯矩设计连接螺栓。

（2）刚性连接

次梁与主梁的刚性连接，次梁的支座压力仍传给主梁，支座弯矩则在两相邻跨的次梁之间传递。

次梁上翼缘用拼接板跨过主梁相互连接(图 10.34 和图 10.35(b)、(c)),或次梁上翼缘与主梁上翼缘垂直相交焊接(图 10.35(a))。由于刚性连接构造复杂,且易使主梁受扭,故较少采用。

次梁与主梁的刚性连接,可采用全栓连接(图 10.34)或栓焊混合连接(图 10.35)。

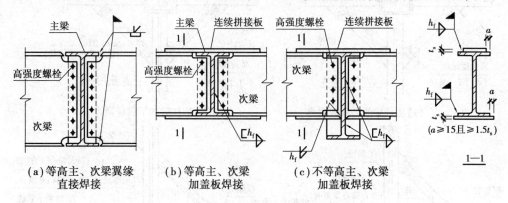

(a)等高主、次梁翼缘　　(b)等高主、次梁　　(c)不等高主、次梁
　　直接焊接　　　　　　加盖板焊接　　　　　　加盖板焊接

图 10.35　主梁与次梁的栓焊混合刚性连接

3)主梁的水平隅撑

按抗震设防时,为防止框架横梁的侧向屈曲,在节点塑性区段应设置侧向支撑构件或水平隅撑。

对于一般框架,由于梁上翼缘和楼板连在一起,所以只需在距柱轴线 1/8 ~ 1/10 梁跨处的横梁下翼缘设置侧向隅撑(图 10.36(b)、(d))即可;对于偏心支撑框架,在消能梁段端部的横梁上、下翼缘处,均应设置侧向隅撑(图 10.36(a)、(d)),但仅能设置在梁的一侧,以免妨碍消能梁段竖向塑性变形的发展。

为使隅撑能起到支撑两根横梁的作用,侧向隅撑的长细比不得大于 $130\sqrt{235/f_y}$。

4)梁腹板开孔的补强

(1)开孔位置

梁腹板上的开孔位置,宜设置在梁的跨度中段 1/2 跨度范围内,应尽量避免在距梁端 1/10 跨度或梁高的范围内开孔;抗震设防的结构不应在隅撑范围内设孔。

相邻圆形孔口边缘间的距离不得小于梁高,孔口边缘至梁翼缘外皮的距离不得小于梁高的 1/4;矩形孔口与相邻孔口间的距离不得小于梁高或矩形孔口长度中之较大值;孔口上下边缘至梁翼缘外皮的距离不得小于梁高的 1/4。

(2)孔口尺寸

梁腹板上的孔口高度(直径)不得大于梁高的 1/2,矩形孔口长度不得大于 750 mm。

(3)孔口的补强

钢梁中的腹板开孔时,孔口应予以补强,并分别验算补强开孔梁受弯和受剪承载力,弯矩可仅由翼缘承担,剪力由孔口截面的腹板和补强板共同承担。

①圆形孔的补强。当钢梁腹板中的圆形孔直径小于或等于 1/3 梁高(图 10.37(a))时,可不予补强;圆孔大于 1/3 梁高时,可采用下列方法予以补强:

a. 环形加劲肋补强(图 10.37(b)):加劲肋截面不宜小于 100 mm × 10 mm,加劲肋边缘至孔口边缘的距离不宜大于 12 mm。

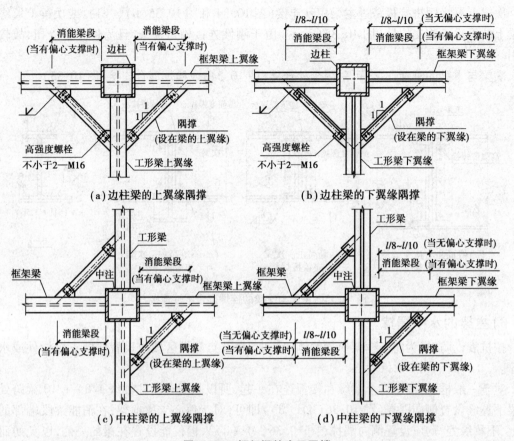

图 10.36　框架梁的水平隅撑

b. 套管补强(图 10.37(c)):补强钢套管的长度等于或稍短于钢梁的翼缘宽度;其套管厚度不宜小于梁腹板厚度;套管与梁腹板之间采用角焊缝连接,其焊脚尺寸取 $h_f = 0.7t_w$。

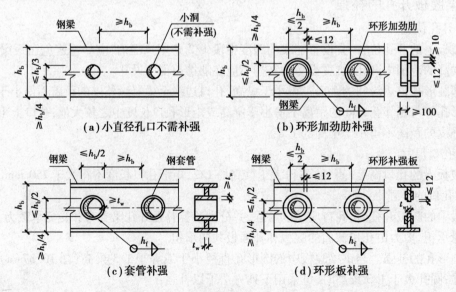

图 10.37　钢梁腹板上圆形孔口的补强

c.环形板补强(图 10.37(d)):若在梁腹板两侧设置,环形板的厚度可稍小于腹板厚度,其宽度可取 75~125 mm。

d.若钢梁腹板中的圆形孔为有规律布置时,可在梁腹板上焊接 V 形加劲肋,以补强孔洞,从而使有孔梁形成类似于桁架结构工作。

②矩形孔的补强。矩形孔口的四周应采用加强措施;矩形孔口上、下边缘的水平加劲肋端部宜伸至孔口边缘以外各 300 mm(图 10.38);当矩形孔口长度大于梁高时,其横向加劲肋应沿梁全高设置(图 10.38);当孔口长度大于 500 mm 时,应在梁腹板两侧设置加劲肋。

矩形孔口的纵向和横向加劲肋截面尺寸不宜小于 125 mm × 18 mm。

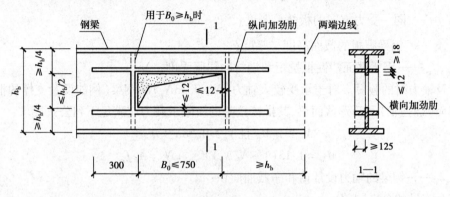

图 10.38　钢梁腹板矩形孔口的补强

10.3.2　承载力验算

1)梁的接头

(1)非抗震设防的结构

当用于非抗震设防时,梁的接头应按内力设计。此时,腹板连接按受全部剪力和所分配的弯矩共同作用计算;翼缘连接按所分配的弯矩设计。

当接头处的内力较小时,接头承载力不应小于梁截面承载力的 50%。

(2)抗震设防的结构

当用于抗震设防时,为使抗震设防结构符合"强连接,弱杆件"的设计原则,梁接头的承载力应高于母材的承载力,即应符合下列规定:

①不计轴力时的验算。对于未受轴力或轴力较小($N \leqslant 0.13N_y$)的钢梁,其拼接接头的极限承载力应满足下列公式要求:

$$M_u \geqslant \eta_j M_p \ \text{且} \ V_u \geqslant 0.58 h_w t_w f_{ay} \tag{10.48}$$

$$M_u = A_f(h - t_f)f_u, \quad M_p = W_p f_{ay} \tag{10.49}$$

钢梁的拼接接头为全焊连接时,其极限受剪承载力 V_u 为:

$$V_u = 0.58 A_r^w f_u \tag{10.50}$$

钢梁的拼接接头为栓焊混合连接时,其极限受剪承载力 V_u 取下列两式计算结果的较小者:

$$V_u = 0.58 n n_f A_e^b f_u^b, \quad V_u = nd(\sum t)f_{cu}^b \tag{10.51}$$

式中　t_f, A_f——钢梁的一块翼缘板厚度和截面面积；

　　　　h——钢梁的截面高度；

　　　　A_f^w——钢梁腹板连接角焊缝的有效截面面积；

　　　　f_u——对接焊缝极限抗拉强度（按第 4 章的规定取值）；

　　　　n, n_f——接头一侧的螺栓数目和一个螺栓的受剪面数目；

　　　　f_u^b, f_{cu}^b——螺栓钢材的抗拉强度最小值（按第 4 章的规定取值）和螺栓连接钢板的极限承压强度，取 $1.5f_u$（f_u 为连接钢板的极限抗拉强度最小值）。

　　　　A_e^b, d——螺纹处的有效截面面积和螺栓杆径；

　　　　$\sum t$——同一受力方向的板叠总厚度；

　　　　h_w, t_w——钢梁腹板的截面高度与厚度；

　　　　W_p, f_{ay}——钢梁截面塑性抵抗矩和钢材的屈服强度。

②计及轴力时的验算。对于承受较大轴力（$N > 0.13N_y$）的钢梁（例如设置支撑的框架梁）、工字形截面（绕强轴）和箱形截面梁，其拼接接头的极限承载力应满足下列公式要求：

$$M_u \geqslant \eta_j M_p \text{ 且 } V_u \geqslant 0.58h_w t_w f_{ay} \tag{10.52}$$

$$M_{pc} = 1.15(1 - N/N_y)M_p, \quad N_y = A_n f_{ay} \tag{10.53}$$

式中　N, A_n——钢梁的轴力设计值和净截面面积；

　　　　其余字母的含义同前。

③钢梁的拼接接头为全栓连接时，其接头的极限承载力还应满足下列公式要求：

翼缘　　　　　　　$nN_{cu}^b \geqslant 1.2A_f f_{ay} \text{ 且 } nN_{vu}^b \geqslant 1.2A_f f_{ay} \tag{10.54}$

腹板　　　　$N_{cu}^b \geqslant \sqrt{(V/n)^2 + (N_M^b)^2} \text{ 且 } N_{vu}^b \geqslant \sqrt{(V/n)^2 + (N_M^b)^2} \tag{10.55}$

式中　N_M^b——钢梁腹板拼接接头中由弯矩设计值引起的一个螺栓的最大剪力；

　　　　V——钢梁拼接接头中的剪力设计值；

　　　　n——钢梁翼缘拼接或腹板拼接一侧的螺栓数；

　　　　N_{vu}^b, N_{cu}^b——一个高强度螺栓的极限受剪承载力和对应的钢板极限承压承载力；

　　　　其余字母的含义同前。

2) 梁的隅撑

梁的侧向隅撑（图 10.36）应按压杆设计，其轴力设计值 N 应按下列两式计算：

一般框架　　　　　$N = \dfrac{A_f f}{85 \sin \alpha}\sqrt{\dfrac{f_y}{235}} \tag{10.56}$

偏心支撑框架　　　$N \geqslant 0.06 \dfrac{A_f f}{\sin \alpha}\sqrt{\dfrac{f_y}{235}} \tag{10.57}$

式中　A_f——梁上翼缘或下翼缘的截面面积；

　　　　f——梁翼缘抗压强度设计值；

　　　　α——隅撑与梁轴线的夹角，当梁互相垂直时可取 45°。

10.4 柱-柱节点

10.4.1 接头的构造要求

1)一般要求

①钢柱的工地接头,一般宜设于主梁顶面以上 1.0～1.3 m 处,以方便安装;抗震设防时,应位于框架节点塑性区以外,并按等强设计。

②为了保证施工时能抗弯以及便于校正上下翼缘的错位,钢柱的工地接头应预先设置安装耳板。耳板厚度应根据阵风和其他的施工荷载确定,并不得小于 10 mm,待柱焊接好后用火焰喷枪将耳板切除。耳板宜设置于柱的一个主轴方向的翼缘两侧(图 10.39)。对于大型的箱形截面柱,有时在两个相邻的互相垂直的柱面上设置安装耳板,如图 10.39(b)中虚线所示。

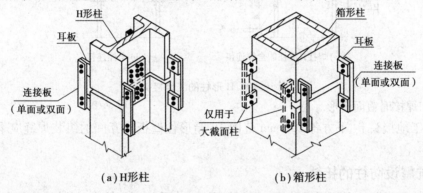

图 10.39 钢柱工地接头的预设安装耳板

2)H 形柱的接头

H 形柱的接头可采用全栓连接、栓焊混合连接、全焊连接。

H 形柱的工地接头通常采用栓焊混合连接,此时柱的翼缘宜采用坡口全熔透焊缝或部分熔透焊缝连接;柱的腹板可采用高强度螺栓连接,如图 10.40(a)所示。

当柱的接头采用全焊连接时,上柱的翼缘应开 V 形坡口,腹板应开 K 形坡口或带钝边的单边 V 形坡口(图 10.40(b)、(c))焊接。对于轧制 H 形柱,应在同一截面拼接(图 10.40(b));对于焊接 H 形柱,其翼缘和腹板的拼接位置应相互错开不小于 500 mm 的距离(图 10.40(c)),且要求在柱的拼接接头上、下方各 100 mm 范围内,柱翼缘和腹板之间的连接采用全熔透焊缝。

当柱的接头采用全栓连接时,柱的翼缘和腹板全部采用高强度螺栓连接,如图 10.40(d)所示。

3)箱形柱的接头

箱形柱的工地接头应采用全焊连接,其坡口应采用如图 10.41 所示的形式。

箱形柱接头处的上节柱和下节柱均应设置横隔。其下节箱形柱上端的隔板(盖板),应与柱口齐平,且厚度不宜小于 16 mm,其边缘应与柱口截面一起刨平,以便与上柱的焊接垫板有良好的接触面;在上节箱形柱安装单元的下部附近,也应设置上柱横隔板,其厚度不宜小于 10 mm,以防止

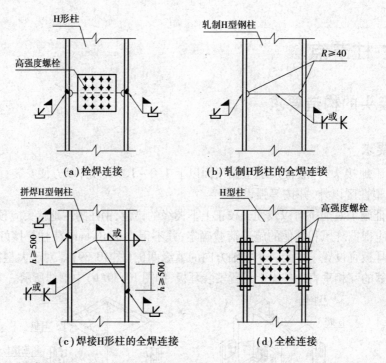

图 10.40　H 形柱的工地接头

运输、堆放和焊接时截面变形。

在柱的工地接头上、下方各 100 mm 范围内,箱形柱壁板相互间的组装焊缝应采用坡口全熔透焊缝。

4) 非抗震设防柱的接头

对于非抗震设防的多高层钢结构,当柱的弯矩较小且不产生拉力时,柱接头的上、下端应磨平顶紧,并应与柱轴线垂直,这样处理后的接触面可直接传递 25% 的压力和 25% 的弯矩;接头处的柱翼缘可采用带钝边的单边 V 形坡口"部分熔透"对接焊缝连接,其坡口焊缝的有效深度 t_e 不宜小于壁厚的 1/2,如图 10.42 所示。

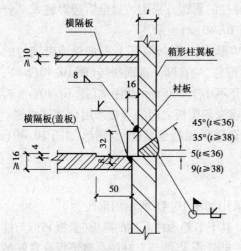

图 10.41　箱形柱的工地焊接

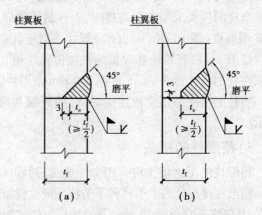

图 10.42　非抗震设防柱接头的部分熔透焊缝

5) 变截面柱的接头

当柱需要改变截面时,应优先采用保持柱截面高度不变而只改变翼缘厚度的方法;当必须改变柱截面高度时,应将变截面区段限制在框架梁-柱节点范围内,使柱在层间保持等截面;为方便贴挂外墙板,对边柱宜采用图 10.43(a)、图 10.44(a)的做法,但计算时应考虑上下柱偏心所产生的附加弯矩;对内柱宜采用图 10.43(b)、图 10.44(b)的做法。所有变截面段的坡度都不宜超过 1:6。为确保施工质量,柱的变截面区段的连接应在工厂内完成。

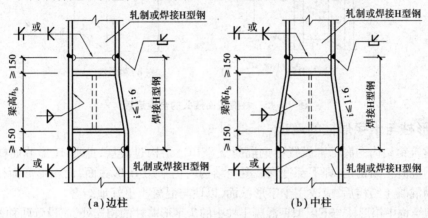

(a)边柱　　　　　　　　　　(b)中柱

图 10.43　H 形柱的变截面接头

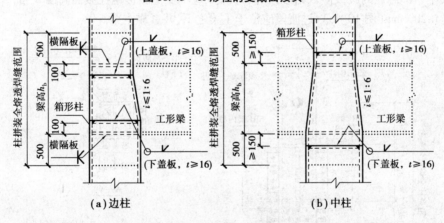

(a)边柱　　　　　　　　　　(b)中柱

图 10.44　箱形柱的变截面接头

当柱的变截面段位于梁-柱接头位置时,可采用如图 10.43 和图 10.44(b)所示的做法,柱的变截面区段的两端与上、下层柱的接头位置应分别设在距梁的上、下翼缘均不宜小于 150 mm 的高度处,以避免焊缝影响区相互重叠。

箱形柱变截面区段加工件的上端和下端,均应另行设置水平盖板(图 10.44),其盖板厚度不应小于 16 mm;接头处柱的端面应铣平,并采用全熔透焊缝。图 10.44(a)所示为柱的变截面区段比梁截面高度小 200 mm 的接头构造;图 10.44(b)则表示柱的变截面区段与梁截面高度相等时的接头构造。

对于非抗震设防的结构,不同截面尺寸的上、下柱段,也可通过连接板(端板)采用全栓连接。对 H 形柱的接头,可插入垫板来填补尺寸差,如图 10.45(a)所示;对箱形柱的接头,也可采用端板对接,如图 10.45(b)所示。

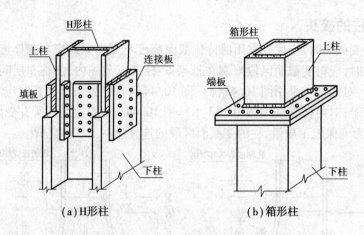

图 10.45　柱变截面接头的全栓连接

6)箱形柱与十字形柱的连接

高层建筑钢结构的底部常设置型钢混凝土(SRC)结构过渡层,此时 H 形截面柱向下延伸至下部型钢混凝土结构内,即下部型钢混凝土结构内仍采用 H 形截面;而箱形截面柱向下延伸至下部型钢混凝土结构后,应改用十字形截面,以便与混凝土更好地结合。

上部钢结构中箱形柱与下层型钢混凝土柱中的十字形芯柱的相连处,应设置两种截面共存的过渡段,其十字形芯柱的腹板伸入箱形柱内的长度 l 应不少于箱形钢柱截面高度 h_c 加 200 mm,即要求 $l \geqslant h_c + 200$ mm(图 10.46);过渡段应位于主梁之下,并紧靠主梁。

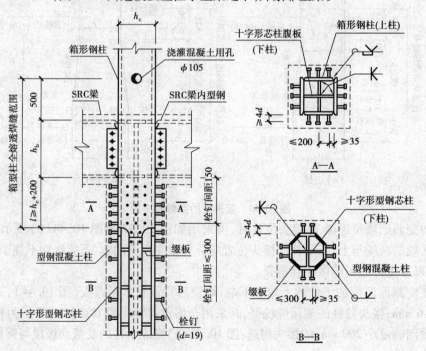

图 10.46　箱形柱与十字形柱的连接

与上部钢柱相连的下层型钢混凝土柱的型钢芯柱,应沿该楼层全高设置栓钉,以加强它与外包混凝土的粘结。其栓钉间距与列距在过渡段内宜采用 150 mm,不大于 200 mm;在过渡段外不大于 300 mm。栓钉直径多采用 19 mm。

7)十字形钢柱的的接头

对于非抗震设防的结构,其十字形钢柱的接头可采用栓焊混合连接(图 10.47);对有抗震设防要求的结构,其十字形钢柱的接头应采用全焊连接。

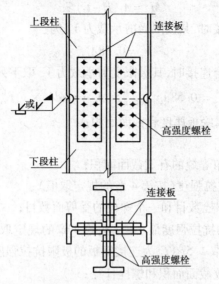

图 10.47　十字形钢柱的工地接头

10.4.2　柱接头的承载力验算

1)非抗震设防结构

柱的工地接头,一般应按等强度原则设计。当拼接处内力很小时,柱翼缘的拼接计算应按等强度设计;柱腹板的拼接计算可按不低于强度的 1/2 的内力设计。

按构件内力设计柱的拼接连接时,工字形柱的工地拼接处,弯矩应由柱的翼缘和腹板承受,剪力由腹板承受,轴力则由翼缘和腹板按各自截面面积分担。

2)抗震设防结构

(1)柱的接头验算

当用于抗震设防时,为使抗震设防结构符合"强连接,弱杆件"的设计原则,柱接头的承载力应高于母材的承载力,即应符合下列规定:

$$M_u \geqslant \eta_j M_p \text{ 且 } V_u \geqslant 0.58 h_w t_w f_{ay} \tag{10.58}$$

接头为全栓连接时

翼缘

$$n N_{cu}^b \geqslant 1.2 A_f f_{ay} \text{ 且 } n N_{vu}^b \geqslant 1.2 A_f f_{ay} \tag{10.59}$$

腹板

$$N_{cu}^b \geqslant \sqrt{(V/n)^2 + (N_M^b)^2} \text{ 且 } N_{vu}^b \geqslant \sqrt{(V/n)^2 + (N_M^b)^2} \tag{10.60}$$

式中　N_M^b——柱腹板拼接接头中由弯矩设计值引起的一个螺栓的最大剪力;

V——柱拼接接头中的剪力设计值;

n——柱翼缘拼接或腹板拼接一侧的螺栓数;

N_{vu}^b, N_{cu}^b——一个高强度螺栓的极限受剪承载力和对应的钢板极限承压承载力;

h_w, t_w——柱腹板的截面高度与厚度；

A_f, f_{ay}——钢柱一块翼缘板的截面面积和钢材的屈服强度。

（2）极限承载力计算

柱的受弯极限承载力 $\qquad M_u = A_f(h - t_f)f_u$ （10.61）

柱的拼接接头为全焊连接时，其极限受剪承载力 V_u 为：

$$V_u = 0.58A_f^w f_u \qquad (10.62)$$

柱的拼接接头为栓焊混合连接时，其极限受剪承载力 V_u 取下列两式计算结果的较小者：

$$V_u = 0.58nn_f A_e^b f_u^b, \quad V_u = nd\left(\sum t\right)f_{cu}^b \qquad (10.63)$$

式中 t_f, A_f——钢柱的一块翼缘板厚度和截面面积；

h——钢柱的截面高度；

A_f^w——钢柱腹板连接角焊缝的有效截面面积；

f_u——对接焊缝极限抗拉强度（按第 4 章的规定取值）；

n, n_f——接头一侧的螺栓数目和一个螺栓的受剪面数目；

f_u^b, f_{cu}^b——螺栓钢材的抗拉强度最小值（按第 4 章的规定取值）和螺栓连接钢板的极限 承压强度，取 $1.5f_u$（f_u 为连接钢板的极限抗拉强度最小值）；

A_e^b, d——螺纹处的有效截面面积和螺栓杆径；

$\sum t$——同一受力方向的板叠总厚度。

（3）M_{pc} 的计算

①对工字形截面（绕强轴）和箱形截面钢柱

当 $N/N_y \leqslant 0.13$ 时 $\qquad M_{pc} = M_p$ （10.64）

当 $N/N_y > 0.13$ 时 $\qquad M_{pc} = 1.15(1 - N/N_y)M_p$ （10.65）

②对工字形截面（绕弱轴）钢柱

当 $N/N_y \leqslant A_{wn}/A_n$ 时 $\qquad M_{pc} = M_p$ （10.66）

当 $N/N_y > A_{wn}/A_n$ 时 $\qquad M_{pc} = \left[1 - \left(\dfrac{N - A_{wn}f_y}{N_y - A_{wn}f_y}\right)^2\right]M_p$ （10.67）

$$M_p = W_p f_{ay}, \quad N_y = A_n f_{ay} \qquad (10.68)$$

式中 N——柱所承受的轴力，N 不应大于 $0.6A_n f$；

A_n——柱的净截面面积；

A_{wn}——柱腹板的净截面面积；

W_p, f_{ay}——钢柱截面塑性抵抗矩和钢材的屈服强度。

10.5 钢柱柱脚

10.5.1 柱脚形式

多高层钢结构的柱脚，依连接方式的不同可分为埋入式、外包式和外露式 3 种形式。高层钢结构宜采用埋入式柱脚，6、7 度抗震设防时也可采用外包式柱脚。对于有抗震设防要求的多层钢结构,应采用外包式柱脚;对非抗震设防或仅需传递竖向荷载的铰接柱脚(例如伸至多层地下室底部的钢柱柱脚),可采用外露式柱脚。

10.5.2 埋入式柱脚

埋入式柱脚是直接将钢柱底端埋入钢筋混凝土基础、基础梁或地下室墙体内的一种柱脚形式,如图 10.48 所示。其埋入方法有两种:一种是预先将钢柱脚按要求组装固定在设计标高上,然后浇注基础或基础梁的混凝土;另一种是预先浇注基础或基础梁的混凝土,并留出安装钢柱脚的杯口,待安装好钢柱脚后,再用细石混凝土填实。

埋入式柱脚的构造比较合理,易于安装就位,柱脚的嵌固容易保证。当柱脚的埋入深度超过一定数值后,柱的全塑性弯矩可传递给基础。

1) 构造要求

①埋入式柱脚的埋入深度 h_f,对于轻型工字形柱,不得小于钢柱截面高度 h_c 的 2 倍;对于大截面 H 形钢柱和箱形柱,不得小于钢柱截面高度 h_c 的 3 倍,如图 10.48 所示。

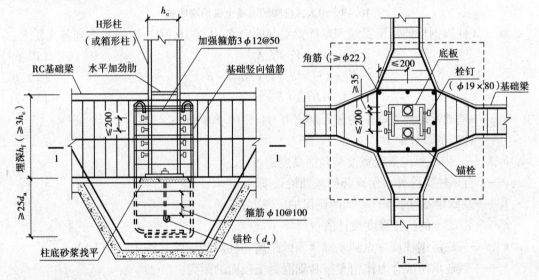

图 10.48 埋入式柱脚的埋入深度与构造

②为防止钢柱的传力部位局部失稳或局部变形,对埋入式柱脚,在钢柱埋入部分的顶部,应设置水平加劲肋(H 形钢柱)或隔板(箱形钢柱)。其加劲肋或隔板的宽厚比应符合现行《钢结构设计规范》(GB 50017)关于塑性设计的规定。

③箱形截面柱埋入部分填充混凝土可起加强作用,其填充混凝土的高度,应高出埋入部分钢柱外围混凝土顶面 1 倍柱截面高度以上。

④为保证埋入钢柱与周边混凝土的整体性,埋入式柱脚在钢柱的埋入部分应设置栓钉。栓钉的数量和布置按计算确定,其直径不应小于 $\phi16$(一般取 $\phi19$),栓钉的长度宜取 4 倍栓钉直径,水平和竖向中心距均不应大于 200 mm,且栓钉至钢柱边缘的距离不大于 100 mm。

⑤钢柱柱脚埋入部分的外围混凝土内应配置竖向钢筋,其配筋率不小于 0.2%,沿周边的间距不应大于 200 mm,其 4 根角筋直径不宜小于 $\phi22$,每边中间的架立筋直径不宜小于 $\phi16$;箍筋宜为 $\phi10$,间距 100 mm;在埋入部分的顶部应增设不少于 3 道 $\phi12$、间距不大于 50 mm 的加强箍筋。竖

向钢筋在钢柱柱脚底板以下的锚固长度不应小于 $35d$(d 为钢筋直径),并在上端设弯钩。

⑥钢柱柱脚底板需用锚栓固定,锚栓的锚固长度不应小于 $25d_a$(d_a 为锚栓直径)。

⑦对于埋入式柱脚,钢柱翼缘的混凝土保护层厚度应符合下列规定:

a. 对中间柱不得小于 180 mm,如图 10.49(a)所示;

b. 对边柱(图 10.49(b))和角柱(图 10.49(c))的外侧不宜小于 250 mm;

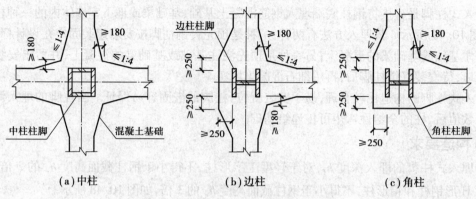

(a)中柱　　　　　　　(b)边柱　　　　　　　(c)角柱

图 10.49　埋入式柱脚的混凝土保护层厚度

c. 埋入式柱脚钢柱的承压翼缘到基础梁端部的距离 a(图 10.50),应满足下列各式要求:

$$V_1 \leqslant f_{ct} A_{cs} \tag{10.69}$$

$$V_1 = (h_0 + d_c)V/(3d/4 - d_c) \tag{10.70}$$

$$A_{cs} = B(a + h_c/2) - b_f h_c/2 \tag{10.71}$$

式中　V_1——基础梁端部混凝土的最大抵抗剪力(图 10.50(b));

V——柱脚的设计剪力;

b_f, h_c——钢柱承压翼缘宽度和截面高度;

a——自钢柱翼缘外表面算起的基础梁长度;

B——基础梁宽度,等于 b_f 加两侧保护层厚度;

f_{ct}——混凝土的抗拉强度设计值;

h_0, d——底层钢柱反弯点到基础顶面的距离和柱脚的埋深,(图 10.50(b));

d_c——钢柱承压区合力作用点至基础混凝土顶面的距离。

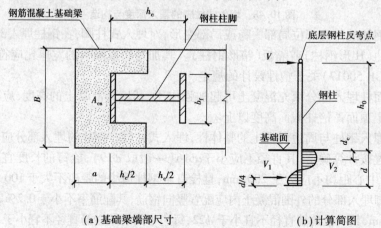

(a)基础梁端部尺寸　　　　　　　(b)计算简图

图 10.50　埋入式柱脚的基础梁尺寸与计算简图

2) 承载力验算

(1) 混凝土承压应力

埋入式柱脚通过混凝土对钢柱的承压力传递弯矩,其受力状态如图 10.51 所示。因此,埋入式柱脚的混凝土承压应力 σ 应小于混凝土轴心抗压强度设计值,可按式 (10.72) 验算:

$$\sigma = \left(\frac{2h_0}{d} + 1 \right) \left[1 + \sqrt{1 + \frac{1}{(2h_0/d + 1)^2}} \right] \frac{V}{b_f d} \leqslant f_{cc} \tag{10.72}$$

式中 V——柱脚剪力;

h_0——底层钢柱反弯点到柱脚顶面(混凝土基础梁顶面)的距离,如图 10.52(a) 所示;

d——柱脚埋深;

b_f——钢柱柱脚承压翼缘宽度,如图 10.52(b) 所示;

f_{cc}——混凝土轴心抗压强度设计值。

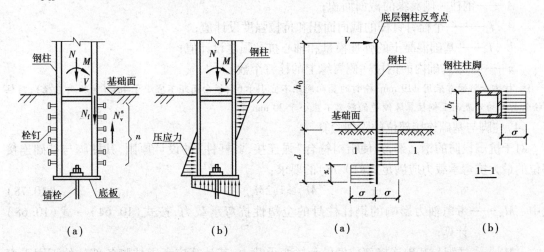

图 10.51 埋入式柱脚的受力状态   图 10.52 埋入式柱脚的计算简图

(2) 钢筋配置

埋入式柱脚的钢柱四周,应按下列要求配置竖向钢筋和箍筋:

①柱脚一侧的主筋(竖向钢筋)的截面面积 A_s,应按下列公式计算:

$$A_s = M / (d_0 f_{sy}) \tag{10.73}$$

$$M = M_0 + Vd \tag{10.74}$$

式中 M——作用于钢柱柱脚底部的弯矩;

M_0——作用于钢柱柱脚埋入处顶部的弯矩设计值;

V——作用于钢柱柱脚埋入处顶部的剪力设计值;

d——钢柱的埋深;

d_0——受拉侧与受压侧竖向钢筋合力点间的距离;

f_{sy}——钢筋的抗拉强度设计值。

②柱脚一侧主筋的最小含钢率为 0.2%,其配筋量不宜小于 $4\phi22$。

③主筋的锚固长度不应小于 $35d$(d 为钢筋直径),并在上端设弯钩。

④主筋的中心距不应大于 200 mm,否则应设置附加的 $\phi16$ 的架立筋。

⑤箍筋宜为 $\phi10$,间距 100 mm;在埋入部分的顶部,应配置不少于 $3\phi12$、间距 50 mm 的加

强箍筋。

（3）柱脚栓钉

为保证柱脚处轴力和弯矩的有效传递，钢柱翼缘上栓钉的抗剪强度应按式（10.75）计算：

$$N_f \leqslant N_s \tag{10.75}$$

式中　　N_f——通过钢柱一侧翼缘的栓钉传递给混凝土的竖向力，按式（10.76）计算

$$N_f = \frac{2}{3}\left(N \cdot \frac{A_f}{A} + \frac{M}{h_c} \right) \tag{10.76}$$

N_s——钢柱一侧翼缘的栓钉的总受剪承载力，取下列两式计算结果的较小者

$$N_s = 0.43 n A_s \sqrt{E_c f_c}, \quad N_s = 0.7 n A_s f_s \tag{10.77}$$

N, M——柱脚处（基础面）的轴力和弯矩；

h_c, A——钢柱的截面高度和截面面积；

A_f——钢柱一侧翼缘的截面面积；

A_s, f_s——一个栓钉钉杆的截面面积和抗拉强度设计值；

E_c, f_c——基础混凝土的弹性模量和轴心抗拉强度设计值；

n——埋入基础内的钢柱一侧翼缘上的栓钉个数。

注：柱脚栓钉通常采用 $\phi19$ mm；栓钉的竖向间距不宜小于 $6d$，横向间距不宜小于 $4d$（d 为栓钉直径）；圆柱头栓钉钉杆的外表面至钢柱翼缘侧边的距离不应小于 20 mm。

（4）柱脚与基础连接部位的附加验算

对于抗震设防的钢框架，为使结构符合"强连接，弱杆件"的设计原则，其柱脚与基础连接部位的最大抗弯承载力应满足式（10.78）的要求：

$$M_{uf} \geqslant 1.2 M_{pc} \tag{10.78}$$

式中　　M_{pc}——考虑轴力影响的钢柱柱身的全塑性抗弯承载力，按式（10.64）~式（10.68）计算；

M_{uf}——柱脚与基础连接部位的最大抗弯承载力，其计算应考虑柱脚各部位的不同受弯承载力 $M_v^{\circ}, M_c, M_v^c, M_b$，分别按式（10.79）~式（10.85）计算，并取其中的较小值。

① M_v° 的计算。M_v° 是由钢柱屈服剪力决定的抵抗弯矩。它是考虑钢柱腹板全部屈服时所发挥的抵抗剪力，并以钢柱埋深为力臂所产生的抵抗弯矩，可按式（10.79）计算：

$$M_v^{\circ} = h_c t_w d f_{ay} / \sqrt{3} \tag{10.79}$$

式中　　h_c, t_w——钢柱的截面高度与腹板厚度；

d——钢柱柱脚的埋深；

f_{ay}——钢柱所用钢材的屈服强度。

② M_c 的计算。M_c 是由混凝土最大承压力决定的抵抗弯矩。在计算混凝土最大承压力时，要考虑混凝土的有效承压面积、承压力合力作用点"A"的位置以及混凝土局部受压时抗弯强度的提高。M_c 可按式（10.80）计算：

$$M_c = V h_0 = \sigma_m h_0 \left(B b_{e,s} + \frac{1}{2} b_{e,w} d - b_{e,s} b_{e,w} \right) \frac{0.75d - d_c}{0.75d + h_0} \tag{10.80}$$

$$\sigma_m = 2 f_{c0} \sqrt{A_0 / A} \quad (\leqslant 24 f_{cc}) \tag{10.81}$$

式中　　V——作用于底层钢柱反弯点处的水平剪力；

h_0——底层钢柱反弯点到柱脚顶面（混凝土基础梁顶面）的距离（图10.52（a））；

f_{cc}——混凝土轴心抗压强度设计值;

σ_m——部分面积承压情况下的混凝土承压强度;

A_0——混凝土承压范围的总面积,$A_0 = 2B_c d_s$;

A——在 $2d_s$ 高度范围内的有效承压面积,$A = Bb_{e,s} + 2d_s b_{e,w} - b_{e,s} b_{e,w}$;

B_c , B——基础梁和钢柱翼缘的宽度;

d_c——钢柱承压区的承压力合力点"A"至混凝土基础梁顶面的距离 d_c(图 10.53),

$$d_c = \frac{b_f b_{e,s} d_s + d^2 b_{e,w}/8 - b_{e,s} b_{e,w} d_s}{b_f b_{e,s} + d b_{e,w}/2 - b_{e,s} b_{e,w}} \tag{10.82}$$

b_f——钢柱柱脚的承压翼缘宽度;

$b_{e,s}$——位于柱脚处的钢柱横向水平加劲肋的有效承压宽度(图 10.53(b)),$b_{e,s} = t_s + 2(h_f + t_f)$,其中 t_s 为钢柱横向水平加劲肋的厚度,h_f 为水平加劲肋与柱翼缘连接角焊缝的焊脚尺寸,t_f 为钢柱翼缘厚度;

$b_{e,w}$——钢柱腹板的有效承压宽度(图 10.53(c)),$b_{e,w} = t_w + 2(r + t_f)$,其中 t_w 为钢柱腹板的宽度,r 为钢柱腹板与翼缘连接处的圆弧半径;

d_s , d——钢柱横向水平加劲肋中心至混凝土基础梁顶面的距离和柱脚埋深。

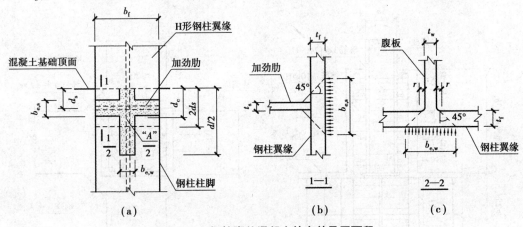

图 10.53 钢柱脚处混凝土的有效承压面积

③M_v^c 的计算。M_v^c 是由基础梁端部混凝土最大抵抗剪力决定的抵抗弯矩,可按式(10.83)计算:

$$M_v^c = V h_0 = V_1 h_0 \frac{0.75d - d_c}{h_0 + d_c} \tag{10.83}$$

$$V_1 = f_{ct} A_{cs} = 0.21(2f_{cc})^{0.73}\left[B(a + h_c/2) - b_f h_c/2 \right] \tag{10.84}$$

式中 V_1——钢柱柱脚下部的承压反力(图 10.50(b));

f_{ct} , f_{cc}——混凝土的抗拉强度和轴心抗压强度设计值;

A_{cs}——基础梁端部在 V_1 作用下的受剪面积,如图 10.50(a)所示中的阴影部分;

其余字母含义同前。

④M_b 的计算。M_b 是由基础梁上部主筋屈服时所决定的抵抗弯矩,可按式(10.85)计算:

$$M_b = V h_0 = \frac{A_s f_y h_0}{\dfrac{D_1 l_2 - h_1 l_1}{D_2(l_1 + l_2)} + \dfrac{h_1}{d_1}} \tag{10.85}$$

式中　A_s, f_y——基础梁上部纵向主筋的总截面面积和
　　　　　　屈服强度；

　　　D_1——基础梁上部纵向主筋质心至下部主筋质
　　　　　　心间的距离，如图 10.54 所示；

　　　l_1, l_2——钢柱至左侧和右侧基础梁支座的
　　　　　　距离；

　　　h_1——底层钢柱反弯点至基础梁上部纵向主筋
　　　　　　质心间的距离；

　　　d_1——基础梁上部纵向主筋质心至钢柱柱脚底
　　　　　　端一侧混凝土压力合力的距离。

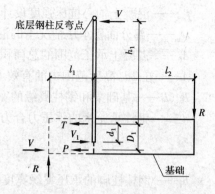

图 10.54　钢柱柱脚与基础梁的力的平衡

10.5.3　外包式柱脚

外包式柱脚是将钢柱脚底板搁置在混凝土地下室墙体或基础梁顶面,再外包由基础伸出的钢筋混凝土短柱所形成的一种柱脚形式,如图 10.55 所示。

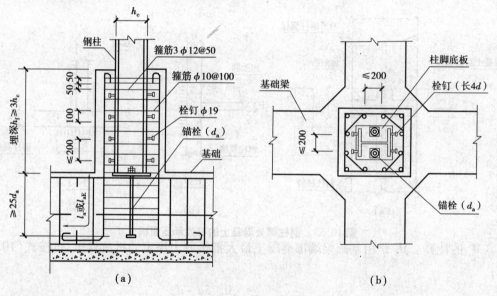

图 10.55　外包式柱脚

1)受力特点

①当钢柱与基础铰接时,钢柱的轴向压力通过底板直接传给基础;轴向拉力则通过底板的外伸边缘和锚栓传给基础。

②钢柱柱底的弯矩和剪力,全部由外包钢筋混凝土短柱承担,并传至基础。

③焊于柱翼缘上的铨钉起着传递弯矩和轴力的重要作用。

2)构造要求

①外包式柱脚的混凝土外包高度与埋入式柱脚的埋入深度要求相同。

②外包式柱脚钢柱外侧的混凝土保护层厚度不应小于 180 mm。

③外包混凝土内的竖向钢筋按计算确定,其间距不应大于 200 mm,在基础内的锚固长度不应小于按受拉钢筋确定的锚固长度。

④外包钢筋混凝土短柱的顶部应集中设置不小于 3φ12 的加强箍筋,其竖向间距宜取 50 mm。

⑤外包式柱脚的钢柱翼缘应设置圆柱头栓钉,其直径不应小于 φ16(一般取 φ19),其长度取 4d,其竖向间距与水平列距均不应大于 200 mm,边距不宜小于 35 mm,如图 10.55 所示。

⑥钢柱柱脚底板厚度不应小于 16 mm,并用锚栓固定;锚栓伸入基础内的锚固长度不应小于 $25d_a$(d_a 为锚栓直径)。

3) 承载力验算

(1)抗弯承载力验算

外包式柱脚底部的弯矩全部由外包钢筋混凝土承受,其抗弯承载力应按式(10.86)验算:

$$M \leqslant nA_s f_{sy} d_0 \tag{10.86}$$

式中　M——外包式柱脚底部的弯矩设计值;

A_s——一根受拉主筋(竖向钢筋)的截面面积;

n——受拉主筋的根数;

f_{sy}——受拉主筋的抗拉强度设计值;

d_0——受拉主筋重心至受压区合力作用点的距离,可取 $d_0 = 0.7h_0/8$。

(2)抗剪承载力验算

柱脚处的水平剪力由外包混凝土承受,其抗剪承载力应符合下列规定:

$$V - 0.4N \leqslant V_{rc} \tag{10.87}$$

式中　V——柱脚的剪力设计值;

N——柱最小轴力设计值;

V_{rc}——外包钢筋混凝土所分配到的受剪承载力,应根据钢柱的截面形式按下述公式计算。

①当钢柱为工字形(H 形)截面时(图 10.56(a)),外包式钢筋混凝土柱脚的受剪承载力宜按式(10.88)和式(10.89)计算,并取其计算结果较小者。

$$V_{rc} = b_{rc} h_0 (0.07 f_{cc} + 0.5 f_{ysh} \rho_{sh}) \tag{10.88}$$

$$V_{rc} = b_{rc} h_0 (0.14 f_{cc} b_c / b_{rc} + f_{ysh} \rho_{sh}) \tag{10.89}$$

式中　b_{rc}——外包钢筋混凝土柱脚的总宽度;

b_e——外包钢筋混凝土柱脚的有效宽度(图 10.56(a)),$b_e = b_{e1} + b_{e2}$;

f_{cc}——混凝土轴心抗压强度设计值;

f_{ysh}——水平箍筋抗拉强度设计值;

ρ_{sh}——水平箍筋配筋率,$\rho_{sh} = A_{sh}/b_{rc}s$,当 $\rho_{sh} > 0.6\%$ 时,取 0.6%;

A_{sh}——一支水平箍筋的截面面积;

s——箍筋的间距;

h_0——混凝土受压区边缘至受拉钢筋重心的距离。

②当钢柱为箱形截面时(图 10.56(b)),外包钢筋混凝土柱脚的受剪承载力为:

$$V_{rc} = b_e h_0 (0.07 f_{cc} + 0.5 f_{ysh} \rho_{sh}) \tag{10.90}$$

式中　b_e——钢柱两侧混凝土的有效宽度之和,每侧不得小于 180 mm;

ρ_{sh}——水平箍筋的配筋率，$\rho_{sh} = A_{sh}/b_e s$，当 $\rho_{sh} \geq 1.2\%$ 时，取 1.2%。

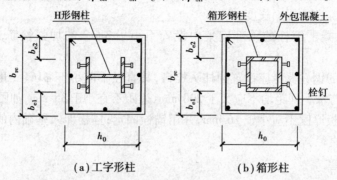

（a）工字形柱 （b）箱形柱

图 10.56 外包式柱脚截面

（3）柱脚栓钉设计

外包式柱脚钢柱翼缘所设置的圆柱头栓钉，主要起着传递钢柱弯矩至外包混凝土的作用，因此在计算平面内，钢柱柱脚一侧翼缘上的圆柱头栓钉数目 n，应按下列公式计算：

$$n \geq N_f/N_v^s \tag{10.91}$$

$$N_f = M/(h_c - t_f) \tag{10.92}$$

$$N_v^s = 0.43 A_{st} \sqrt{E_c f_c} \text{ 且 } N_v^s \leq 0.7 A_{st} \gamma f_{st} \tag{10.93}$$

式中 N_f——钢柱底端一侧抗剪栓钉传递的翼缘轴力；

M——外包混凝土顶部箍筋处的钢柱弯矩设计值；

h_c——钢柱截面高度；

t_f——钢柱翼缘厚度；

N_v^s——一个圆柱头栓钉的受剪承载力设计值；

A_{st}——一个圆柱头栓钉钉杆的截面面积；

f_{st}——圆柱头栓钉钢材的抗拉强度设计值；

E_c，f_c——混凝土的弹性模量与轴心抗压强度设计值；

γ——圆柱头栓钉钢材的抗拉强度最小值与屈服强度之比，当栓钉材料性能等级为 4.6 级时，取 $f_{st} = 215 \text{ N/mm}^2$，$\gamma = 1.67$。

（4）抗震设防结构的附加验算

对于抗震设防结构的外包式柱脚，除应进行前述验算外，还应进行如下两项附加验算。

①受弯承载力。对于抗震设防的钢框架，为使结构符合"强连接，弱杆件"的设计原则，其柱脚与基础连接部位的最大抗弯承载力 M_{uf}，应满足下式要求：

$$M_{uf} \geq 1.2 M_{pc} \tag{10.94}$$

$$M_{uf} = M_u^s + M_u^{rc} \tag{10.95}$$

式中 M_{pc}——考虑轴力影响的钢柱柱身的全塑性抗弯承载力，按式（10.64）~式（10.68）计算；

M_u^s——钢柱底端的最大受弯承载力，根据钢柱底板尺寸、锚栓直径和位置，并按锚栓应力达到屈服强度和混凝土应力达到 2 倍抗压强度设计值时计算，若为了方便外包钢筋布置而将钢柱底端减小，为简化计，可取该项为零；

M_u^{rc}——外包混凝土的最大抗弯承载力，应分别计算主筋和箍筋屈服时的最大抗弯承载

力 M_{u1}^{rc} 和 M_{u2}^{rc}，并取其结果中的较小值。

a. M_{u1}^{rc} 的计算。M_{u1}^{rc} 是外包混凝土的受拉主筋屈服时的抗弯承载力，按式(10.96)计算：

$$M_{u1}^{rc} = A_s d_0 f_y \qquad (10.96)$$

式中　A_s——外包混凝土一侧受拉主筋(竖向钢筋)的总截面面积；

　　　f_y——受拉主筋的屈服强度；

　　　d_0——受拉主筋重心至受压主筋重心的距离。

b. M_{u2}^{rc} 的计算。M_{u2}^{rc} 是外包混凝土的箍筋屈服时的抗弯承载力，按式(10.97)计算：

$$M_{u2}^{rc} = \sum A_{shi} S_i f_{ysh} \qquad (10.97)$$

式中　A_{shi}——外包混凝土第 i 道水平箍筋的截面面积；

　　　S_i——第 i 道水平箍筋到外包混凝土底面的距离，如图10.57所示；

　　　l——底层钢柱反弯点到柱脚底板底面的距离；

　　　f_{ysh}——箍筋的受拉屈服强度。

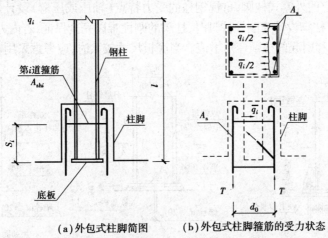

（a）外包式柱脚简图　　　（b）外包式柱脚箍筋的受力状态

图10.57　外包混凝土柱脚的受剪机制

②受剪承载力。为防止外包混凝土发生较重的破坏，其抗剪能力应满足下列条件：

$$\frac{V_{cmy}}{2A_{ce}f_{cc}} \leqslant 0.2 \qquad (10.98)$$

$$V_{cmy} = \frac{nM_y}{\sum S_i} - \frac{M_y}{l} \qquad (10.99)$$

$$M_y = q_0 \sum S_i \qquad (10.100)$$

式中　A_{ce}——外包混凝土的有效受剪面积，如图10.58所示；

　　　f_{cc}——混凝土轴心抗压强度设计值；

　　　n——外包混凝土水平箍筋的总道数；

　　　q_0——一道水平箍筋屈服时的拉力；

　　　M_y——外包混凝土各道水平箍筋均达到屈服时，箍筋水平拉力对外包混凝土底面形成的力矩；

　　　其余字母含义同前。

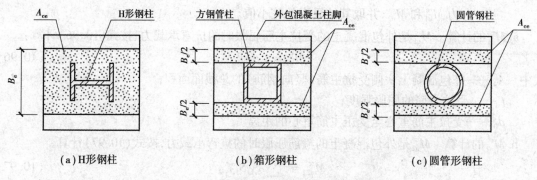

（a）H形钢柱 　　　　　（b）箱形钢柱 　　　　　（c）圆管形钢柱

图 10.58　外包混凝土柱脚的有效受剪面积

10.5.4　外露式柱脚

由柱脚锚栓固定的外露式柱脚,可视钢柱的受力特点(轴压或压弯)设计成铰接或刚接,如图 10.59 所示。外露式柱脚设计为刚性柱脚时,柱脚的刚性难以完全保证,若内力分析时视为刚性柱脚,应考虑反弯点下移引起的柱顶弯矩增值。当底板尺寸较大时,应考虑采用靴梁式柱脚。

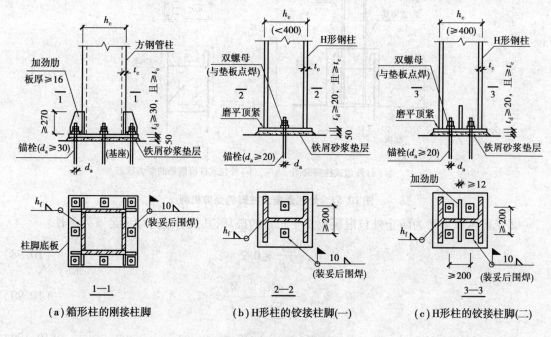

（a）箱形柱的刚接柱脚 　　（b）H形柱的铰接柱脚(一) 　　（c）H形柱的铰接柱脚(二)

图 10.59　外露式柱脚

1)构造要求

①柱脚底板厚度应不小于钢柱翼缘板的厚度,且不应小于 20 mm(铰接)或 30 mm(刚接);钢柱底面应刨平,与底板顶紧后,采用角焊缝进行围焊。

②钢柱底板底面与基座顶面之间的砂浆垫层,应采用不低于 C40 无收缩细石混凝土或铁屑砂浆进行二次压灌密实,其砂浆厚度可取 50 mm。

③刚接柱脚锚栓应与支承托座牢固连接,支承托座应能承受锚栓的拉力;而铰接柱脚的锚栓则固定于柱脚底板即可。

④锚栓伸入基座内的锚固长度,铰接时不应小于 $25d_a$,刚接时不应小于 $40d_a$(d_a 为锚栓直径);锚栓上端设双螺帽,锚栓下端应做弯钩或加焊锚板;锚栓的材料宜采用 Q235 钢,锚栓的直径不应小于 20 mm(铰接)或 30 mm(刚接)。

2)计算原则

①柱脚处的轴力和弯矩由钢柱底板直接传至基础,因此应验算基础混凝土的承压强度和锚栓的抗拉强度(无弯矩作用的铰接柱脚,不必验算锚栓的抗拉强度)。

②钢柱底板尺寸应根据基础混凝土的抗压强度设计值确定。

③当底板压应力出现负值时,拉力应由锚栓来承受。当锚栓直径大于 60 mm 时,可按钢筋混凝土压弯构件中计算钢筋的方法确定锚栓的直径。

④锚栓的拉力应由其与混凝土之间的黏结力传递。当锚栓的埋设深度受到限制时,应将锚栓固定在锚板或锚梁上,以传递全部拉力,此时可不考虑锚栓与混凝土之间的黏结力。

⑤柱脚底板的水平剪力,由底板和基础混凝土之间的摩擦力传递,摩擦系数可取 0.4。当水平剪力超过摩擦力时,可采用在底板下部加焊抗剪键或采用外包式柱脚。

10.6 支撑连接节点

支撑连接节点分为中心支撑节点和偏心支撑节点。

10.6.1 连接的构造要求

1)中心支撑节点

(1)支撑与框架的连接

中心支撑的重心线应通过梁与柱轴线的交点。当受条件限制,有不大于支撑杆件宽度的偏心时,节点设计应计入偏心造成的附加弯矩的影响。

①多层钢结构的支撑连接。对于多层钢结构,其支撑与钢框架和支撑之间均可采用节点板连接(图 10.60),其节点板受力的有效宽度应符合连接件每侧有不小于 30°夹角的规定。支撑杆件的端部至节点板嵌固点(节点板与框架构件焊缝的起点)沿杆轴方向的距离,不应小于节点板厚度的 2 倍,这样可保证大震时节点板产生平面外屈曲,从而减轻支撑的破坏。

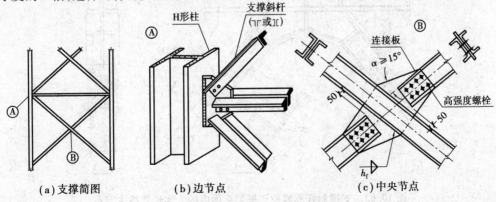

(a)支撑简图　　　　(b)边节点　　　　(c)中央节点

图 10.60　支撑采用节点板连接的构造

②高层钢结构的支撑连接。对于高层钢结构,其支撑斜杆两端与框架梁、柱的连接,应采用刚性连接构造,且斜杆端部截面变化处宜做成圆弧形,如图 10.61 ~ 图 10.64 所示。

支撑斜杆的拼接接头以及斜杆与框架的工地连接,均宜采用高强度螺栓摩擦型连接(图 10.61 至图 10.64),或者支撑翼缘直接与框架梁、柱采用全熔透坡口焊接,腹板则用高强度螺栓的栓焊混合连接。

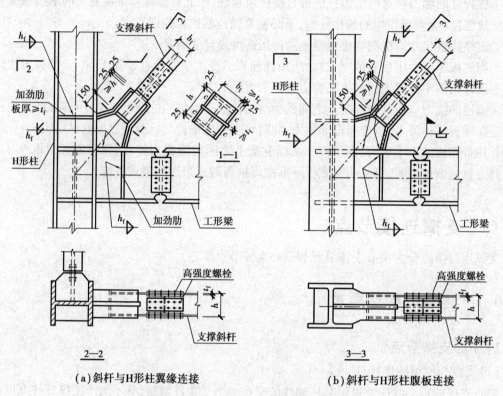

（a）斜杆与H形柱翼缘连接　　　　　（b）斜杆与H形柱腹板连接

图 10.61　支撑斜杆翼缘位于框架平面内的边节点

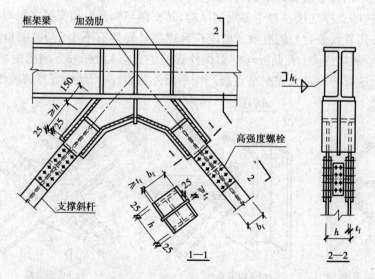

图 10.62　支撑斜杆翼缘位于框架平面内的人字形支撑中节点

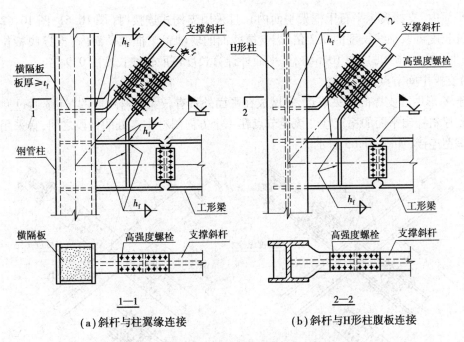

（a）斜杆与柱翼缘连接　　　　　　　（b）斜杆与H形柱腹板连接

图 10.63　支撑斜杆腹板位于框架平面内的边节点

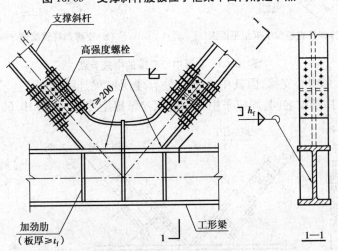

图 10.64　支撑斜杆腹板位于框架平面内的 V 形支撑中节点

对于 H 形钢柱和梁,在与支撑翼缘的连接处,应设置加劲肋(图 10.61、图 10.62、图 10.64);对于箱形柱,应在与支撑翼缘连接的相应位置设置隔板(图 10.63(a))。

柱中的水平加劲肋或水平隔板,应按承受支撑斜杆轴心力的水平分力计算;而梁中的横向加劲肋,应按承受支撑斜杆轴心力的竖向分力计算。

由于人字形支撑或 V 形支撑在大震下受压屈曲后,其承载力下降,导致横梁跨中与支撑连接处(图 10.62、图 10.64)出现不平衡集中力,可能会引起横梁破坏,因此应在横梁跨中与支撑连接处设置侧向支撑。该支撑点与梁端支撑点间的侧向长细比以及支撑力,应符合本书第 8 章及现行《钢结构设计规范》(GB 50017)的相关规定。

由于支撑在框架平面外计算长度较大,对于抗震设防的结构,常把 H 形支撑截面的强轴置于框架平面内(支撑翼缘平行于框架平面内),且采用支托式连接时(图 10.61、图 10.62),其平面外计算长度可取轴线长度的 0.7 倍;当支撑截面的弱轴置于框架平面内(支撑腹板位于框架平面内)时(图 10.63(b)、图 10.64),其平面外计算长度可取轴线长度的 0.9 倍。

(2)支撑中间节点

对于 X 形中心支撑的中央节点,宜做成在平面外具有较大抗弯刚度的"连续通过型"节点,以提高支撑斜杆出平面的稳定性。该类节点在一个方向斜杆中点处的杆段之间,宜采用高强度螺栓摩擦型连接,如图 10.65 所示。

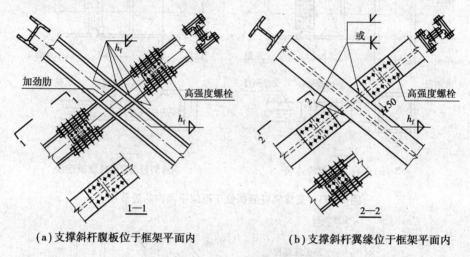

(a)支撑斜杆腹板位于框架平面内　　　　　(b)支撑斜杆翼缘位于框架平面内

图 10.65　X 形中心支撑的中央节点

对于跨层的 X 形中心支撑,因其中央节点处有楼层横梁连续通过,上、下层的支撑斜杆与焊在横梁上的各支撑杆段之间,均应采用高强度螺栓摩擦型连接,如图 10.66 所示。

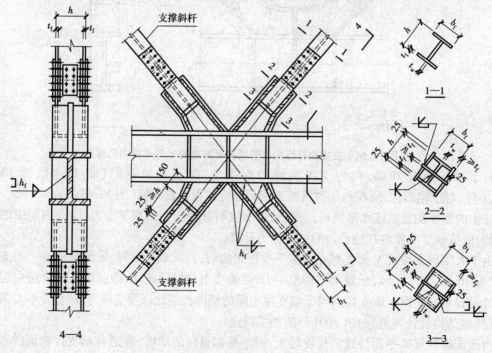

图 10.66　跨层 X 形中心支撑的中央节点

2)偏心支撑节点

(1)支撑斜杆与框架梁的连接

①偏心支撑的斜杆中心线与框架梁轴线的交点,一般位于消能梁段的端部(图 10.67(a)),也允许位于消能梁段内(图 10.67(b),此时将产生与消能梁段端部弯矩方向相反的附加弯矩,从而减小梁段和支撑斜杆的弯矩,对抗震有利),但交点不应位于消能梁段以外,因为它会增大支撑斜杆和消能梁段的弯矩,不利于抗震。

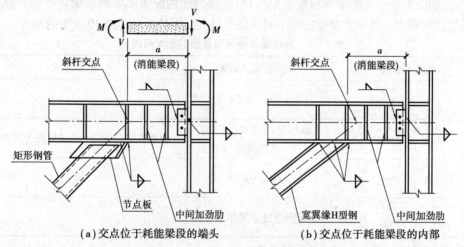

(a)交点位于耗能梁段的端头　　　　　　　(b)交点位于耗能梁段的内部

图 10.67　支撑斜杆与框架梁的交点位置

②根据偏心支撑框架的设计要求,与消能梁段相连的支撑端和消能梁段外的框架梁端的抗弯承载力之和,应大于消能梁段的最大弯矩(极限抗弯承载力)。因此,为使支撑斜杆能承受消能梁段的端部弯矩,支撑斜杆与框架梁的连接应设计成刚接。对此,支撑斜杆采用全熔透坡口焊缝直接焊在梁段上的节点连接特别有效(图 10.67(b)),有时支撑斜杆也可通过节点板与框架梁连接(图 10.67(a)),但此时应注意将连接部位置于消能梁段范围以外,并在节点板靠近梁段的一侧加焊一块边缘加劲板,以防节点板屈曲。

③支撑斜杆的拼接接头,宜采用高强度螺栓摩擦型连接,如图 10.68 所示。

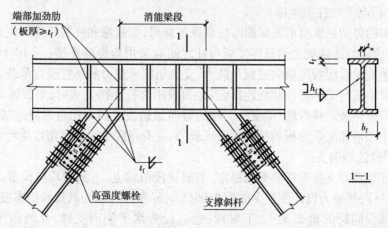

图 10.68　八字形偏心支撑斜杆与消能梁段的连接

（2）消能梁段的加劲肋设置

①消能梁段与支撑斜杆的连接处，应在梁腹板的两侧设置横向加劲肋，以传递梁段剪力，并防止梁段腹板屈曲（图10.68）。其加劲肋高度应为梁腹板的高度，每侧加劲肋的宽度不应小于（$b_f/2 - t_w$），其厚度不应小于 $0.75t_w$ 且不应小于 10 mm。

②消能梁段腹板的中间加劲肋配置，应根据梁段的长度区别对待。对于较短的剪切屈服型梁段，中间加劲肋的间距应该小一些；对于较长的弯曲屈服型梁段，应在距梁段两端各 $1.5b_f$ 的位置两侧设置加劲肋；对于中长的剪弯屈服型梁段，中间加劲肋的配置则需同时满足剪切屈服型和弯曲屈服型梁段的要求。各种类型梁段的中间加劲肋最大间距应不超过表10.3中的规定。

表10.3 耗能梁段中间加劲肋的最大间距

情　况	消能梁段的净长度 a	加劲肋最大间距	附加要求
（一）	$a \leqslant 1.6\dfrac{M_{tp}}{V_l}$	$30t_w - 0.2h$	—
（二）	$1.6\dfrac{M_{tp}}{V_l} < a \leqslant 5\dfrac{M_{tp}}{V_l}$	取情况（一）和（三）的线性插值	距消能梁段两端各 $1.5b_f$ 处配置加劲肋
（三）	$2.6\dfrac{M_{tp}}{V_l} < a \leqslant 5\dfrac{M_{tp}}{V_l}$	$52t_w - 0.2h$	（同上）
（四）	$a > 5\dfrac{M_{tp}}{V_l}$	（可不配置中间加劲肋）	—

注：①V_l, M_{tp} 为消能梁段的受剪承载力和全塑性受弯承载力；
　　②b_f, h, t_w 为消能梁段的翼缘宽度、截面高度和腹板厚度。

③当消能梁段的截面高度不超过 600 mm 时，可仅在腹板一侧设置加劲肋；当大于 600 mm 时，应在腹板两侧设置加劲肋。每侧加劲肋的宽度不应小于（$b_f/2 - t_w$），厚度不应小于 t_w 和 10 mm，其高度等于梁腹板的高度。

④为了保证消能梁段能充分发挥非弹性变形能力，消能梁段的加劲肋应在三边与梁的翼缘和腹板用角焊缝连接。其与腹板连接焊缝的承载力不应低于 $A_{st}f$，与翼缘连接焊缝的承载力不应低于 $A_{st}f/4$。此处，$A_{st} = b_{st}t_{st}$，b_{st} 为加劲肋的宽度，t_{st} 为加劲肋的厚度。

（3）消能梁段与框架柱的连接

①偏心支撑的剪切屈服型消能梁段与柱翼缘连接时，梁翼缘和柱翼缘之间应采用坡口全熔透对接焊缝；梁腹板与连接板之间及连接板与柱之间应采用角焊缝连接（图10.69），角焊缝承载力不得小于消能梁段腹板的轴向屈服承载力、受剪屈服承载力和塑性受弯承载力。

②消能梁段不宜与工字形柱腹板连接，当必须采用这种连接方式时，梁翼缘与柱上连接板之间应采用坡口全熔透对接焊缝；梁腹板与柱的竖向加劲板之间采用角焊缝连接，角焊缝的承载力同样不得小于消能梁段腹板的轴向屈服承载力、受剪屈服承载力和塑性受弯承载力。

（4）消能梁段的侧向支撑

①为了保证梁段和支撑斜杆的侧向稳定，消能梁段两端上、下翼缘均应设置水平侧向支撑或隅撑（图10.33），其轴力设计值至少应为 $0.06fb_ft_f$，b_f 和 t_f 分别为其翼缘的宽度和厚度。

②与消能梁段同跨的框架梁上、下翼缘，也应设置水平侧向支撑，其间距不应大于 $13b_f\sqrt{235/f_y}$，其轴力设计值不应小于 $0.02fb_ft_f$；梁在侧向支撑点间的长细比应符合本书第8章中表8.2的规定。

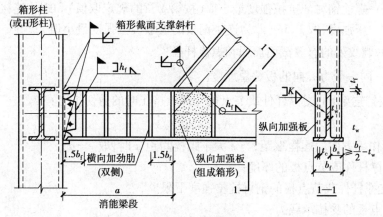

（a）箱形截面支撑斜杆

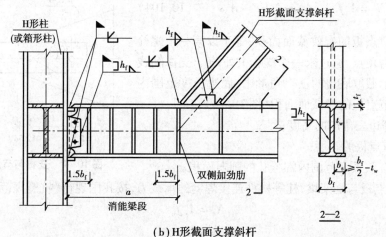

（b）H形截面支撑斜杆

图 10.69　偏心支撑的连接节点

10.6.2　连接的承载力验算

对于非抗震设防结构,支撑斜杆的拼接接头以及斜杆与梁(偏心支撑时含耗能梁段)、柱连接部位的承载力,不应小于支撑的实际承载力。对于抗震设防结构,则要求不小于支撑实际承载力的 1.2 倍,即支撑连接设计应满足式(10.101)要求:

$$N_i(N_1,N_2,N_3,N_4) \geqslant \eta_j A_n f_y \qquad (10.101)$$

式中　N_i——基于连接材料极限强度最小值计算出的支撑连接在支撑斜杆轴线方向的最大(极限)承载力,按式(10.102)～式(10.106)计算;

　　　　A_n——支撑斜杆的净截面面积;

　　　　f_y——支撑斜杆钢材的屈服强度;

　　　　η_j——连接系数,可按表10.1采用。

①N_1 为螺栓群连接的极限抗剪承载力,取下列两式计算结果中的较小者:

$$N_v^b = 0.58mn_v A_e^b f_u^b, \quad N_c^b = md(\sum t)f_{cu}^b \qquad (10.102)$$

式中　m,n_v——接头一侧的螺栓数目和一个螺栓的受剪面数目;

f_u^b, f_{cu}^b——螺栓钢材的抗拉强度最小值(按第4章的规定取值)和螺栓连接钢板的极限承压强度,取 $1.5f_u$(f_u 为连接钢板的极限抗拉强度最小值);

A_e^b, d——螺纹处的有效截面面积和螺栓杆径;

$\sum t$——同一受力方向的板叠总厚度。

②N_2 为螺栓连接处的支撑杆件或节点板受螺栓挤压时的剪切抗力:

$$N_2 = metf_u/\sqrt{3} \tag{10.103}$$

式中 e——力作用方向的螺栓端距,当 e 大于螺栓间距 a 时,取 $e=a$;

t——支撑杆件或节点板的厚度;

f_u——支撑杆件或节点板的钢材抗拉强度下限。

③N_3 为节点板的受拉承载力:

$$N_3 = A_e f_u, \quad A_e = \frac{2}{\sqrt{3}} l_1 t_g - A_d \tag{10.104}$$

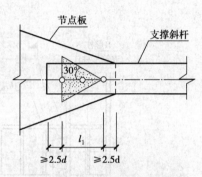

图 10.70　支撑与节点板连接

式中 A_e——节点板的有效截面面积,等于以第一个螺栓为顶点、通过末一个螺栓并垂直于支撑轴线上截取底边的正三角形中,底边长度范围内节点板的净截面面积(图 10.70);

l_1——等边三角形的高度;

t_g——节点板的厚度;

A_d——有效长度范围内螺栓孔的削弱面积。

④N_4 为节点板与框架梁、柱等构件连接焊缝的承载力,按我国现行《抗震规范》计算,即

对接焊缝　　　　　　　　　$N_4 = A_e^w f_u \tag{10.105}$

角焊缝　　　　　　　　　　$N_4 = A_e^w f_u/\sqrt{3} \tag{10.106}$

式中 A_e^w——焊缝的有效截面面积;

f_u——构件母材的抗拉强度最小值。

10.7　抗震剪力墙板与钢框架的连接

10.7.1　钢板剪力墙

钢板剪力墙与钢框架的连接,宜保证钢板墙仅参与承担水平剪力,而不参与承担重力荷载及柱压缩变形引起的压力。因此,钢板剪力墙的上下左右四边均应采用高强度螺栓通过设置于周边框架的连接板,与周边钢框架的梁和柱相连接。

钢板剪力墙连接节点的极限承载力,应不小于钢板剪力墙屈服承载力的 1.2 倍,以避免大震作用下,连接节点先于支撑杆件破坏。

10.7.2　内藏钢板支撑剪力墙

①内藏钢板支撑剪力墙仅在节点处(支撑钢板端部)与框架结构相连。上节点(支撑钢板

上部)通过连接钢板用高强度螺栓与上钢梁下翼缘连接板在施工现场连接,且每个节点的高强度螺栓不宜少于 4 个,螺栓布置应符合现行《钢结构设计规范》(GB 50017)的要求;下节点与下钢梁上翼缘连接件之间,在现场用全熔透坡口焊缝连接(图 10.71)。

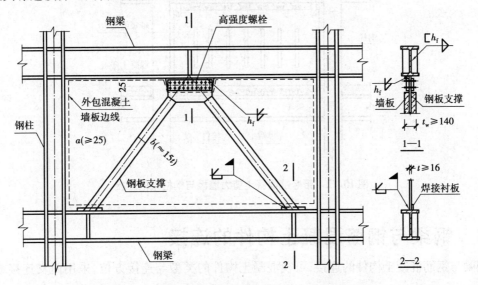

图 10.71　内藏钢板支撑预制混凝土剪力墙的连接构造

②内藏钢板支撑剪力墙板与四周梁柱之间均留有不小于 25 mm 空隙;剪力墙板与框架柱的间隙 a,还应满足下列要求:

$$2[u] \leqslant a \leqslant 4[u] \tag{10.107}$$

式中　$[u]$——荷载标准值下框架的层间侧移容许值。

③剪力墙墙板下端的缝隙,在浇筑楼板时,应用混凝土填实;剪力墙墙板上部与上框架梁之间的间隙以及两侧与框架柱之间的间隙,宜用隔音的弹性绝缘材料填充,并用轻型金属架及耐火板材覆盖。

④内藏钢板支撑剪力墙连接节点的极限承载力,应不小于钢板支撑屈服承载力的 1.2 倍,以避免大震作用下连接节点先于支撑杆件破坏。

10.7.3　带缝混凝土剪力墙

混凝土的带缝剪力墙有开竖缝和开水平缝两种形式,常用带竖缝混凝土剪力墙。

①带竖缝混凝土剪力墙板的两侧边与框架柱之间应留有一定的空隙,使彼此之间无任何连接。

②墙板的上端用连接件与钢梁用高强度螺栓连接;墙板下端除临时连接措施外,应全长埋于现浇混凝土楼板内,并通过楼板底面齿槽和钢梁顶面的焊接栓钉实现可靠连接;墙板四角还应采取充分可靠的措施与框架梁连接,如图 10.72 所示。

③带竖缝的混凝土剪力墙只承担水平荷载产生的剪力,不考虑承受框架竖向荷载产生的压力。

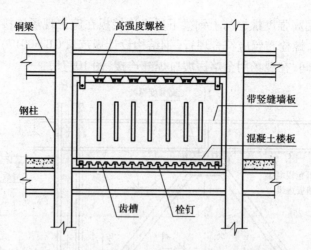

图 10.72　带竖缝混凝土剪力墙板与钢框架的连接

10.8　钢梁与钢筋混凝土构件的连接

钢梁与钢筋混凝土构件的连接,可视混凝土构件的类型与连接方位,采用简支连接或刚性连接。

10.8.1　简支连接

钢梁轴线与混凝土墙面或地下室墙面垂直时的连接一般采用简支连接。

当传递的弯矩不大时,可采用预埋件连接方式,且在预埋件背面应焊接栓钉,以承受梁端剪力以及承受支承偏心引起的拉力。钢梁安装前,先将抗剪连接件(钢板、角钢或 T 型钢)按设计位置焊于混凝土墙的预埋件上,再通过高强度螺栓与钢梁相连固定,或者利用 20 号安装螺栓临时固定后,再用角焊缝将抗剪连接件与钢梁连接,如图 10.73(a)所示。

对于梁端反力较大的钢梁,可以采用在混凝土墙中预留孔(梁窝)的构造方式,如图 10.73(b)所示。在梁的支承位置埋设锚栓,做混凝土垫层,用钢垫板和钢梁上的长圆孔调整钢梁在竖向和水平方向的位置,安装完毕后用细石混凝土填灌预留孔。设计时应对支座处混凝土墙的支承强度进行计算,并考虑梁端剪力和水平力的影响。当嵌入部分较长时,梁端宜设置抗剪栓钉。

10.8.2　刚性连接

钢梁轴线与混凝土墙面平行(图 10.74)时,或者钢梁与钢筋混凝土梁连接(图 10.75)时,均可采用刚性连接。此时应将钢梁插入混凝土的构件中,通过钢梁上下翼缘的焊接栓钉及钢筋混凝土构件的约束来承受梁的固端反力。钢梁伸入混凝土构件中的长度应满足搭接长度的构造要求,且混凝土梁中应加密箍筋(图 10.75)。

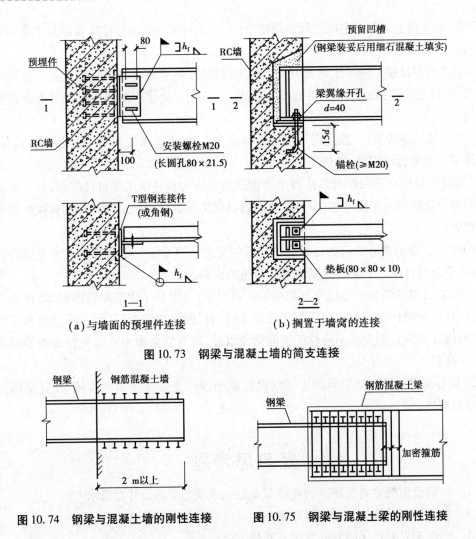

（a）与墙面的预埋件连接　　　　　　（b）搁置于墙窝的连接

图 10.73　钢梁与混凝土墙的简支连接

图 10.74　钢梁与混凝土墙的刚性连接　　　图 10.75　钢梁与混凝土梁的刚性连接

本章小结

（1）多高层房屋钢结构中的主要节点包括：梁与柱、梁与梁、柱与柱、支撑与梁柱以及柱脚的连接节点。

（2）多高层钢结构的节点连接，当非抗震设防时，应按结构处于弹性受力阶段设计；当抗震设防时，应按结构进入弹塑性阶段设计，而且节点连接的承载力应高于构件截面的承载力。

（3）多高层钢结构工程中，柱的工地接头多采用全焊连接；梁的工地接头以及支撑斜杆的工地接头和节点，多采用全栓连接；梁与柱的连接多采用栓焊混合连接。

（4）当框架的梁-柱节点采用"柱贯通型"节点形式时，柱的安装单元一般采用三层一根，梁的安装单元通常为每跨一根。

（5）钢梁与钢柱的刚性连接节点，一般应进行抗震框架节点承载力验算、连接焊缝和螺栓的强度验算、柱腹板的抗压承载力验算、柱翼缘的受拉区承载力验算、梁-柱节点域承载力验算5项内容。

（6）梁-梁连接主要包括主梁之间的拼接节点、主梁与次梁间的连接节点以及主梁与水平隅撑的连接节点等。

（7）主梁的拼接接点应位于框架节点塑性区段以外，尽量靠近梁的反弯点处。连接可采用全栓连接、焊栓混合连接或全焊连接的接头形式。工程中，全栓连接和焊栓混合连接两种形式较常应用。

（8）钢柱的工地接头，一般宜设于主梁顶面以上 1.0 ~ 1.3 m 处，以方便安装；抗震设防时，应位于框架节点塑性区以外，并按等强设计。

（9）高层钢结构宜采用埋入式柱脚，6、7 度抗震设防时也可采用外包式柱脚；对于有抗震设防要求的多层钢结构应采用外包式柱脚，对非抗震设防或仅需传递竖向荷载的铰接柱脚可采用外露式柱脚。

（10）中心支撑的重心线应通过梁与柱轴线的交点。当受条件限制有不大于支撑杆件宽度的偏心时，节点设计应计入偏心造成的附加弯矩的影响。

（11）偏心支撑的斜杆中心线与框架梁轴线的交点，一般位于消能梁段的端部，也允许位于消能梁段内（此时将产生与消能梁段端部弯矩方向相反的附加弯矩，从而减小梁段和支撑斜杆的弯矩，对抗震有利），但交点不应位于消能梁段以外，因为它会增大支撑斜杆和消能梁段的弯矩，不利于抗震。

（12）偏心支撑斜杆与框架梁的连接应设计成刚接。支撑斜杆的拼接接头，宜采用高强度螺栓摩擦型连接。

复习思考题

10.1　抗震设防的多高层钢结构连接节点最大承载力应满足什么要求？

10.2　多高层钢结构的节点连接有哪几种可供选择的连接方式？

10.3　钢框架安装单元的划分原则及其规定是什么？

10.4　按抗震设计的多高层钢结构连接节点应进行哪些方面的验算？

10.5　试述梁-柱节点的连接形式及其构造要求。

10.6　试述梁-柱节点的承载力验算内容及其验算方法。

10.7　试述主梁的接头形式及其构造要求。

10.8　试述主、次梁的连接方式及其构造要求。

10.9　试述梁侧向隅撑的作用与布置。

10.10　试述梁-梁接头承载力验算内容及方法。

10.11　试述柱-柱接头形式及其构造要求。

10.12　试述柱-柱节点的承载力验算内容及其方法。

10.13　高层钢结构柱脚有哪几种形式？试述其受力特点、构造要求及其验算内容与方法。

10.14　试述支撑连接的构造要求与计算方法。

10.15　试述剪力墙板与钢框架连接的构造要求。

10.16　试述钢梁与钢筋混凝土构件连接的形式与构造要求。

第 11 章　钢结构防火与防腐设计

本章导读

- 内容与要求　本章主要介绍钢结构防火设计与钢结构防腐设计的设计方法与构造措施。通过本章学习,应对钢结构防火与防腐设计的相关知识有较全面的了解。
- 重点　钢结构防火与防腐方法及构造。
- 难点　钢结构防火设计方法。

当火以一种不适当的方式在建筑空间内释放能量时,便形成了建筑火灾。在危害建筑物的诸种灾害中,火灾是最常见、最危险和最具毁灭性的灾害之一。另外,钢材在空气和潮湿的环境中易于锈蚀,而锈蚀危害建筑结构的安全。所以,必须对钢结构进行防火和防腐设计。

11.1　钢结构防火设计

火灾高温对钢材的性能特别是力学性能具有显著影响。在高温条件下,钢材的屈服强度和弹性模量随着温度升高而降低,且其屈服台阶变得越来越小。在温度超过 300 ℃以后,钢材已无明显的屈服极限和屈服台阶;当温度超过 400 ℃后,钢材的屈服强度和弹性模量急剧下降;当温度达到 450~500 ℃时,钢材已基本丧失承载能力。当结构构件的热膨胀受到约束时,还会在构件内部产生附加温度内力,进一步削弱结构的承载力,甚至致使结构垮塌。建筑物的火灾温度可高达 900~1 000 ℃,因此,必须采取防火保护措施,才能使建筑钢结构及构件达到规定的耐火极限。

钢结构防火设计,可归结为设计钢结构防火保护措施,使其在承受确定外荷载条件下,满足结构耐火时间要求,一般应通过计算,对结构构件采取防火保护措施,使其在火灾中承载力降低不致过多而满足受力要求来实现。

11.1.1　建筑物的耐火等级与构件的耐火极限

各类建筑由于使用性质、重要程度、规模大小、层数多少和火灾危险性或火灾扑救难易程度存在差异,所要求的耐火能力便有所不同。根据建筑物不同的耐火能力要求,可将建筑物分成若干耐火等级。我国《建筑设计防火规范》(GB 50016)将一般民用建筑、厂房建筑、仓库建筑划分为 4 个耐火等级,对高层民用建筑划分为 2 个耐火等级。

耐火等级是衡量建筑物耐火程度的标志,对不同类型、性质的建筑物提出不同的耐火等级要求,既可保证建筑在火灾下的安全,又有利于节约建设投资。

建筑物是由建筑结构构件(梁、板、柱等)承受荷载,因此建筑结构构件的耐火极限(以 h 计)是依据建筑物的耐火等级确定。

在不同的耐火等级中,我国规范对建筑物各构件的耐火极限作出规定,如表 11.1 所示。

表 11.1　构件的设计耐火极限　　　　　　　　单位:h

构件类型	建筑耐火等级			
	一级	二级	三级	四级
柱、柱间支撑	3.00	2.50	2.00	0.50
楼面梁、楼面桁架、楼面支撑	2.00	1.50	1.00	0.50
楼板	1.50	1.00	厂房、仓库 0.75 ／ 民用建筑 0.50	厂房、仓库 0.50 ／ 民用建筑 不要求
屋顶承重构件、屋面支撑、系杆	1.50	1.00	厂房、仓库 0.50 ／ 民用建筑 不要求	不要求
上人平屋面板	1.50	1.00	不要求	不要求
疏散楼梯	1.50	1.00	厂房、仓库 0.75 ／ 民用建筑 0.50	不要求

注:①建筑物中的墙等其他建筑构件的设计耐火极限应符合现行国家标准《建筑设计防火规范》(GB 50016)的规定;

②一、二级耐火等级的单层厂房(仓库)的柱,其设计耐火极限可按表 11.1 规定降低 0.50 h;

③一级耐火等级的单层、多层厂房(仓库)设置自动喷水灭火系统时,其屋顶承重构件的设计耐火极限可按表 11.1 规定降低 0.50 h;

④吊车梁的设计耐火极限应不低于表 11.1 中梁的设计耐火极限。

11.1.2　防火保护设计要点

尽管未加保护的钢结构其耐火极限一般仅为 0.25 h 左右,但通过计算采取适当的防火保护措施后,钢结构构件可以达到规范所规定的相应耐火极限。关于钢结构构件防火计算的相关条款在此不再详述,可参见《建筑钢结构防火技术规范》(CECS200:2006,以下简称《防火规范》)中各项条款。在此简述以构件在火灾下的最高温度不超过构件临界温度为验算准则的防火设计方法,和以构件在火灾下的作用效应设计值不超过构件的承载力设计值为验算准则的防火设计方法。

1)基于临界温度法进行防火保护设计

①按《防火规范》6.5.1 条规定的荷载效应组合,计算构件的内力。

②根据构件和荷载类型,按《防火规范》第 7.4 和 7.5 节有关条文,计算构件的临界温度 T_d。

③按《防火规范》第 6.3.1 条计算无防火保护构件在耐火极限要求 t_m 内的最高温度 T_m。当 $T_d > T_m$ 时,构件防火能力满足要求,可不进行防火保护;当 $T_d \leq T_m$ 时,按步骤④⑤设计构件所需的防火保护。

④由临界温度 T_d、耐火极限 t_m 要求,按式(11.1)近似计算参数 B。

$$B = 2 \times 10^4 \left(\frac{T_d - 20}{t_m} + 0.2 \right)^2 - 880 \qquad (11.1)$$

⑤按式(11.2)计算构件所需防火保护的等效热阻 R_i。

$$R_i = \frac{1}{B} \cdot \frac{F_i}{V} \qquad (11.2)$$

式中 F_i——单位长度构件保护层的内表面积;

       V——单位长度构件的体积;

⑥按式(11.3)计算防火保护层的厚度,或根据等效热阻查防火保护材料的热工性能参数表来确定防火保护层的厚度。

$$d_i = \frac{\lambda_i}{B} \cdot \frac{F_i}{V} \qquad (11.3)$$

式中 d_i——防火保护层的厚度;

       λ_i——保护材料的等效热传导系数。

2)基于承载力法进行防火保护设计

①确定防火保护方法,假定钢构件的防火保护层厚度;

②确定火灾下烟气升温曲线;

③按《防火规范》第6.3节计算构件在耐火极限要求 t_m 时间内最高温度 T_m;

④按《防火规范》第4.1节确定高温下钢材的力学参数;

④按《防火规范》第5章规定进行结构分析,并按第6.5.1条进行荷载效应组合,计算构件的内力;

⑥按《防火规范》第7.2、7.3节有关条文验算构件防火承载力;

⑦当设定的防火保护层厚度过小或过大时,可调整防火被覆厚度,重复上述①~⑥步骤。

3)防火保护材料的类型及性能

钢结构防火保护材料种类较多,常用的防火保护材料有防火涂料、不燃性防火板材、柔性毡状材料等。

(1)防火涂料

钢结构防火涂料是专门用于敷设钢结构构件表面,能形成耐火隔热保护层,以提高钢结构耐火极限的一种耐火材料。钢结构防火涂料的品种较多,通常根据高温下涂层变化情况可分为膨胀型和非膨胀型两大系列。

①膨胀型防火涂料,又称薄涂型防火涂料。涂层厚度一般为 2~7 mm,其基料为有机树脂,配方中还含有发泡剂、碳化剂等成分,遇火后自身会发泡膨胀,形成比原涂层厚度大几倍到数十倍的多孔碳质层。多孔碳质层可阻挡外部热源对基材的传热,如同绝热屏障。用于钢结构防火,耐火极限可达 0.5~1.5 h。

②非膨胀型防火涂料,主要成分为无机绝热材料,遇火不膨胀,自身具有良好的隔热性,故又称隔热型防火涂料。其涂层厚度从 7~50 mm,耐火极限可达 0.5~3 h 以上。因其涂层比薄涂型涂料的要厚得多,因此又称之厚涂型防火涂料。

选用钢结构防火涂料时,应考虑结构类型、耐火极限要求、工作环境等,其选用原则如下:

①高层建筑钢结构,单多层钢结构的室内隐蔽构件,当规定其耐火极限在 1.5 h 以上时,应

选用非膨胀型钢结构防火涂料;

②室内裸露钢结构、轻型屋盖钢结构及有装饰要求的钢结构,当规定其耐火极限在1.5 h以上时,可选用膨胀型钢结构防火涂料;

③钢结构耐火极限要求在1.5 h及以上,以及室外钢结构工程,不适宜选用膨胀型钢结构防火涂料;

④装饰要求较高的室内裸露钢结构,特别是钢结构住宅、设备的承重钢框架、支架、底座易被碰撞的部位,规定其耐火极限在1.5 h以上时,宜选用钢结构防火板材;

⑤露天钢结构,应选用适合室外的钢结构防火涂料,且至少应有1年以上的室外钢结构工程应用验证,且涂料性能无明显变化;

⑥复层涂料应相互配套,底层涂料应能够同普通的防锈漆配合使用,或者底层的涂料自身具有防锈性能;

⑦特殊性能的防火涂料在选用时,必须有1年以上的工程应用验证案例,其耐火性能必须符合要求。

注意:①不要把技术性能仅能满足室内的涂料用于室外;
②不要轻易把饰面型防火涂料用于保护钢结构。

(2)不燃性防火板材

钢结构防火板材分为两类:一类是密度大、轻度高的薄板;一类是密度较小的厚板。现将两类防火板材的性能、品种简介如下。

①防火薄板。这类板有短纤维增强的各种水泥压力板(包括TK板、FC板等)、纤维增加普通硅酸钙板、纸面石膏板,以及各种玻璃布增强的无机板(俗称无机玻璃钢)。

②防火厚板。其特点是密度小(小于500 kg/m³)、导热系数低(0.08 W/(m·K)以下),其厚度可按耐火极限需要确定,大致为20~50 mm。由于本身具有优良的耐火隔热性,可直接用于钢结构防火,提高结构耐火极限。这类板主要有轻质(或超轻质)硅酸钙防火板及膨胀蛭石防火板两种。

4)防火保护方法与构造

钢结构防火保护措施应从工程实际情况出发,考虑结构类型、耐火极限要求、工作环境等,按照安全可靠、经济合理的原则选用,并应符合下列要求:

①防火保护施工及受火时,不产生对人体有害的粉尘或气体;

②钢构件受火后发生允许变形时,防火保护应不发生结构性破坏与失效;

③施工方便,施工质量良好、稳定;

④具有良好的耐久性,在钢结构防腐设计年限内,防火保护性能下降不超过初始性能的20%;

⑤后续施工应不影响防火保护的性能。

防火保护方法也较多,下面仅就常用方法进行叙述。

(1)涂抹防火涂料

在钢构件表面涂覆防火涂料,形成耐火隔热保护层,这种方法施工简便、质量轻、耐火时间长,且不受钢构件几何形状限制,具有较好的经济性和实用性。长期以来,涂抹防火涂料一直是应用最多的钢结构防火保护手段。

钢结构采用非膨胀型防火涂料保护时,防火保护构造宜按图11.1选用。有下列情况之一

时,在涂层内应设置与钢构件相连接的钢丝网:

①构件承受冲击、振动荷载;

②防火涂料的黏结强度不大于 0.05 MPa;

③构件的腹板高度超过 500 mm 且涂层厚度不小于 30 mm;

④构件的腹板高度超过 500 mm 且涂层长期暴露在室外。

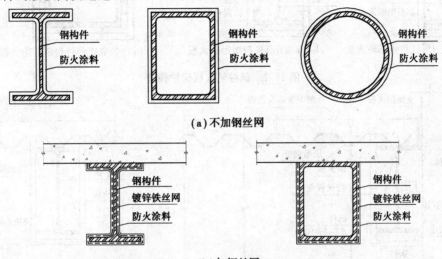

(a)不加钢丝网

(b)加钢丝网

图 11.1 防火涂料保护构造

(2)不燃性防火板材包覆法

采用防火板将钢构件包覆封闭起来,可起到很好的防火保护效果,且防火板外观良好,可兼作装饰,施工为干作业,综合造价有一定的优势,尤其适用于钢柱的防火保护。

钢柱的防火保护构造宜按图 11.2 选用,钢梁的防火保护构造宜按图 11.3 选用。

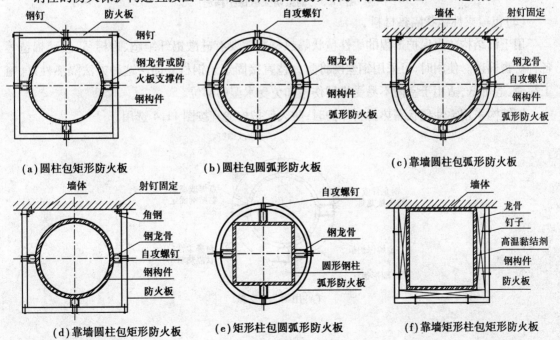

(a)圆柱包矩形防火板　　(b)圆柱包圆弧形防火板　　(c)靠墙圆柱包弧形防火板

(d)靠墙圆柱包矩形防火板　　(e)矩形柱包圆弧形防火板　　(f)靠墙矩形柱包矩形防火板

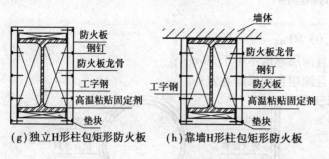

(g) 独立H形柱包矩形防火板　　　(h) 靠墙H形柱包矩形防火板　　　(i) 独立矩形柱包矩形防火板

图11.2　钢柱防火板保护构造

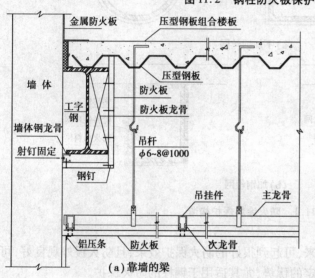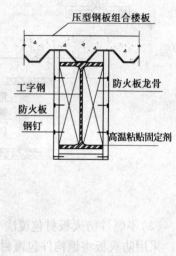

（a）靠墙的梁　　　　　　　　　　　　　　　　　　　（b）一般位置的梁

图11.3　钢梁防火板保护构造

（3）包覆柔性毡状隔热材料

用于钢结构防火保护工程的柔性毡状隔热材料主要有硅酸铝纤维毡、岩棉毡、玻璃棉毡等各种矿物棉毡。使用时,可采用钢丝网将防火毡直接固定于钢材表面。这种方法隔热性好、施工简便、造价低,适用于室内不易受机械伤害和免受水湿的部位。

钢结构采用柔性毡状隔热材料保护时,防火保护构造宜按图11.4选用。

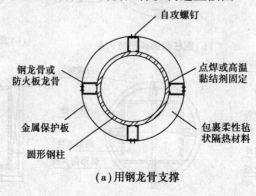

（a）用钢龙骨支撑

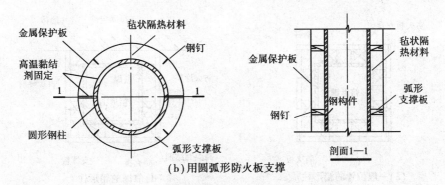

(b) 用圆弧形防火板支撑

图 11.4　柔性毡状隔热材料的防火保护构造

(4) 外包混凝土、砂浆或砌筑砖砌体

外包混凝土、砂浆或耐火砖完全封闭钢构件可以起到防火保护效果。外包混凝土是通过现浇混凝土或加气混凝土,将钢构件包裹其中。现浇混凝土内宜用细箍筋或钢筋网进行加固,以固定混凝土,防止遇火爆裂、剥落,如图 11.5 所示。

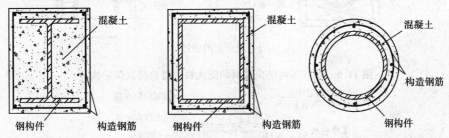

图 11.5　外包混凝土的防火保护构造

美国的纽约宾馆、英国的伦敦保险公司办公楼、我国上海浦东世界金融大厦的钢柱等均采用这种方法。国内石化工业钢结构厂房以前也曾采用砌砖方法加以保护。这种方法的优点是强度高、耐冲击,但缺点是要占用的空间较大,例如,用 C20 混凝土保护钢柱,其厚度为 5 ~ 10 cm 才能达到 1.5 ~ 3 h 的耐火极限。另外,施工也较麻烦,特别在钢梁、斜撑上,施工十分困难。

(5) 复合防火保护

常见的复合防火保护做法有:在钢构件表面涂覆非膨胀防火涂料或采用柔性防火毡包覆,再用纤维增强无机板材、石膏板等作饰面板。这种方法具有良好的隔热性和完整性、装饰性,适用于耐火性能要求高,并有较高装饰要求的钢柱、钢梁。

钢结构采用复合防火保护时,钢柱的防火保护构造宜按图 11.6、图 11.7 选用,钢梁的防火保护构造按图 11.8 选用。

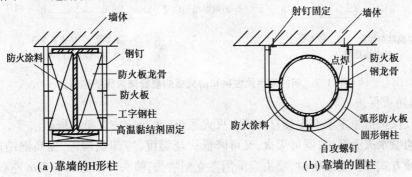

(a) 靠墙的 H 形柱　　　　(b) 靠墙的圆柱

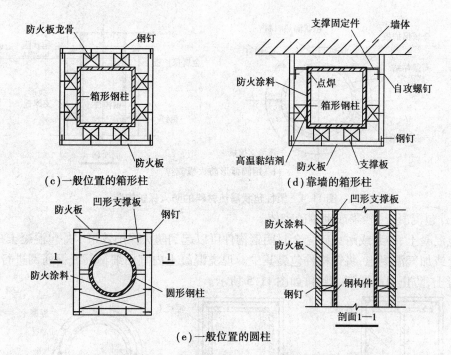

（c）一般位置的箱形柱　　　　　（d）靠墙的箱形柱

（e）一般位置的圆柱

图 11.6　钢柱采用防火涂料和防火板的复合防火保护构造

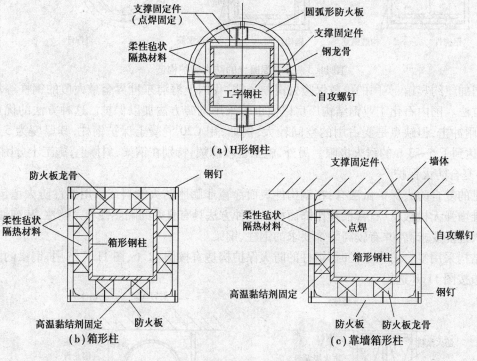

（a）H形钢柱

（b）箱形柱　　　　　　　　（c）靠墙箱形柱

图 11.7　钢柱采用柔性毡和防火板的复合防火保护构造

（6）其他防火保护

其他防火保护措施主要有安装自动喷水灭火系统（水冷却法）、单面屏蔽法等。

设置自动喷水灭火系统，既可灭火，又可降低火场温度、冷却钢构件，提高钢结构的防火能力。采用这种方式保护钢结构时，喷头应采用直立型喷头，喷头间距宜为 2.2 m 左右；保护钢屋架时,喷头宜沿着钢屋架在其上方布置,确保钢屋架各杆件均能受到水的冷却保护。

单面屏蔽法的作用主要是避免杆件附近火焰的直接辐射的影响。其做法是在钢构件的迎火面设置阻火屏障,将构件与火焰隔开。如:钢梁下面吊装防火平顶,外钢柱内侧设置一定宽度的防火板等。这种在特殊部位设置防火屏障措施,有时不失为一种较经济的钢构件防火保护方法。

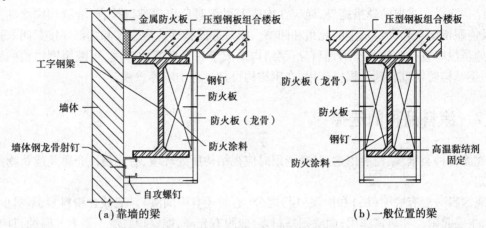

图 11.8　钢梁采用防火涂料和防火板的复合防火保护构造

11.2　钢结构防腐设计

钢结构耐腐蚀性差,裸露的钢结构构件在大气环境下易生锈腐蚀,会使构件截面减小,降低其承载力,影响结构使用寿命,所以建筑钢结构中的所有钢结构构件均应进行防锈处理,以保证其耐久性。

11.2.1　防腐方法

钢结构的防腐方法,可根据其抗腐蚀机理分为如下几种:

(1)使用耐候钢

在钢材冶炼过程中,一般增加磷、铜、铬、镍、钛等合金元素,使金属表面形成保护层,以提高钢材的抗锈蚀能力。其低温冲击韧性也比一般的结构用钢好。对处于强腐蚀环境中的建筑钢结构,宜使用耐候钢。目前使用标准为《焊接结构用耐候钢》(GB/T 4172)。

(2)金属镀层保护

在钢材表面施加金属镀层保护,如电镀或热浸镀锌等方法,以提高钢材的抗锈蚀能力。

(3)非金属涂层保护

在钢材表面涂以非金属保护层(即涂料),使钢材不受空气中有害介质的侵蚀,是钢结构防腐的最常用方法。这种方法效果好,涂料品种较多且价格低廉,选择范围广,适应性强,不受构件形状和大小的限制,操作方便。但非金属涂料的耐久性较差,经过一定时期需进行维修,这是非金属涂料的最大缺点;其次,在刷涂料前需对钢材表面进行彻底清理,去除铁锈、轧屑等,这需要花费一定的人力、物力。

该法设计(涂层设计)的主要内容包括:除锈方法的选择、除锈质量等级的确定、涂料品种的选择、涂层结构和涂层厚度的设计等。

(4)阴极保护

在钢结构表面附加较活泼的金属取代钢材的腐蚀。它主要用于水下或地下钢结构。

(5)构造措施

钢结构除必须采取防锈措施外,尚应在构造上尽量避免出现难以检查、清刷和刷涂油漆之处,以及能积留湿气和大量灰尘的死角和凹槽。闭口截面构件应沿全长和端部焊接封闭。这些构造措施虽没有直接防锈的作用,但它给钢结构造成了一个良好的环境,可减缓钢结构的锈蚀速度,对钢结构防锈也起到了积极作用,在钢结构设计过程中不容忽视。

11.2.2　涂料品种的选择

防腐涂料种类繁多,性能用途各异,选用时应视结构所处环境、有无侵蚀介质及建筑物的重要性而定。

防腐涂料一般有底漆(层)和面漆(层)之分(有时还有中间漆)。底漆含粉料多、基料少,成膜粗糙,主要起附着和防锈作用;面漆则基料多,成膜有光泽,能保护底漆不受大气腐蚀,具有防腐、耐老化和装饰作用。因此,底漆应选用防锈性能好、渗透性强的品种,适用于除锈质量较低的涂装工程;面漆则应选用色泽性好、耐候性优良、施工性能好的品种。另外,选用涂料时,还应注意涂料的配套性,即底漆、中间漆、面漆应配套。最好选用同一厂家相同品种及牌号的产品配套使用,以使底漆与面漆良好结合。

根据高层钢结构防火要求高的特点,应选用与防火涂料相配套的底漆,大多选用溶剂基无机富锌底漆。因为这种底漆的防锈寿命长,而且本身也可耐 500 ℃ 的高温。

11.2.3　涂层结构和涂层厚度设计要点

一个完整的涂层结构一般由多层防锈底漆和面漆组成。设计上一般规定两遍底漆、两遍面漆,干漆膜总厚度一般为 100 ~ 150 μm。通常室外工程为 150 μm,室内工程为 125 μm,允许偏差为 25 μm。在海边、海上或是在有强烈腐蚀性的大气中,干漆膜总厚度可加厚为 200 ~ 220 μm。

对于高层钢结构,通常均有防火要求,当采用厚涂型防火涂料时,钢结构表面可以仅涂两遍防锈底漆,其干漆膜总厚度一般为 75 ~ 100 μm;然后在其表面涂装防火涂料,既起防火作用,又可保护底漆。

涂层厚度用干漆膜测厚仪测定,并应满足设计规定和《钢结构工程施工质量验收规范》(GB 50205)的要求。

注意:

(1)结构的有些部位是禁止涂漆的,在设计图中应予以注明,如:

①地脚螺栓和底板;

②高强度螺栓摩擦接触面;

③与混凝土紧贴或埋入的部位(钢骨混凝土部分);

④焊接封闭的空心界面内壁;

⑤工地焊接部位及其两侧 100 mm，且要满足超声波探伤要求的范围。但工地焊接部位及其两侧应进行不影响焊接的防锈处理，在除锈后刷涂防锈保护漆(如环氧富锌底漆等)，其漆膜厚度可取 8 ~ 15 μm。

(2)工程安装完毕后，需对有些部位进行补漆，如结合部的外露部位和紧固件、工地焊接部位，以及运输和安装过程的损坏部位等。

(3)对于安装后油漆刷不到的构件部位，例如紧贴围护墙板的钢柱边缘等处，应在安装前预先刷好油漆。

11.2.4 除锈方法选择与除锈等级确定

钢材的表面处理(主要是除锈)是涂装工程的重要一环，其质量好坏直接影响涂装质量，所以钢结构涂装前应对其表面进行除锈处理。而实验研究表明，影响钢结构防腐涂层保护寿命的诸多因素中，最主要的是钢材涂装前的表面涂装质量，因此我国现行《钢结构工程施工质量验收规范》(GB 50205)中规定了除锈方法与除锈等级，见表 11.2，设计时可参照确定。

表 11.2 钢结构除锈方法与除锈等级

除锈方法	喷射或抛射除锈			手工和动力工具除锈	
除锈等级	Sa2	Sa2 $\frac{1}{2}$	Sa3	St2	St3

注：当材料和零件采用化学除锈方法时，应选用具备除锈、磷化、钝化两个以上功能的处理液，其质量应符合《多功能钢铁表面处理液通用技术条件》的规定。

(1)除锈方法选择

钢结构除锈方法主要有手工和动力工具除锈、喷射或抛射除锈等。

手工和动力工具除锈使用的除锈工具有手工铲刀、钢丝刷、机动钢丝刷和打磨机械等工具。工具简单、操作方便、费用低，但劳动强度大、效率低、质量差，只能满足一般涂装要求。

喷射或抛射除锈使用的除锈工具设备为空气压缩机、喷射机等，能控制除锈质量，可获得不同要求的表面粗糙度。

用手工除锈法对钢材表面进行处理，不太适合多高层钢结构的防锈要求，有条件时，应首选喷射或抛射除锈。

(2)除锈等级的确定

钢材表面除锈等级的确定，是涂装设计的主要内容。确定的等级过高，无疑会造成人力、财力的浪费；而等级过低会降低涂装质量，起不到应有的防护作用。因此，设计时应根据钢材表面的原始状态、选用的底漆、可能采用的除锈方法、工程造价及要求的涂装维护周期等因素来确定除锈的质量等级及其要求，但不宜盲目追求过高标准，因为随着除锈等级的提高，其除锈费用也会急剧增加。

在多高层钢结构中，常选用的除锈等级为 Sa2 $\frac{1}{2}$ 级。

本章小结

(1)我国建筑设计防火规范将一般民用建筑、厂房建筑、仓库建筑划分为 4 个耐火等级，对高层民用建筑划分为 2 个耐火等级。

（2）钢结构常用的防火保护材料有：防火涂料、不燃性防火板材、柔性毡状材料等。

（3）钢结构防火保护措施应从工程实际情况出发，考虑结构类型、耐火极限要求、工作环境等，按照安全可靠、经济合理的原则选用。

（4）钢结构的防腐方法主要有：使用耐候钢、金属镀层保护、非金属涂层保护、阴极保护、构造措施。

（5）钢结构除锈方法主要有：手工和动力工具除锈、喷射或抛射除锈等。

复习思考题

11.1　如何选择防火保护材料？

11.2　如何确定防火保护层厚度？

11.3　多高层钢结构中常用的防火保护方法及其构造措施有哪些？并比较其优缺点。

11.4　钢结构的防腐方法有哪些？

11.5　涂料品种的选择原则是什么？

11.6　涂层结构和涂层厚度如何设计？

11.7　试述多高层钢结构常用的除锈方法与除锈等级。

第12章　工程设计实例

12.1　多层房屋钢结构设计实例

12.1.1　设计任务书

1)提供条件

①概况:该工程为某消防站办公楼,总层数为4层,局部3层、2层。首层层高5.8 m,2层及以上层高3.6 m;平面尺寸为18 m×62 m,总建筑面积约为3 984 m²。

②抗震设防要求:设防烈度为7度,设计基本地震加速度为0.10g,设计地震分组为第一组,Ⅲ类建筑场地。

③气象资料:基本风压0.45 kN/m²,东南偏东风为主导风向,地面粗造程度B类,基本雪压0.4 kN/m²。

2)设计内容与要求

①根据建筑施工图的要求确定结构方案和结构布置;

②根据所选结构方案,计算框架结构内力和位移;

③完成构件和节点设计;

④绘制结构设计图。

12.1.2　钢框架设计

1)结构选型与布置

按建筑设计方案要求,本工程采用4层钢框架结构,楼屋盖采用压型钢板-钢筋混凝土非组合楼板,基础采用钢筋混凝土独立基础,内外墙均采用蒸压加气混凝土砌块。钢框架的纵向柱距分别为9,4.5 m,横向柱距分别为8.7,8.6 m;纵横向钢梁与钢柱均为刚接,次梁与钢梁采用上表面平齐的铰接方式,次梁间距分别为2.5,2.15,2.025,2,1.925,1.75,1.175,1 m。钢柱选用箱形截面,一至四层均不改变其截面尺寸;钢梁选用H型钢。结构布置如图12.1所示。

2)材料选用与构件截面估算

钢材选用Q345B钢,焊条E50;混凝土等级为C30。根据试算选出各构件尺寸,其构件各截面尺寸和特性如表12.1所示;压型钢板-钢筋混凝土非组合楼板的总厚度为175 mm,压型钢板采用YX-75-230-690(Ⅰ),其厚度为0.8 mm。

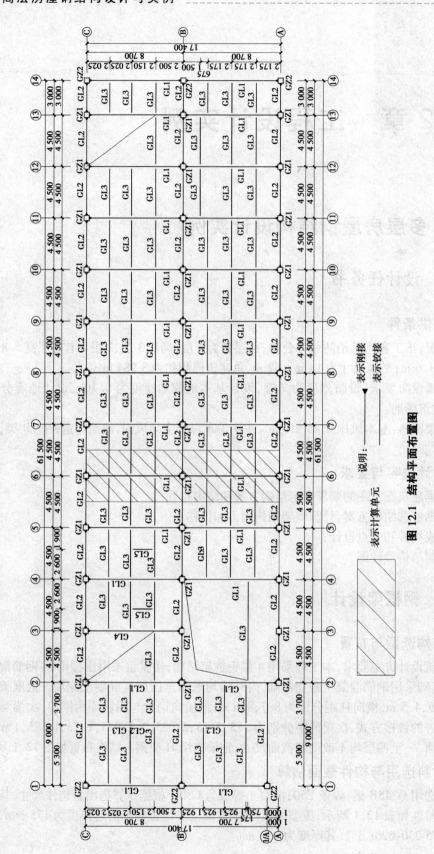

图 12.1 结构平面布置图

说明：
▼——表示刚接
—— 表示铰接

□——表示计算单元

表 12.1 构件截面尺寸和特性

构件类型		代 号	钢材牌号	截面尺寸/mm	截面面积/mm²
柱	中柱	GZ-1	Q345B	箱 500 × 500 × 20 × 20	38 400
	边柱	GZ-2	Q345B	箱 600 × 600 × 20 × 20	46 400
梁	横向钢梁	GL-1	Q345B	H400 × 400 × 13 × 21	21 870
	纵向钢梁	GL-2	Q345B	H350 × 350 × 12 × 19	17 190
	次梁	GL-3	Q345B	H250 × 250 × 9 × 14	9 143
		GL-4	Q345B	H458 × 417 × 30 × 50	52 860
		GL-5	Q345B	H200 × 200 × 8 × 12	6 353

3)作用效应分析与组合

（1）荷载标准值计算

①恒荷载标准值计算：

屋面荷载

三毡四油绿豆砂卷材防水卷层 $\qquad$ 0.4 kN/m²

20 mm 厚 1∶3 水泥砂浆找平层 $\qquad$ 0.02 × 20 = 0.4 kN/m²

70 mm 厚水泥膨胀珍珠岩板保温层 $\qquad$ 0.07 × 4 = 0.28 kN/m²

1∶8 水泥珍珠岩找坡 2%（最薄处 30 mm，平均 150 mm） $\qquad$ 0.15 × 4 = 0.6 kN/m²

结构层：压型钢板、混凝土非组合屋（楼）板自重（多波形 V-230，波高 75 mm，板厚 0.8 mm，楼板折实高度为 137.5 mm）

$$7.8 \times 10^{-3} \times 9.8 + 25 \times 0.137\,5 = 3.51\ \text{kN/m}^2$$

合计：5.19 kN/m²

办公楼面荷载（包括走廊楼梯等）

人造大理石楼面，干水泥擦缝 $\qquad$ 0.02 × 28 = 0.56 kN/m²

8 mm 厚水泥砂浆黏结层 $\qquad$ 20 × 0.008 = 0.16 kN/m²

20 mm 厚 1∶3 水泥砂浆抹面（素水泥浆结合层 1 道） $\qquad$ 20 × 0.02 = 0.4 kN/m²

结构层 $\qquad$ 3.51 kN/m²

合计：4.63 kN/m²

卫生间楼面荷载

人造大理石面层，水泥砂浆擦缝 $\qquad$ 0.02 × 28 = 0.56 kN/m²

8 mm 厚 1∶1 水泥砂浆黏结层 $\qquad$ 20 × 0.008 = 0.16 kN/m²

20 mm 厚 1∶3 水泥砂浆找平层 $20 \times 0.02 = 0.4 \ \text{kN/m}^2$

卷材防水层 $0.05 \ \text{kN/m}^2$

1∶3 水泥砂浆找坡层(最薄处 20 mm,平均厚度 40 mm) $0.04 \times 20 = 0.8 \ \text{kN/m}^2$

结构层 $3.51 \ \text{kN/m}^2$

合计:$5.48 \ \text{kN/m}^2$

外墙自重

墙体为 200 mm 厚蒸压加气混凝土砌块 $6.5 \times 0.2 = 1.3 \ \text{kN/m}^2$

外表面为 20 mm 厚水泥砂浆外喷砂涂料 $20 \times 0.02 = 0.4 \ \text{kN/m}^2$

内表面为 20 mm 厚混合砂浆 $17 \times 0.02 = 0.34 \ \text{kN/m}^2$

合计:$2.04 \ \text{kN/m}^2$

内墙自重

墙体 150 mm 加气混凝土砌块 $6.5 \times 0.15 = 0.975 \ \text{kN/m}^2$

内外双面 20 mm 厚混合砂浆 $2 \times 0.02 \times 17 = 0.68 \ \text{kN/m}^2$

合计:$1.655 \ \text{kN/m}^2$

②活荷载标准值计算:

不上人屋面 $0.5 \ \text{kN/m}^2$

一般楼面 $2.0 \ \text{kN/m}^2$

走廊、楼梯、门厅 $3.5 \ \text{kN/m}^2$

卫生间 $2.5 \ \text{kN/m}^2$

③雪荷载标准值:

基本雪压为 $0.4 \ \text{kN/m}^2$,$\mu_r = 1.0$

雪载 $S_k = 1.0 \times 0.4 \ \text{kN/m}^2 = 0.4 \ \text{kN/m}^2$

屋面活荷载、雪荷载不同时考虑,取两者中较大值。

④门窗自重:

木门 $0.2 \ \text{kN/m}^2$

塑料窗 $0.45 \ \text{kN/m}^2$

⑤钢梁自重:

GL-1(H400 × 400 × 13 × 21) $78.5 \times 21\,950 \times 10^{-6} = 1.723 \ \text{kN/m}^2$

GL-2(H350 × 350 × 12 × 19) $78.5 \times 17\,350 \times 10^{-6} = 1.362 \ \text{kN/m}^2$

GL-3(H250 × 250 × 9 × 14) $78.5 \times 9\,218 \times 10^{-6} = 0.724 \ \text{kN/m}^2$

GL-4(H458 × 417 × 30 × 50) $78.5 \times 12\,040 \times 10^{-6} = 0.945 \ \text{kN/m}^2$

GL-5(H200 × 200 × 8 × 12) $78.5 \times 52\,930 \times 10^{-6} = 4.155 \ \text{kN/m}^2$

⑥钢柱自重：

GZ-1（箱 $500 \times 500 \times 20 \times 20$） $\qquad$ $78.5 \times 38\,400 \times 10^{-6} = 3.014\ \text{kN/m}^2$

GZ-2（箱 $600 \times 600 \times 20 \times 20$） $\qquad$ $78.5 \times 46\,400 \times 10^{-6} = 3.642\ \text{kN/m}^2$

⑦风荷载标准值：

基本风压为 $0.45\ \text{kN/m}^2$，体形系数为 1.0，一至四层高度变化系数分别为 1.0，1.0，1.078，1.162，风振系数 1.0。

⑧地震作用标准值：

设防烈度为 7 度，设计基本地震加速度为 $0.10g$，设计地震分组为第一组，Ⅲ类建筑场地。

⑥轴框架恒载、活载、风荷载及地震荷载布置如图 12.2 ~ 图 12.5 所示。

（2）结构侧移计算与验算

经计算分析获得结构侧向位移，然后检验其是否满足规范要求。

①风荷载作用下的位移验算：

层间位移最大值 $1/1\,820 < 1/400$，满足要求。

柱顶位移最大值 $1/1\,765 < 1/500$，满足要求。

②地震作用下的位移计算：

层间位移最大值 $1/663 < 1/250$，满足要求。

柱顶位移最大值 $1/875 < 1/300$，满足要求。

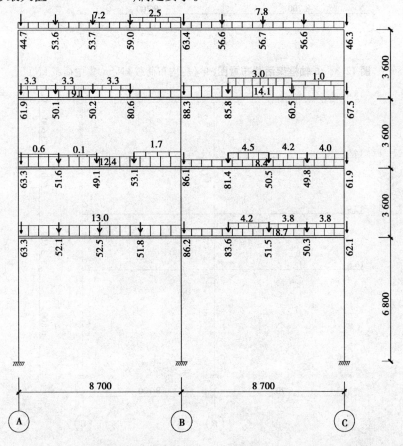

图 12.2　⑥轴框架恒载布置图（单位：均布荷载 kN/m，集中荷载 kN）

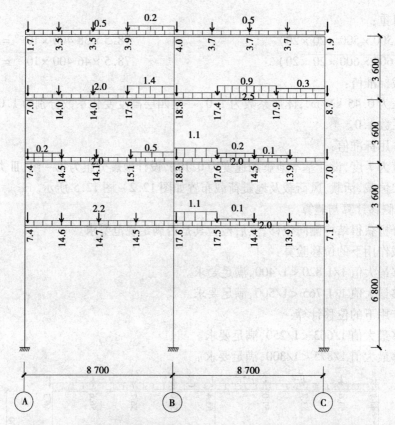

图 12.3　⑥轴框架活载布置图(单位:均布荷载 kN/m,集中荷载 kN)

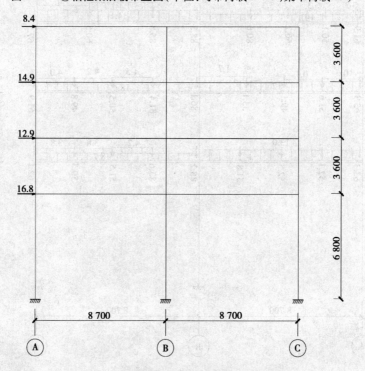

图 12.4　⑥轴框架风荷载布置图(单位:kN)

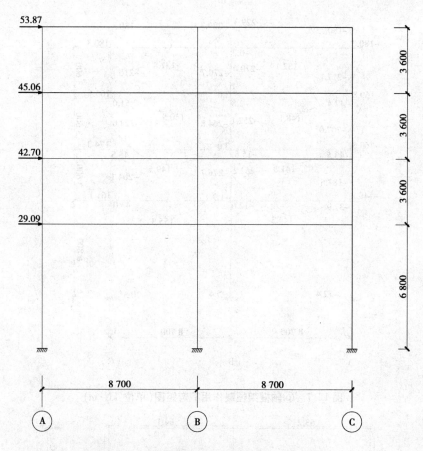

图 12.5　⑥轴框架地震荷载布置图(单位:kN)

(3)结构内力计算与内力组合

经计算分析获得结构内力。

梁柱内力正号约定如图 12.6 所示。

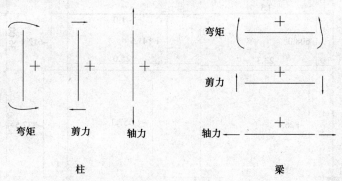

图 12.6　内力正号约定

⑥轴框架恒载标准值内力图、活载标准值内力图、风荷载标准值内力图及地震荷载标准值内力图如图 12.7 ~ 图 12.18 所示。

⑥轴框架内力组合如表 12.2 ~ 表 12.6 所示。

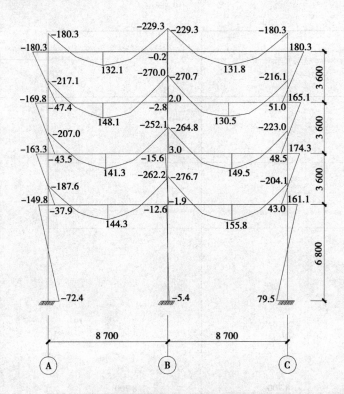

图 12.7　⑥轴框架恒载作用下弯矩图(单位:kN·m)

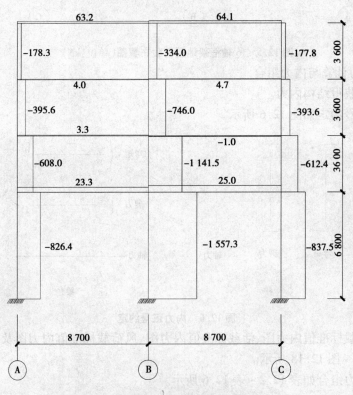

图 12.8　⑥轴框架恒载作用下轴力图(单位:kN)

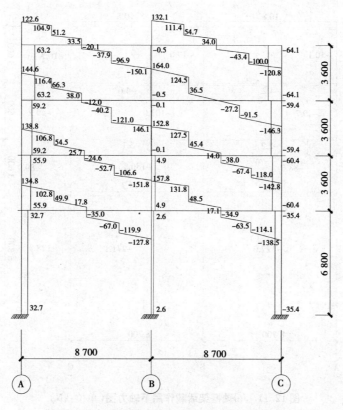

图 12.9　⑥轴框架恒载作用下剪力图(单位:kN)

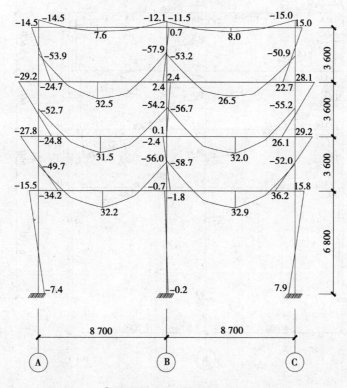

图 12.10　⑥轴框架活载作用下弯矩图(单位:kN·m)

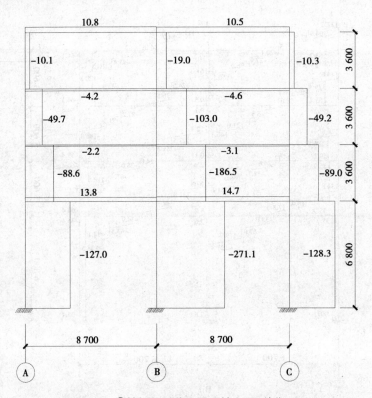

图 12.11　⑥轴框架活载作用下轴力图（单位：kN）

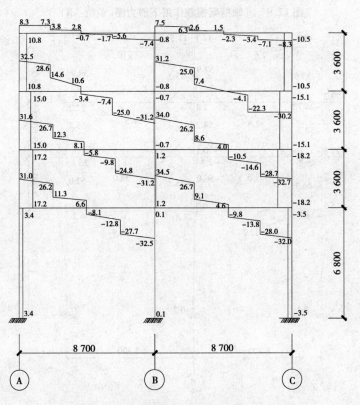

图 12.12　⑥轴框架活载作用下剪力图（单位：kN）

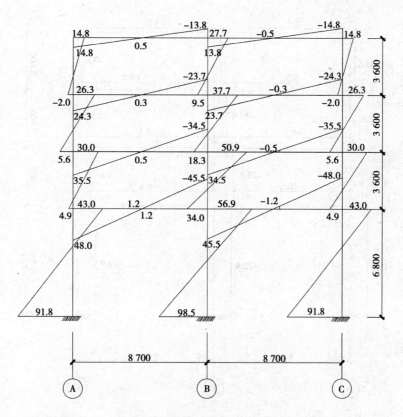

图 12.13 ⑥轴框架风荷载作用下弯矩图(单位:kN·m)

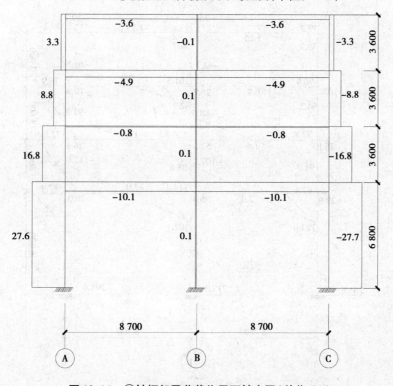

图 12.14 ⑥轴框架风荷载作用下轴力图(单位:kN)

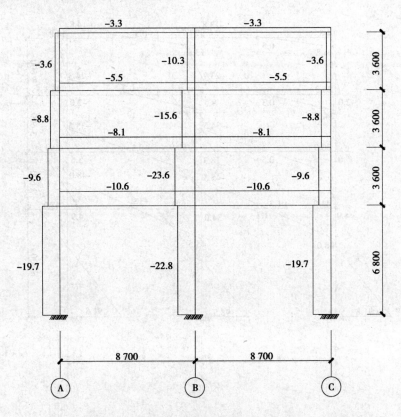

图 12.15 ⑥轴框架风荷载作用下剪力图(单位:kN)

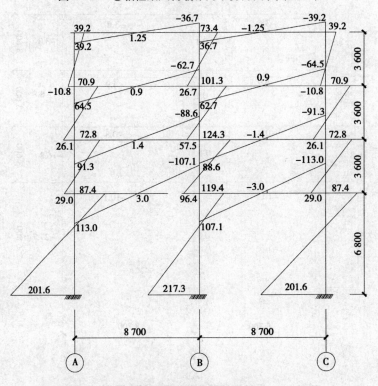

图 12.16 ⑥轴框架地震荷载作用下弯矩图(单位:kN·m)

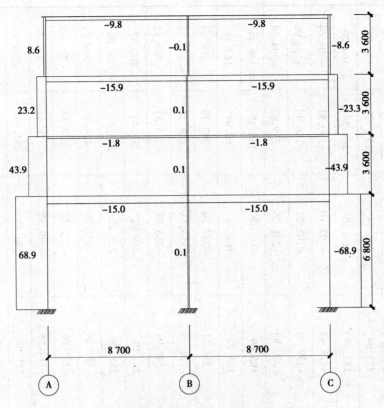

图 12.17 ⑥轴框架地震荷载作用下轴力图(单位:kN)

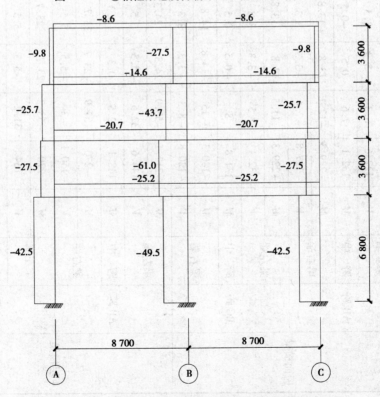

图 12.18 ⑥轴框架地震荷载作用下剪力图(单位:kN)

表 12.2　⑥轴钢梁内力组合（基本组合）

杆件	跨向	截面	内力	恒载	活载	风载 左风	风载 右风	1.35 恒+1.4×0.7 活	1.2 恒+1.4 活	1.2 恒+1.4×(0.6×风+活) 左风	1.2 恒+1.4×(0.6×风+活) 右风
屋面横梁	AB跨	梁左端	M	−180.3	−14.5	14.8	−14.8	−257.62	−236.66	−224.23	−249.26
			V	122.6	8.3	−3.3	3.3	173.64	158.74	155.97	158.71
		跨中	M	132.1	7.6	0.5	−0.5	185.78	169.16	169.58	164.20
		梁右端	M	−229.3	−12.1	13.8	−13.8	−321.41	−292.10	−280.51	−304.64
			V	−127.8	−7.4	−3.3	3.3	−179.78	−163.72	−166.49	−154.96
	BC跨	梁左端	M	−229.3	−11.5	13.8	−13.8	−320.83	−291.26	−279.67	−304.14
			V	132.1	7.5	−3.3	3.3	185.69	169.02	166.25	169.44
		跨中	M	131.8	8	−0.5	0.5	185.77	169.36	168.94	165.58
		梁右端	M	−180.3	−15	−14.8	14.8	−258.11	−237.36	−249.79	−208.24
			V	−120.8	−8.3	−3.3	3.3	−171.21	−156.58	−159.35	−147.31
4 层横梁	AB跨	梁左端	M	−217.1	−53.9	24.3	−24.3	−345.91	−335.98	−315.57	−339.82
			V	144.6	32.5	−5.5	5.5	227.06	219.02	214.40	208.52
		跨中	M	148.1	32.5	0.3	−0.3	231.79	223.22	223.47	204.60
		梁右端	M	−270	−57.9	−23.7	23.7	−421.24	−405.06	−424.97	−339.46
			V	−150.1	−34	−5.5	5.5	−235.96	−227.72	−232.34	−200.98
	BC跨	梁左端	M	−270.7	−53.2	23.7	−23.7	−417.58	−399.32	−379.41	−402.71
			V	164	31.2	−5.5	5.5	251.98	240.48	235.86	230.71
		跨中	M	130.5	26.5	−0.3	0.3	202.15	193.70	193.45	179.28
		梁右端	M	−216.1	−50.9	−24.3	24.3	−341.62	−330.58	−350.99	−268.06
			V	−138.5	−30.2	−5.5	5.5	−216.57	−208.48	−213.10	−183.87

			M/V								
3层横梁	AB跨	梁左端	M	-207	-52.7	35.5	-35.5	-331.10	-322.18	-292.36	-342.37
			V	138.8	31.6	-8.1	8.1	218.35	210.80	204.00	204.44
		跨中	M	141.3	31.5	0.5	-0.5	221.63	213.66	214.08	195.32
		梁右端	M	-252.1	-54.2	-34.5	34.5	-393.45	-378.40	-407.38	-299.75
			V	-146.1	-31.2	-8.1	8.1	-227.81	-219.00	-225.80	-190.19
	BC跨	梁左端	M	-264.8	-56.7	34.5	-34.5	-413.05	-397.14	-368.16	-413.69
			V	152.8	34	-8.1	8.1	239.60	230.96	224.16	223.26
		跨中	M	149.5	32	-0.5	0.5	233.19	224.20	223.78	206.98
		梁右端	M	-223	-55.2	-35.5	35.5	-355.15	-344.88	-374.70	-264.27
			V	-146.3	-32.7	-8.1	8.1	-229.55	-221.34	-228.14	-191.69
2层横梁	AB跨	梁左端	M	-187.6	-49.7	48	-48	-301.97	-294.70	-254.38	-334.07
			V	134.8	31	-10.6	10.6	212.36	205.16	196.26	202.64
		跨中	M	144.3	32.2	1.2	-1.2	226.36	218.24	219.25	198.53
		梁右端	M	-262.2	-56	-45.5	45.5	-408.85	-393.04	-431.26	-297.98
			V	-151.8	-32.5	-10.6	10.6	-236.78	-227.66	-236.56	-194.62
	BC跨	梁左端	M	-276.7	-58.7	45.5	-45.5	-431.07	-414.22	-376.00	-445.05
			V	157.8	34.5	-10.6	10.6	246.84	237.66	228.76	233.18
		跨中	M	155.8	32.9	-1.2	1.2	242.57	233.02	232.01	216.28
		梁右端	M	-204.1	-52	-48	48	-326.50	-317.72	-358.04	-221.40
			V	-142.8	-32	-10.6	10.6	-224.14	-216.16	-225.06	-183.40

表12.3　⑥轴钢梁内力组合(考虑地震组合)

杆件	跨向	截面	内力	恒载	活载	地震作用		1.2×(恒+0.5活)+1.3×地震	
						左震	右震	左震	右震
屋面横梁	AB跨	梁左端	M	-180.3	-14.5	39.2	-39.2	-174.1	-276.02
			V	122.6	8.3	-8.6	8.6	140.92	163.28
		跨中	M	132.1	7.6	1.25	-1.25	164.705	161.455
		梁右端	M	-229.3	-12.1	-36.7	36.7	-330.13	-234.71
			V	-127.8	-7.4	-8.6	8.6	-168.98	-146.62
	BC跨	梁左端	M	-229.3	-11.5	36.7	-36.7	-234.35	-329.77
			V	132.1	7.5	-8.6	8.6	151.84	174.2
		跨中	M	131.8	8	-1.25	1.25	161.335	164.585
		梁右端	M	-180.3	-15	-39.2	39.2	-276.32	-174.4
			V	-120.8	-8.3	-8.6	8.6	-161.12	-138.76
4层横梁	AB跨	梁左端	M	-217.1	-53.9	64.5	-64.5	-209.01	-376.71
			V	144.6	32.5	-14.6	14.6	174.04	212
		跨中	M	148.1	32.5	0.9	-0.9	198.39	196.05
		梁右端	M	-270	-57.9	-62.7	62.7	-440.25	-277.23
			V	-150.1	-34	-14.6	14.6	-219.5	-181.54
	BC跨	梁左端	M	-270.7	-53.2	62.7	-62.7	-275.25	-438.27
			V	164	31.2	-14.6	14.6	196.54	234.5
		跨中	M	130.5	26.5	0.9	-0.9	173.67	171.33
		梁右端	M	-216.1	-50.9	-64.5	64.5	-373.71	-206.01
			V	-138.5	-30.2	-14.6	14.6	-203.3	-165.34

3层横梁	AB跨	梁左端	M	−207	−52.7	91.3	−91.3	−161.33	−398.71
			V	138.8	31.6	−20.7	20.7	158.61	212.43
		跨中	M	141.3	31.5	1.4	−1.4	190.28	186.64
		梁右端	M	−252.1	−54.2	−88.6	88.6	−450.22	−219.86
			V	−146.1	−31.2	−20.7	20.7	−220.95	−167.13
	BC跨	梁左端	M	−264.8	−56.7	88.6	−88.6	−236.6	−466.96
			V	152.8	34	−20.7	20.7	176.85	230.67
		跨中	M	149.5	32	−1.4	1.4	196.78	200.42
		梁右端	M	−223	−55.2	−91.3	91.3	−419.41	−182.03
			V	−146.3	−32.7	−20.7	20.7	−222.09	−168.27
2层横梁	AB跨	梁左端	M	−187.6	−49.7	113	−113	−108.04	−401.84
			V	134.8	31	−25.2	25.2	147.6	213.12
		跨中	M	144.3	32.2	3	−3	196.38	188.58
		梁右端	M	−262.2	−56	−107.1	107.1	−487.47	−209.01
			V	−151.8	−32.5	−25.2	25.2	−234.42	−168.9
	BC跨	梁左端	M	−276.7	−58.7	107.1	−107.1	−228.03	−506.49
			V	157.8	34.5	−25.2	25.2	177.3	242.82
		跨中	M	155.8	32.9	−3	3	202.8	210.6
		梁右端	M	−204.1	−52	−113	113	−423.02	−129.22
			V	−142.8	−32	−25.2	25.2	−223.32	−157.8

表 12.4　⑥轴钢柱内力组合（基本组合）

杆件	跨向	截面	内力	恒载	活载	风载 左风	风载 右风	1.35恒+1.4×0.7×活	1.2恒+1.4活	1.2恒+1.4×(0.6×风+活) 左风	1.2恒+1.4×(0.6×风+活) 右风	|M_max|及N	N_max及M
顶层柱	A柱	柱顶	M	-180.3	-14.5	14.8	-14.8	-257.62	-236.66	-224.23	-249.09	257.62	-224.23
			N	-178.3	-10.1	3.3	-3.3	-250.60	-228.10	-225.33	-230.87	-250.60	-225.33
		柱底	M	-47.4	-24.7	-2	2	-88.20	-91.46	-93.14	-89.78	93.14	-93.14
			N	-178.3	-10.1	3.3	-3.3	-250.60	-228.10	-225.33	-230.87	-225.33	-225.33
	B柱	柱顶	M	-0.2	0.7	27.7	-27.7	0.42	0.74	24.01	-22.53	24.01	-22.53
			N	-334	-19	-0.1	0.1	-469.52	-427.40	-427.48	-427.32	-427.48	-427.32
		柱底	M	2	2.4	9.5	-9.5	5.05	5.76	13.74	-2.22	13.74	-2.22
			N	-334	-19	-0.1	0.1	-469.52	-427.40	-427.48	-427.32	-427.48	-427.32
	C柱	柱顶	M	180.3	15	-14.8	14.8	258.11	237.36	224.93	249.79	258.11	249.79
			N	-177.8	-10.3	-3.3	3.3	-250.12	-227.78	-230.55	-225.01	-250.12	-225.01
		柱底	M	51	22.7	-2	2	91.10	92.98	91.30	94.66	94.66	94.66
			N	-177.8	-10.3	-3.3	3.3	-250.12	-227.78	-230.55	-225.01	-225.01	-225.01
3层柱	A柱	柱顶	M	-169.8	-29.2	26.3	-26.3	-257.85	-244.64	-222.55	-266.73	266.73	-222.55
			N	-395.6	-49.7	8.8	-8.8	-582.77	-544.30	-536.91	-551.69	-551.69	-536.91
		柱底	M	-43.5	-24.8	5.6	-5.6	-83.03	-86.92	-82.22	-91.62	91.62	-82.22
			N	-395.6	-49.7	8.8	-8.8	-582.77	-544.30	-536.91	-551.69	-551.69	-536.91
	B柱	柱顶	M	-2.8	2.4	37.7	-37.7	-1.43	0.00	31.67	-31.67	31.67	31.67
			N	-746	-103	0.1	-0.1	-1108.04	-1039.40	-1039.32	-1039.48	-1039.48	-1039.32
		柱底	M	3	0.1	18.3	-18.3	4.15	3.74	19.11	-11.63	19.11	19.11
			N	-746	-103	0.1	-0.1	-1108.04	-1039.40	-1039.32	-1039.48	-1039.32	-1039.32
	C柱	柱顶	M	165.1	28.1	26.3	-26.3	250.42	237.46	259.55	215.37	259.55	215.37
			N	-393.6	-49.2	-8.8	8.8	-579.58	-541.20	-548.59	-533.81	-548.59	-533.81
		柱底	M	48.5	26.1	5.6	-5.6	91.05	94.74	99.44	90.04	99.44	90.04
			N	-393.6	-49.2	-8.8	8.8	-579.58	-541.20	-548.59	-533.81	-548.59	-533.81

位置	柱	截面	内力										
2层柱	A柱	柱顶	M	-163.3	-27.8	30	-30	-247.70	-234.88	-209.68	-260.08	260.08	-209.68
			N	-608	-88.6	16.8	-16.8	-907.63	-853.64	-839.53	-867.75	-867.75	-839.53
		柱底	M	-37.9	-34.2	4.9	-4.9	-84.68	-93.36	-89.24	-97.48	97.48	-89.24
			N	-608	-88.6	16.8	-16.8	-907.63	-853.64	-839.53	-867.75	-867.75	-839.53
	B柱	柱顶	M	-15.6	-2.4	50.9	-50.9	-23.41	-22.08	20.68	-64.84	64.84	20.68
			N	-1 141.5	-186.5	0.1	-0.1	-1 723.80	-1 630.90	-1 630.82	-1 630.98	-1 630.98	-1 630.82
		柱底	M	-1.9	-1.8	34	-34	-4.33	-4.80	23.76	-33.36	33.36	23.76
			N	-1 142	-186.5	0.1	-0.1	-1 724.47	-1 631.50	-1 631.42	-1 631.58	-1 631.58	-1 631.42
	C柱	柱顶	M	174.3	29.2	30	-30	263.92	250.04	275.24	224.84	275.24	224.84
			N	-612.4	-89	-16.8	16.8	-913.96	-859.48	-873.59	-845.37	-873.59	-845.37
		柱底	M	43	36.2	4.9	-4.9	93.53	102.28	106.40	98.16	106.40	98.16
			N	-612.4	-89	-16.8	16.8	-913.96	-859.48	-873.59	-845.37	-873.59	-845.37
底层柱	A柱	柱顶	M	-149.8	-15.5	43	-43	-217.42	-201.46	-165.34	-237.58	237.58	-165.34
			N	-826.4	-127	27.6	-27.6	-1 240.10	-1 169.48	-1 146.30	-1 192.66	-1 192.66	-1 146.30
		柱底	M	-72.4	-7.4	91.8	-91.8	-104.99	-97.24	-20.13	-174.35	174.35	-20.13
			N	-826.4	-127	27.6	-27.6	-1 240.10	-1 169.48	-1 146.30	-1 192.66	-1 192.66	-1 146.30
	B柱	柱顶	M	-12.6	-0.7	56.9	-56.9	-17.70	-16.10	31.70	-63.90	63.90	31.70
			N	-1 557.3	-271.1	0.1	-0.1	-2 368.03	-2 248.30	-2 248.22	-2 248.38	-2 248.38	-2 248.22
		柱底	M	-5.4	-0.2	98.5	-98.5	-7.49	-6.76	75.98	-89.50	89.50	75.98
			N	-1 557.3	-271.1	0.1	-0.1	-2 368.03	-2 248.30	-2 248.22	-2 248.38	-2 248.38	-2 248.22
	C柱	柱顶	M	161.1	15.8	43	-43	232.97	215.44	251.56	179.32	251.56	179.32
			N	-837.5	-128.3	27.7	-27.7	-1 256.36	-1 184.62	-1 207.89	-1 161.35	-1 207.89	-1 161.35
		柱底	M	79.5	7.9	91.8	-91.8	115.07	106.46	183.57	29.35	183.57	29.35
			N	-837.5	-128.3	27.7	-27.7	-1 256.36	-1 184.62	-1 207.89	-1 161.35	-1 207.89	-1 161.35

表 12.5　⑥轴钢柱内力组合（考虑地震组合）

杆件	跨向	截面	内力	恒载	活载	地震作用		1.2×(恒+0.5活)+1.3×地震		|M_max|及N	N_max及M
						左震	右震	左震	右震		
顶层柱	A柱	柱顶	M	-180.3	-14.5	39.2	-39.2	-174.1	-276.02	276.02	-174.1
			N	-178.3	-10.1	8.6	-8.6	-208.84	-231.2	-231.2	-208.84
		柱底	M	-47.4	-24.7	-10.8	10.8	-85.74	-57.66	85.74	-85.74
			N	-178.3	-10.1	8.6	-8.6	-208.84	-231.2	-208.84	-208.84
	B柱	柱顶	M	-0.2	0.7	73.4	-73.4	95.6	-95.24	95.6	-95.24
			N	-334	-19	-0.1	0.1	-412.33	-412.07	-412.33	-412.07
		柱底	M	2	2.4	26.7	-26.7	38.55	-30.87	38.55	-30.87
			N	-334	-19	-0.1	0.1	-412.33	-412.07	-412.33	-412.07
	C柱	柱顶	M	180.3	15	39.2	-39.2	276.32	174.4	276.32	174.4
			N	-177.8	-10.3	-8.6	8.6	-230.72	-208.36	-230.72	-208.36
		柱底	M	51	22.7	-10.8	10.8	60.78	88.86	88.86	88.86
			N	-177.8	-10.3	-8.6	8.6	-230.72	-208.36	-208.36	-208.36
3层柱	A柱	柱顶	M	-169.8	-29.2	70.9	-70.9	-129.11	-313.45	313.45	-129.11
			N	-395.6	-49.7	23.2	-23.2	-474.38	-534.7	-534.7	-474.38
		柱底	M	-43.5	-24.8	26.1	-26.1	-33.15	-101.01	101.01	-33.15
			N	-395.6	-49.7	23.2	-23.2	-474.38	-534.7	-534.7	-474.38
	B柱	柱顶	M	-2.8	2.4	101.3	-101.3	129.77	-133.61	133.61	129.77
			N	-746	-103	0.1	-0.1	-956.87	-957.13	-957.13	-956.87
		柱底	M	3	0.1	57.5	-57.5	78.41	-71.09	78.41	78.41
			N	-746	-103	0.1	-0.1	-956.87	-957.13	-956.87	-956.87
	C柱	柱顶	M	165.1	28.1	70.9	-70.9	307.15	122.81	307.15	122.81
			N	-393.6	-49.2	-23.3	23.3	-532.13	-471.55	-532.13	-471.55
		柱底	M	48.5	26.1	26.1	-26.1	107.79	39.93	107.79	39.93
			N	-393.6	-49.2	-23.3	23.3	-532.13	-471.55	-532.13	-471.55

2层柱	A柱	柱顶	M	-163.3	-27.8	72.8	-72.8	-118	-307.28	307.28	-118
			N	-608	-88.6	43.9	-43.9	-725.69	-839.83	-839.83	-725.69
		柱底	M	-37.9	-34.2	29	-29	-28.3	-103.7	103.7	-28.3
			N	-608	-88.6	43.9	-43.9	-725.69	-839.83	-839.83	-725.69
	B柱	柱顶	M	-15.6	-2.4	124.3	-124.3	141.43	-181.75	181.75	141.43
			N	-1 141.5	-186.5	0.1	-0.1	-1 481.57	-1 481.83	-1 481.83	-1 481.57
		柱底	M	-1.9	-1.8	96.4	-96.4	121.96	-128.68	128.68	121.96
			N	-1 142	-186.5	0.1	-0.1	-1 482.17	-1 482.43	-1 482.43	-1 482.17
	C柱	柱顶	M	174.3	29.2	72.8	-72.8	321.32	132.04	321.32	132.04
			N	-612.4	-89	-43.9	43.9	-845.35	-731.21	-845.35	-731.21
		柱底	M	43	36.2	29	-29	111.02	35.62	111.02	35.62
			N	-612.4	-89	-43.9	43.9	-845.35	-731.21	-845.35	-731.21
底层柱	A柱	柱顶	M	-149.8	-15.5	87.4	-87.4	-75.44	-302.68	302.68	-75.44
			N	-826.4	-127	68.9	-68.9	-978.31	-1 157.45	-1 157.45	-978.31
		柱底	M	-72.4	-7.4	201.6	-201.6	170.76	-353.4	353.4	170.76
			N	-826.4	-127	68.9	-68.9	-978.31	-1 157.45	-1 157.45	-978.31
	B柱	柱顶	M	-12.6	-0.7	119.4	-119.4	139.68	-170.76	170.76	139.68
			N	-1 557.3	-271.1	0.1	-0.1	-2 031.29	-2 031.55	-2 031.55	-2 031.29
		柱底	M	-5.4	-0.2	217.3	-217.3	275.89	-289.09	289.09	275.89
			N	-1 557.3	-271.1	0.1	-0.1	-2 031.29	-2 031.55	-2 031.55	-2 031.29
	C柱	柱顶	M	161.1	15.8	87.4	-87.4	316.42	89.18	316.42	89.18
			N	-837.5	-128.3	-68.9	68.9	-1 171.55	-992.41	-1 171.55	-992.41
		柱底	M	79.5	7.9	201.6	-201.6	362.22	-161.94	362.22	-161.94
			N	-837.5	-128.3	-68.9	68.9	-1 171.55	-992.41	-1 171.55	-992.41

表12.6　⑥轴底层钢柱荷载基本组合值

杆件	跨向	内力	恒载	活载	风载 左风	风载 右风	1.2恒+1.4×(0.6×风+活) 左风	1.2恒+1.4×(0.6×风+活) 右风	1.35恒+1.4×0.7×活	1.2恒+1.4活
底层柱	A柱柱底	M	-72.4	-7.4	91.8	-91.8	-20.13	-174.35	-104.992	-97.24
		V	32.7	3.4	-19.7	22.2	27.45	62.65	47.477	44
		N	-826.4	-127	27.6	-27.6	-1 146.30	-1 192.66	-1 240.1	-1 169.48
	B柱柱底	M	-5.4	-0.2	98.5	-98.5	75.98	-89.50	-7.486	-6.76
		V	2.6	0.1	-22.8	25.6	-15.89	24.76	3.608	3.26
		N	-1 557.3	-271.1	0.1	-0.1	-2 248.22	-2 248.38	-2 368.033	-2 248.3
	C柱柱底	M	79.5	7.9	91.8	-91.8	183.57	29.35	115.067	106.46
		V	-35.4	-3.5	-19.7	22.2	-63.93	-28.73	-51.22	-47.38
		N	-837.5	-128.3	-27.7	27.7	-1 207.89	-1 161.35	-1 256.359	-1 184.62

4) 构件设计

结构设计时,一般首先根据内力组合选出各构件各工况的最不利内力组合;然后将其用于验算结构方案中所预估的梁、柱截面,只要构件均满足现行规范所规定的各公式要求即可。

结构方案中所预估的梁、柱截面几何特性分别如表 12.7 和表 12.8 所示。

表 12.7　梁截面几何特性

名称	截面尺寸	A/cm^2	I_x/cm^4	W_x/cm^3	S_x/cm^3	i_x/cm	I_y/cm^4
GL-1	H400 × 400 × 13 × 21	218.7	66 600	3 330	1 800	17.5	22 400
GL-2	H350 × 350 × 12 × 29	171.9	39 800	2 280	1 247	15.2	13 600
GL-3	H250 × 250 × 9 × 14	92.43	10 700	860	468	10.8	3 650
GL-4	H458 × 417 × 30 × 50	528.6	187 000	8 170	4 734	18.8	60 500
GL-5	H200 × 200 × 8 × 12	63.53	4720	472	257	8.61	1 600

表 12.8　柱截面几何特性

名称	截面尺寸	h/m	t/mm	A/cm^2	I_x/cm^4	W_x/cm^3	i_x/cm
GZ-1	箱 500 × 500 × 20 × 20	3.6(6.8)	20	384	147 712	5 908	19.16
GZ-2	箱 600 × 600 × 20 × 20	3.6(6.8)	20	464	260 459	8 682	31.05

注:h 为各楼层的柱高,括号中的值为底层柱高。

(1) 基本效应组合下的构件截面验算

① 框架梁截面验算

GL-1 梁最不利内力组合在其梁端,其值为 $M_{\max} = -431.26 \text{ kN·m}$,$V_{\max} = -236.56 \text{ kN}$。

a. 强度验算:

抗弯强度

$$\sigma = \frac{M_x}{\gamma_x W_x} = \frac{431.26 \times 10^6}{1.05 \times 3 340 \times 10^3} \text{ N/mm}^2 = 122.98 \text{ N/mm}^2 < f = 310 \text{ N/mm}^2$$

抗剪强度

$$\tau = \frac{V S_x}{I t_w} = \frac{236.56 \times 10^3 \times 1 800 \times 10^3}{66 600 \times 10^4 \times 13} \text{ N/mm}^2 = 49.22 \text{ N/mm}^2 < f_v = 180 \text{ N/mm}^2$$

折算应力验算

$$s = bt \frac{h - t}{2} = 40 \times 2.1 \times \frac{40 - 2.1}{2} \text{ cm}^3 = 1 591.8 \text{ cm}^3$$

$$\tau = \frac{Vs}{I t_w} = \frac{236.56 \times 10^3 \times 1 591.8 \times 10^3}{66 600 \times 10^4 \times 13} \text{ N/mm}^2 = 43.49 \text{ N/mm}^2$$

$$\sigma = \frac{M_x}{I_x} \cdot \frac{h - 2t}{2} = \frac{431.26 \times 10^6}{66 600 \times 10^4} \cdot \frac{400 - 2 \times 21}{2} \text{ N/mm}^2 = 115.91 \text{ N/mm}^2$$

$$\sqrt{\sigma^2 + 3 \tau^2} = \sqrt{115.91^2 + 3 \times 43.49^2} = 138.24 \text{ N/mm}^2 < 1.1 f = 341 \text{ N/mm}^2$$

梁端截面强度满足要求。

b. 整体稳定验算:由于楼板与钢梁通过抗剪栓钉紧密连接在一起,可以阻止梁受压翼缘侧向位移,梁的整体稳定可以得到保证,故可不验算。

c. 局部稳定验算:

翼缘:$\dfrac{b_1}{t} = \dfrac{(400-13)/2}{21} = 9.2 \approx 11\sqrt{\dfrac{235}{345}} = 9.2$,满足要求。

查表 8.3,$85 - 120\rho = 85 - 120N/(Af) = 85 - 120 \times \dfrac{236.56}{21\,950 \times 310 \times 10^{-3}} = 80.83$。

腹板:$\dfrac{h_0}{t_w} = \dfrac{400 - 21 \times 2}{13} = 27.54 < (85 - 120\rho)\sqrt{\dfrac{235}{345}} = 66.27$,满足要求。

d. 刚度验算:取荷载的标准组合 $g_k + q_k$ 进行验算。

恒载 $q_k = 13.0 \text{ kN/m}, p = 52.5 \text{ kN}$

将集中荷载转化为等效均布荷载 $g_k = \left(13.0 + \dfrac{52.5}{2.1}\right) \text{ kN/m} = 38 \text{ kN/m}$

活载 $g = 2.2 \text{ kN/m}, p = 14.6 \text{ kN}$

将集中荷载转化为等效均布荷载 $q_k = \left(2.2 + \dfrac{14.6}{2.1}\right) \text{ kN/m} = 9.1 \text{ kN/m}$

荷载的标准组合值 $g_k + q_k = (38 + 9.1) \text{ kN/m} = 47.1 \text{ kN/m}$

$$v = \frac{5(g_k + q_k)l^4}{384EI} = \frac{5 \times 47.1 \times 8.7^4 \times 10^{12}}{384 \times 2.06 \times 10^5 \times 66\,600 \times 10^4} \text{ mm} = 2.56 \text{ mm} < \frac{1}{400} = 21.75 \text{ mm}$$

结果满足要求。

其他梁的验算方法与此类似,故不再赘述。

②钢柱截面验算

由于所有钢柱截面均相等,而且最不利组合在 B 柱,故只选择 B 柱最不利内力组合进行验算。底层 B 柱最不利内力组合为:$M = 89.5 \text{ kN·m}, N = 2\,248.33 \text{ kN}$。

a. 强度验算:

$$\frac{N}{A_n} + \frac{M_x}{\gamma_x W_x} = \frac{2\,248.33 \times 10^3}{38\,400} \text{ N/mm}^2 + \frac{89.5 \times 10^3}{1.05 \times 5\,908.48 \times 10^3} \text{ N/mm}^2$$

$$= 58.56 \text{ N/mm}^2 < f = 310 \text{ N/mm}^2$$

b. 刚度验算:由于柱长 $l_0 = 6.8 \text{ m}$,其上端梁线刚度之和 $\sum k_b = 31.54 \times 10^3 \text{ kN·m}$,上端柱线刚度之和 $\sum k_c = (44.75 \times 10^3 + 84.52 \times 10^3) \text{ kN·m} = 129.27 \times 10^3 \text{ kN·m}$,则系数 k_1 为

$$k_1 = \frac{\sum k_b}{\sum k_c} = \frac{31.54 \times 10^3}{129.27 \times 10^3} = 0.24$$

柱与基础刚接,取 $k_2 = 10$。由 $k_1 = 0.24, k_2 = 10$,查表 8.9 得 $\mu = 1.56$,则此柱弯矩平面内的计算长度为:$l_x = \mu l_0 = 1.56 \times 6.8 = 10.61 \text{ m}$,弯矩平面外的计算长度为 6.8 m。

$$\lambda_x = \frac{l_{0x}}{i_x} = \frac{10.61 \times 10^3}{196.1} = 54.11 < [\lambda] = 120\sqrt{\frac{235}{f_y}} = 104.48$$

$$\lambda_y = \frac{l_{0y}}{i_y} = \frac{6.8 \times 10^3}{196.1} = 34.68 < [\lambda] = 120\sqrt{\frac{235}{f_y}} = 104.48$$

满足要求。

c. 整体稳定计算：

弯矩作用平面内的稳定计算：由 $\lambda_x\sqrt{\dfrac{f_y}{235}} = 54.11 \times \sqrt{\dfrac{345}{235}} = 65.56$，且 $\dfrac{b}{t} = \dfrac{500}{20} = 25$，属于 b 类截面，查轴心受压构件整体稳定系数表得 $\varphi_x = 0.777, \beta_{mx} = 1.0, \gamma_x = 1.05$。则

$$N'_{Ex} = \frac{\pi^2 EA}{1.1\lambda_x^2} = \frac{3.14^2 \times 2.06 \times 10^5 \times 38\,400}{1.1 \times 54.11^2}\,kN = 24.21 \times 10^3\,kN$$

$$\frac{N}{\varphi_x A} + \frac{\beta_{mx} M_x}{\gamma_x W_1\left(1 - 0.8\dfrac{N}{N'_{Ex}}\right)} = \frac{2\,248.33 \times 10^3}{0.777 \times 38\,400} + \frac{1 \times 89.5 \times 10^6}{1.05 \times 5\,908.48 \times 10^3 \times \left(1 - 0.8 \times \dfrac{2\,248.33}{24\,210}\right)}$$

$$= 90.94\,N/mm^2 < f = 310\,N/mm^2$$

满足要求。

弯矩作用平面外的稳定验算：

$$\lambda_y\sqrt{\frac{f_y}{235}} = 34.68 \times \sqrt{\frac{345}{235}} = 42.02$$，属于 b 类截面，查轴心受压构件整体稳定系数表得 $\varphi_y = 0.890$。

对于箱形截面，$\varphi_b = 1.0, \beta_{tx} = 1.0, \eta = 0.7$，则

$$\frac{N}{\varphi_y A} + \eta\frac{\beta_{tx} M_x}{\varphi_b W_{1x}} = \frac{2\,248.33 \times 10^3}{0.890 \times 38\,400}\,N/mm^2 + 0.7 \times \frac{89.5 \times 10^6}{5\,908.48 \times 10^3}\,N/mm^2$$

$$= 76.39\,N/mm^2 < f = 310\,N/mm^2$$

满足要求。

d. 局部稳定计算：

翼缘宽厚比验算 $\dfrac{b}{t} = \dfrac{500 - 20 \times 2}{20} = 23 < 40\sqrt{\dfrac{235}{f_y}} = 33$，满足要求。

腹板宽厚比验算 $\dfrac{h}{t_w} = \dfrac{500 - 20 \times 2}{20} = 23 < 40\sqrt{\dfrac{235}{f_y}} = 33$，满足要求。

其他柱的验算方法与此类似，故不再赘述。

（2）地震作用组合下的构件截面验算

验算梁、柱截面时，其抗震调整系数 γ_{RE} 取值为：柱和支撑稳定计算时取 0.8，其他计算时取 0.75。

① 框架梁截面验算

GL-1 梁最不利内力组合在其梁端，其值为 $M_{max} = -506.49\,kN\cdot m, V_{max} = 242.82\,kN$。

a. 强度验算：

抗弯强度

$$\sigma = \frac{M_x}{\gamma_x W_x} = \frac{506.49 \times 10^6}{1.05 \times 3\,340 \times 10^3}\,N/mm^2 = 144.41\,N/mm^2 < \frac{f}{\gamma_{RE}} = 413\,N/mm^2$$

抗剪强度

$$\tau\frac{VS_x}{It_w} = \frac{242.82 \times 10^3 \times 1\,800 \times 10^3}{66\,600 \times 10^4 \times 13}\,N/mm^2 = 50.48\,N/mm^2 < \frac{f_v}{\gamma_{RE}} = 240\,N/mm^2$$

折算应力验算：

$$s = bt_f\frac{h - t_f}{2} = 40 \times 2.1 \times \frac{40 - 2.1}{2}\,cm^3 = 1\,591.8\,cm^3$$

$$\tau \frac{Vs}{It_w} = \frac{242.82 \times 10^3 \times 1591.8 \times 10^3}{66600 \times 10^4 \times 13} \text{N/mm}^2 = 44.64 \text{ N/mm}^2$$

$$\sigma = \frac{M_x}{I_x} \cdot \frac{h - 2t_f}{2} = \frac{506.49 \times 10^6}{66600 \times 10^4} \cdot \frac{400 - 2 \times 21}{2} \text{N/mm}^2 = 136.05 \text{ N/mm}^2$$

$$\sqrt{\sigma^2 + 3\tau^2} = \sqrt{136.05^2 + 3 \times 44.64^2} \text{N/mm}^2 = 156.49 \text{ N/mm}^2 < 1.1 \frac{f}{\gamma_{RE}} = 455 \text{ N/mm}^2$$

梁端截面强度满足要求。

b. 整体稳定验算:由于楼板与钢梁通过抗剪栓钉紧密连接在一起,可以阻止梁受压翼缘侧向位移,梁的整体稳定可以得到保证,故可不验算。

c. 局部稳定验算:

翼缘:$\dfrac{b_1}{t} = \dfrac{(400 - 13)/2}{21} = 9.2 \leqslant 11\sqrt{\dfrac{235}{345}} = 9.2$,满足要求。

由于,$85 - 120\rho = 85 - 120\dfrac{N}{Af} = 85 - 120 \times \dfrac{236.56}{21950 \times 310 \times 10^{-3}} = 80.83$,而查表8.3得,

$45 \leqslant 85 - 120\rho \leqslant 75$,即取 $85 - 120\rho = 75$。

腹板:$\dfrac{h_0}{t_w} = \dfrac{400 - 2 \times 21}{13} = 27.54 < 75\sqrt{\dfrac{235}{345}} = 61.9$,满足要求。

其他梁的验算方法与此类似,故不再赘述。

②钢柱截面验算

由于所有钢柱截面均相等,而且最不利组合在 B 柱,故只选择 B 柱最不利内力组合进行验算。

底层 B 柱最不利内力组合为:$M = 289.09 \text{ kN} \cdot \text{m}$,$N = 2031.55 \text{ kN}$。

a. 强度验算:

$$\frac{N}{A_n} + \frac{M_x}{\gamma_x W_x} = \frac{2031.55 \times 10^3}{38400} \text{N/mm}^2 + \frac{289.09 \times 10^3}{1.05 \times 5908.48 \times 10^3} \text{N/mm}^2$$

$$= 53.23 \text{ N/mm}^2 < f/\gamma_{RE} = 413 \text{ N/mm}^2$$

b. 刚度验算:由于柱长 $l_0 = 6.8 \text{ m}$,其上端梁线刚度之和 $\sum k_b = 3.54 \times 10^3 \text{ kN} \cdot \text{m}$,上端柱线刚度之和 $\sum k_c = (44.75 \times 10^3 + 84.52 \times 10^3) \text{ kN} \cdot \text{m} = 129.27 \times 10^3 \text{ kN} \cdot \text{m}$,则系数

$$k_1 = \frac{\sum k_b}{\sum k_c} = \frac{31.54 \times 10^3}{129.27 \times 10^3} = 0.24$$

柱与基础刚接,取 $k_2 = 10$。由 $k_1 = 0.24$,$k_2 = 10$ 查表8.9得 $\mu = 1.56$,则此柱弯矩平面内的计算长度为:$l_x = \mu l_0 = 1.56 \times 6.8 = 10.61 \text{ m}$,弯矩平面外的计算长度为 6.8 m。

$$\lambda_x = \frac{l_{0x}}{i_x} = \frac{10.61 \times 10^3}{196.1} = 54.11 < [\lambda] = 120\sqrt{\frac{235}{f_y}} = 104.48$$

$$\lambda_y = \frac{l_{0y}}{i_y} = \frac{6.8 \times 10^3}{196.1} = 34.68 < [\lambda] = 120\sqrt{\frac{235}{f_y}} = 104.48$$

满足要求。

c. 整体稳定计算：

弯矩作用平面内的稳定计算：由 $\lambda_x \sqrt{\dfrac{f_y}{235}} = 54.11 \times \sqrt{\dfrac{345}{235}} = 65.56$，且 $\dfrac{b}{t} = \dfrac{500}{20} = 25$，属于

b 类截面，查轴心受压构件整体稳定系数表得 $\varphi_x = 0.777$，$\beta_{mx} = 1.0$，$\gamma_x = 1.0$。则

$$N'_{Ex} = \frac{\pi^2 EA}{1.1\lambda_x^2} = \frac{3.14^2 \times 2.06 \times 10^5 \times 38\,400}{1.1 \times 54.11^2}\ kN = 24.21 \times 10^3\ kN$$

$$\frac{N}{\varphi_x A} + \frac{\beta_{mx} M_x}{\gamma_x W_1 \left(1 - 0.8\frac{N}{N'_{Ex}}\right)} = \frac{2\,031.55 \times 10^3}{0.777 \times 38\,400} + \frac{1 \times 289.09 \times 10^6}{1.0 \times 5\,908.48 \times 10^3 \times \left(1 - 0.8 \times \frac{2\,031.55}{24\,210}\right)}$$

$$= 118.04\ N/mm^2 \leqslant \frac{f}{\gamma_{RE}} = 387.5\ N/mm^2$$

满足要求。

弯矩作用平面外的稳定验算：由于 $\gamma_y = \sqrt{\dfrac{f_y}{235}} = 34.68 \times \sqrt{\dfrac{345}{235}} = 42.02$，属于 b 类截面，查轴

心受压构件整体稳定系数表得 $\varphi_y = 0.890$。

对于箱形截面，$\eta = 0.7$，$\varphi_b = 1.0$，$\beta_{tx} = 1.0$。

$$\frac{N}{\varphi_y A} + \eta \frac{\beta_{tx} M_x}{\varphi_b W_{1x}} = \frac{2\,172.25 \times 10^3}{0.890 \times 38\,400}\ N/mm^2 + 0.7 \times \frac{341.22 \times 10^6}{5\,908.48 \times 10^3}\ N/mm^2$$

$$= 103.98\ N/mm^2 \leqslant \frac{f}{\gamma_{RE}} = 387.5\ N/mm^2$$

满足要求。

d. 局部稳定计算：

翼缘宽厚比验算　$\dfrac{b}{t_0} = \dfrac{500 - 20 \times 2}{20} = 23 < 40\sqrt{\dfrac{235}{f_y}} = 33$，满足要求。

腹板宽厚比验算　$\dfrac{b}{t_0} = \dfrac{500 - 20 \times 2}{20} = 23 < 40\sqrt{\dfrac{235}{f_y}} = 33$，满足要求。

其他柱的验算方法相似，故不再赘述。

③强柱弱梁检验

查横向钢柱内力组合表，可知底层 B 柱底轴力最大，$N_{max} = 2\,248.33$ kN，由于 $\dfrac{N}{Af} =$

$\dfrac{2\,248.33 \times 10^3}{38\,400 \times 310} = 0.19 < 0.4$，根据《建筑抗震设计规范》（GB 50011—2010）的规定，满足强柱弱

梁的要求，不必验算。

其他柱的验算方法与此类似，故不再赘述。

5）节点设计

（1）梁-柱节点

本工程中，框架钢梁与柱的连接大多采用栓焊混合连接，即梁的上、下翼缘与柱翼缘采用全熔透坡口焊缝连接，梁腹板与柱采用高强度螺栓连接（通过焊接于柱上的连接板）。下面以⑥轴框架中的底层 A 柱与梁连接节点为例介绍其设计方法。

①连接焊缝与螺栓设计

a. 翼缘连接焊缝和腹板连接螺栓设计。根据全截面设计法,梁翼缘和腹板分担的弯矩值由其刚度确定。该处梁端最不利内力组合为: $M_x = -401.84$ kN·m, $V = 213.12$ kN。但由于 $bt_f(h - t_t) = 40 \times 2.1(40 - 2.1) = 3\,184$ cm^3 $> 0.7W_p = 0.7 \times 2 \times \left(40 \times 2.1 \times \dfrac{40 - 2.1}{2} + \dfrac{40 - 4.2}{2} \times 1.3 \times \dfrac{40 - 4.2}{4}\right)$ cm^3 $= 2\,520$ cm^3,故可采用简化设计算法,即翼缘焊缝承担全部弯矩,腹板连接螺栓承担全部剪力。

翼缘焊缝计算,其强度验算(设有引弧板的全熔透坡口焊缝可不验算)为:

$$\sigma = \frac{M}{b_{eff}t_f(h - t_t)} = \frac{401.84 \times 10^6}{400 \times 21(400 - 21)} \text{ N/mm}^2 = 126.2 \text{ N/mm}^2$$

$$< f_t^w/\gamma_{RE} = 295/0.75 \text{ N/mm}^2 = 393.3 \text{ N/mm}^2$$

满足要求(其中,柱中已设横隔,故 b_{eff} 取梁翼缘宽度)。

腹板连接螺栓强度验算:腹板连接螺栓采用 8 个 M20,螺栓横向间距为 12 cm,纵向间距为 8 cm,10.9 级高强度螺栓摩擦型连接,腹板连接螺栓承受全部剪力。

一个高强度螺栓的预拉力 $p = 155$ kN,则梁腹板高强度螺栓抗剪承载力为:

$$[N_v^b] = 0.9n_f\mu P = 0.9 \times 2 \times 0.45 \times 155 = 125.55 \text{ kN}$$

剪力由螺栓平均承担,则每个螺栓承担的剪力为:

$$N_y^v = \frac{213.12}{8} \text{ kN} = 26.64 \text{ kN} < 0.9[N_v^b] = 0.9 \times 125.55 \text{ kN} = 113 \text{ kN}$$

满足要求。

b. 连接板设计。焊接于柱上的连接板厚度,按连接板的净截面面积与梁腹板净截面面积相等的原则确定,取连接板的厚度为 $t = 10$ mm,验算螺栓连接处的连接板净截面面积和连接板的抗弯强度:

$$A_n = (h_2 - nd_0) \times 2t = (340 - 5 \times 22) \times 2 \times 10 \text{ mm}^2 = 4\,600 \text{ mm}^2$$

$$\tau = \frac{3}{2} \cdot \frac{V}{A_n} = \frac{3 \times 213.12 \times 10^3}{2 \times 4\,600} \text{ N/mm}^2 = 69 \text{ N/mm}^2 < f_v/0.75 = 240 \text{ N/mm}^2$$

验算螺栓连接处连接板净截面模量和连接板在 M_w 弯矩作用下的抗弯强度:

$$W_x = \frac{th_2^3/12 - 2td_0a_1^2 - 2td_0a_2^2}{h_2/2} = \frac{10 \times 340^3/12 - 2 \times 10 \times 22 \times 40^2 - 2 \times 10 \times 22 \times 120^2}{340/2} \text{ mm}^2$$

$$= 151\,254.9 \text{ mm}^2$$

$$\sigma = \frac{M_w}{W_x} = \frac{30 \times 10^6}{151\,254.9} \text{ N/mm}^2 = 198.34 \text{ N/mm}^2 < f/\gamma_{RE} = 300/0.75 \text{ N/mm}^2 = 400 \text{ N/mm}^2$$

c. 连接板与柱相连接的角焊缝设计。

$$h_{min} = 1.5\sqrt{t_{max}} = 6 \text{ mm}, h_{max} = 1.2t_{min} = 12 \text{ mm}, 取 h_f = 7 \text{ mm}$$

$$\sigma_f^M = \frac{6M_w}{2h_e l_w^2} = \frac{6 \times 30 \times 10^6}{2 \times 0.7 \times 7 \times (340 - 20)^2} \text{ N/mm}^2 = 179.37 \text{ N/mm}^2$$

$$\tau_f = \frac{V}{2h_e \sum l_w} = \frac{213.12 \times 10^3}{2 \times 0.7 \times 7 \times 2 \times (340 - 20)} \text{ N/mm}^2 = 36.1 \text{ N/mm}^2$$

$$\sqrt{\left(\frac{\sigma_{\mathrm{f}}^{M}}{\beta_{\mathrm{f}}}\right)^{2} + (\tau_{\mathrm{f}}^{v})^{2}} = \sqrt{\left(\frac{179.37}{1.0}\right)^{2} + 36.1^{2}} \ \mathrm{N/mm^{2}} = 183 \ \mathrm{N/mm^{2}} < f_{\mathrm{f}}^{w}/\gamma_{\mathrm{RE}} = 200/0.75 = 267 \ \mathrm{N/mm^{2}}$$

满足要求。

②"强连接、弱杆件"型节点承载力验算

对于抗震设防结构,当采用柱贯通型节点时,为了确保"强连接、弱杆件"型节点的抗震设计准则的实现。其连接节点的极限承载力应满足下列要求:

$$\begin{cases} M_{\mathrm{u}} \geqslant \eta_{j} M_{\mathrm{p}} \\ V_{\mathrm{u}} \geqslant 1.2\left(\dfrac{2M_{\mathrm{P}}}{l_{\mathrm{n}}}\right) + V_{\mathrm{Gb}} \ \text{且满足} \ V_{\mathrm{u}} \geqslant 0.58 h_{\mathrm{w}} t_{\mathrm{w}} f_{\mathrm{ay}} \end{cases}$$

由于本工程中的全熔透坡口焊缝设有引弧板,故上述第一款自动满足,不必计算,只需对第二款验算即可。

不考虑梁的轴力时,验算以下各数值。

$$M_{\mathrm{p}} = W_{\mathrm{P}} f_{\mathrm{ay}} = \gamma_{\mathrm{p}} W_{x} f_{\mathrm{ay}} = 1.12 \times 3\ 340 \times 10^{3} \times 345 \times 10^{-6} \ \mathrm{kN \cdot m} = 1\ 286.72 \ \mathrm{kN \cdot m}$$

螺栓抗剪 $\quad V_{\mathrm{u}} = 0.58 n n_{\mathrm{f}} A_{\mathrm{e}}^{\mathrm{b}} f_{\mathrm{u}}^{\mathrm{b}} = 0.58 \times 8 \times 2 \times 213.12 \times 1\ 040 \ \mathrm{kN} = 2\ 057 \ \mathrm{kN}$

钢板承压 $\quad V_{\mathrm{u}} = n d (\sum t) f_{\mathrm{cu}}^{\mathrm{b}} = 8 \times 20 \times 2 \times 10 \times 1.5 f_{\mathrm{u}} = 2\ 256 \ \mathrm{kN}$

取两者中较小者 $\quad V_{\mathrm{u}} = 2\ 057 \ \mathrm{kN} > 0.58 h_{\mathrm{w}} t_{\mathrm{w}} f_{\mathrm{ay}} = 0.58 \times 358 \times 13 \times 345 \ \mathrm{kN} = 931.26 \ \mathrm{kN}$

同时 $\quad V_{\mathrm{u}} \geqslant 1.2\left(\dfrac{2M_{\mathrm{P}}}{l_{\mathrm{n}}}\right) + V_{\mathrm{Gb}} = 1.2 \times \left(\dfrac{2 \times 1\ 286.72}{8.7}\right) + 296.85 = 651.81 \ \mathrm{kN}$

满足要求。

③柱腹板的抗压承载力与柱翼缘的抗拉承载力验算

由于本工程中已设有横隔,故柱腹板的抗压承载力与柱翼缘的抗拉承载力均不必验算。

④梁-柱节点域承载力验算

a. 节点域的稳定验算。按 7 度及以上抗震设防的结构,为防止节点域的柱腹板受剪时发生局部屈曲,需进行节点域稳定的验算。

$$t_{\mathrm{w}} = 20 \ \mathrm{mm} > \frac{h_{0\mathrm{b}} + h_{0\mathrm{c}}}{90} = \frac{(400 - 2 \times 21) + (500 - 2 \times 20)}{90} \ \mathrm{mm} = 9.1 \ \mathrm{mm}$$

节点域稳定性满足要求。

b. 节点域的强度验算。框架⑥轴底层 A 柱梁端最不利内力 $M_{\max} = 401.84 \ \mathrm{kN \cdot m}$,

$V = 213.12 \ \mathrm{kN}$,则有 $\dfrac{M_{b1} + M_{b2}}{V_{\mathrm{P}}} \leqslant \dfrac{4}{3} f_{v}}{\gamma_{\mathrm{RE}}}$,由于无左梁 $M_{b1} = 0$,箱形截面 $V_{\mathrm{p}} = 1.8 h_{b1} h_{c1} t_{\mathrm{w}}$,所以

$$\frac{M_{b2}}{V_{\mathrm{p}}} = \frac{401.84 \times 10^{6}}{1.8 \times (400 - 21 \times 2) \times (500 - 2 \times 20) \times 20} \ \mathrm{MPa}$$

$$= 67.78 \ \mathrm{MPa} < \frac{4}{3} \cdot \frac{f_{v}}{\gamma_{\mathrm{RE}}} = 320 \ \mathrm{MPa}$$

抗剪承载力满足要求。

按 7 度及以上抗震设防的结构,尚应进行下列屈服承载力的补充验算:

$M_{pb1} = 0$(由于无左梁)

$M_{pb2} = W_{pb2} f_{y} = 1.12 \times 3\ 330 \times 10^{3} \times 345 \times 10^{-6} \ \mathrm{kN \cdot m} = 1\ 286.7 \ \mathrm{kN \cdot m}$

$$\psi \frac{M_{pb2}}{V_p} = 0.6 \times \frac{1\,286.7 \times 10^6}{1.8 \times (400 - 21 \times 2) \times (500 - 2 \times 20) \times 20} \text{MPa} = 217\ \text{MPa} < \frac{4}{3} \cdot \frac{f_v}{\gamma_{RE}} = 320\ \text{MPa}$$

屈服承载力满足要求。

其他梁-柱节点设计方法与此类似,故不再赘述。

（2）柱-柱拼接节点

以 A 柱拼接节点为例,该柱拼接处轴力为 $N = 231.2\ \text{kN}$。

焊脚尺寸确定:由 $h_{min} = 1.5\sqrt{t_{max}} = 7\ \text{mm}, h_{max} = 1.2t_{min} = 24\ \text{mm}$,取 $h_f = 20\ \text{mm}$。

柱的接头验算:当用于抗震设防时,为使抗震设防结构符合"强连接、弱杆件"的设计原则,柱接头的承载力应高于母材的承载力,即应符合下列规定:

$$M_u \geq \eta_j M_{pc} \quad \text{且} \quad V_u \geq 0.58 h_w t_w f_{ay}$$

①柱的受弯极限承载力

因

$$\frac{N}{N_y} = \frac{N}{A_n f_y} = \frac{231.2}{(500 \times 500 - 460 \times 460) \times 345 \times 10^{-3}} = 0.02 < 0.13$$

故而 $M_{pc} = M_p = W_p f_{ay} = \gamma_p W_x f_{ay} = 1.12 \times 3\,340 \times 10^3 \times 345 \times 10^{-6}\ \text{kN·m} = 1\,286.72$ kN·m 查表得,$\eta_j \geq 1.3$。

$$\begin{aligned} M_u &= A_f(h - t_f)f_u = 500 \times 20 \times (500 - 20) \times 470 \times 10^6\ \text{kN} \\ &= 2\,656\ \text{kN} > \eta_j M_{pc} = 1.3 \times 1\,286.72\ \text{kN} = 1\,672.74\ \text{kN} \end{aligned}$$

满足要求。

②柱的受剪极限承载力

$$V_u = 0.58 A_f^w f_u = 0.58 h_e l_w f_u = 0.58 \times 0.7 \times 20 \times 500 \times 470 \times 10^{-3}\ \text{kN} = 1\,908.2\ \text{kN} \geq$$

$$0.58 h_w t_w f_{ay} = 0.58 \times 500 \times 20 \times 345 \times 10^{-3}\ \text{kN} = 1\,840.92\ \text{kN}$$

满足要求。

其他柱-柱拼接节点设计方法与此类似,故不再赘述。

（3）柱脚设计

本工程采用外露式刚接柱脚,基础混凝土为 C30。下面以⑥轴 A 柱柱脚设计为例,介绍其设计方法。⑥轴 A 柱柱脚处最不利组合,$M_{max} = 174.35\ \text{kN·m}, N = 1\,192.66\ \text{kN}$。

①确定柱脚板底平面尺寸

首先根据柱脚的构造设计初选柱脚底板尺寸 $B = 1\,040\ \text{mm}, L = 1\,040\ \text{mm}$,然后进行下列验算:

$$\sigma_{max} = \frac{N}{BL} + \frac{6M}{BL^2} = \frac{1\,192.66 \times 10^3}{1\,040 \times 1\,040}\ \text{MPa} + \frac{6 \times 174.35 \times 10^6}{1\,040 \times 1\,040^2}\ \text{MPa} = 2.03\ \text{MPa} < 14.3\ \text{MPa}$$

结果满足要求。

$$\sigma_{min} = \frac{N}{BL} - \frac{6M}{BL^2} = \frac{1\,192.66 \times 10^3}{1\,040 \times 1\,040}\ \text{MPa} - \frac{6 \times 174.35 \times 10^6}{1\,040 \times 1\,040^2}\ \text{MPa} = 0.17\ \text{MPa}$$

②确定底板厚度

首先按底板的 4 种区格（见附录施工图）分别计算其弯矩,然后根据其最大弯矩,按底板的抗弯强度确定底板厚度。

经分析影响 4 种区格弯矩的各种因素,并经试算发现,四边支承区格中的弯矩最大,因此,下面仅计算四边支承中的弯矩。

在四边支承中,$\dfrac{b}{a} = \dfrac{465}{465} = 1.0$,查四边简支板的弯矩系数表得 $\alpha = 0.048$,则

$$M_1 = \alpha q a^2 = 0.048 \times 2.03 \times 465^2 = 21\ 068.9\ \text{N} \cdot \text{mm}$$

则底板厚度 $t = \sqrt{\dfrac{6M_{max}}{f}} = \sqrt{\dfrac{6 \times 21\ 068.9}{295}} = 20.7\ \text{mm}$，考虑构造要求等各种因素后实际取底板厚度为 30 mm。

③加劲肋设计

加劲肋按悬臂梁计算，将自板底传来的基础反力看作荷载。为简化计算，以 σ_{max} 作为均布荷载作用于底板上，故可根据作用在加劲肋的剪力计算出加劲肋上的焊缝长度，再由焊缝长度确定加劲肋高度。

拟定加劲肋宽为 250 mm，故加劲肋上的剪力为：

$$V = \sigma_{max} BL = 2.03 \times 250 \times 260 = 131.95\ \text{kN}$$

$$l_w = \frac{V}{h_e f_f^w} = \frac{131.95 \times 10^3}{2 \times 0.7 \times 7 \times 200} = 67.32\ \text{mm}$$

加劲肋高度 $h_b = l_w + 2h_f = 67 + 14 = 81\ \text{mm}$

考虑制作安装等过程中的一些不利因素，实际取高度为 380 mm，其厚度为 15 mm。

④确定锚栓直径

由于 $\sigma_{min} > 0$，底板与基础间不存在拉应力，因此锚栓直径按构造确定取 $d = 30$ mm

6）绘制结构设计图

结构设计图的部分图纸见附录 1。

12.2 高层房屋钢结构设计实例

12.2.1 设计任务书

1）提供条件

①概况：该工程为某科技研发办公楼，总层数为 12 层，首层层高为 4.2 m，其余各楼层层高均为 3.5 m，平面尺寸为 33.6 m×24.8 m，总建筑面积约为 10 000 m²。

②抗震设防要求：设防烈度为 7 度，设计基本地震加速度为 0.10 g，设计地震分组为第一组，Ⅱ类建筑场地。

③气象资料：基本风压 0.4 kN/m²，东南偏东风为主导风向，地面粗糙程度 B 类，基本雪压 0.4 kN/m²。

2）设计内容与要求

①根据建筑施工图的要求确定结构方案和结构布置；

②根据所选结构方案，计算框架结构内力和位移；

③完成构件和节点设计；

④绘制结构设计图。

12.2.2 钢框架设计

1)结构选型与布置

按建筑设计方案要求,本工程采用 12 层钢框架-支撑结构。钢材选用 Q345B 钢,焊条 E50;混凝土等级为 C30。楼、屋盖采用压型钢板-钢筋混凝土非组合楼板,压型钢板-钢筋混凝土非组合楼板的总厚度为 175 mm,压型钢板采用 YX-75-230-690(Ⅰ)-1.0。基础采用桩基础,内外墙均采用蒸压加气混凝土砌块。钢框架的纵向柱距为 8.4 m,横向柱距分别为 8.4,8.4,8 m;纵横向框架梁与框架柱均为刚接,次梁与框架梁采用上表面平齐铰接连接方式,次梁间距主要为 2 m。框架柱选用箱形截面,钢梁选用 H 型钢。结构布置如图 12.19 所示,其初选构件特性如表 12.9 ~ 表 12.11 所示。

表 12.9 梁截面几何特性

构件类型	代 号	钢材编号	截面尺寸 $h \times b \times t \times t_{\mathrm{f}}$/mm	A/cm²	I_x/cm⁴	W_x/cm³	S_x/cm³	i_x/cm	i_y/cm
主梁	GKL-1	Q345B	H700×300×13×24	235.5	201 000	5 760	6 805	29.3	6.78
横向次梁	CL1	Q345B	H646×299×10×15	152.75	108 783	3 368	1 889	26.81	6.64
纵向次梁	CL2	Q345B	H298×149×5.5×8	41.55	6 460	433	227	12.4	3.26

表 12.10 柱截面几何特性

构件类型	代 号	钢材编号	截面尺寸 $h \times b \times t \times t_{\mathrm{f}}$/mm	A/cm²	I_x/cm⁴	W_x/cm³	i_x/cm
1 层边柱	GKZ-1	Q345B	箱 500×500×40×40	736	261 525	10 461	18.85
1 层中柱	GKZ-2	Q345B	箱 550×550×50×50	1 000	420 833	15 303	20.51
2—6 层柱	GKZ-1	Q345B	箱 500×500×40×40	736	261 525	10 461	18.85
7 至顶层柱	GKZ-3	Q345B	箱 450×450×25×25	425	128 385	5 706	17.38

表 12.11 支撑截面几何特性

构件类型	代 号	钢材编号	截面尺寸 $h \times b \times t \times t_{\mathrm{f}}$/mm	A/cm²	I_x/cm⁴	W_x/cm³	i_x/cm
支撑	GZC1	Q345B	H300×300×10×15	120.4	20 500	1 370	13.1

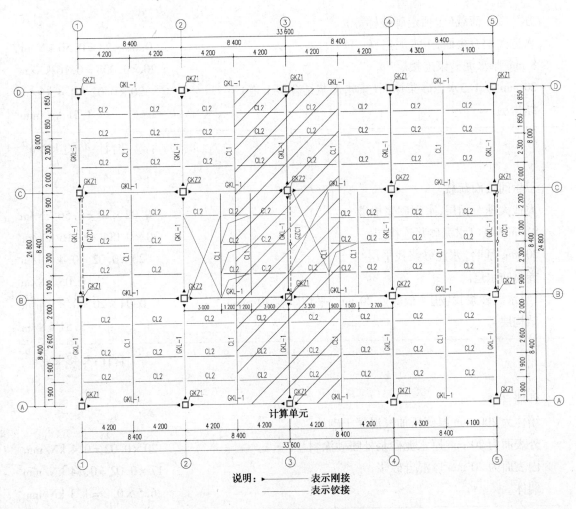

图 12.19　标准层结构平面布置图

2) 作用效应分析与组合

(1) 荷载标准值计算

①恒荷载标准值计算:

屋面荷载

三毡四油绿豆砂卷材防水卷层	$0.4\ \text{kN/m}^2$
20 mm 厚 1:3 水泥砂浆找平层	$0.02 \times 20 = 0.4\ \text{kN/m}^2$
70 mm 厚水泥膨胀珍珠岩板保温层	$0.07 \times 4 = 0.28\ \text{kN/m}^2$
1:8 水泥珍珠岩找坡 2%(最薄处 30 mm,平均 150 mm)	$0.15 \times 4 = 0.6\ \text{kN/m}^2$

结构层:压型钢板、混凝土非组合屋(楼)板自重(多波形 V-230,波高 75 mm,板厚 1.0 mm,楼板折实高度为 137.5 mm)　　　　　　$7.8 \times 10^{-3} \times 9.8 + 25 \times 0.137\ 5 = 3.51\ \text{kN/m}^2$

合计:$5.19\ \text{kN/m}^2$

办公楼面荷载(包括走廊楼梯等)

人造大理石楼面,干水泥擦缝	$0.02 \times 28 = 0.56 \ kN/m^2$
8 mm 厚水泥砂浆连接层	$20 \times 0.008 = 0.16 \ kN/m^2$
20 mm 厚 1∶3 水泥砂浆抹面(素水泥浆结合层 1 道)	$20 \times 0.02 = 0.4 \ kN/m^2$
结构层	$3.51 \ kN/mm^2$

合计:4.63 kN/m²

卫生间楼面荷载

人造大理石面层,水泥砂浆擦缝	$0.02 \times 28 = 0.56 \ kN/m^2$
8 mm 厚 1∶1 水泥砂浆连接层	$20 \times 0.008 = 0.16 \ kN/m^2$
20 mm 厚 1∶3 水泥砂浆找平层	$20 \times 0.02 = 0.4 \ kN/m^2$
卷材防水层	$0.05 \ kN/m^2$
1∶3水泥砂浆找坡层(最薄处 20 mm,平均厚度 40 mm)	$0.04 \times 20 = 0.8 \ kN/m^2$
结构层	$3.51 \ kN/m^2$

合计:5.48 kN/m²

外墙自重

墙体为 200 mm 厚蒸压加气混凝土砌块

外表面为 20 mm 厚水泥砂浆外喷砂涂料	$20 \times 0.02 = 0.4 \ kN/mm^2$
内表面为 20 mm 厚混合砂浆	$17 \times 0.02 = 0.34 \ kN/mm^2$
墙体	$6.5 \times 0.2 = 1.3 \ kN/mm^2$

合计:2.04 kN/m²

内墙自重

墙体 150 mm 加气混凝土砌块	$6.5 \times 0.15 = 0.975 \ kN/m^2$
内外双面 20 mm 厚混合砂浆	$2 \times 0.02 \times 17 = 0.68 \ kN/m^2$

合计:1.655 kN/m²

钢梁自重

框架梁:

CKL-1(H700×300×13×24)	$78.5 \times 23 \ 550 \times 10^{-6} = 1.849 \ kN/m^2$

次梁:

CL1(H646×299×10×15)	$78.5 \times 15 \ 275 \times 10^{-6} = 1.199 \ kN/m^2$
CL2(H298×149×5.5×8)	$78.5 \times 4 \ 155 \times 10^{-6} = 0.326 \ kN/m^2$

钢柱自重

CKZ1(箱 600 × 600 × 30 × 30)   78.5 × 68 400 × 10^{-6} = 5.369 kN/m^2

CKZ2(箱 600 × 600 × 40 × 40)   78.5 × 89 600 × 10^{-6} = 7.034 kN/m^2

CKZ3(箱 500 × 500 × 20 × 20)   78.5 × 38 400 × 10^{-6} = 3.014 kN/m^2

支撑自重

ZC1(H400 × 4 080 × 21 × 21)   78.5 × 24 654 × 10^{-6} = 1.935 kN/m^2

门窗自重

木门   0.2 kN/m^2

塑钢门   0.45 kN/m^2

②活荷载标准值计算:

上人屋面   2.0 kN/m^2

一般楼面   2.0 kN/m^2

走廊   2.5 kN/m^2

楼梯、门厅   3.5 kN/m^2

卫生间   2.5 kN/m^2

③雪荷载标准值:

基本雪压为 0.4 kN/m^2。

雪载:因平屋面,其积雪分布系数 $\mu_r = 1.0$

屋面活荷载与雪荷载不同时考虑,取两者中较大值。

④风荷载标准值:

$$w_k = \beta_z \mu_s \mu_z w_0$$

风振系数为 1.0;体型系数为 1.0;风压高度变化系数二层至屋面层分别为:1.0,1.0,1.03,1.12,1.19,1.26,1.31,1.37,1.42,1.46,1.51,1.55;基本风压为 0.4 kN/m^2。

⑤地震作用标准值:

设防烈度为 7 度,设计基本地震加速度为 0.10g,设计地震分组为第一组,Ⅱ类建筑场地。

③轴框架恒载、活载、风荷载及地震荷载布置如图 12.20 ~ 图 12.23 所示。

(2)结构侧移计算与验算

经计算分析获得结构侧向位移,然后检验其是否满足规范要求。

①风荷载作用下的位移验算:

层间位移角最大值 1/1 736 < 1/400,满足要求;

柱顶位移角最大值 1/2 409 < 1/500,满足要求。

②地震作用下的位移计算:

层间位移角最大值 1/1 043 < 1/250,满足要求;

柱顶位移角最大值 1/1 452 < 1/300,满足要求。

图 12.20 ③轴框架恒载布置图(单位:均布荷载 kN/m,集中荷载 kN)

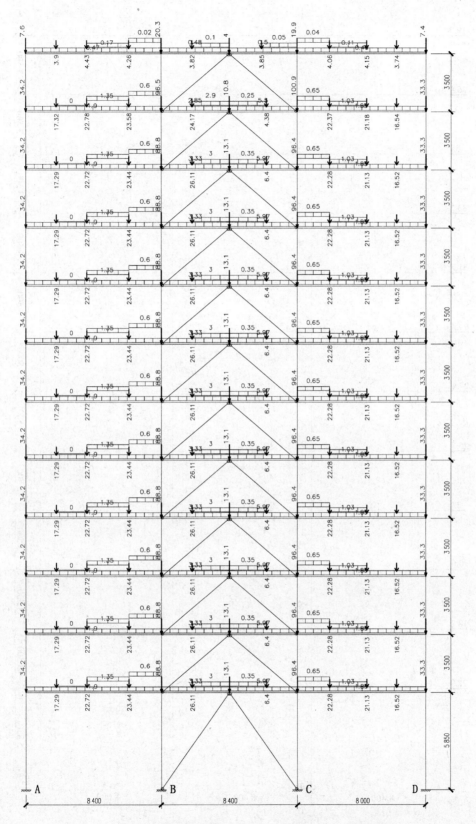

图 12.21 ③轴框架活载布置图(单位:均布荷载 kN/m,集中荷载 kN)

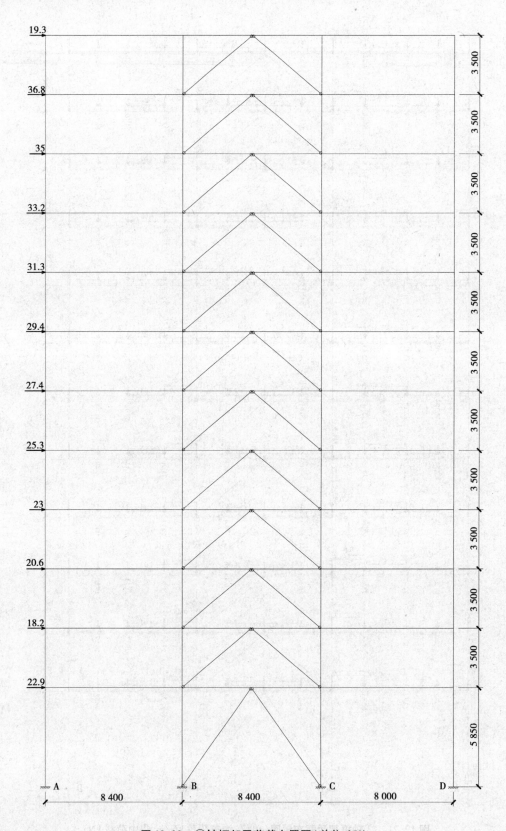

图 12.22　③轴框架风荷载布置图(单位:kN)

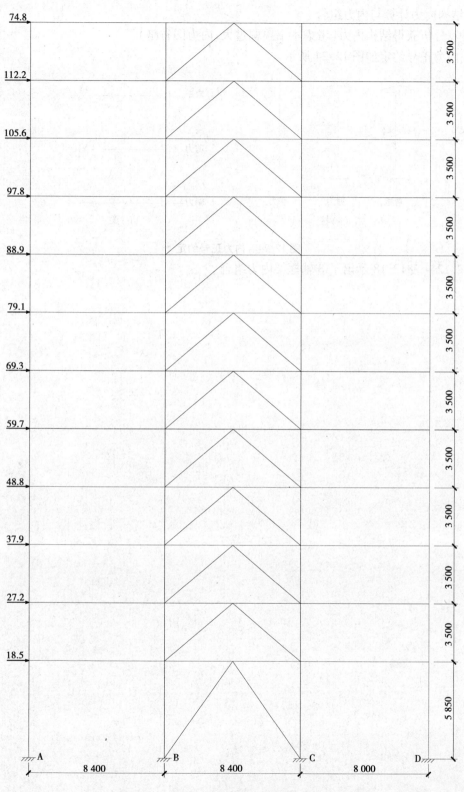

图 12.23 ③轴框架地震荷载布置图(单位:kN)

（3）结构内力计算与内力组合

经计算分析获得结构内力（考虑本书篇幅过大，内力图省略）。

梁柱内力正号约定如图12.24所示。

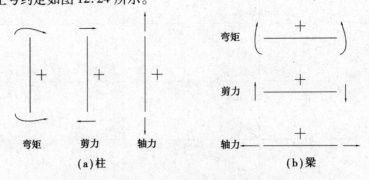

图12.24　内力正号约定

表12.12～表12.18示出了③轴框架内力组合。

表12.12 ③轴框架梁内力组合(基本组合)

杆件	跨向	截面	内力	恒载	活载	风载 左风	风载 右风	1.35恒+1.4×0.7活	1.2恒+1.4活	1.2恒+1.4×(0.6×风+活) 左风	1.2恒+1.4×(0.6×风+活) 右风
屋面横梁	AB跨	梁左端	M	-93.0	-39.4	23.80	-23.80	-164.16	-166.76	-146.77	-186.75
			V	76.9	14.3	-6.00	6.00	117.83	112.30	107.26	117.34
		跨中	M	94.4	6.0	-1.45	1.45	133.32	121.68	120.46	122.90
		梁右端	M	-115.3	20.3	-26.70	26.70	-135.76	-109.94	-132.37	-87.51
			V	-81.5	0.0	-6.00	6.00	-110.03	-97.80	-102.84	-92.76
	BC跨	梁左端	M	-79.1	8.6	-11.60	11.60	-98.36	-82.88	-92.62	-73.14
			V	50.4	-0.4	2.80	-2.80	67.65	59.92	62.27	57.57
		跨中	M	-4.6	-5.1	0.00	0.00	-11.21	-12.66	-12.66	-12.66
		梁右端	M	-73.5	9.1	11.60	-11.60	-90.31	-75.46	-65.72	-85.20
			V	-47.0	0.7	2.80	-2.80	-62.76	-55.42	-53.07	-57.77
	CD跨	梁左端	M	-104.5	22.2	27.10	-27.10	-119.32	-94.32	-71.56	-117.08
			V	77.5	-0.9	-6.40	6.40	103.74	91.74	86.36	97.12
		跨中	M	87.0	6.0	1.45	-1.45	123.33	112.80	114.02	111.58
		梁右端	M	-84.5	-39.0	-24.20	24.20	-152.30	-156.00	-176.33	-135.67
			V	-73.1	-14.6	-6.40	6.40	-112.99	-108.16	-113.54	-102.78
12层横梁	AB跨	梁左端	M	-158.8	-82.5	35.70	-35.70	-295.23	-306.06	-276.07	-336.05
			V	114.3	39.7	-8.50	8.50	193.21	192.74	185.60	199.88
		跨中	M	141.8	31.3	-0.10	0.10	222.10	213.98	213.90	214.06
		梁右端	M	-158.3	-15.1	-35.90	35.90	-228.50	-211.10	-241.26	-180.94
			V	-116.9	-26.2	-8.50	8.50	-183.49	-176.96	-184.10	-169.82

续表

杆件	跨向	截面	内力	恒载	活载	风载		1.35恒+1.4×0.7活	1.2恒+1.4活	1.2恒+1.4×(0.6×风+活)	
						左风	右风			左风	右风
12层横梁	BC跨	梁左端	M	-92.8	-18.1	-5.60	5.60	-143.02	-136.70	-141.40	-132.00
			V	62.4	17.2	1.30	-1.30	101.10	98.96	100.05	97.87
		跨中	M	-24.7	-9.8	0.10	-0.10	-42.95	-43.36	-43.28	-43.44
		梁右端	M	-77.3	-13.6	5.80	-5.80	-117.68	-111.80	-106.93	-116.67
			V	-55.4	-15.3	1.30	-1.30	-89.78	-87.90	-86.81	-88.99
	CD跨	梁左端	M	-138.0	-8.0	36.50	-36.50	-194.14	-176.80	-146.14	-207.46
			V	110.5	23.2	-9.10	9.10	171.91	165.08	157.44	172.72
		跨中	M	133.8	29.2	0.05	-0.05	209.25	201.44	201.48	201.40
		梁右端	M	-149.6	-79.6	-36.40	36.40	-279.97	-290.96	-321.54	-260.38
			V	-110.6	-38.9	-9.10	9.10	-187.43	-187.18	-194.82	-179.54
	AB跨	梁左端	M	-177.0	-81.8	40.20	-40.20	-319.11	-326.92	-293.15	-360.69
			V	118.5	39.5	-9.60	9.60	198.69	197.50	189.44	205.56
		跨中	M	139.8	31.1	-0.15	0.15	219.21	211.30	211.17	211.43
		梁右端	M	-141.0	-16.6	-40.50	40.50	-206.62	-192.44	-226.46	-158.42
			V	-112.6	-26.5	-9.60	9.60	-177.98	-172.22	-180.28	-164.16
11层横梁	BC跨	梁左端	M	-70.4	-14.6	-2.30	2.30	-109.35	-104.92	-106.85	-102.99
			V	52.0	17.1	0.50	-0.50	86.96	86.34	86.76	85.92
		跨中	M	-45.5	-16.2	0.10	-0.10	-77.30	-77.28	-77.20	-77.36
		梁右端	M	-54.9	-10.1	2.50	-2.50	-84.01	-80.02	-77.92	-82.12
			V	-45.0	-15.1	0.50	-0.50	-75.55	-75.14	-74.72	-75.56

层	跨	位置									
11层横梁	CD跨	梁左端	M	-120.8	-9.5	-41.50	41.50	-172.39	-158.26	-123.40	-193.12
			V	106.0	23.6	10.30	-10.30	166.23	160.24	151.59	168.89
		跨中	M	131.8	29.1	-0.25	0.25	206.45	198.90	199.11	198.69
		梁右端	M	-168.1	-78.8	41.00	-41.00	-304.16	-312.04	-346.48	-277.60
			V	-115.1	-38.5	10.30	-10.30	-193.12	-192.02	-200.67	-183.37
	AB跨	梁左端	M	-187.5	-80.5	-45.00	45.00	-332.02	-337.70	-299.90	-375.50
			V	121.3	39.2	10.30	-10.30	202.17	200.44	191.79	209.09
		跨中	M	139.8	31.6	0.00	0.00	219.70	212.00	212.00	212.00
		梁右端	M	-128.3	-17.2	45.00	-45.00	-190.06	-178.04	-215.84	-140.24
			V	-109.9	-26.7	10.30	-10.30	-174.53	-169.26	-177.91	-160.61
10层横梁	BC跨	梁左端	M	-52.9	-10.8	-0.50	0.50	-82.00	-78.60	-78.18	-79.02
			V	43.2	15.0	0.10	-0.10	73.02	72.84	72.76	72.92
		跨中	M	-64.6	-21.6	-0.10	0.10	-108.38	-107.76	-107.68	-107.84
		梁右端	M	-37.7	-6.1	0.30	-0.30	-56.87	-53.78	-54.03	-53.53
			V	-36.5	-13.0	0.10	-0.10	-62.02	-62.00	-62.08	-61.92
	CD跨	梁左端	M	-108.0	-10.1	-46.20	46.20	-155.70	-143.74	-104.93	-182.55
			V	103.1	23.7	11.60	-11.60	162.41	156.90	147.16	166.64
		跨中	M	132.1	29.7	0.00	0.00	207.44	200.10	200.10	200.10
		梁右端	M	-178.3	-77.4	46.20	-46.20	-316.56	-322.32	-361.13	-283.51
			V	-118.0	-38.4	11.60	-11.60	-196.93	-195.36	-205.10	-185.62

续表

杆件	跨向	截面	内力	恒载	活载	风载		1.35恒+1.4×0.7活	1.2恒+1.4活	1.2恒+1.4×(0.6×风+活)	
						左风	右风			左风	右风
9层横梁	AB跨	梁左端	M	-193.6	-78.5	49.20	-49.20	-338.29	-342.22	-300.89	-383.55
			V	122.9	38.7	-11.60	11.60	203.84	201.66	191.92	211.40
		跨中	M	139.8	31.7	0.10	-0.10	219.80	212.14	212.22	212.06
		梁右端	M	-120.6	-19.1	-49.00	49.00	-181.53	-171.46	-212.62	-130.30
			V	-108.3	-27.2	-11.60	11.60	-172.86	-168.04	-177.78	-158.30
	BC跨	梁左端	M	-35.7	-6.6	3.30	-3.30	-54.66	-52.08	-49.31	-54.85
			V	34.7	12.6	-0.80	0.80	59.19	59.28	58.61	59.95
		跨中	M	-83.6	-27.0	0.15	-0.15	-139.32	-138.12	-137.99	-138.25
		梁右端	M	-21.1	-2.0	-3.00	3.00	-30.45	-28.12	-30.64	-25.60
			V	-28.0	-10.6	-0.80	0.80	-48.19	-48.44	-49.11	-47.77
	CD跨	梁左端	M	-100.5	-12.0	50.20	-50.20	-147.44	-137.40	-95.23	-179.57
			V	101.5	24.2	-12.60	12.60	160.74	155.68	145.10	166.26
		跨中	M	132.3	29.7	-0.25	0.25	207.71	200.34	200.13	200.55
		梁右端	M	-184.6	-75.4	-50.70	50.70	-323.10	-327.08	-369.67	-284.49
			V	-119.8	-37.9	-12.60	12.60	-198.87	-196.82	-207.40	-186.24
8层横梁	AB跨	梁左端	M	-195.1	-74.5	52.20	-52.20	-336.40	-338.42	-294.57	-382.27
			V	123.5	38.0	-12.30	12.30	203.97	201.40	191.07	211.73
		跨中	M	140.6	32.9	0.35	-0.35	222.05	214.78	215.07	214.49
		梁右端	M	-117.3	-21.7	-51.50	51.50	-179.62	-171.14	-214.40	-127.88
			V	-107.6	-28.0	-12.30	12.30	-172.70	-168.32	-178.65	-157.99

层	跨	位置	M/V								
8层横梁	BC跨	梁左端	M	-22.1	-3.8	5.90	-5.90	-33.56	-31.84	-26.88	-36.80
			V	27.2	10.8	-1.40	1.40	47.30	47.76	46.58	48.94
		跨中	M	-101.5	-31.8	0.15	-0.15	-168.19	-166.32	-166.19	-166.45
		梁右端	M	-7.6	0.8	-5.60	5.60	-9.48	-8.00	-12.70	-3.30
			V	-20.5	-8.8	-1.40	1.40	-36.30	-36.92	-38.10	-35.74
	CD跨	梁左端	M	-97.1	14.6	53.00	-53.00	-116.78	-96.08	-51.56	-140.60
			V	101.0	25.1	-13.30	13.30	160.95	156.34	145.17	167.51
		跨中	M	133.1	30.7	-0.35	0.35	209.77	202.70	202.41	202.99
		梁右端	M	-185.8	-71.3	-53.70	53.70	-320.70	-322.78	-367.89	-277.67
			V	-120.4	-37.0	-13.30	13.30	-198.80	-196.28	-207.45	-185.11
	AB跨	梁左端	M	-216.8	-74.8	58.20	-58.20	-365.98	-364.88	-315.99	-413.77
			V	124.8	37.5	-13.80	13.80	205.23	202.26	190.67	213.85
		跨中	M	124.0	30.3	0.40	-0.40	197.09	191.22	191.56	190.88
		梁右端	M	-127.9	-26.6	-57.40	57.40	-198.73	-190.72	-238.94	-142.50
			V	-106.4	-28.6	-13.80	13.80	-171.67	-167.72	-179.31	-156.13
7层横梁	BC跨	梁左端	M	-31.7	-10.8	13.30	-13.30	-53.38	-53.16	-41.99	-64.33
			V	37.4	14.8	-3.20	3.20	64.99	65.60	62.91	68.29
		跨中	M	-68.6	-22.0	0.10	-0.10	-114.17	-113.12	-113.04	-113.20
		梁右端	M	-18.8	-6.4	-13.10	13.10	-31.65	-31.52	-42.52	-20.52
			V	-31.0	-13.0	-3.20	3.20	-54.59	-55.40	-58.09	-52.71

续表

杆件	跨向	截面	内力	恒载	活载	风载 左风	风载 右风	1.35恒+1.4×0.7活	1.2恒+1.4活	1.2恒+1.4×(0.6×风+活) 左风	1.2恒+1.4×(0.6×风+活) 右风
7层横梁	CD跨	梁左端	M	-109.1	-19.7	59.20	-59.20	-166.59	-158.50	-108.77	-208.23
			V	100.0	25.7	-15.00	15.00	160.19	155.98	143.38	168.58
		跨中	M	117.0	28.2	-0.50	0.50	185.59	179.88	179.46	180.30
		梁右端	M	-205.6	-71.5	-60.20	60.20	-347.63	-346.82	-397.39	-296.25
			V	-121.3	-36.4	-15.00	15.00	-199.43	-196.52	-209.12	-183.92
	AB跨	梁左端	M	-216.3	-74.8	62.00	-62.00	-365.31	-364.28	-312.20	-416.36
			V	124.6	37.2	-14.60	14.60	204.67	201.60	189.34	213.86
		跨中	M	124.1	29.7	0.40	-0.40	196.64	190.50	190.84	190.16
		梁右端	M	-128.0	-28.5	-61.20	61.20	-200.73	-193.50	-244.91	-142.09
			V	-106.5	-28.7	-14.60	14.60	-171.90	-167.98	-180.24	-155.72
	BC跨	梁左端	M	-24.1	-7.8	19.50	-19.50	-40.18	-39.84	-23.46	-56.22
			V	33.2	13.3	-4.60	4.60	57.85	58.46	54.60	62.32
		跨中	M	-78.3	-25.1	0.15	-0.15	-130.30	-129.10	-128.97	-129.23
		梁右端	M	-11.1	-3.6	-19.20	19.20	-18.51	-18.36	-34.49	-2.23
			V	-26.8	-11.5	-4.60	4.60	-47.45	-48.26	-52.12	-44.40
6层横梁	CD跨	梁左端	M	-109.1	-21.7	63.50	-63.50	-168.55	-161.30	-107.96	-214.64
			V	100.0	26.0	-16.00	16.00	160.48	156.40	142.96	169.84
		跨中	M	117.1	27.5	-0.50	0.50	185.04	179.02	178.60	179.44
		梁右端	M	-205.3	-71.3	-64.50	64.50	-347.03	-346.18	-400.36	-292.00
			V	-121.3	-36.2	-16.00	16.00	-199.23	-196.24	-209.68	-182.80

楼层/梁	跨	位置	内力								
5层横梁	AB跨	梁左端	M	−211.5	−70.5	62.50	−62.50	−354.62	−352.50	−300.00	−405.00
			V	123.5	36.2	−14.80	14.80	202.20	198.88	186.45	211.31
		跨中	M	124.8	30.2	0.55	−0.55	198.08	192.04	192.50	191.58
		梁右端	M	−132.5	−32.0	−61.40	61.40	−210.24	−203.80	−255.38	−152.22
			V	−107.5	−29.7	−14.80	14.80	−174.23	−170.58	−183.01	−158.15
	BC跨	梁左端	M	−15.3	−5.6	23.00	−23.00	−26.14	−26.20	−6.88	−45.52
			V	28.7	12.1	−5.50	5.50	50.60	51.38	46.76	56.00
		跨中	M	−88.3	−27.8	0.15	−0.15	−146.45	−144.88	−144.75	−145.01
		梁右端	M	−2.6	−1.4	−22.70	22.70	−4.88	−5.08	−24.15	13.99
			V	−22.5	−10.3	−5.50	5.50	−40.47	−41.42	−46.04	−36.80
	CD跨	梁左端	M	−113.8	−25.5	63.70	−63.70	−178.62	−172.26	−118.75	−225.77
			V	101.1	27.0	−16.10	16.10	162.95	159.12	145.60	172.64
		跨中	M	117.8	28.0	−0.60	0.60	186.47	180.56	180.06	181.06
		梁右端	M	−200.3	−66.9	−64.90	64.90	−335.97	−334.02	−388.54	−279.50
			V	−120.0	−35.0	−16.10	16.10	−196.30	−193.00	−206.52	−179.48
4层横梁	AB跨	梁左端	M	−203.6	−66.5	61.50	−61.50	−340.03	−337.42	−285.76	−389.08
			V	121.8	35.4	−14.50	14.50	199.12	195.72	183.54	207.90
		跨中	M	125.8	30.7	0.65	−0.65	199.92	193.94	194.49	193.39
		梁右端	M	−139.6	−36.0	−60.20	60.20	−223.74	−217.92	−268.49	−167.35
			V	−109.4	−30.7	−14.50	14.50	−177.78	−174.26	−186.44	−162.08

续表

杆件	跨向	截面	内力	恒载	活载	风载 左风	风载 右风	1.35恒+1.4×0.7活	1.2恒+1.4活	1.2恒+1.4×(0.6×风+活) 左风	右风
4层横梁	BC跨	梁左端	M	-7.6	-3.6	26.70	-26.70	-13.79	-14.16	8.27	-36.59
		梁左端	V	24.7	11.1	-6.30	6.30	44.22	45.18	39.89	50.47
		跨中	M	-98.0	-30.7	0.10	-0.10	-162.39	-160.58	-160.50	-160.66
		梁右端	M	5.0	0.6	-26.50	26.50	7.34	6.84	-15.42	29.10
		梁右端	V	-18.3	-9.1	-6.30	6.30	-33.62	-34.70	-39.99	-29.41
	CD跨	梁左端	M	-121.1	-29.6	62.50	-62.50	-192.49	-186.76	-134.26	-239.26
		梁左端	V	103.1	28.1	-15.80	15.80	166.72	163.06	149.79	176.33
		跨中	M	118.5	28.3	-0.60	0.60	187.71	181.82	181.32	182.32
		梁右端	M	-192.3	-62.5	-63.70	63.70	-320.86	-318.26	-371.77	-264.75
		梁右端	V	-118.1	-34.0	-15.80	15.80	-192.76	-189.32	-202.59	-176.05
3层横梁	AB跨	梁左端	M	-191.8	-62.0	58.50	-58.50	-319.69	-316.96	-267.82	-366.10
		梁左端	V	119.0	34.2	-13.80	13.80	194.17	190.68	179.09	202.27
		跨中	M	126.8	30.8	0.75	-0.75	201.36	195.28	195.91	194.65
		梁右端	M	-151.8	-41.0	-57.00	57.00	-245.11	-239.56	-287.44	-191.68
		梁右端	V	-112.1	-31.7	-13.80	13.80	-182.40	-178.90	-190.49	-167.31
	BC跨	梁左端	M	2.3	-0.4	30.20	-30.20	2.71	2.20	27.57	-23.17
		梁左端	V	19.7	9.6	-7.10	7.10	36.00	37.08	31.12	43.04
		跨中	M	-108.4	-33.9	0.05	-0.05	-179.56	-177.54	-177.50	-177.58
		梁右端	M	14.8	3.8	-30.10	30.10	23.70	23.08	-2.20	48.36
		梁右端	V	-13.5	-7.6	-7.10	7.10	-25.67	-26.84	-32.80	-20.88

			M/V								
3层横梁	CD跨	梁左端	M	-133.8	-34.7	59.20	-59.20	-214.64	-209.14	-159.41	-258.87
			V	106.3	29.2	-15.00	15.00	172.12	168.44	155.84	181.04
		跨中	M	119.3	28.5	-0.85	0.85	188.99	183.06	182.35	183.77
		梁右端	M	-180.1	-58.0	-60.90	60.90	-299.98	-297.32	-348.48	-246.16
			V	-115.0	-32.9	-15.00	15.00	-187.49	-184.06	-196.66	-171.46
	AB跨	梁左端	M	-183.6	-55.2	64.40	-64.40	-301.96	-297.60	-243.50	-351.70
			V	126.5	33.0	-15.10	15.10	203.12	198.00	185.32	210.68
		跨中	M	151.6	33.2	0.70	-0.70	237.20	228.40	228.99	227.81
		梁右端	M	-183.6	-44.2	-63.00	63.00	-291.18	-282.20	-335.12	-229.28
			V	-129.8	-33.0	-15.10	15.10	-207.57	-201.96	-214.64	-189.28
2层横梁	BC跨	梁左端	M	36.9	12.0	45.50	-45.50	61.58	61.08	99.30	22.86
			V	2.5	2.5	-10.80	10.80	5.83	6.50	-2.57	15.57
		跨中	M	-168.1	-50.9	0.05	-0.05	-276.82	-272.98	-272.94	-273.02
		梁右端	M	51.0	16.2	-45.40	45.40	84.73	83.88	45.74	122.02
			V	5.6	-0.7	-10.80	10.80	6.87	5.74	-3.33	14.81
	CD跨	梁左端	M	-163.6	-38.0	65.30	-65.30	-258.10	-249.52	-194.67	-304.37
			V	123.5	30.6	-16.50	16.50	196.71	191.04	177.18	204.90
		跨中	M	143.1	30.7	-0.75	0.75	223.27	214.70	214.07	215.33
		梁右端	M	-171.3	-51.0	-66.80	66.80	-281.24	-276.96	-333.07	-220.85
			V	-122.1	-31.6	-16.50	16.50	-195.80	-190.76	-204.62	-176.90

表12.13　③轴框架梁内力组合（考虑地震组合）

杆件	跨向	截面	内力	恒载	活载	地震		1.2×(恒+0.5×活)+1.3×地震	
						左震	右震	左震	右震
屋面横梁	AB跨	梁左端	M	-93.0	-39.4	50.5	-50.50	-69.59	-200.89
			V	76.9	14.3	-12.8	12.80	84.22	117.50
		跨中	M	94.4	6.0	-3.1	3.10	112.85	120.91
		梁右端	M	-115.3	20.3	-56.7	56.70	-199.89	-52.47
			V	-81.5	0.0	-12.8	12.80	-114.44	-81.16
	BC跨	梁左端	M	-79.1	8.6	-25.2	25.20	-122.52	-57.00
			V	50.4	-0.4	6.0	-6.00	68.04	52.44
		跨中	M	-4.6	-5.1	0.2	-0.15	-8.39	-8.78
		梁右端	M	-73.5	9.1	25.5	-25.50	-49.59	-115.89
			V	-47.0	0.7	6.0	-6.00	-48.18	-63.78
	CD跨	梁左端	M	-104.5	22.2	57.5	-57.50	-37.33	-186.83
			V	77.5	-0.9	-13.6	13.60	74.78	110.14
		跨中	M	87.0	6.0	3.3	-3.25	112.23	103.78
		梁右端	M	-84.5	-39.0	-51.0	51.00	-191.10	-58.50
			V	-73.1	-14.6	-13.6	13.60	-114.16	-78.80
12层横梁	AB跨	梁左端	M	-158.8	-82.5	77.1	-77.10	-139.83	-340.29
			V	114.3	39.7	-18.3	18.30	137.19	184.77
		跨中	M	141.8	31.3	-0.2	0.20	188.68	189.20
		梁右端	M	-158.3	-15.1	-77.5	77.50	-299.77	-98.27
			V	-116.9	-26.2	-18.3	18.30	-179.79	-132.21

楼层	跨	位置							
12层横梁	BC 跨	梁左端	M	-92.8	-18.1	-12.6	12.60	-138.60	-105.84
			V	62.4	17.2	3.0	-3.00	89.10	81.30
		跨中	M	-24.7	-9.8	0.1	-0.10	-35.39	-35.65
		梁右端	M	-77.3	-13.6	12.8	-12.80	-84.28	-117.56
			V	-55.4	-15.3	3.0	-3.00	-71.76	-79.56
	CD 跨	梁左端	M	-138.0	-8.0	79.1	-79.10	-67.57	-273.23
			V	110.5	23.2	-19.7	19.70	120.91	172.13
		跨中	M	133.8	29.2	0.1	-0.15	178.28	177.89
		梁右端	M	-149.6	-79.6	-78.8	78.80	-329.72	-124.84
			V	-110.6	-38.9	-19.7	19.70	-181.67	-130.45
11层横梁	AB 跨	梁左端	M	-177.0	-81.8	89.5	-89.50	-145.13	-377.83
			V	118.5	39.5	-21.2	21.20	138.34	193.46
		跨中	M	139.8	31.1	-0.1	0.15	186.23	186.62
		梁右端	M	-141.0	-16.6	-89.8	89.80	-295.90	-62.42
			V	-112.6	-26.5	-21.2	21.20	-178.58	-123.46
	BC 跨	梁左端	M	-70.4	-14.6	-7.6	7.60	-103.12	-83.36
			V	52.0	17.1	1.8	-1.80	75.00	70.32
		跨中	M	-45.5	-16.2	0.0	0.00	-64.32	-64.32
		梁右端	M	-54.9	-10.1	7.6	-7.60	-62.06	-81.82
			V	-45.0	-15.1	1.8	-1.80	-60.72	-65.40

续表

杆件	跨向	截面	内力	恒载	活载	地震		1.2×(恒+0.5×活)+1.3×地震	
						左震	右震	左震	右震
11层横梁	CD跨	梁左端	M	-120.8	-9.5	92.0	-92.00	-31.06	-270.26
			V	106.0	23.6	-22.8	22.80	111.72	171.00
		跨中	M	131.8	29.1	0.3	-0.25	175.95	175.30
		梁右端	M	-168.1	-78.8	-91.5	91.50	-367.95	-130.05
			V	-115.1	-38.5	-22.8	22.80	-190.86	-131.58
	AB跨	梁左端	M	-187.5	-80.5	100.4	-100.40	-142.78	-403.82
			V	121.3	39.2	-23.7	23.70	138.27	199.89
		跨中	M	139.8	31.6	0.3	-0.25	187.05	186.40
		梁右端	M	-128.3	-17.2	-99.9	99.90	-294.15	-34.41
			V	-109.9	-26.7	-23.7	23.70	-178.71	-117.09
10层横梁	BC跨	梁左端	M	-52.9	-10.8	-8.1	8.10	-80.49	-59.43
			V	43.2	15.0	2.0	-2.00	63.44	58.24
		跨中	M	-64.6	-21.6	-0.2	0.15	-90.68	-90.29
		梁右端	M	-37.7	-6.1	7.8	-7.80	-38.76	-59.04
			V	-36.5	-13.0	2.0	-2.00	-49.00	-54.20
	CD跨	梁左端	M	-108.0	-10.1	102.5	-102.50	-2.41	-268.91
			V	103.1	23.7	-25.7	25.70	104.53	171.35
		跨中	M	132.1	29.7	-0.3	0.25	176.02	176.67
		梁右端	M	-178.3	-77.4	-103.0	103.00	-394.30	-126.50
			V	-118.0	-38.4	-25.7	25.70	-198.05	-131.23

层	跨	位置	内力						
9层横梁	AB跨	梁左端	M	-193.6	-78.5	107.9	-107.90	-139.15	-419.69
			V	122.9	38.7	-25.6	25.60	137.42	203.98
		跨中	M	139.8	31.7	0.6	-0.55	187.50	186.07
		梁右端	M	-120.6	-19.1	-106.8	106.80	-295.02	-17.34
			V	-108.3	-27.2	-25.6	25.60	-179.56	-113.00
	BC跨	梁左端	M	-35.7	-6.6	-11.1	11.10	-61.23	-32.37
			V	34.7	12.6	2.7	-2.70	52.71	45.69
		跨中	M	-83.6	-27.0	-0.3	0.25	-116.85	-116.20
		梁右端	M	-21.1	-2.0	10.6	-10.60	-12.74	-40.30
			V	-28.0	-10.6	2.7	-2.70	-36.45	-43.47
	CD跨	梁左端	M	-100.5	-12.0	109.8	-109.80	14.94	-270.54
			V	101.5	24.2	-27.6	27.60	100.44	172.20
		跨中	M	132.3	29.7	-0.6	0.55	175.87	177.30
		梁右端	M	-184.6	-75.4	-110.9	110.90	-410.93	-122.59
			V	-119.8	-37.9	-27.6	27.60	-202.38	-130.62
8层横梁	AB跨	梁左端	M	-195.1	-74.5	111.3	-111.30	-134.13	-423.51
			V	123.5	38.0	-26.2	26.20	136.94	205.06
		跨中	M	140.6	32.9	0.8	-0.75	189.44	187.49
		梁右端	M	-117.3	-21.7	-109.8	109.80	-296.52	-11.04
			V	-107.6	-28.0	-26.2	26.20	-179.98	-111.86

续表

杆件	跨向	截面	内力	恒载	活载	地震		1.2×(恒+0.5×活)+1.3×地震	
						左震	右震	左震	右震
8层横梁	BC跨	梁左端	M	-22.1	-3.8	14.8	-14.80	-9.56	-48.04
			V	27.2	10.8	-3.5	3.50	34.57	43.67
		跨中	M	-101.5	-31.8	0.4	-0.35	-140.43	-141.34
		梁右端	M	-7.6	0.8	-14.1	14.10	-26.97	9.69
			V	-20.5	-8.8	-3.5	3.50	-34.43	-25.33
	CD跨	梁左端	M	-97.1	14.6	113.0	-113.00	39.14	-254.66
			V	101.0	25.1	-28.5	28.50	99.21	173.31
		跨中	M	133.1	30.7	-0.8	0.75	177.17	179.12
		梁右端	M	-185.8	-71.3	-114.5	114.50	-414.59	-116.89
			V	-120.4	-37.0	-28.5	28.50	-203.73	-129.63
	AB跨	梁左端	M	-216.8	-74.8	120.8	-120.80	-148.00	-462.08
			V	124.8	37.5	-28.5	28.50	135.21	209.31
		跨中	M	124.0	30.3	1.0	-1.00	168.28	165.68
		梁右端	M	-127.9	-26.6	-118.8	118.80	-323.88	-15.00
			V	-106.4	-28.6	-28.5	28.50	-181.89	-107.79
7层横梁	BC跨	梁左端	M	-31.7	-10.8	28.7	-28.70	-7.21	-81.83
			V	37.4	14.8	-6.9	6.90	44.79	62.73
		跨中	M	-68.6	-22.0	0.3	-0.25	-95.20	-95.85
		梁右端	M	-18.8	-6.4	-28.2	28.20	-63.06	10.26
			V	-31.0	-13.0	-6.9	6.90	-53.97	-36.03

楼层	跨	位置							
7层横梁	CD跨	梁左端	M	-109.1	-19.7	122.9	-122.90	17.03	-302.51
			V	100.0	25.7	-31.0	31.00	95.12	175.72
		跨中	M	117.0	28.2	-1.0	1.00	156.02	158.62
		梁右端	M	-205.6	-71.5	-124.9	124.90	-451.99	-127.25
			V	-121.3	-36.4	-31.0	31.00	-207.70	-127.10
	AB跨	梁左端	M	-216.3	-74.8	126.3	-126.30	-140.25	-468.63
			V	124.6	37.2	-29.7	29.70	133.23	210.45
		跨中	M	124.1	29.7	0.9	-0.95	167.98	165.51
		梁右端	M	-128.0	-28.5	-124.4	124.40	-332.42	-8.98
			V	-106.5	-28.7	-29.7	29.70	-183.63	-106.41
6层横梁	BC跨	梁左端	M	-24.1	-7.8	40.2	-40.20	18.66	-85.86
			V	33.2	13.3	-9.6	9.60	35.34	60.30
		跨中	M	-78.3	-25.1	0.3	-0.25	-108.70	-109.35
		梁右端	M	-11.1	-3.6	-39.7	39.70	-67.09	36.13
			V	-26.8	-11.5	-9.6	9.60	-51.54	-26.58
	CD跨	梁左端	M	-109.1	-21.7	129.0	-129.00	23.76	-311.64
			V	100.0	26.0	-32.5	32.50	93.35	177.85
		跨中	M	117.1	27.5	-1.0	1.00	155.72	158.32
		梁右端	M	-205.3	-71.3	-131.0	131.00	-459.44	-118.84
			V	-121.3	-36.2	-32.5	32.50	-209.53	-125.03

续表

杆件	跨向	截面	内力	恒载	活载	地震 左震	地震 右震	1.2×(恒+0.5×活)+1.3×地震 左震	1.2×(恒+0.5×活)+1.3×地震 右震
5层横梁	AB跨	梁左端	M	-211.5	-70.5	124.9	-124.90	-133.73	-458.47
			V	123.5	36.2	-29.5	29.50	131.57	208.27
		跨中	M	124.8	30.2	1.2	-1.20	169.44	166.32
		梁右端	M	-132.5	-32.0	-122.5	122.50	-337.45	-18.95
			V	-107.5	-29.7	-29.5	29.50	-185.17	-108.47
	BC跨	梁左端	M	-15.3	-5.6	46.7	-46.70	38.99	-82.43
			V	28.7	12.1	-11.1	11.10	27.27	56.13
		跨中	M	-88.3	-27.8	0.3	-0.25	-122.32	-122.97
		梁右端	M	-2.6	-1.4	-46.2	46.20	-64.02	56.10
			V	-22.5	-10.3	-11.1	11.10	-47.61	-18.75
	CD跨	梁左端	M	-113.8	-25.5	127.1	-127.10	13.37	-317.09
			V	101.1	27.0	-32.0	32.00	95.92	179.12
		跨中	M	117.8	28.0	-1.2	1.20	156.60	159.72
		梁右端	M	-200.3	-66.9	-129.5	129.50	-448.85	-112.15
			V	-120.0	-35.0	-32.0	32.00	-206.60	-123.40
4层横梁	AB跨	梁左端	M	-203.6	-66.5	121.0	-121.00	-126.92	-441.52
			V	121.8	35.4	-28.5	28.50	130.35	204.45
		跨中	M	125.8	30.7	1.3	-1.25	171.01	167.76
		梁右端	M	-139.6	-36.0	-118.5	118.50	-343.17	-35.07
			V	-109.4	-30.7	-28.5	28.50	-186.75	-112.65

层	跨	位置	内力						
4层横梁	BC跨	梁左端	M	-7.6	-3.6	54.0	-54.00	58.92	-81.48
			V	24.7	11.1	-12.8	12.80	19.66	52.94
		跨中	M	-98.0	-30.7	0.3	-0.25	-135.70	-136.35
		梁右端	M	5.0	0.6	-53.5	53.50	-63.19	75.91
			V	-18.3	-9.1	-12.8	12.80	-44.06	-10.78
	CD跨	梁左端	M	-121.1	-29.6	123.0	-123.00	-3.18	-322.98
			V	103.1	28.1	-31.1	31.10	100.15	181.01
		跨中	M	118.5	28.3	-1.3	1.30	157.49	160.87
		梁右端	M	-192.3	-62.5	-125.6	125.60	-431.54	-104.98
			V	-118.1	-34.0	-31.1	31.10	-202.55	-121.69
3层横梁	AB跨	梁左端	M	-191.8	-62.0	114.5	-114.50	-118.51	-416.21
			V	119.0	34.2	-26.8	26.80	128.48	198.16
		跨中	M	126.8	30.8	1.5	-1.50	172.59	168.69
		梁右端	M	-151.8	-41.0	-111.5	111.50	-351.71	-61.81
			V	-112.1	-31.7	-26.8	26.80	-188.38	-118.70
	BC跨	梁左端	M	2.3	-0.4	61.0	-61.00	81.82	-76.78
			V	19.7	9.6	-14.5	14.50	10.55	48.25
		跨中	M	-108.4	-33.9	0.1	-0.15	-150.23	-150.62
		梁右端	M	14.8	3.8	-60.7	60.70	-58.87	98.95
			V	-13.5	-7.6	-14.5	14.50	-39.61	-1.91

续表

杆件	跨向	截面	内力	恒载	活载	地震		1.2×(恒+0.5×活)+1.3×地震	
						左震	右震	左震	右震
3层横梁	CD跨	梁左端	M	-133.8	-34.7	115.8	-115.80	-30.84	-331.92
			V	106.3	29.2	-29.3	29.30	106.99	183.17
		跨中	M	119.3	28.5	-1.6	1.60	158.18	162.34
		梁右端	M	-180.1	-58.0	-119.0	119.00	-405.62	-96.22
			V	-115.0	-32.9	-29.3	29.30	-195.83	-119.65
2层横梁	AB跨	梁左端	M	-183.6	-55.2	124.0	-124.00	-92.24	-414.64
			V	126.5	33.0	-29.2	29.20	133.64	209.56
		跨中	M	151.6	33.2	1.5	-1.45	203.73	199.96
		梁右端	M	-183.6	-44.2	-121.1	121.10	-404.27	-89.41
			V	-129.8	-33.0	-29.2	29.20	-213.52	-137.60
	BC跨	梁左端	M	36.9	12.0	89.1	-89.10	167.31	-64.35
			V	2.5	2.5	-21.2	21.20	-23.06	32.06
		跨中	M	-168.1	-50.9	0.1	-0.10	-232.13	-232.39
		梁右端	M	51.0	16.2	-88.9	88.90	-44.65	186.49
			V	5.6	-0.7	-21.2	21.20	-21.26	33.86
	CD跨	梁左端	M	-163.6	-38.0	125.6	-125.60	-55.84	-382.40
			V	123.5	30.6	-31.7	31.70	125.35	207.77
		跨中	M	143.1	30.7	-1.5	1.50	188.19	192.09
		梁右端	M	-171.3	-51.0	-128.6	128.60	-403.34	-68.98
			V	-122.1	-31.6	-31.7	31.70	-206.69	-124.27

表 12.14　③轴框架柱内力组合（一般组合）

杆件	跨向	截面	内力	恒载	活载	风载		1.35恒+1.4×0.7×活	1.2恒+1.4活	1.2恒+1.4×(0.6×风+活)		$|M_{max}|$ 及 N	N_{max} 及 M
						左风	右风			左风	右风		
顶层柱	A柱	柱顶	M	-93.0	-39.4	23.8	-23.8	-164.16	-166.76	-146.77	-186.75	186.75	-146.77
			N	-233.6	-25.6	5.4	-5.4	-340.45	-316.16	-311.62	-320.70	-320.70	-311.62
		柱底	M	-32.5	-40.9	16.2	-16.2	-83.96	-96.26	-82.65	-109.87	109.87	-82.65
			N	-233.6	-25.6	5.4	-5.4	-340.45	-316.16	-311.62	-320.70	-320.70	-311.62
	B柱	柱顶	M	36.0	-11.8	15.1	-15.1	37.04	26.68	39.36	14.00	39.36	14.00
			N	-371.2	-20.0	-14.8	14.8	-520.72	-473.44	-485.87	-461.01	-485.87	-461.01
		柱底	M	11.6	-4.5	11.6	-11.6	11.25	7.62	17.36	-2.12	17.36	-2.12
			N	-371.2	-20.0	-14.8	14.8	-520.72	-473.44	-485.87	-461.01	-485.87	-461.01
	C柱	柱顶	M	-30.8	13.1	15.3	-15.3	-28.74	-18.62	-5.77	-31.47	31.47	-5.77
			N	-362.2	-18.6	15.1	-15.1	-507.20	-460.68	-448.00	-473.36	-473.36	-448.00
		柱底	M	-9.5	5.8	11.8	-11.8	-7.14	-3.28	6.63	-13.19	13.19	6.63
			N	-362.2	-18.6	15.1	-15.1	-507.20	-460.68	-448.00	-473.36	-473.36	-448.00
	D柱	柱顶	M	84.5	39.0	24.2	-24.2	152.30	156.00	176.33	135.67	176.33	135.67
			N	-225.6	-25.2	-5.6	5.6	-329.26	-306.00	-310.70	-301.30	-310.70	-301.30
		柱底	M	30.3	39.7	16.5	-16.5	79.81	91.94	105.80	78.08	105.80	78.08
			N	-225.6	-25.2	-5.6	5.6	-329.26	-306.00	-310.70	-301.30	-310.70	-301.30
11层柱	A柱	柱顶	M	-126.4	-41.7	19.5	-19.5	-211.51	-210.06	-193.68	-226.44	226.44	-193.68
			N	-540.7	-108.0	13.3	-13.3	-835.79	-800.04	-788.87	-811.21	-811.21	-788.87
		柱底	M	-48.2	-41.2	17.3	-17.3	-105.45	-115.52	-100.99	-130.05	130.05	-100.99
			N	-540.7	-108.0	13.3	-13.3	-835.79	-800.04	-788.87	-811.21	-811.21	-788.87

续表

| 杆件 | 跨向 | 截面 | 内力 | 恒载 | 活载 | 风载 | | 1.35恒+1.4×0.7活 | 1.2恒+1.4活 | 1.2恒+1.4×(0.6×风+活) | | $\lvert M_{max} \rvert$ 及 N | N_{max} 及 M |
						左风	右风			左风	右风		
11层柱	B柱	柱顶	M	53.9	1.5	18.5	-18.5	74.24	66.78	82.32	51.24	82.32	51.24
			N	-935.0	-184.5	-31.1	31.1	-1443.06	-1380.30	-1406.42	-1354.18	-1406.42	-1354.18
		柱底	M	17.7	0.8	16.2	-16.2	24.68	22.36	35.97	8.75	35.97	8.75
			N	-935.0	-184.5	-31.1	31.1	-1443.06	-1380.30	-1406.42	-1354.18	-1406.42	-1354.18
	C柱	柱顶	M	-51.2	-0.1	18.7	-18.7	-69.22	-61.58	-45.87	-77.29	77.29	-45.87
			N	-948.2	-178.1	31.8	-31.8	-1454.61	-1387.18	-1360.47	-1413.89	-1413.89	-1360.47
		柱底	M	-16.3	0.5	16.5	-16.5	-21.52	-18.86	-5.00	-32.72	32.72	-5.00
			N	-948.2	-178.1	31.8	-31.8	-1454.61	-1387.18	-1360.47	-1413.89	-1413.89	-1360.47
	D柱	柱顶	M	119.1	40.0	19.8	-19.8	199.99	198.92	215.55	182.29	215.55	182.29
			N	-525.5	-105.0	-14.1	14.1	-812.33	-777.60	-789.44	-765.76	-789.44	-765.76
		柱底	M	47.2	39.5	17.7	-17.7	102.43	111.94	126.81	97.07	126.81	97.07
			N	-525.5	-105.0	-14.1	14.1	-812.33	-777.60	-789.44	-765.76	-789.44	-765.76
10层柱	A柱	柱顶	M	-128.6	-40.5	22.8	-22.8	-213.30	-211.02	-191.87	-230.17	230.17	-191.87
			N	-852.5	-190.6	22.2	-22.2	-1337.66	-1289.84	-1271.19	-1308.49	-1308.49	-1271.19
		柱底	M	-53.5	-40.5	20.2	-20.2	-111.92	-120.90	-103.93	-137.87	137.87	-103.93
			N	-852.5	-190.6	22.2	-22.2	-1337.66	-1289.84	-1271.19	-1308.49	-1308.49	-1271.19
	B柱	柱顶	M	52.7	1.2	22.0	-22.0	72.32	64.92	83.40	46.44	83.40	46.44
			N	-1507.8	-349.5	-27.8	27.8	-2378.04	-2298.66	-2322.01	-2275.31	-2322.01	-2275.31
		柱底	M	18.7	2.3	20.1	-20.1	27.50	25.66	42.54	8.78	42.54	8.78
			N	-1507.8	-349.5	-27.8	27.8	-2378.04	-2298.66	-2322.01	-2275.31	-2322.01	-2275.31

层柱	柱	位置											
10层柱	C柱	柱顶	M	-40.41	77.87	-77.87	-40.41	-59.14	-66.59	-22.3	22.3	0.1	-49.4
			N	-2 263.70	-2 313.26	-2 313.26	-2 263.70	-2 288.48	-2 371.17	-29.5	29.5	-341.8	-1 508.3
		柱底	M	-4.72	39.16	-39.16	-4.72	-21.94	-24.03	-20.5	20.5	-1.1	-17.0
			N	-2 263.70	-2 313.26	-2 313.26	-2 263.70	-2 288.48	-2 371.17	-29.5	29.5	-341.8	-1 508.3
	D柱	柱顶	M	180.35	219.33	180.35	219.33	199.84	201.50	-23.2	23.2	39.2	120.8
			N	-1 235.01	-1 274.83	-1 235.01	-1 274.83	-1 254.92	-1 301.95	23.7	-23.7	-184.6	-830.4
		柱底	M	100.09	134.87	100.09	134.87	117.48	108.96	-20.7	20.7	39.0	52.4
			N	-1 235.01	-1 274.83	-1 235.01	-1 274.83	-1 254.92	-1 301.95	23.7	-23.7	-184.6	-830.4
9层柱	A柱	柱顶	M	-195.59	237.25	-237.25	-195.59	-216.42	-219.73	-24.8	24.8	-39.9	-133.8
			N	-1 755.74	-1 810.34	-1 810.34	-1 755.74	-1 783.04	-1 843.60	-32.5	32.5	-272.8	-1 167.6
		柱底	M	-105.29	143.43	-143.43	-105.29	-124.36	-116.58	-22.7	22.7	-39.2	-57.9
			N	-1 755.74	-1 810.34	-1 810.34	-1 755.74	-1 783.04	-1 843.60	-32.5	32.5	-272.8	-1 167.6
	B柱	柱顶	M	52.36	95.20	52.36	95.20	73.78	80.56	-25.5	25.5	4.1	56.7
			N	-3 212.09	-3 228.55	-3 212.09	-3 228.55	-3 220.32	-3 314.41	9.8	-9.8	-518.4	-2 078.8
		柱底	M	13.87	53.69	13.87	53.69	33.78	34.97	-23.7	23.7	5.1	22.2
			N	-3 212.09	-3 228.55	-3 212.09	-3 228.55	-3 220.32	-3 314.41	9.8	-9.8	-518.4	-2 078.8
	C柱	柱顶	M	-46.06	89.74	-89.74	-46.06	-67.90	-74.66	-26.0	26.0	-2.9	-53.2
			N	-3 183.94	-3 204.26	-3 204.26	-3 183.94	-3 194.10	-3 290.45	-12.1	12.1	-509.1	-2 067.8
		柱底	M	-9.85	50.51	-50.51	-9.85	-30.18	-31.63	-24.2	24.2	-3.9	-20.6
			N	-3 183.94	-3 204.26	-3 204.26	-3 183.94	-3 194.10	-3 290.45	-12.1	12.1	-509.1	-2 067.8

续表

| 杆件 | 跨向 | 截面 | 内力 | 恒载 | 活载 | 风载 | | 1.35恒+1.4×0.7×活 | 1.2恒+1.4活 | 1.2恒+1.4×(0.6×风+活) | | $\|M_{max}\|$及N | N_{max}及M |
						左风	右风			左风	右风		
9层柱	D柱	柱顶	M	126.0	38.4	25.5	-25.5	207.73	204.96	226.38	183.54	226.38	183.54
			N	-1138.4	-264.0	-34.7	34.7	-1795.56	-1735.68	-1764.83	-1706.53	-1764.83	-1706.53
		柱底	M	56.5	37.7	23.3	-23.3	113.22	120.58	140.15	101.01	140.15	101.01
			N	-1138.4	-264.0	-34.7	34.7	-1795.56	-1735.68	-1764.83	-1706.53	-1764.83	-1706.53
8层柱	A柱	柱顶	M	-135.8	-39.0	26.6	-26.6	-221.55	-217.56	-195.22	-239.90	239.90	-195.22
			N	-1484.5	-354.7	43.7	-43.7	-2351.68	-2277.98	-2241.27	-2314.69	-2314.69	-2241.27
		柱底	M	-61.0	-39.7	25.0	-25.0	-121.26	-128.78	-107.78	-149.78	149.78	-107.78
			N	-1484.5	-354.7	43.7	-43.7	-2351.68	-2277.98	-2241.27	-2314.69	-2314.69	-2241.27
	B柱	柱顶	M	62.5	7.5	28.3	-28.3	91.73	85.50	109.27	61.73	109.27	109.27
			N	-2647.8	-687.7	23.0	-23.0	-4248.48	-4140.14	-4120.82	-4159.46	-4120.82	-4120.82
		柱底	M	29.5	9.1	27.2	-27.2	48.74	48.14	70.99	25.29	70.99	70.99
			N	-2647.8	-687.7	23.0	-23.0	-4248.48	-4140.14	-4120.82	-4159.46	-4120.82	-4120.82
	C柱	柱顶	M	-58.9	-6.1	29.0	-29.0	-85.49	-79.22	-54.86	-103.58	103.58	-103.58
			N	-2626.3	-676.5	-19.7	19.7	-4208.48	-4098.66	-4115.21	-4082.11	-4082.11	-4082.11
		柱底	M	-27.7	-7.9	27.8	-27.8	-45.14	-44.30	-20.95	-67.65	67.65	-67.65
			N	-2626.3	-676.5	-19.7	19.7	-4208.48	-4098.66	-4115.21	-4082.11	-4082.11	-4082.11
	D柱	柱顶	M	128.0	37.7	27.2	-27.2	209.75	206.38	229.23	183.53	229.23	183.53
			N	-1448.3	-342.8	-46.7	46.7	-2291.15	-2217.88	-2257.11	-2178.65	-2257.11	-2178.65
		柱底	M	59.5	38.0	25.7	-25.7	117.57	124.60	146.19	103.01	146.19	103.01
			N	-1448.3	-342.8	-46.7	46.7	-2291.15	-2217.88	-2257.11	-2178.65	-2257.11	-2178.65

层	柱	位置												
7层柱	A柱	柱顶	M	−134.1	−34.7	27.1	−27.1	−215.04	−209.50	−186.74	−232.26	232.26	−186.74
			N	−1 802.1	−435.6	55.5	−55.5	−2 859.72	−2 772.36	−2 725.74	−2 818.98	−2 818.98	−2 725.74
		柱底	M	−58.7	−28.7	23.5	−23.5	−107.37	−110.62	−90.88	−130.36	130.36	−90.88
			N	−1 802.1	−435.6	55.5	−55.5	−2 859.72	−2 772.36	−2 725.74	−2 818.98	−2 818.98	−2 725.74
	B柱	柱顶	M	65.5	8.6	30.2	−30.2	96.85	90.64	116.01	65.27	116.01	116.01
			N	−3 217.1	−858.5	70.5	−70.5	−5 184.42	−5 062.42	−5 003.20	−5 121.64	−5 003.20	−5 003.20
		柱底	M	25.0	6.3	27.1	−27.1	39.92	38.82	61.58	16.06	61.58	61.58
			N	−3 217.1	−858.5	70.5	−70.5	−5 184.42	−5 062.42	−5 003.20	−5 121.64	−5 003.20	−5 003.20
	C柱	柱顶	M	−61.7	−7.5	30.7	−30.7	−90.65	−84.54	−58.75	−110.33	110.33	110.33
			N	−3 185.8	−845.5	−66.4	66.4	−5 129.42	−5 006.66	−5 062.44	−4 950.88	−4 950.88	−4 950.88
		柱底	M	−23.1	−5.4	27.6	−27.6	−36.48	−35.28	−12.10	−58.46	58.46	58.46
			N	−3 185.8	−845.5	−66.4	66.4	−5 129.42	−5 006.66	−5 062.44	−4 950.88	−4 950.88	−4 950.88
	D柱	柱顶	M	126.1	33.4	27.8	−27.8	202.97	198.08	221.43	174.73	221.43	174.73
			N	−1 758.9	−421.0	−59.5	59.5	−2 787.10	−2 700.08	−2 750.06	−2 650.10	−2 750.06	−2 650.10
		柱底	M	56.5	27.5	24.2	−24.2	103.23	106.30	126.63	85.97	126.63	85.97
			N	−1 758.9	−421.0	−59.5	59.5	−2 787.10	−2 700.08	−2 750.06	−2 650.10	−2 750.06	−2 650.10
6层柱	A柱	柱顶	M	−158.1	−46.0	34.7	−34.7	−258.52	−254.12	−224.97	−283.27	283.27	−224.97
			N	−2 133.3	−516.0	68.9	−68.9	−3 385.64	−3 282.36	−3 224.48	−3 340.24	−3 340.24	−3 224.48
		柱底	M	−62.5	−39.9	29.5	−29.5	−123.48	−130.86	−106.08	−155.64	155.64	−106.08
			N	−2 133.3	−516.0	68.9	−68.9	−3 385.64	−3 282.36	−3 224.48	−3 340.24	−3 340.24	−3 224.48

续表

杆件	跨向	截面	内力	恒载	活载	风载 左风	风载 右风	1.35恒$+1.4\times0.7\times$活	1.2恒$+1.4$活	1.2恒$+1.4\times(0.6\times$风$+$活$)$ 左风	1.2恒$+1.4\times(0.6\times$风$+$活$)$ 右风	$\lvert M_{max}\rvert$及N	N_{max}及M
6层柱	B柱	柱顶	M	71.0	9.5	43.7	-43.7	105.16	98.50	135.21	61.79	135.21	135.21
			N	-3 812.5	-1 035.4	136.1	-136.1	-6 161.57	-6 024.56	-5 910.24	-6 138.88	-5 910.24	-5 910.24
		柱底	M	24.7	9.6	38.5	-38.5	42.75	43.08	75.42	10.74	75.42	75.42
			N	-3 812.5	-1 035.4	136.1	-136.1	-6 161.57	-6 024.56	-5 910.24	-6 138.88	-5 910.24	-5 910.24
	C柱	柱顶	M	-67.0	-7.9	44.9	-44.9	-98.19	-91.46	-53.74	-129.18	129.18	129.18
			N	-3 772.5	-1 020.5	-130.8	130.8	-6 092.97	-5 955.70	-6 065.57	-5 845.83	-5 845.83	-5 845.83
		柱底	M	-22.8	-8.3	39.5	-39.5	-38.91	-38.98	-5.80	-72.16	72.16	72.16
			N	-3 772.5	-1 020.5	-130.8	130.8	-6 092.97	-5 955.70	-6 065.57	-5 845.83	-5 845.83	-5 845.83
	D柱	柱顶	M	149.1	44.0	36.0	-36.0	244.41	240.52	270.76	210.28	270.76	210.28
			N	-2 082.5	-498.3	-74.0	74.0	-3 299.71	-3 196.62	-3 258.78	-3 134.46	-3 258.78	-3 134.46
		柱底	M	60.9	38.0	30.7	-30.7	119.46	126.28	152.07	100.49	152.07	100.49
			N	-2 082.5	-498.3	-74.0	74.0	-3 299.71	-3 196.62	-3 258.78	-3 134.46	-3 258.78	-3 134.46
5层柱	A柱	柱顶	M	-153.8	-34.7	32.5	-32.5	-241.64	-233.14	-205.84	-260.44	260.44	-205.84
			N	-2 463.8	-596.0	83.1	-83.1	-3 910.21	-3 790.96	-3 721.16	-3 860.76	-3 860.76	-3 721.16
		柱底	M	-60.2	-35.5	30.8	-30.8	-116.06	-121.94	-96.07	-147.81	147.81	-96.07
			N	-2 463.8	-596.0	83.1	-83.1	-3 910.21	-3 790.96	-3 721.16	-3 860.76	-3 860.76	-3 721.16
	B柱	柱顶	M	79.1	11.0	42.2	-42.2	117.57	110.32	145.77	74.87	145.77	145.77
			N	-4 392.6	-1 207.0	203.3	-203.3	-7 112.87	-6 960.92	-6 790.15	-7 131.69	-6 790.15	-6 790.15
		柱底	M	31.1	12.1	41.2	-41.2	53.84	54.26	88.87	19.65	88.87	88.87
			N	-4 392.6	-1 207.0	203.3	-203.3	-7 112.87	-6 960.92	-6 790.15	-7 131.69	-6 790.15	-6 790.15

层柱	柱	位置		(1)	(2)	(3)	(4)	(5)	(6)	(7)	(8)	(9)	(10)
5层柱	C柱	柱顶	M	139.73	139.73	-139.73	-67.15	-103.44	-110.66	-43.2	43.2	-9.6	-75.0
			N	-6 713.13	-6 713.13	-6 713.13	-7 043.75	-6 878.44	-7 030.20	196.8	-196.8	-1 190.0	-4 343.7
		柱底	M	-85.89	85.89	-85.89	-14.99	-50.44	-50.20	-42.2	42.2	-11.0	-29.2
			N	-6 713.13	-6 713.13	-6 713.13	-7 043.75	-6 878.44	-7 030.20	196.8	-196.8	-1 190.0	-4 343.7
	D柱	柱顶	M	191.57	248.19	191.57	248.19	219.88	227.61	-33.7	33.7	33.2	144.5
			N	-3 617.16	-3 767.68	-3 617.16	-3 767.68	-3 692.42	-3 811.55	89.6	-89.6	-575.5	-2 405.6
		柱底	M	90.10	143.86	90.10	143.86	116.98	111.67	-32.0	32.0	33.5	58.4
			N	-3 617.16	-3 767.68	-3 617.16	-3 767.68	-3 692.42	-3 811.55	89.6	-89.6	-575.5	-2 405.6
4层柱	A柱	柱顶	M	-203.93	257.19	-257.19	-203.93	-230.56	-238.56	-31.7	31.7	-35.0	-151.3
			N	-4 215.02	-4 378.98	-4 378.98	-4 215.02	-4 297.00	-4 432.38	-97.6	97.6	-675.2	-2 793.1
		柱底	M	-91.09	143.51	-143.51	-91.09	-117.30	-111.44	-31.2	31.2	-34.5	-57.5
			N	-4 215.02	-4 378.98	-4 378.98	-4 215.02	-4 297.00	-4 432.38	-97.6	97.6	-675.2	-2 793.1
	B柱	柱顶	M	159.51	159.51	86.93	159.51	123.22	130.11	-43.2	43.2	14.3	86.0
			N	-7 658.80	-7 658.80	-8 141.12	-7 658.80	-7 899.96	-8 066.36	-287.1	287.1	-1 380.0	-4 973.3
		柱底	M	104.74	104.74	31.82	104.74	68.28	67.53	-43.4	43.4	15.6	38.7
			N	-7 658.80	-7 658.80	-8 141.12	-7 658.80	-7 899.96	-8 066.36	-287.1	287.1	-1 380.0	-4 973.3
	C柱	柱顶	M	-153.75	153.75	-153.75	-79.49	-116.62	-123.40	-44.2	44.2	-13.1	-81.9
			N	-7 570.33	-7 570.33	-7 570.33	-8 039.39	-7 804.86	-7 970.61	279.2	-279.2	-1 361.1	-4 916.1
		柱底	M	-102.14	102.14	-102.14	-27.54	-64.84	-64.26	-44.4	44.4	-14.6	-37.0
			N	-7 570.33	-7 570.33	-7 570.33	-8 039.39	-7 804.86	-7 970.61	279.2	-279.2	-1 361.1	-4 916.1

杆件	跨向	截面	内力	恒载	活载	风载 左风	风载 右风	1.35恒+1.4×0.7×活	1.2恒+1.4活	1.2恒+1.4×(0.6×风+活) 左风	1.2恒+1.4×(0.6×风+活) 右风	$\lvert M_{max}\rvert$ 及 N	N_{max} 及 M
4层柱	D柱	柱顶	M	141.8	33.4	32.9	-32.9	224.16	216.92	244.56	189.28	244.56	189.28
			N	-2 727.3	-651.5	-105.4	105.4	-4 320.33	-4 184.86	-4 273.40	-4 096.32	-4 273.40	-4 096.32
		柱底	M	55.5	32.5	32.5	-32.5	106.78	112.10	139.40	84.80	139.40	84.80
			N	-2 727.3	-651.5	-105.4	105.4	-4 320.33	-4 184.86	-4 273.40	-4 096.32	-4 273.40	-4 096.32
3层柱	A柱	柱顶	M	-146.1	-31.8	30.2	-30.2	-228.40	-219.84	-194.47	-245.21	245.21	-194.47
			N	-3 120.6	-753.5	111.9	-111.9	-4 951.24	-4 799.62	-4 705.62	-4 893.62	-4 893.62	-4 705.62
		柱底	M	-51.5	-29.8	31.2	-31.2	-98.73	-103.52	-77.31	-129.73	129.73	-77.31
			N	-3 120.6	-753.5	111.9	-111.9	-4 951.24	-4 799.62	-4 705.62	-4 893.62	-4 893.62	-4 705.62
	B柱	柱顶	M	93.4	16.8	43.5	-43.5	142.55	135.60	172.14	99.06	172.14	172.14
			N	-5 556.2	-1 554.5	385.7	-385.7	-9 024.28	-8 843.74	-8 519.75	-9 167.73	-8 519.75	-8 519.75
		柱底	M	43.0	16.7	45.4	-45.4	74.42	74.98	113.12	36.84	113.12	113.12
			N	-5 556.2	-1 554.5	385.7	-385.7	-9 024.28	-8 843.74	-8 519.75	-9 167.73	-8 519.75	-8 519.75
	C柱	柱顶	M	-89.1	-15.6	44.5	-44.5	-135.57	-128.76	-91.38	-166.14	166.14	-166.14
			N	-5 490.6	-1 533.6	-376.7	376.7	-8 915.24	-8 735.76	-9 052.19	-8 419.33	-8 419.33	-8 419.33
		柱底	M	-41.5	-15.8	46.4	-46.4	-71.51	-71.92	-32.94	-110.90	110.90	-110.90
			N	-5 490.6	-1 533.6	-376.7	376.7	-8 915.24	-8 735.76	-9 052.19	-8 419.33	-8 419.33	-8 419.33
	D柱	柱顶	M	136.6	30.2	31.2	-31.2	214.01	206.20	232.41	179.99	232.41	179.99
			N	-3 047.3	-726.5	-120.9	120.9	-4 825.83	-4 673.86	-4 775.42	-4 572.30	-4 775.42	-4 572.30
		柱底	M	49.5	27.8	32.2	-32.2	94.07	98.32	125.37	71.27	125.37	71.27
			N	-3 047.3	-726.5	-120.9	120.9	-4 825.83	-4 673.86	-4 775.42	-4 572.30	-4 775.42	-4 572.30

层柱	柱	位置											
2 层柱	A 柱	柱顶	M	-190.51	236.37	-236.37	-190.51	-213.44	-220.96	-27.3	27.3	-32.2	-140.3
			N	-5 191.68	-5 402.52	-5 402.52	-5 191.68	-5 297.10	-5 464.97	-125.5	125.5	-830.7	-3 445.1
		柱底	M	-93.13	122.03	-122.03	-93.13	-107.58	-98.72	-17.2	17.2	-37.5	-45.9
			N	-5 191.68	-5 402.52	-5 402.52	-5 191.68	-5 297.10	-5 464.97	-125.5	125.5	-830.7	-3 445.1
	B 柱	柱顶	M	201.67	201.67	131.61	201.67	166.64	173.31	-41.7	41.7	23.8	111.1
			N	-9 371.15	-9 371.15	-10 211.49	-9 371.15	-9 791.32	-9 985.89	-500.2	500.2	-1 730.0	-6 141.1
		柱底	M	165.27	165.27	112.85	165.27	139.06	137.58	-31.2	31.2	31.7	78.9
			N	-9 371.15	-9 371.15	-10 211.49	-9 371.15	-9 791.32	-9 985.89	-500.2	500.2	-1 730.0	-6 141.1
	C 柱	柱顶	M	-196.28	196.28	-196.28	-124.04	-160.16	-166.73	-43.0	43.0	-22.6	-107.1
			N	-9 259.76	-9 259.76	-9 259.76	-10 082.96	-9 671.36	-9 864.38	490.0	-490.0	-1 707.4	-6 067.5
		柱底	M	-163.64	163.64	-163.64	-109.04	-136.34	-135.12	-32.5	32.5	-30.7	-77.8
			N	-9 259.76	-9 259.76	-9 259.76	-10 082.96	-9 671.36	-9 864.38	490.0	-490.0	-1 707.4	-6 067.5
	D 柱	柱顶	M	174.98	223.02	174.98	223.02	199.00	205.91	-28.6	28.6	30.2	130.6
			N	-5 043.36	-5 271.16	-5 043.36	-5 271.16	-5 157.26	-5 325.62	135.6	-135.6	-800.5	-3 363.8
		柱底	M	85.03	116.45	85.03	116.45	100.74	92.81	-18.7	18.7	34.5	43.7
			N	-5 043.36	-5 271.16	-5 043.36	-5 271.16	-5 157.26	-5 325.62	135.6	-135.6	-800.5	-3 363.8
1 层柱	A 柱	柱顶	M	-150.25	229.55	-229.55	-150.25	-189.90	-203.11	-47.2	47.2	-17.7	-137.6
			N	-5 727.92	-5 963.96	-5 963.96	-5 727.92	-5 845.94	-6 037.20	-140.5	140.5	-906.7	-3 813.8
		柱底	M	-14.58	169.82	-169.82	-14.58	-92.20	-98.61	-92.4	92.4	-8.6	-66.8
			N	-5 727.92	-5 963.96	-5 963.96	-5 727.92	-5 845.94	-6 037.20	-140.5	140.5	-906.7	-3 813.8

续表

杆件	跨向	截面	内力	恒载	活载	风载 左风	风载 右风	1.35恒$+1.4\times0.7$活	1.2恒$+1.4$活	1.2恒$+1.4\times(0.6\times$风$+$活$)$ 左风	右风	$|M_{max}|$及N	N_{max}及M
1层柱	B柱	柱顶	M	141.6	24.5	77.3	-77.3	215.17	204.22	269.15	139.29	269.15	269.15
			N	-6 805.8	-1 901.6	640.4	-640.4	-11 051.40	-10 829.20	-10 291.26	-11 367.14	-10 291.26	-10 291.26
		柱底	M	68.5	11.8	139.6	-139.6	104.04	98.72	215.98	-18.54	215.98	215.98
			N	-6 805.8	-1 901.6	640.4	-640.4	-11 051.40	-10 829.20	-10 291.26	-11 367.14	-10 291.26	-10 291.26
	C柱	柱顶	M	-136.6	-23.5	78.1	-78.1	-207.44	-196.82	-131.22	-262.42	-262.42	-262.42
			N	-6 710.8	-1 877.6	-628.9	628.9	-10 899.04	-10 680.76	-11 209.04	-10 152.48	-10 152.48	-10 152.48
		柱底	M	-65.9	-11.3	140.1	-140.1	-100.04	-94.90	22.78	-212.58	-212.58	-212.58
			N	-6 710.8	-1 877.6	-628.9	628.9	-10 899.04	-10 680.76	-11 209.04	-10 152.48	-10 152.48	-10 152.48
	D柱	柱顶	M	127.5	16.6	48.0	-48.0	188.39	176.24	216.56	135.92	216.56	135.92
			N	-3 724.6	-873.0	-152.1	152.1	-5 883.75	-5 691.72	-5 819.48	-5 563.96	-5 819.48	-5 563.96
		柱底	M	62.0	8.0	92.8	-92.8	91.54	85.60	163.55	7.65	163.55	7.65
			N	-3 724.6	-873.0	-152.1	152.1	-5 883.75	-5 691.72	-5 819.48	-5 563.96	-5 819.48	-5 563.96

表12.15　③轴框架柱内力组合（考虑地震组合）

杆件	跨向	截面	内力	恒载	活载	地震作用 左震	地震作用 右震	1.2×(恒+0.5×活)+1.3×地震 左震	1.2×(恒+0.5×活)+1.3×地震 右震	$\lvert M_{max}\rvert$及N	N_{max}及M
顶层柱	A柱	柱顶	M	−93.0	−39.4	50.5	−50.5	−69.59	−200.89	200.89	−69.59
			N	−233.6	−25.6	11.5	−11.5	−280.73	−310.63	−310.63	−280.73
		柱底	M	−32.5	−40.9	33.0	−33.0	−20.64	−106.44	106.44	−20.64
			N	−233.6	−25.6	11.5	−11.5	−280.73	−310.63	−310.63	−280.73
	B柱	柱顶	M	36.0	−11.8	31.8	−31.8	77.46	−5.22	77.46	−5.22
			N	−371.2	−20.0	−31.6	31.6	−498.52	−416.36	−498.52	−416.36
		柱底	M	11.6	−4.5	23.7	−23.7	42.03	−19.59	42.03	−19.59
			N	−371.2	−20.0	−31.6	31.6	−498.52	−416.36	−498.52	−416.36
	C柱	柱顶	M	−30.8	13.1	32.5	−32.5	13.15	−71.35	71.35	13.15
			N	−362.2	−18.6	32.4	−32.4	−403.68	−487.92	−487.92	−403.68
		柱底	M	−9.5	5.8	24.2	−24.2	23.54	−39.38	39.38	23.54
			N	−362.2	−18.6	32.4	−32.4	−403.68	−487.92	−487.92	−403.68
	D柱	柱顶	M	84.5	39.0	51.0	−51.0	191.10	58.5	191.10	58.50
			N	−225.6	−25.2	−12.1	12.1	−301.57	−270.11	−301.57	−270.11
		柱底	M	30.3	39.7	33.7	−33.7	103.99	16.37	103.99	16.37
			N	−225.6	−25.2	−12.1	12.1	−301.57	−270.11	−301.57	−270.11
11层柱	A柱	柱顶	M	−126.4	−41.7	44.2	−44.2	−119.24	−234.16	234.16	−119.24
			N	−540.7	−108.0	28.6	−28.6	−676.46	−750.82	−750.82	−676.46
		柱底	M	−48.2	−41.2	38.0	−38.0	−33.16	−131.96	131.96	−33.16
			N	−540.7	−108.0	28.6	−28.6	−676.46	−750.82	−750.82	−676.46

续表

杆件	跨向	截面	内力	恒载	活载	地震作用		$1.2 \times (恒 + 0.5 \times 活) + 1.3 \times 地震$		$\|M_{max}\|$及N	N_{max}及M
						左震	右震	左震	右震		
11层柱	B柱	柱顶	M	53.9	1.5	43.2	-43.2	121.74	9.42	121.74	9.42
			N	-935.0	-184.5	-69.9	69.9	-1 323.57	-1 141.83	-1 323.57	-1 141.83
		柱底	M	17.7	0.8	37.0	-37.0	69.82	-26.38	69.82	-26.38
			N	-935.0	-184.5	-69.9	69.9	-1 323.57	-1 141.83	-1 323.57	-1 141.83
	C柱	柱顶	M	-51.2	-0.1	43.9	-43.9	-4.43	-118.57	118.57	-4.43
			N	-948.2	-178.1	71.6	-71.6	-1 151.62	-1 337.78	-1 337.78	-1 151.62
		柱底	M	-16.3	0.5	37.9	-37.9	30.01	-68.53	68.53	30.01
			N	-948.2	-178.1	71.6	-71.6	-1 151.62	-1 337.78	-1 337.78	-1 151.62
	D柱	柱顶	M	119.1	40.0	45.0	-45.0	225.42	108.42	225.42	108.42
			N	-525.5	-105.0	-30.5	30.5	-733.25	-653.95	-733.25	-653.95
		柱底	M	47.2	39.5	39.0	-39.0	131.04	29.64	131.04	29.64
			N	-525.5	-105.0	-30.5	30.5	-733.25	-653.95	-733.25	-653.95
10层柱	A柱	柱顶	M	-128.6	-40.5	51.4	-51.4	-111.80	-245.44	245.44	-111.80
			N	-852.5	-190.6	48.7	-48.7	-1 074.05	-1 200.67	-1 200.67	-1 074.05
		柱底	M	-53.5	-40.5	45.7	-45.7	-29.09	-147.91	147.91	-29.09
			N	-852.5	-190.6	48.7	-48.7	-1 074.05	-1 200.67	-1 200.67	-1 074.05
	B柱	柱顶	M	52.7	1.2	51.5	-51.5	130.91	-2.99	130.91	-2.99
			N	-1 507.8	-349.5	-72.3	72.3	-2 113.05	-1 925.07	-2 113.05	-1 925.07
		柱底	M	18.7	2.3	47.2	-47.2	85.18	-37.54	85.18	-37.54
			N	-1 507.8	-349.5	-72.3	72.3	-2 113.05	-1 925.07	-2 113.05	-1 925.07

层柱	柱	位置									
10层柱	C柱	柱顶	M	-49.4	0.1	52.4	-52.4	8.90	-127.34	127.34	8.90
			N	-1 508.3	-341.8	74.5	-74.5	-1 918.19	-2 111.89	-2 111.89	-1 918.19
		柱底	M	-17.0	-1.1	48.2	-48.2	41.60	-83.72	83.72	41.60
			N	-1 508.3	-341.8	74.5	-74.5	-1 918.19	-2 111.89	-2 111.89	-1 918.19
	D柱	柱顶	M	120.8	39.2	52.5	-52.5	236.73	100.23	236.73	100.23
			N	-830.4	-184.6	-52.0	52.0	-1 174.84	-1 039.64	-1 174.84	-1 039.64
		柱底	M	52.4	39.0	46.9	-46.9	147.25	25.31	147.25	25.31
			N	-830.4	-184.6	-52.0	52.0	-1 174.84	-1 039.64	-1 174.84	-1 039.64
9层柱	A柱	柱顶	M	-133.8	-39.9	54.9	-54.9	-113.13	-255.87	255.87	-113.13
			N	-1 167.6	-272.8	71.3	-71.3	-1 472.11	-1 657.49	-1 657.49	-1 472.11
		柱底	M	-57.9	-39.2	51.0	-51.0	-26.70	-159.3	159.30	-26.70
			N	-1 167.6	-272.8	71.3	-71.3	-1 472.11	-1 657.49	-1 657.49	-1 472.11
	B柱	柱顶	M	56.7	4.1	58.0	-58.0	145.90	-4.9	145.90	-4.90
			N	-2 078.8	-518.4	-86.4	86.4	-2 917.92	-2 693.28	-2 917.92	-2 693.28
		柱底	M	22.2	5.1	55.0	-55.0	101.20	-41.8	101.20	-41.80
			N	-2 078.8	-518.4	-86.4	86.4	-2 917.92	-2 693.28	-2 917.92	-2 693.28
	C柱	柱顶	M	-53.2	-2.9	59.2	-59.2	11.38	-142.54	142.54	11.38
			N	-2 067.8	-509.1	85.6	-85.6	-2 675.54	-2 898.1	-2 898.10	-2 675.54
		柱底	M	-20.6	-3.9	56.2	-56.2	46.00	-100.12	100.12	46.00
			N	-2 067.8	-509.1	85.6	-85.6	-2 675.54	-2 898.1	-2 898.10	-2 675.54

续表

杆件	跨向	截面	内力	恒载	活载	地震作用		$1.2\times(恒+0.5\times活)+1.3\times地震$		$\lvert M_{max}\rvert$ 及 N	N_{max} 及 M
						左震	右震	左震	右震		
9层柱	D柱	柱顶	M	126.0	38.4	56.2	-56.2	247.30	101.18	247.30	101.18
			N	-1 138.4	-264.0	-76.4	76.4	-1 623.80	-1 425.16	-1 623.80	-1 425.16
		柱底	M	56.5	37.7	52.5	-52.5	158.67	22.17	158.67	22.17
			N	-1 138.4	-264.0	-76.4	76.4	-1 623.80	-1 425.16	-1 623.80	-1 425.16
	A柱	柱顶	M	-135.8	-39.0	57.0	-57.0	-112.26	-260.46	260.46	-112.26
			N	-1 484.5	-354.7	95.6	-95.6	-1 869.94	-2 118.50	-2 118.50	-1 869.94
		柱底	M	-61.0	-39.7	55.0	-55.0	-25.52	-168.52	168.52	-25.52
			N	-1 484.5	-354.7	95.6	-95.6	-1 869.94	-2 118.50	-2 118.50	-1 869.94
	B柱	柱顶	M	62.5	7.5	62.2	-62.2	160.36	-1.36	160.36	-1.36
			N	-2 647.8	-687.7	-145.1	145.1	-3 778.61	-3 401.35	-377 8.61	-3 401.35
		柱底	M	29.5	9.1	61.0	-61.0	120.16	-38.44	120.16	-38.44
			N	-2 647.8	-687.7	-145.1	145.1	-3 778.61	-3 401.35	-3 778.61	-3 401.35
8层柱	C柱	柱顶	M	-58.9	-6.1	63.5	-63.5	8.21	-156.89	156.89	8.21
			N	-2 626.3	-676.5	140.3	-140.3	-3 375.07	-3 739.85	-3 739.85	-3 375.07
		柱底	M	-27.7	-7.9	62.4	-62.4	43.14	-119.1	119.10	43.14
			N	-2 626.3	-676.5	140.3	-140.3	-3 375.07	-3 739.85	-3 739.85	-3 375.07
	D柱	柱顶	M	128.0	37.7	58.7	-58.7	252.53	99.91	252.53	99.91
			N	-1 448.3	-342.8	-102.6	102.6	-2 077.02	-1 810.26	-2 077.02	-1 810.26
		柱底	M	59.5	38.0	56.7	-56.7	167.91	20.49	167.91	20.49
			N	-1 448.3	-342.8	-102.6	102.6	-2 077.02	-1 810.26	-2 077.02	-1 810.26

7层柱	A柱	柱顶	M	-108.03	255.45	-255.45	-108.03	-56.7	56.7	-34.7	-134.1
			N	-2 266.84	-2 580.92	-2 580.92	-2 266.84	-120.8	120.8	-435.6	-1 802.1
		柱底	M	-21.49	153.83	-153.83	-21.49	-50.9	50.9	-28.7	-58.7
			N	-2 266.84	-2 580.92	-2 580.92	-2 266.84	-120.8	120.8	-435.6	-1 802.1
	B柱	柱顶	M	0.95	166.57	0.95	166.57	-63.7	63.7	8.6	65.5
			N	-4 064.79	-4 686.45	-4 064.79	-4 686.45	239.1	-239.1	-858.5	-3 217.1
		柱底	M	-42.53	110.09	-42.53	110.09	-58.7	58.7	6.3	25.0
			N	-4 064.79	-4 686.45	-4 064.79	-4 686.45	239.1	-239.1	-858.5	-3 217.1
	C柱	柱顶	M	5.96	163.04	-163.04	5.96	-65.0	65.0	-7.5	-61.7
			N	-4 029.57	-4 630.95	-4 630.95	-4 029.57	-231.3	231.3	-845.5	-3 185.8
		柱底	M	47.04	108.96	-108.96	47.04	-60.0	60.0	-5.4	-23.1
			N	-4 029.57	-4 630.95	-4 630.95	-4 029.57	-231.3	231.3	-845.5	-3 185.8
	D柱	柱顶	M	95.70	247.02	95.7	247.02	-58.2	58.2	33.4	126.1
			N	-2 194.80	-2 531.76	-2 194.8	-2 531.76	129.6	-129.6	-421.0	-1 758.9
		柱底	M	16.18	152.42	16.18	152.42	-52.4	52.4	27.5	56.5
			N	-2 194.80	-2 531.76	-2 194.8	-2 531.76	129.6	-129.6	-421.0	-1 758.9
6层柱	A柱	柱顶	M	-125.28	309.36	-309.36	-125.28	-70.8	70.8	-46.0	-158.1
			N	-2 677.42	-3 061.70	-3 061.7	-2 677.42	-147.8	147.8	-516.0	-2 133.3
		柱底	M	-17.04	180.84	-180.84	-17.04	-63.0	63.0	-39.9	-62.5
			N	-2 677.42	-3 061.70	-3 061.7	-2 677.42	-147.8	147.8	-516.0	-2 133.3

续表

杆件	跨向	截面	内力	恒载	活载	地震作用 左震	地震作用 右震	1.2×(恒+0.5×活)+1.3×地震 左震	1.2×(恒+0.5×活)+1.3×地震 右震	$\|M_{max}\|$ 及 N	N_{max} 及 M
6层柱	B柱	柱顶	M	71.0	9.5	89.5	−89.5	207.25	−25.45	207.25	207.25
			N	−3 812.5	−1 035.4	364.1	−364.1	−4 722.91	−5 669.57	−4 722.91	−4 722.91
		柱底	M	24.7	9.6	81.3	−81.3	141.09	−70.29	141.09	141.09
			N	−3 812.5	−1 035.4	364.1	−364.1	−4 722.91	−5 669.57	−4 722.91	−4 722.91
	C柱	柱顶	M	−67.0	−7.9	91.9	−91.9	34.33	−204.61	204.61	−204.61
			N	−3 772.5	−1 020.5	−353.2	353.2	−5 598.46	−4 680.14	−4 680.14	−4 680.14
		柱底	M	−22.8	−8.3	83.5	−83.5	76.21	−140.89	140.89	−140.89
			N	−3 772.5	−1 020.5	−353.2	353.2	−5 598.46	−4 680.14	−4 680.14	−4 680.14
	D柱	柱顶	M	149.1	44.0	73.5	−73.5	300.87	109.77	300.87	109.77
			N	−2 082.5	−498.3	−159.1	159.1	−3 004.81	−2 591.15	−3 004.81	−2 591.15
		柱底	M	60.9	38.0	65.5	−65.5	181.03	10.73	181.03	10.73
			N	−2 082.5	−498.3	−159.1	159.1	−3 004.81	−2 591.15	−3 004.81	−2 591.15
5层柱	A柱	柱顶	M	−153.8	−34.7	65.0	−65.0	−120.88	−289.88	289.88	−120.88
			N	−2 463.8	−596.0	176.1	−176.1	−3 085.23	−3 543.09	−3 543.09	−3 085.23
		柱底	M	−60.2	−35.5	64.3	−64.3	−9.95	−177.13	177.13	−9.95
			N	−2 463.8	−596.0	176.1	−176.1	−3 085.23	−3 543.09	−3 543.09	−3 085.23
	B柱	柱顶	M	79.1	11.0	84.6	−84.6	211.50	−8.46	211.50	211.50
			N	−4 392.6	−1 207.0	485.1	−485.1	−5 364.69	−6 625.95	−5 364.69	−5 364.69
		柱底	M	31.1	12.1	84.5	−84.5	154.43	−65.27	154.43	154.43
			N	−4 392.6	−1 207.0	485.1	−485.1	−5 364.69	−6 625.95	−5 364.69	−5 364.69

层	柱	位置	内力								
5层柱	C柱	柱顶	M	-75.0	-9.6	86.6	-86.6	16.82	-208.34	208.34	-208.34
			N	-4 343.7	-1 190.0	-471.6	471.6	-6 539.52	-5 313.36	-5 313.36	-5 313.36
		柱底	M	-29.2	-11.0	86.6	-86.6	70.94	-154.22	154.22	-154.22
			N	-4 343.7	-1 190.0	-471.6	471.6	-6 539.52	-5 313.36	-5 313.36	-5 313.36
	D柱	柱顶	M	144.5	33.2	67.3	-67.3	280.81	105.83	280.81	105.83
			N	-2 405.6	-575.5	-189.8	189.8	-3 478.76	-2 985.28	-3 478.76	-2 985.28
		柱底	M	58.4	33.5	66.5	-66.5	176.63	3.73	176.63	3.73
			N	-2 405.6	-575.5	-189.8	189.8	-3 478.76	-2 985.28	-3 478.76	-2 985.28
4层柱	A柱	柱顶	M	-151.3	-35.0	62.5	-62.5	-121.31	-283.81	283.81	-121.31
			N	-2 793.1	-675.2	203.6	-203.6	-3 492.16	-4 021.52	-4 021.52	-3 492.16
		柱底	M	-57.5	-34.5	63.7	-63.7	-6.89	-172.51	172.51	-6.89
			N	-2 793.1	-675.2	203.6	-203.6	-3 492.16	-4 021.52	-4 021.52	-3 492.16
	B柱	柱顶	M	86.0	14.3	85.9	-85.9	223.45	0.11	223.45	223.45
			N	-4 973.3	-1 380.0	632.4	-632.4	-5 973.84	-7 618.08	-5 973.84	-5 973.84
		柱底	M	38.7	15.6	87.1	-87.1	169.03	-57.43	169.03	169.03
			N	-4 973.3	-1 380.0	632.4	-632.4	-5 973.84	-7 618.08	-5 973.84	-5 973.84
	C柱	柱顶	M	-81.9	-13.1	88.0	-88.0	8.26	-220.54	220.54	-220.54
			N	-4 916.1	-1 361.1	-616.2	616.2	-7 517.04	-5 914.92	-5 914.92	-5 914.92
		柱底	M	-37.0	-14.6	89.3	-89.3	62.93	-169.25	169.25	-169.25
			N	-4 916.1	-1 361.1	-616.2	616.2	-7 517.04	-5 914.92	-5 914.92	-5 914.92

续表

杆件	跨向	截面	内力	恒载	活载	地震作用		$1.2 \times (恒+0.5\times活)+1.3\times地震$		$|M_{max}|$及N	N_{max}及M
						左震	右震	左震	右震		
4层柱	D柱	柱顶	M	141.8	33.4	65.0	-65.0	274.70	105.7	274.70	105.70
			N	-2 727.3	-651.5	-219.6	219.6	-3 949.14	-3 378.18	-3 949.14	-3 378.18
		柱底	M	55.5	32.5	66.0	-66.0	171.90	0.3	171.90	0.30
			N	-2 727.3	-651.5	-219.6	219.6	-3 949.14	-3 378.18	-3 949.14	-3 378.18
3层柱	A柱	柱顶	M	-146.1	-31.8	59.4	-59.4	-117.18	-271.62	271.62	-117.18
			N	-3 120.6	-753.5	229.8	-229.8	-3 898.08	-4 495.56	-4 495.56	-3 898.08
		柱底	M	-51.5	-29.8	62.4	-62.4	1.44	-160.8	160.80	1.44
			N	-3 120.6	-753.5	229.8	-229.8	-3 898.08	-4 495.56	-4 495.56	-3 898.08
	B柱	柱顶	M	93.4	16.8	86.1	-86.1	234.09	10.23	234.09	234.09
			N	-5 556.2	-1 554.5	805.4	-805.4	-6 553.12	-8 647.16	-6 553.12	-6 553.12
		柱底	M	43.0	16.7	90.0	-90.0	178.62	-55.38	178.62	178.62
			N	-5 556.2	-1 554.5	805.4	-805.4	-6 553.12	-8 647.16	-6 553.12	-6 553.12
	C柱	柱顶	M	-89.1	-15.6	88.3	-88.3	-1.49	-231.07	231.07	-231.07
			N	-5 490.6	-1 533.6	-786.7	786.7	-8 531.59	-6 486.17	-6 486.17	-6 486.17
		柱底	M	-41.5	-15.8	92.0	-92.0	60.32	-178.88	178.88	-178.88
			N	-5 490.6	-1 533.6	-786.7	786.7	-8 531.59	-6 486.17	-6 486.17	-6 486.17
	D柱	柱顶	M	136.6	30.2	61.5	-61.5	261.99	102.09	261.99	102.09
			N	-3 047.3	-726.5	-248.3	248.3	-4 415.45	-3 769.87	-4 415.45	-3 769.87
		柱底	M	49.5	27.8	64.5	-64.5	159.93	-7.77	159.93	-7.77
			N	-3 047.3	-726.5	-248.3	248.3	-4 415.45	-3 769.87	-4 415.45	-3 769.87

2层柱	A柱	柱顶	M	-140.3	-32.2	54.0	-54.0	-117.48	-257.88	257.88	-117.48
			N	-3 445.1	-830.7	254.1	-254.1	-4 302.21	-4 962.87	-4 962.87	-4 302.21
		柱底	M	-45.9	-37.5	38.2	-38.2	-27.92	-127.24	127.24	-27.92
			N	-3 445.1	-830.7	254.1	-254.1	-4 302.21	-4 962.87	-4 962.87	-4 302.21
	B柱	柱顶	M	111.1	23.8	83.4	-83.4	256.02	39.18	256.02	256.02
			N	-6 141.1	-1 730.0	1 008.0	-1 008.0	-7 096.92	-9 717.72	-7 096.92	-7 096.92
		柱底	M	78.9	31.7	65.0	-65.0	198.20	29.2	198.20	198.20
			N	-6 141.1	-1 730.0	1 008.0	-1 008.0	-7 096.92	-9 717.72	-7 096.92	-7 096.92
	C柱	柱顶	M	-107.1	-22.6	85.5	-85.5	-30.93	-253.23	253.23	-253.23
			N	-6 067.5	-1 707.4	987.2	-987.2	-9 588.80	-7 022.08	-7 022.08	-7 022.08
		柱底	M	-77.8	-30.7	67.4	-67.4	-24.16	-199.4	199.40	-199.40
			N	-6 067.5	-1 707.4	987.2	-987.2	-9 588.80	-7 022.08	-7 022.08	-7 022.08
	D柱	柱顶	M	130.6	30.2	56.5	-56.5	248.29	101.39	248.29	101.39
			N	-3 363.8	-800.5	-274.8	274.8	-4 874.10	-4 159.62	-4 874.10	-4 159.62
		柱底	M	43.7	34.5	41.2	-41.2	126.70	19.58	126.70	19.58
			N	-3 363.8	-800.5	-274.8	274.8	-4 874.10	-4 159.62	-4 874.10	-4 159.62
1层柱	A柱	柱顶	M	-137.6	-17.7	89.5	-89.5	-59.39	-292.09	292.09	-59.39
			N	-3 813.8	-906.7	279.7	-279.7	-4 756.97	-5 484.19	-5 484.19	-4 756.97
		柱底	M	-66.8	-8.6	176.6	-176.6	144.26	-314.9	314.90	144.26
			N	-3 813.8	-906.7	279.7	-279.7	-4 756.97	-5 484.19	-5 484.19	-4 756.97

续表

杆件	跨向	截面	内力	恒载	活载	地震作用		1.2×(恒+0.5×活)+1.3×地震		$\lvert M_{max}\rvert$及N	N_{max}及M
						左震	右震	左震	右震		
1层柱	B柱	柱顶	M	141.6	24.5	147.6	-147.6	376.50	-7.26	376.50	376.50
			N	-6 805.8	-1 901.6	1 258.1	-1 258.1	-7 672.39	-10 943.45	-7 672.39	-7 672.39
		柱底	M	68.5	11.8	267.2	-267.2	436.64	-258.08	436.64	436.64
			N	-6 805.8	-1 901.6	1 258.1	-1 258.1	-7 672.39	-10 943.45	-7 672.39	-7 672.39
	C柱	柱顶	M	-136.6	-23.5	149.3	-149.3	16.07	-372.11	372.11	-372.11
			N	-6 710.8	-1 877.0	1 235.4	-1 235.4	-10 785.18	-7 573.14	-7 573.14	-7 573.14
		柱底	M	-65.9	-11.3	268.0	-268.0	262.54	-434.26	434.26	-434.26
			N	-6 710.8	-1 877.0	1 235.4	-1 235.4	-10 785.18	-7 573.14	-7 573.14	-7 573.14
	D柱	柱顶	M	127.5	16.6	91.0	-91.0	281.26	44.66	281.26	44.66
			N	-3 724.6	-873.0	-302.7	302.7	-5 386.83	-4 599.81	-5 386.83	-4 599.81
		柱底	M	62.0	8.0	177.3	-177.3	309.69	-151.29	309.69	-151.29
			N	-3 724.6	-873.0	-302.7	302.7	-5 386.83	-4 599.81	-5 386.83	-4 599.81

表 12.16 ③轴框架底层柱荷载基本组合值

杆件	跨向	内力	恒载	活载	风载		1.2 恒 +1.4×(0.6×风+活)		1.35 恒 +1.4×0.7 活	1.2 恒 +1.4 活
					左风	右风	左风	右风		
底层柱	A 柱柱底	M	-66.8	-8.6	92.4	-92.4	-14.58	-169.82	-98.608	-92.2
		V	35.0	4.5	-23.8	23.8	28.31	68.29	51.66	48.3
		N	-3 813.8	-906.7	140.5	-140.5	-5 727.92	-5 963.96	-6 037.196	-5 845.94
	B 柱柱底	M	68.5	11.8	139.6	-139.6	215.98	-18.54	104.039	98.72
		V	-35.9	-6.1	-37.0	37.0	-82.70	-20.54	-54.443	-51.62
		N	-6 805.8	-1 901.6	640.4	-640.4	-10 291.26	-11 367.14	-11 051.398	-10 829.2
	C 柱柱底	M	-65.9	-11.3	140.1	-140.1	22.78	-212.58	-100.039	-94.9
		V	34.5	6.0	-37.2	37.2	18.55	81.05	52.455	49.8
		N	-6 710.8	-1 877.0	-628.9	628.9	-11 209.04	-10 152.48	-10 899.04	-10 680.76
	D 柱柱底	M	62.0	8.0	92.8	-92.8	163.55	7.65	91.54	85.6
		V	-32.4	-4.1	-24.1	24.1	-64.86	-24.38	-47.758	-44.62
		N	-3 724.6	-873.0	-152.1	152.1	-5 819.48	-5 563.96	-5 883.75	-5 691.72

表 12.17 ③轴支撑内力组合（基本组合）

杆件	位置	内力	恒载	活载	左风	右风	1.35恒+1.4×0.7活	1.2恒+1.4活	1.2恒+1.4×(0.6×风+活)
12层支撑	左下右上	N	-52.9	-11.1	0.0	0.0	-82.29	-79.02	-79.02
	左上右下	N	-55.7	-13.0	0.0	0.0	-87.94	-85.04	-85.04
11层支撑	左下右上	N	-65.1	-25.6	31.0	-31.0	-112.97	-113.96	-87.92
	左上右下	N	-60.9	-27.1	-31.0	31.0	-108.77	-111.02	-137.06
10层支撑	左下右上	N	-80.3	-34.4	55.4	-55.4	-142.12	-144.52	-97.98
	左上右下	N	-77.8	-35.5	-55.5	55.5	-139.82	-143.06	-189.68
9层支撑	左下右上	N	-93.3	-37.9	79.1	-79.1	-163.10	-165.02	-98.58
	左上右下	N	-92.0	-38.9	-79.3	79.3	-162.32	-164.86	-231.47
8层支撑	左下右上	N	-106.1	-41.5	102.1	-102.1	-183.91	-185.42	-99.66
	左上右下	N	-105.8	-42.2	-102.3	102.3	-184.19	-186.04	-271.97
7层支撑	左下右上	N	-117.5	-44.5	129.3	-129.3	-202.24	-203.30	-94.69
	左上右下	N	-117.9	-45.0	-129.6	129.6	-203.27	-204.48	-313.34
6层支撑	左下右上	N	-101.5	-38.4	130.6	-130.6	-174.66	-175.56	-65.86
	左上右下	N	-101.5	-38.7	-130.8	130.8	-174.95	-175.98	-285.85
5层支撑	左下右上	N	-107.9	-40.7	154.6	-154.6	-185.55	-186.46	-56.60
	左上右下	N	-108.1	-40.7	-154.6	154.6	-185.82	-186.70	-316.56
4层支撑	左下右上	N	-114.8	-42.5	175.0	-175.0	-196.63	-197.26	-50.26
	左上右下	N	-115.1	-42.5	-175.0	175.0	-197.04	-197.62	-344.62
3层支撑	左下右上	N	-121.0	-44.4	195.3	-195.3	-206.86	-207.36	-43.31
	左上右下	N	-121.5	-44.4	-195.3	195.3	-207.54	-207.96	-372.01
2层支撑	左下右上	N	-128.6	-46.7	229.8	-229.8	-219.38	-219.70	-26.67
	左上右下	N	-129.3	-46.7	-229.8	229.8	-220.32	-220.54	-413.57
1层支撑	左下右上	N	-136.6	-45.7	269.1	-269.1	-229.20	-227.90	-1.86
	左上右下	N	-137.5	-45.7	-269.1	269.1	-230.41	-228.98	-455.02

表 12.18　③轴支撑内力组合（考虑地震组合）

杆件	位置	内力	恒载	活载	地震	$1.2($ 恒 $+0.5 \times$ 活 $)+1.3 \times$ 地震
12 层支撑	左下右上	N	-52.9	-11.1	-27.7	-106.15
	左上右下	N	-55.7	-13.0	27.8	-38.50
11 层支撑	左下右上	N	-65.1	-25.6	-95.0	-216.98
	左上右下	N	-60.9	-27.1	95.1	34.29
10 层支撑	左下右上	N	-80.3	-34.4	153.6	82.68
	左上右下	N	-77.8	-35.5	-153.8	-314.60
9 层支撑	左下右上	N	-93.3	-37.9	200.1	125.43
	左上右下	N	-92.0	-38.9	-200.5	-394.39
8 层支撑	左下右上	N	-106.1	-41.5	238.6	157.96
	左上右下	N	-105.8	-42.2	-238.8	-462.72
7 层支撑	左下右上	N	-117.5	-44.5	282.1	199.03
	左上右下	N	-117.9	-45.0	-282.2	-535.34
6 层支撑	左下右上	N	-101.5	-38.4	272.1	208.89
	左上右下	N	-101.5	-38.7	-272.2	-498.88
5 层支撑	左下右上	N	-107.9	-40.7	313.2	253.26
	左上右下	N	-108.1	-40.7	-313.3	-561.43
4 层支撑	左下右上	N	-114.8	-42.5	349.8	291.48
	左上右下	N	-115.1	-42.5	-350.0	-618.62
3 层支撑	左下右上	N	-121.0	-44.4	388.7	333.47
	左上右下	N	-121.5	-44.4	-388.8	-677.88
2 层支撑	左下右上	N	-128.6	-46.7	453.5	407.21
	左上右下	N	-129.3	-46.7	-453.5	-772.73
1 层支撑	左下右上	N	-136.6	-45.7	515.5	478.81
	左上右下	N	-137.5	-45.7	-515.7	-862.83

3)构件设计

结构设计时,一般首先根据内力组合选出各构件各工况的最不利内力组合,然后将其用于验算结构方案中所预估的梁、柱、支撑截面,只要构件均满足现行规范所规定的各公式要求即可。

结构方案中所预估的梁、柱截面、支撑截面几何特性分别如表12.9～表12.11所示。

(1)基本效应组合下的构件截面验算

①框架截面验算

GKL-1 梁最不利内力组合在其梁端,其值为 $M_{max} = -416.36 \text{ kN} \cdot \text{m}$,$V_{max} = 213.86 \text{ kN}$。

a. 强度验算:

抗弯强度　$\sigma = \dfrac{M_x}{\gamma_x W_x} = \dfrac{416.36 \times 10^6}{1.05 \times 5\,760 \times 10^3} \text{ N/mm}^2 = 68.84 \text{ N/mm}^2 < f = 310 \text{ N/mm}^2$

抗剪强度　$\tau = \dfrac{V S_x}{I t_w} = \dfrac{213.86 \times 10^3 \times 6\,805 \times 10^3}{201\,000 \times 10^4 \times 13} \text{ N/mm}^2 = 55.70 \text{ N/mm}^2 < f_v = 180 \text{ N/mm}^2$

折算应力验算:

$$s = bt \frac{h-t}{2} = 30 \times 2.4 \times \frac{70 - 2.4}{2} \text{ cm}^3 = 2\,433.6 \text{ cm}^3$$

$$\tau = \frac{Vs}{It_w} = \frac{213.86 \times 10^3 \times 2\,433.6 \times 10^3}{201\,000 \times 10^4 \times 13} \text{ N/mm}^2 = 19.92 \text{ N/mm}^2$$

$$\sigma = \frac{M_x}{I_x} \times \frac{h-2t}{2} = \frac{416.36 \times 10^6}{201\,000 \times 10^4} \times \frac{700 - 2 \times 24}{2} \text{ N/mm}^2 = 67.53 \text{ N/mm}^2$$

$$\sqrt{\sigma^2 + 3\tau^2} = \sqrt{67.53^2 + 3 \times 19.92^2} = 75.83 \text{ N/mm}^2 < 1.1f = 341 \text{ N/mm}^2$$

梁端截面强度满足要求。

b. 整体稳定验算:由于楼板与钢梁通过抗剪螺栓紧密连接在一起,可以阻止梁受压翼缘侧向位移,梁的整体稳定可以得到保证,故可不验算。

c. 局部稳定验算:

翼缘　$\dfrac{b_1}{t} = \dfrac{(300 - 13)/2}{24} = 6.0 < 11\sqrt{\dfrac{235}{345}} \approx 9.2$,满足要求。

查表8.3:$85 - 120\rho = 85 - 120\dfrac{N}{Af} = 85 - 120 \times \dfrac{213.86}{23\,550 \times 310 \times 10^{-3}} = 81.48$,则取75。

腹板　$\dfrac{h_0}{t_w} = \dfrac{700 - 2 \times 24}{13} = 50.15 < 75\sqrt{\dfrac{235}{345}} \approx 61.90$,满足要求。

d. 刚度验算:取荷载的标准组合 $g_k + q_k$ 进行验算。

恒载　$q_k = 12.95 \text{ kN/m}$,$p = 82.25 \text{ kN}$

将集中荷载转化为等效均布荷载　$g_k = \left(12.95 + \dfrac{82.25}{2.075}\right) \text{ kN/m} = 52.59 \text{ kN/m}$

活载　$g = 2.88 \text{ kN/m}$,$p = 21.13 \text{ kN}$

将集中荷载转化为等效均布荷载　$q_k = \left(2.88 + \dfrac{21.13}{2.075}\right) \text{ kN/m} = 13.06 \text{ kN/m}$

荷载的标准组合值 $g_k + q_k = (52.59 + 13.06) \text{ kN/m} = 65.65 \text{ kN/m}$

$$v = \frac{5(g_k + q_k)l^4}{384EI} = \frac{5 \times 65.65 \times 8.4^4 \times 10^{12}}{384 \times 2.06 \times 10^5 \times 201\,000 \times 10^4} \text{ mm} = 10.28 \text{ mm}$$

$$< \frac{l}{400} = 21.00 \text{ mm}$$

满足要求。

其他梁的验算方法相似,故不再赘述。

②框架柱截面验算

相同的框架柱截面,找到其最不利组合所在的柱子,然后只选择此柱进行最不利内力组合验算。

● 底层边柱 A 柱最不利内力组合为: $M = -229.55 \text{ kN·m}, N = -5\,963.96 \text{ kN}$。

a. 强度验算:

$$\frac{N}{A_n} + \frac{M_x}{\gamma_x W_x} = \frac{5\,963.96 \times 10^3}{73\,600} \text{N/mm}^2 + \frac{229.55 \times 10^3}{1.05 \times 10\,461 \times 10^3} \text{N/mm}^2$$

$$= 81.05 \text{ N/mm}^2 < f = 310 \text{ N/mm}^2$$

b. 刚度验算:由于柱长 $l_0 = 4.2$ m,其上端梁线刚度之和, $\sum k_b = 49.29 \times 10^3 \text{kN·m}$,上端柱线刚度之和 $\sum k_c = (153.90 \times 10^3 + 128.27 \times 10^3) \text{kN·m} = 282.17 \times 10^3 \text{ kN·m}$。则系数 k_1 为:

$$k_1 = \frac{\sum k_b}{\sum k_c} = \frac{49.29 \times 10^3}{282.17 \times 10^3} = 0.17$$

柱与基础刚接,取 $k_2 = 10$。由 $k_1 = 0.17$、$k_2 = 10$,查表 8.10 得 $\mu = 1.65$,则此柱弯矩平面内的计算长度为: $l_{0x} = \mu l_0 = 1.65 \times 5.85 = 9.65$ m,弯矩平面外的计算长度为 5.85 m。

$$\lambda_x = \frac{l_{0x}}{i_x} = \frac{9.65 \times 10^3}{189} = 51 < [\lambda] = 120\sqrt{\frac{235}{f_y}} = 104.48$$

$$\lambda_y = \frac{l_{0y}}{i_y} = \frac{5.85 \times 10^3}{189} = 31 < [\lambda] = 120\sqrt{\frac{235}{f_y}} = 104.48$$

满足要求。

c. 整体稳定计算:

弯矩作用平面内的稳定计算:由 $\lambda_x \sqrt{\frac{f_y}{235}} = 51 \times \sqrt{\frac{345}{235}} = 61.79$,且 $\frac{b}{t} = \frac{500}{40} = 12.5$,属于 c 类截面,查轴压构件稳定系数表得 $\varphi_x = 0.656, \beta_{mx} = 1.0, \gamma_x = 1.05$。

则 $$N'_{Ex} = \frac{\pi^2 EA}{1.1\lambda_x^2} = \frac{3.14^2 \times 2.06 \times 10^5 \times 73\,600}{1.1 \times 51^2} \text{ kN} = 47\,498.36 \times 10^3 \text{ kN}$$

$$\frac{N}{\varphi_x A} + \frac{\beta_{mx} M_x}{\gamma_x W_{1x}\left(1 - 0.8\frac{N}{N'_{Ex}}\right)} = \frac{5\,963.96 \times 10^3}{0.656 \times 73\,600} + \frac{1 \times 229.55 \times 10^6}{1.05 \times 10\,461 \times 10^3 \times \left(1 - 0.8 \times \frac{5\,963.96}{47\,498\,360}\right)}$$

$$= 144.63 \text{ N/mm}^2 < f = 310 \text{ N/mm}^2$$

满足要求。

弯矩作用平面外的稳定验算: $\lambda_y \sqrt{\frac{f_y}{235}} = 31 \times \sqrt{\frac{345}{235}} = 37.56$,属于 b 类截面,查轴压构件稳

定系数表得 $\varphi_y = 0.908$。对于箱形截面，$\varphi_b = 1.0, \beta_{tx} = 1.0, \eta = 0.7$。

$$\frac{N}{\varphi_y A} + \eta \frac{\beta_{tx} M_x}{\varphi_b W_{1x}} = \frac{5\,963.96 \times 10^3}{0.908 \times 73\,600} \, \text{N/mm}^2 + 0.7 \times \frac{229.55 \times 10^6}{10\,461 \times 10^3} \, \text{N/mm}^2$$

$$= 101.02 \, \text{N/mm}^2 < f = 310 \, \text{N/mm}^2$$

满足要求。

d. 局部稳定计算：

受压翼缘宽厚比验算：$\dfrac{b}{t_0} = \dfrac{500 - 40 \times 2}{40} = 10.5 < 40\sqrt{\dfrac{235}{f_y}} = 33$，满足要求。

腹板宽厚比验算：$\dfrac{h}{t_f} = \dfrac{500 - 40 \times 2}{40} = 10.5 < 40\sqrt{\dfrac{235}{f_y}} = 33$，满足要求。

● 底层中柱 B 柱最不利内力组合为：$M = 269.15 \, \text{kN} \cdot \text{m}, N = -10\,291.26 \, \text{kN}$。

a. 强度验算：

$$\frac{N}{A_n} + \frac{M_x}{\gamma_x W_x} = \frac{10\,291.26 \times 10^3}{100\,000} \, \text{N/mm}^2 + \frac{269.15 \times 10^3}{1.05 \times 15\,303 \times 10^3} \, \text{N/mm}^2$$

$$= 102.93 \, \text{N/mm}^2 < f = 310 \, \text{N/mm}^2$$

b. 刚度验算：由于柱长 $l_0 = 4.2 \, \text{m}$，其上端梁线刚度之和 $\sum k_b = 98.58 \times 10^3 \, \text{kN} \cdot \text{m}$，上端柱线刚度之和 $\sum k_c = (153.93 \times 10^3 + 206.41 \times 10^3) \, \text{kN} \cdot \text{m} = 360.34 \times 10^3 \, \text{kN} \cdot \text{m}$，则系数 k_1 为：

$$k_1 = \frac{\sum k_b}{\sum k_c} = \frac{98.58 \times 10^3}{360.34 \times 10^3} = 0.27$$

柱与基础刚接，取 $k_2 = 10$。由 $k_1 = 0.27, k_2 = 10$ 查表 8.10，得 $\mu = 1.45$，则此柱弯矩平面内的计算长度为：$l_{0x} = \mu l_0 = 1.45 \times 5.85 = 8.48 \, \text{m}$，弯矩平面外的计算长度为 5.85 m。

$$\lambda_x = \frac{l_{0x}}{i_x} = \frac{8.48 \times 10^3}{205.1} = 41.36 < [\lambda] = 120\sqrt{\frac{235}{f_y}} = 104.48$$

$$\lambda_y = \frac{l_{0y}}{i_y} = \frac{5.85 \times 10^3}{205.1} = 28.52 < [\lambda] = 120\sqrt{\frac{235}{f_y}} = 104.48$$

满足要求。

c. 整体稳定计算：

弯矩作用平面内的稳定计算：由 $\lambda_x \sqrt{\dfrac{f_y}{235}} = 41.36 \times \sqrt{\dfrac{345}{235}} = 50.11$，且 $\dfrac{b}{t} = \dfrac{550}{50} = 11$，属于 c 类截面，查轴压构件稳定系数表得 $\varphi_x = 0.775, \beta_{mx} = 1.0, \gamma_x = 1.05$。则

$$N'_{Ex} = \frac{\pi^2 EA}{1.1\lambda_x^2} = \frac{3.14^2 \times 2.06 \times 10^5 \times 100\,000}{1.1 \times 41.36^2} \, \text{kN} = 107\,937.6 \times 10^3 \, \text{kN}$$

$$\frac{N}{\varphi_x A} + \frac{\beta_{mx} M_x}{\gamma_x W_{1x}\left(1 - 0.8\dfrac{N}{N'_{Ex}}\right)} = \frac{10\,291.26 \times 10^3}{0.775 \times 100\,000} + \frac{1 \times 269.15 \times 10^6}{1.05 \times 15\,303 \times 10^3 \times \left(1 - 0.8 \times \dfrac{10\,291.26}{107\,937\,600}\right)}$$

$$= 149.56 \, \text{N/mm}^2 < f = 310 \, \text{N/mm}^2$$

满足要求。

弯矩作用平面外的稳定验算：$\lambda_y \sqrt{\dfrac{f_y}{235}} = 28.52 \times \sqrt{\dfrac{345}{235}} = 34.56$，属于 b 类截面，查轴压构件稳定系数表得 $\varphi_y = 0.920$。对于箱形截面，$\varphi_b = 1.0$，$\beta_{tx} = 1.0$，$\eta = 0.7$。

$$\frac{N}{\varphi_y A} + \eta \frac{\beta_{tx} M_x}{\varphi_b W_{1x}} = \frac{10\,291.26 \times 10^3}{0.920 \times 100\,000}\ \text{N/mm}^2 + 0.7 \times \frac{269.15 \times 10^6}{15\,303 \times 10^3}\ \text{N/mm}^2$$

$$= 119.74\ \text{N/mm}^2 < f = 310\ \text{N/mm}^2$$

满足要求。

d. 局部稳定计算：

受压翼缘宽厚比验算：$\dfrac{b}{t_0} = \dfrac{550 - 50 \times 2}{50} = 9 < 40 \sqrt{\dfrac{235}{f_y}} = 33$，满足要求。

腹板宽厚比验算：$\dfrac{h}{t_f} = \dfrac{550 - 50 \times 2}{50} = 9 < 40 \sqrt{\dfrac{235}{f_y}} = 33$，满足要求。

其他柱的验算方法相似，故不再赘述。

③支撑截面验算

ZC1 最不利内力组合在底层，其值为 $N_{\max} = -455.02$ kN。

a. 强度验算：

$$\frac{N}{A_n} = \frac{455.02 \times 10^3}{12\,040}\ \text{N/mm}^2 = 37.79\ \text{N/mm}^2 < f = 310\ \text{N/mm}^2$$

b. 刚度验算：由于支撑两端的连接方式为铰接，其计算长度系数取 $\mu = 1.0$，则支撑的计算长度 $l_x = \mu l_0 = 1.0 \times 7.2$ m = 7.2 m，计算可得：

$$\lambda_x = \frac{l_{0x}}{i_x} = \frac{7.2 \times 10^3}{131} = 54.96 < [\lambda] = 120 \sqrt{\frac{235}{f_y}} = 104.48$$

满足要求。

c. 整体稳定验算：由 $\lambda_x \sqrt{\dfrac{f_y}{235}} = 54.96 \times \sqrt{\dfrac{345}{235}} = 66.59$，且 $b/t > 0.8$，属于 b 类截面，查轴压构件稳定系数表 得 $\varphi_x = 0.766$，$\beta_{mx} = 1.0$，$\gamma_x = 1.05$。

则

$$\frac{N}{\varphi_x A} = \frac{455.02 \times 10^3}{0.766 \times 12\,040}\ \text{N/mm}^2 = 49.34\ \text{N/mm}^2 < f = 310\ \text{N/mm}^2$$

满足要求。

d. 局部稳定计算：

受压翼缘宽厚比验算：$b/t = \dfrac{(300 - 10)/2}{15} = 9.67 < 13 \sqrt{\dfrac{235}{f_y}} = 10.73$，满足要求。

腹板宽厚比验算：$h_0/t_w = \dfrac{300 - 2 \times 15}{10} = 27 < 33 \sqrt{\dfrac{235}{f_y}} = 27.24$，满足要求。

其他支撑的验算方法相似，故不再赘述。

(2) 地震作用组合下的构件截面验算

验算梁、柱截面时，其抗震调整系数 γ_{RE} 取值为：柱子和支撑的稳定验算取 0.8，其余都取 0.75。

①框架截面验算

GKL-1 梁最不利内力组合在其梁端,其值为 $M_{max} = -468.63\ \text{kN·m}, V_{max} = 210.45\ \text{kN}$。

a. 强度验算:

抗弯强度

$$\sigma = \frac{M_x}{\gamma_x W_x} = \frac{468.63 \times 10^6}{1.05 \times 5\ 760 \times 10^3}\ \text{N/mm}^2 = 77.49\ \text{N/mm}^2 < \frac{f}{\gamma_{RE}} = \frac{310}{0.75} = 413\ \text{N/mm}^2$$

抗剪强度

$$\tau = \frac{VS_x}{It_w} = \frac{210.45 \times 10^3 \times 6\ 805 \times 10^3}{201\ 000 \times 10^4 \times 13}\ \text{N/mm}^2 = 54.81\ \text{N/mm}^2 < \frac{f_v}{\gamma_{RE}} = \frac{180}{0.75} = 240\ \text{N/mm}^2$$

折算应力验算:

$$s = bt_f \frac{h - t_f}{2} = 30 \times 2.4 \times \frac{70 - 2.4}{2}\ \text{cm}^3 = 2\ 433.6\ \text{cm}^3$$

$$\tau = \frac{Vs}{It_w} = \frac{210.45 \times 10^3 \times 2\ 433 \times 10^3}{201\ 000 \times 10^4 \times 13}\ \text{N/mm}^2 = 19.60\ \text{N/mm}^2$$

$$\sigma = \frac{M_x}{I_x} \cdot \frac{h - 2t_f}{2} = \frac{468.63 \times 10^6}{201\ 000 \times 10^4} \cdot \frac{700 - 2 \times 24}{2}\ \text{N/mm}^2 = 76.01\ \text{N/mm}^2$$

$$\sqrt{\sigma^2 + 3\tau^2} = \sqrt{76.01^2 + 3 \times 19.60^2} = 83.25\ \text{N/mm}^2 < 1.1\frac{f}{\gamma_{RE}} = 1.1 \times \frac{310}{0.75} = 455\ \text{N/mm}^2$$

梁端截面强度满足要求。

b. 整体稳定验算:由于楼板与钢梁通过抗剪螺栓紧密连接在一起,可以阻止梁受压翼缘侧向位移,梁的整体稳定可以得到保证,故可不验算。

c. 局部稳定验算:

翼缘: $\frac{b_1}{t} = \frac{(300 - 13)/2}{24} = 6.0 < 11\sqrt{\frac{235}{345}} \approx 9.2$,满足要求。

由于,$85 - 120\rho = 85 - 120\frac{N}{Af} = 85 - 120 \times \frac{210.45}{23\ 550 \times 310 \times 10^{-3}} = 81.54$,查表 8.3 得:

$45 \leqslant 85 - 120\rho \leqslant 75$,取 $85 - 120\rho = 75$。

腹板: $\frac{h_0}{t_w} = \frac{700 - 2 \times 24}{13} = 50.15 < 75\sqrt{\frac{235}{345}} \approx 61.9$,满足要求。

其他梁的验算方法相似,故不再赘述。

②框架柱截面验算

相同的框架柱截面,找到其最不利组合所在的柱子,然后只选择此进行柱最不利内力组合进行验算。

• 底层边柱 A 柱最不利内力组合为: $M = 314.90\ \text{kN·m}, N = -5\ 484.19\ \text{kN}$。

a. 强度验算:

$$\frac{N}{A_n} + \frac{M_x}{\gamma_x W_x} = \frac{5\ 484.19 \times 10^3}{73\ 600}\ \text{N/mm}^2 + \frac{314.90 \times 10^3}{1.05 \times 10\ 461 \times 10^3}\ \text{N/mm}^2 = 74.54\ \text{N/mm}^2$$

$$< \frac{f}{\gamma_{RE}} = \frac{310}{0.75}\ \text{N/mm}^2 = 413\ \text{N/mm}^2$$

b. 刚度验算：由于柱长 $l_0 = 4.2$ m，其上端梁线刚度之和 $\sum k_b = 49.29 \times 10^3 kN \cdot m$，上端柱线刚度之和 $\sum k_c = (153.90 \times 10^3 + 128.27 \times 10^3) kN \cdot m = 282.17 \times 10^3 kN \cdot m$，则系数 k_1 为：

$$k_1 = \frac{\sum k_b}{\sum k_c} = \frac{49.29 \times 10^3}{282.17 \times 10^3} = 0.17$$

柱与基础刚接，取 $k_2 = 10$。由 $k_1 = 0.17$，$k_2 = 10$ 查表8.10，得 $\mu = 1.65$，则此柱弯矩平面内的计算长度为：$l_{0x} = \mu l_0 = 1.65 \times 5.85 = 9.65$ m，弯矩平面外的计算长度为 5.85 m。

$$\lambda_x = \frac{l_{0x}}{i_x} = \frac{9.65 \times 10^3}{189} = 51 < [\lambda] = 120 \sqrt{\frac{235}{f_y}} = 104.48$$

$$\lambda_y = \frac{l_{0y}}{i_y} = \frac{5.85 \times 10^3}{189} = 31 < [\lambda] = 120 \sqrt{\frac{235}{f_y}} = 104.48$$

满足要求。

c. 整体稳定计算：

弯矩作用平面内的稳定计算：由 $\lambda_x \sqrt{\frac{f_y}{235}} = 51 \times \sqrt{\frac{345}{235}} = 61.79$，且 $\frac{b}{t} = \frac{500}{40} = 12.5$，属于 c 类截面，查表得 $\varphi_x = 0.656$，$\beta_{mx} = 1.0$，$\gamma_x = 1.05$。则

$$N'_{Ex} = \frac{\pi^2 EA}{1.1\lambda_x^2} = \frac{3.14^2 \times 2.06 \times 10^5 \times 73\,600}{1.1 \times 51^2} kN = 47\,498.36 \times 10^3 kN$$

$$\frac{N}{\varphi_x A} + \frac{\beta_{mx} M_x}{\gamma_x W_{1x}\left(1 - 0.8\frac{N}{N'_{Ex}}\right)} = \frac{5\,484.19 \times 10^3}{0.656 \times 73\,600} + \frac{1 \times 314.90 \times 10^6}{1.05 \times 10\,461 \times 10^3 \times \left(1 - 0.8 \times \dfrac{5\,484.19}{47\,498\,360}\right)}$$

$$= 142.29 \text{ N/mm}^2 < \frac{f}{\gamma_{RE}} = \frac{310}{0.8} = 387.5 \text{ N/mm}^2$$

满足要求。

弯矩作用平面外的稳定验算：$\lambda_y \sqrt{\frac{f_y}{235}} = 31 \times \sqrt{\frac{345}{235}} = 37.56$，属于 b 类截面，查表得 $\varphi_y = 0.908$。对于箱形截面，$\varphi_b = 1.0$，$\beta_{tx} = 1.0$，$\eta = 0.7$。

$$\frac{N}{\varphi_y A} + \eta \frac{\beta_{tx} M_x}{\varphi_b W_{1x}} = \frac{5\,484.19 \times 10^3}{0.908 \times 73\,600} \text{ N/mm}^2 + 0.7 \times \frac{314.90 \times 10^6}{10\,461 \times 10^3} \text{ N/mm}^2$$

$$= 99.84 \text{ N/mm}^2 < \frac{f}{\gamma_{RE}} = \frac{310}{0.8} = 387.5 \text{ N/mm}^2$$

满足要求。

d. 局部稳定计算：

受压翼缘宽厚比验算：$\frac{b}{t_0} = \frac{500 - 40 \times 2}{40} = 10.5 < 40\sqrt{\frac{235}{f_y}} = 33$，满足要求。

腹板宽厚比验算：$\frac{h}{t_f} = \frac{500 - 40 \times 2}{40} = 10.5 < 40\sqrt{\frac{235}{f_y}} = 33$，满足要求。

其他柱的验算方法相似，故不再赘述。

③支撑截面验算

ZC1 最不利内力组合在底层,其值为 $N_{max} = -862.83$ kN。

a. 强度验算:

$$\frac{N}{A_n} = \frac{862.83 \times 10^3}{12\,040} \text{ N/mm}^2 = 71.66 \text{ N/mm}^2 < \frac{f}{\gamma_{RE}} = \frac{310}{0.75} = 413 \text{ N/mm}^2$$

b. 刚度验算:由于支撑两端的连接方式为铰接,其计算长度系数取 $\mu = 1.0$,则支撑的计算长度为 $l_x = \mu l_0 = 1.0 \times 7.2$ m $= 7.2$ m,计算可得:

$$\lambda_x = \frac{l_{0x}}{i_x} = \frac{7.2 \times 10^3}{131} = 54.96 < [\lambda] = 120\sqrt{\frac{235}{f_y}} = 104.48$$

满足要求。

c. 整体稳定验算:由 $\lambda_x\sqrt{\frac{f_y}{235}} = 54.96 \times \sqrt{\frac{345}{235}} = 66.59$,且 $\frac{b}{t} > 0.8$,属于 b 类截面,查轴压构件稳定系数表得 $\varphi_x = 0.769, \beta_{mx} = 1.0, \gamma_x = 1.05$。则

$$\frac{N}{\varphi_x A} = \frac{862.83 \times 10^3}{0.769 \times 12\,040} \text{ N/mm}^2 = 93.19 \text{ N/mm}^2 < \frac{\psi f}{\gamma_{RE}} = \frac{0.83 \times 310}{0.8} = 321.6 \text{N/mm}^2$$

满足要求。

d. 局部稳定计算:

受压翼缘宽厚比验算:$\frac{b}{t} = \frac{(300-10)/2}{15} = 9.67 < 13\sqrt{\frac{235}{f_y}} = 10.7$,满足要求。

腹板宽厚比验算:

$\frac{h_0}{t_w} = \frac{300 - 2 \times 15}{10} = 27 < 33\sqrt{\frac{235}{f_y}} = 27.2$,满足要求。

其他支撑的验算方法相似,故不再赘述。

④强柱弱梁检验

查横向框架柱内力组合表,可知底层 B 柱底轴力最大,$N_{max} = 11\,051.40$ kN,由于 $\frac{N}{A_c f} = $

$\frac{11\,051.40 \times 10^3}{100\,000 \times 310} = 0.36 < 0.4$,根据《抗震规范》的规定,满足强柱弱梁的要求,不必验算。

其他柱的验算方法相似,故不再赘述。

4)节点设计

(1)梁-柱节点

本工程中,框架梁与柱的连接大多采用栓焊混合连接,即梁的上下翼缘与柱翼缘采用全熔透坡口焊缝连接;梁腹板与柱采用高强度螺栓连接(通过焊接于柱上的连接板)。下面以③轴框架中的底层 A 柱与梁连接节点为例介绍其设计方法。

①连接焊缝与螺栓设计

a. 翼缘连接焊缝和腹板连接螺栓设计。根据全截面设计法,梁翼缘和腹板分担的弯矩值由其刚度确定。该处梁端最不利内力组合为:$M_x = -351.70$ kN·m,$V = -210.68$ kN,但由于

$$bt_f(h-t_t) = 30 \times 2.4(70-2.4) = 4\,867.2 \text{ cm}^3$$

$$> 0.7W_p = 0.7 \times 2\left(30 \times 2.4 \times \frac{70-2.4}{2} + \frac{70-4.8}{2} \times 1.3 \times \frac{70-4.8}{4}\right) \text{cm}^3 = 4\,374.2 \text{ cm}^3$$

故可采用简化设计算法,即翼缘焊缝承担全部弯矩,腹板连接螺栓承担全部剪力。

翼缘焊缝计算,其强度验算(设有引弧板的全熔透坡口焊缝可不验算)为:

$$\sigma = \frac{M}{b_{\text{eff}} t_{\text{f}} (h - t_{\text{f}})} = \frac{351.7 \times 10^6}{300 \times 24 \times (700 - 24)} \text{N/mm}^2 = 72.3 \text{ N/mm}^2$$
$$< f_{\text{t}}^{\text{w}}/\gamma_{\text{RE}} = 295/0.75 = 393.3 \text{ N/mm}^2$$

满足要求(其中,柱中已设横隔,故 b_{eff} 取梁翼缘宽度)。

腹板连接螺栓强度验算:腹板连接螺栓采用 16 个 M20 的 10.9 高强度螺栓摩擦型连接,螺栓横、纵向间距均为 8 cm。腹板连接螺栓承受全部剪力。

一个高强度螺栓的预拉力 $p = 155$ kN。则梁腹板高强度螺栓抗剪承载力为:

$$N_{\text{v}}^{\text{b}} = 0.9 n_{\text{f}} \mu P = 0.9 \times 2 \times 0.45 \times 155 \text{ kN} = 125.55 \text{ kN}$$

剪力由螺栓平均承担,则每个螺栓承担的剪力:

$$N_{\text{y}}^{\text{v}} = \frac{210.68}{16} \text{kN} = 13.17 \text{ kN} < [N_{\text{v}}^{\text{b}}] = 0.9 \times 125.55 \text{ kN} = 113 \text{ kN}$$

满足要求。

b. 连接板设计。焊接于柱上的连接板厚度,按连接板的净截面面积与梁腹板净截面面积相等的原则确定。取连接板的厚度为 $t = 10$ mm,验算螺栓连接处的连接板净截面面积和连接板的抗弯强度:

$$A_{\text{n}} = (h_2 - n d_0) \times 2t = (500 - 8 \times 22) \times 2 \times 10 \text{ mm}^2 = 6\,480 \text{ mm}^2$$

$$\tau = \frac{3}{2} \cdot \frac{V}{A_{\text{n}}} = \frac{3 \times 210.68 \times 10^3}{2 \times 6\,480} \text{N/mm}^2 = 48.77 \text{ N/mm}^2 < f_{\text{v}}/0.75 = 240 \text{ N/mm}^2$$

验算螺栓连接处连接板净截面模量和连接板在 M_{w} 弯矩作用下的抗弯强度:

$$W_x = \frac{\dfrac{t h_2^3}{12} - 2 t d_0 a_1^2 - 2 t d_0 a_2^2 - 2 t d_0 a_3^2}{h_2/2}$$

$$= \frac{\dfrac{10 \times 500^3}{12} - 2 \times 10 \times 22 \times 40^2 - 2 \times 10 \times 22 \times 120^2 - 2 \times 10 \times 22 \times 200^2}{500/2} \text{mm}^2$$

$$= 318\,106.7 \text{ mm}^2$$

$$\sigma = \frac{M_{\text{w}}}{W_x} = \frac{52.54 \times 10^6}{318\,106.7} \text{N/mm}^2 = 165.16 \text{ N/mm}^2 < \frac{f}{0.75} = 400 \text{ N/mm}^2$$

c. 连接板与柱相接的角焊缝设计。

$$h_{\text{min}} = 1.5\sqrt{t_{\text{max}}} = 6 \text{ mm}, h_{\text{max}} = 1.2 t_{\text{min}} = 12 \text{ mm}, 取 h_{\text{f}} = 8 \text{ mm}。$$

$$\sigma_{\text{f}}^{\text{M}} = \frac{6 M_{\text{w}}}{2 h_e l_{\text{w}}^2} = \frac{6 \times 52.54 \times 10^6}{2 \times 0.7 \times 8 \times (500 - 16)^2} \text{N/mm}^2 = 120.15 \text{ N/mm}^2$$

$$\tau_{\text{f}} = \frac{V}{2 h_e \sum l_{\text{w}}} = \frac{210.68 \times 10^3}{2 \times 0.7 \times 8 \times 2 \times (500 - 16)} \text{N/mm}^2 = 19.43 \text{ N/mm}^2$$

$$\sqrt{\left(\frac{\sigma_{\text{f}}^{\text{M}}}{\beta_{\text{f}}}\right)^2 + (\tau_{\text{f}}^{\text{v}})^2} = \sqrt{\left(\frac{120.15}{1.0}\right)^2 + 19.43^2} \text{ N/mm}^2 = 101 \text{ N/mm}^2$$

$$< f_{\text{t}}^{\text{w}}/\gamma_{\text{RE}} = 200/0.75 \text{ N/mm}^2 = 267 \text{ N/mm}^2$$

满足要求。

②"强连接、弱杆件"型节点承载力验算

对于抗震设防结构,当采用柱贯通型节点时,为了确保"强连接、弱杆件"型节点的抗震设计准则的实现,其连接节点的极限承载力应满足下列要求:

$$\begin{cases} M_u \geqslant \eta_j M_p \\ V_u \geqslant 1.2(2M_p/l_n) + V_{Gb} \text{ 且满足 } V_u \geqslant 0.58h_w t_w f_{ay} \end{cases}$$

由于本工程中的全熔透坡口焊缝设有引弧板,故上述第一款自动满足,不必计算,只需对第二款验算即可。

$$M_p = W_p f_{ay} = \gamma_P W_x f_{ay} = 1.12 \times 5\,760 \times 10^3 \times 345 \times 10^{-6} \text{ kN·m} = 2\,225.66 \text{ kN·m}$$

螺栓抗剪　　$V_u = 0.58 n n_f A_e^b f_u^b = 0.58 \times 16 \times 2 \times 213.12 \times 1\,040 \text{ kN} = 4\,114 \text{ kN}$

钢板承压　　$V_u = nd(\sum t) f_{cu}^b = 16 \times 20 \times 2 \times 10 \times 1.5 f_u = 3\,312 \text{ kN}$

取两者中的较小者:

$$V_u = 3\,312 \text{ kN} > 0.58 h_w t_w f_{ay} = 0.58 \times 652 \times 13 \times 345 \text{ kN} = 1\,696 \text{ kN}$$

且　$V_u \geqslant 1.2(2M_p/l_n) + V_{Gb} = 1.2 \times (2 \times 2\,225.66/8.4) \text{ kN} + 296.92 \text{ kN} = 932.82 \text{ kN}$

满足要求。

③柱腹板的抗压承载力与翼缘的抗拉承载力验算

由于本工程中已设有横向加劲肋,故柱腹板的抗压承载力与柱翼缘的抗拉承载力均不必验算。

④梁-柱节点域承载力验算

a. 节点域的稳定验算。按 7 度及以上抗震设防的结构,为防止节点域的柱腹板受剪时发生局部屈曲,需进行节点域稳定的验算。

$$t_w = 40 \text{ mm} > \frac{h_{0b} + h_{0c}}{90} = \frac{(700 - 24 \times 2) + (600 - 30 \times 2)}{90} \text{ mm} = 13.24 \text{ mm}$$

节点域稳定性满足要求。

b. 节点域的强度验算。框架③轴底层 A 柱梁端最不利内力 $M = 314.90$ kN·m,

$N = -5\,484.19$ kN。则有:$\dfrac{M_{b1} + M_{b2}}{V_p} \leqslant \dfrac{4}{3} \cdot \dfrac{f_v}{\gamma_{RE}}$,由于无左梁 $M_{b1} = 0$,箱形截面 $V_p = 1.8 h_{b1} h_{c1} t_w$,所以

$$\frac{M_{b2}}{V_p} = \frac{314.90 \times 10^6}{1.8 \times (700 - 24 \times 2) \times (600 - 2 \times 30) \times 30} \text{ MPa} = 16.56 \text{ MPa} < \frac{4}{3} \cdot \frac{f_v}{\gamma_{RE}} = 320 \text{ MPa}$$

抗剪承载力满足要求。

按 7 度及以上抗震设防的结构,尚应进行下列屈服承载力的补充验算:

$M_{pb1} = 0$(无左梁)

$M_{pb2} = W_{pb2} f_y = 1.12 \times 5\,760 \times 10^3 \times 345 \times 10^{-6} \text{ kN·m} = 2\,225.7 \text{ kN·m}$

$$\psi \frac{M_{pb2}}{V_p} = 0.6 \times \frac{2\,225.7 \times 10^6}{1.8 \times (700 - 24 \times 2) \times (600 - 2 \times 30) \times 30} \text{ MPa}$$

$$= 117.1 \text{ MPa} < \frac{4}{3} \cdot \frac{f_v}{\gamma_{RE}} = 320 \text{ MPa}$$

屈服承载力满足要求。

其他节点设计方法与此类似,故不再赘述。

（2）柱-柱拼接节点

以 A 柱拼接节点为例，该柱拼接处轴力为 $N = -3\ 898.08$ kN。

焊脚尺寸确定：

由 $h_{\min} = 1.5\sqrt{t_{\max}} = 7$ mm，$h_{\max} = 1.2t_{\min} = 24$ mm，取 $h_f = 20$ mm。

柱接头验算：当用于抗震设防时，为使抗震设防结构符合"强连接、弱杆件"的设计原则，柱接头的承载力应高于母材的承载力，即符合下列规定：

$$M_u \geqslant \eta_j M_{pc} \quad \text{且} \quad V_u \geqslant 0.58 h_w t_w f_{ay}$$

①柱的受弯极限承载力

因 $\dfrac{N}{N_y} = \dfrac{N}{A_n f_y} = \dfrac{3\ 898.08}{(500 \times 500 - 460 \times 460) \times 345 \times 10^{-3}} = 0.29 > 0.13$

$M_{pc} = 1.15\left(1 - \dfrac{N}{N_y}\right)M_p = 1.15 \times (1 - 0.29) \times 2\ 225.66 \text{ kN·m} = 1\ 817.25 \text{ kN·m}$

查表 10.1 得：$\eta_j = 1.3$，则

$M_u = A_f(h - t_f)f_u = 500 \times 40 \times (500 - 460) \times 470 \times 10^{-6} \text{ kN·m}$

$\quad = 4\ 324 \text{ kN·m} > \eta_j M_{pc} = 1.3 \times 1\ 817.25 \text{ kN·m} = 2\ 362.43 \text{ kN·m}$

②柱的受剪极限承载力

$V_u = 0.58 A_f^w f_u = 0.58 h_e l_w f_u = 0.58 \times 0.7 \times 40 \times 500 \times 470 \times 10^{-3} \text{ kN}$

$\quad = 3\ 816.4 \text{ kN} > 0.58 h_w t_w f_{ay} = 0.58 \times 420 \times 40 \times 345 \times 10^{-3} \text{ kN} = 3\ 361.7 \text{ kN}$

满足要求。

（3）支撑节点

支撑斜杆的拼接接头以及斜杆与梁、柱连接部位的承载力，要求不小于支撑承载力的 1.2 倍，即支撑连接设计应满足下式要求：

$$N_i(N_1, N_2, N_3, N_4) \geqslant \eta_j A_n f_y$$

①N_1 螺栓群连接的极限抗剪承载力

$N_v^b = 0.58 m n_v A_e^b f_u^b = 0.58 \times 6 \times 2 \times 244.8 \times 1\ 040 \times 10^{-3} \text{ kN} = 1\ 772 \text{ kN}$

$N_c^b = md\left(\sum t\right)f_{cu}^b = 6 \times 20 \times (10 + 10) \times 1.5 \times 470 \times 10^{-3} \text{ kN} = 1\ 692 \text{ kN}$

$N_1 = \min\left\{N_v^b, N_c^b\right\} = \min\left\{1\ 772 \text{ kN}, 1\ 692 \text{ kN}\right\} = 1\ 692 \text{ kN}$

②N_2 螺栓连接处的支撑杆件或节点板受螺栓挤压时的剪切抗力

$N_2 = \dfrac{metf_u}{\sqrt{3}} = \dfrac{6 \times 70 \times 10 \times 470 \times 10^{-3}}{\sqrt{3}} \text{ kN} = 1\ 139.69 \text{ kN}$

③N_3 节点板的受拉承载力

$A_e = \dfrac{2}{\sqrt{3}} l_1 t_g - A_d = \dfrac{2}{\sqrt{3}} \times 140 \times 10 \text{ mm}^2 - 314 \text{ mm}^2 = 1\ 302.58 \text{ mm}^2$

$N_3 = A_e f_u = 1\ 302.58 \times 470 \times 10^{-3} \text{ kN}^2 = 612.21 \text{ kN}$

④N_4 节点板与框架梁、柱连接焊缝的承载力

$N_4 = \dfrac{A_e^w f_u}{\sqrt{3}} = \dfrac{4\ 771.2 \times 470 \times 10^{-3}}{\sqrt{3}} \text{ kN} = 1\ 294.69 \text{ kN}$

查表 10.1 得：$\eta_j = 1.2$，则

$$\eta_j A_n f_y = 1.2 \times [2 \times 300 \times 15 + (300 - 2 \times 15) \times 10 - 2 \times 3.14 \times 10^2] \times 345 \times 10^{-3} \text{ kN}$$
$$= 458.38 \text{ kN}$$

$$N_i = \min\{N_1, N_2, N_3, N_4\} = 612.21 \text{ kN} > \eta_j A_n f_y = 458.38 \text{ kN}$$

满足要求。

（4）柱脚设计

本工程采用外包式刚接柱脚，基础混凝土为 C30。下面以③轴 D 柱柱脚设计为例，介绍其设计方法。③轴 D 柱柱脚处最不利组合。

$$M_{max} = 91.54 \text{ kN·m}, N = -5\,883.75 \text{ kN}, V = -47.76 \text{ kN}。$$

①抗弯承载力验算

$$nA_s f_{sy} d_0 = 28 \times 1\,963.5 \times 265 \times 10^{-3} \times 40.25 \text{ kN·m} = 586.41 \text{ kN·m}$$
$$M < nA_s f_{sy} d_0$$

满足要求。

②抗剪承载力验算

$$V_{rc} = b_e h_0 (0.07 f_{cc} + 0.5 f_{ysh} \rho_{sh}) = 180 \times 460 \times (0.07 \times 19.1 + 0.5 \times 265 \times 10^{-3} \times 1.2\%) \text{ kN}$$
$$= 11.08 \text{ kN}$$

$$V - 0.4N = 47.76 \text{ kN} - 0.4 \times 100.75 \text{ kN} = 7.56 \text{ kN} < V_{rc}$$

满足要求。

③柱脚栓钉设计

由于弯矩的作用，在包脚部分内钢柱单侧翼缘产生的轴向力为：

$$N_f = \frac{M}{h_c - t_f} = \frac{91.54}{0.455} \text{ kN} = 201.19 \text{ kN}$$

一个圆柱头焊钉的受剪承载力设计值为：

$$N_v^s < 0.43 A_s \sqrt{E_c f_{cc}} = 0.43 \times 380.13 \times \sqrt{30\,000 \times 19.1} \text{ kN} = 123.73 \text{ kN}$$
$$N_v^s < 0.7 A_s \gamma f = 0.7 \times 380.13 \times 1.67 \times 215 \text{ kN} = 95.54 \text{ kN}$$

取 $N_v^s = 95.54$ kN，则 $n_v^c \geq \frac{N_f}{N_v^s} = \frac{201.19}{95.54} = 2.11$，则取 $n_v^c = 3$。

④设置在包脚部分内钢柱四周的垂直纵向主筋，近似计算如下：

$$A_s = \frac{M_{bRc}}{f_y h_0} = \frac{M + V \times H_{Rc}}{360 \times 686} = \frac{(93.96 + 66.17 \times 1.8) \times 10^6}{360 \times 686} \text{ mm}^2 = 862.76 \text{ mm}^2$$

采用直径为 25 的钢筋，则需要钢筋数量为 862.76/490=1.76，取 2 根钢筋。

⑤确定锚栓直径：由于 $\sigma_{min} > 0$，底板与基础间不存在拉应力，因此锚栓直径按构造确定取为 24 mm。

5）绘制结构设计图

结构设计图的部分图纸见附录 2。

多高层钢结构设计流程图

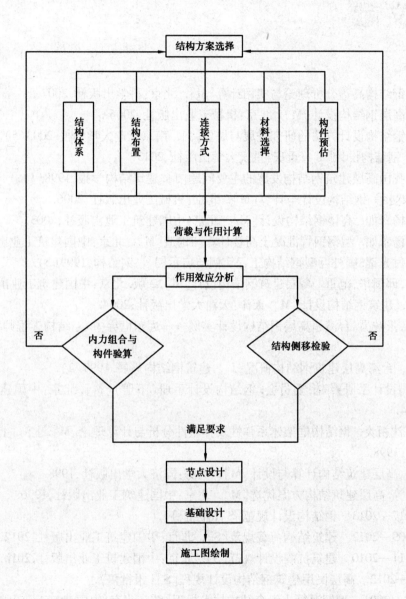

参考文献

[1] 郑廷银. 钢结构高等分析理论与实用计算[M]. 北京:科学出版社,2007.

[2] 郑廷银. 高层钢结构设计[M]. 北京:机械工业出版社,2006.

[3] 郑廷银. 钢结构设计方法的研究进展与展望[J]. 南京工业大学学报. 2003(5).

[4] 郑廷银. 钢结构设计[M]. 重庆:重庆大学出版社,2013.

[5] 李国强. 我国高层建筑钢结构发展的主要问题[J]. 建筑结构学报,1998(1).

[6] 柴昶,宋曼华. 钢结构设计与计算[M]. 北京:机械工业出版社,2006.

[7] 刘大海,杨翠如. 高楼钢结构设计[M]. 北京:中国建筑工业出版社,2003.

[8] 刘大海,杨翠如. 型钢钢管混凝土高楼计算和构造[M]. 北京:中国建筑工业出版社,2003.

[9] 郑廷银,付光耀. 国外巨型钢结构工程实例与启示[J]. 钢结构,1999(2).

[10] 陈富生,邱国华,范重. 高层建筑钢结构设计[M]. 2版. 北京:中国建筑工业出版社,2004.

[11] 陈志华. 建筑钢结构设计[M]. 天津:天津大学出版社,2004.

[12] 谢绍松,张敬昌. 台湾超高层钢结构设计实例——远东世界中心. 结构工程师[J],2000年(增刊).

[13] 陈纯森. 台湾高层建筑钢结构概况[J]. 建筑钢结构进展. 1999(2).

[14] 《钢结构设计手册》编辑委员会. 钢结构设计手册(下册)[M]. 北京:中国建筑工业出版社,2004.

[15] 李国强,沈祖炎. 钢结构框架体系弹性及弹塑性分析与计算理论[M]. 上海:上海科学技术出版社,1998.

[16] 黄本才. 高层建筑结构计算与设计[M]. 上海:同济大学出版社,1998.

[17] 刘大海等. 高层建筑结构方案优选[M]. 北京:中国建筑工业出版社,1996.

[18] GB 50017—2013　钢结构设计规范[S](报批稿).

[19] GB 50009—2012　建筑结构荷载规范[S]. 北京:中国建筑工业出版社,2012.

[20] GB 50011—2010　建筑抗震设计规范[S]. 北京:中国建筑工业出版社,2010.

[21] JGJ 99—2012　高层民用建筑钢结构设计规程[S](报批稿).

[22] JGJ 138—2001　型钢混凝土组合结构技术规程[S]. 北京:中国建筑工业出版社,2002.

[23] DL/T 5085—1999　钢-混凝土组合结构设计规程[S]. 北京:中国电力出版社,1999.

[24] GB 50205—2001　钢结构工程施工质量验收规范[S]. 北京:中国建筑工业出版社,2003.

[25] 郑廷银,赵惠麟,等. 空间支撑钢框架结构的三重非线性分析[J]. 建筑结构学报,2003(6).

[26] 郑廷银,赵惠麟. 空间钢框架结构的改进双重非线性分析[J]. 工程力学,2003(6).

[27] 郑廷银,马梦寒,等. 考虑节点域变形效应的空间支撑钢框架结构二阶弹塑性分析[J]. 土

木工程学报,2005(4).

[28] 陈骥.钢结构稳定理论与设计[M].2版.北京:科学出版社,2005.

[29] 郑廷银,马梦寒.钢结构住宅体系初探[J].南京工业大学学报,2003(2).

[30] 徐伟良,郑廷银,等.多高层钢框架的双重非线性有限元分析[J].建筑技术开发 2003 (3).

[31] 郑廷银,马梦寒,等.钢结构住宅的最新进展与发展趋势[J].钢结构,2004(4).

[32] 郑廷银.空间钢框架结构的改进塑性区模型[J].钢结构,2005(1).

[33] 郑廷银.空间钢框架结构的改进二阶分析[J].钢结构,2004 增刊.

[34] 郑廷银,马梦寒,等.巨型钢框架结构的二阶实用分析[J].工业建筑,2003(11).

[35] 郑廷银,赵惠麟.高层钢结构巨型框架体系的二阶位移实用计算[J].东南大学学报, 2002(5).

[36] 郑廷银.考虑 P-Δ 效应的巨型钢框架结构实用分析[J].南京工业大学学报,2002(5).

[37] 郑廷银,朱慧,赵惠麟.钢框架-支撑体系二阶分析的高效非迭代方法[J].工业建筑, 2001(3).

[38] 郑廷银,赵惠麟.高层建筑支撑钢框架结构二阶位移的实用计算[J].东南大学学报, 2000(4).

[39] 郑廷银.高层钢结构框架-支撑体系整体稳定与二阶分析的等效模型.钢结构,2000 增刊.

[40] 秦效启,等.高层钢框架考虑节点域剪切变形的计算分析[J].工业建筑,1989(7).

[41] 周福霖.工程结构减震控制[M].北京:地震出版社,1997.

[42] 徐永基,等.高层建筑钢结构设计[M].西安:陕西科学技术出版社,1993.

[43] 高光虎.多高层轻型钢结构住宅设计[J].建筑结构,2001(8).

[44] 张相庭.高层建筑抗风抗震设计计算[M].上海:同济大学出版社,1997.

[45] 梁启智.高层建筑结构分析与设计[M].广州:华南理工大学出版社,1992.

[46] 赵西安.高层建筑结构实用设计方法[M].上海:同济大学出版社,1992.

[47] 刘开国.结构简化计算原理及其应用[M].科学出版社,1996.

[48] 何广乾,等.高层建筑设计与施工[M].北京:科学出版社,1992.

[49] 王松涛,曹资.现代抗震设计方法[M].北京:中国建筑工业出版社,1997.

[50] 李君,张耀春.超级元在巨型钢框架结构分析中的应用[J].哈尔滨建筑大学学报, 1999(1).

[51] 陈绍蕃.钢结构(下册)[M].2版.北京:中国建筑工业出版社,2007.

[52] Roik. Vorlesungen uber Stahlbau[M]. zweite uberarbeitete Auflage, Verlag von wilhelm ernst & sohn Berlin. Munchen, 1983.

[53] Christian Petersen. Statik und Stabilitat der Baukonstuktionen[M]. 2. durchgesehene Auflage. Friedr. Vieweg & sohn Braunschweig/Wiesbaden, 1982.

[54] 川和郎.结构的弹塑性稳定内力[M].王松涛译.北京:中国建筑工业出版社,1992.

[55] 刘光栋,罗汉泉.杆系结构稳定[M].北京:人民交通出版社,1988.

[56] 刘大海,等.高层建筑抗震设计[M].北京:中国建筑工业出版社,1993.

[57] 曹资,朱志达.建筑抗震理论与设计方法[M].北京:北京工业大学出版社,1998.

[58] M. 帕兹.结构动力学——理论与计算[M].李裕澈译.北京:地震出版社,1993.

［59］赵熙元,等.建筑钢结构设计手册[M].北京:冶金工业出版社,1995.

［60］郑廷银,刘永福.钢框架齐平端板式梁柱节点的实用算法.工业建筑,1998(12).

［61］郑廷银.H型钢框架梁柱节点的设计方法[J].南京建筑工程学院学报,1997(4).

［62］李星荣,魏才昂,等.钢结构连接节点设计手册[M].2版.北京:中国建筑工业出版社,2005.

［63］张玉,郑廷银,等.住宅钢结构梁柱柔性节点分析[J].钢结构,2005(1).

［64］李国强.多高层建筑钢结构设计[M].北京:中国建筑工业出版社,2004.